经济与管理类统计学系列教材

# 数理统计学

## (第二版)

杨贵军 杨 雪 周 琦 陈 浩 编著

科学出版社

北 京

# 内 容 简 介

本书是根据教育部高等学校统计学专业教学指导分委员会制定的《统计学专业教学规范(授经济学学位)》中提出的课程设置和教学内容纲要编写出版的系列教材之一. 本书介绍数理统计学的统计思想、理论和方法, 主要内容包括总体、样本、统计量等概念以及常用分布、点估计理论、假设检验、区间估计、线性模型以及统计决策理论和贝叶斯推断等. 本书强调统计学的基本思想和理论方法的有机结合, 并通过实例体现数理统计学的丰富内容, 启示读者如何应用统计学的理论和方法. 通过本书的学习, 读者可以具备基本的统计思维, 掌握基本的统计方法, 提升应用数理统计方法分析和解决在经济管理中实际问题的能力, 并为进一步的学习和研究打好基础.

本书可作为经济和管理类统计学专业的本科生、研究生的教材和教学参考, 也可供自学数理统计学的读者阅读.

图书在版编目 (CIP) 数据

数理统计学/杨贵军等编著. —2 版. —北京: 科学出版社, 2021.3
经济与管理类统计学系列教材
ISBN 978-7-03-068056-3

Ⅰ.①数⋯　Ⅱ.①杨⋯　Ⅲ.①数理统计-高等学校-教材　Ⅳ.①O212

中国版本图书馆 CIP 数据核字 (2021) 第 026735 号

责任编辑: 方小丽　孙翠勤 / 责任校对: 贾娜娜
责任印制: 张　伟 / 封面设计: 蓝正设计

科学出版社 出版
北京东黄城根北街 16 号
邮政编码: 100717
http://www.sciencep.com
北京中科印刷有限公司 印刷
科学出版社发行　各地新华书店经销
*
2010 年 12 月第 一 版　开本: 787×1092　1/16
2021 年 3 月第 二 版　印张: 13 3/4
2023 年 7 月第七次印刷　字数: 323 000
定价: 36.00 元
(如有印装质量问题, 我社负责调换)

# 第二版前言

《数理统计学 (第二版)》是为经济和管理类统计学专业编写的一本数理统计学的基础教材. 在大数据和人工智能盛行的时代背景下, 统计学是一门有着旺盛生命力的科学. 数理统计理论和方法依然快速发展, 并在生产实践领域受到了更大关注, 得到了更广泛应用. 建立学生的统计思维方式并训练学生应用统计方法的能力是数理统计学的教学目标. 《数理统计学 (第二版)》共有 6 章, 主要讲授统计分析的思想和统计模型的基础理论, 包括总体、样本、统计量等概念以及常用分布、点估计、假设检验、区间估计、线性统计模型以及贝叶斯推断等常用的统计思想、理论和方法. 这里的内容只是数理统计学基础的常用部分. 这是读者了解数理统计理论发展前沿、阅读相关文献以及实际应用的基础, 也是读者为了在今后实际工作中更好地运用数理统计方法所必须进行的知识训练.

在书稿撰写过程中, 兼顾了以下三个方面.

(1) 强调统计思想的实用性. 统计学的思想产生的历史很长, 比较而言, 数理统计学形成的历史还不长. 统计思想源于生活和生产实践, 是人们生活习惯的总结, 反过来又指导人们认识客观世界, 并与各个学科结合逐步发扬光大. 本书贯彻 "学以致用" 的原则, 注重通俗易懂地阐述数理统计学的思想, 便于读者准确理解, 并有能力将其用于对社会现象进行描述和解释.

(2) 注重统计理论的科学性. 数理统计的理论性强, 统计模型和方法有较强的逻辑性. 本书无法回避大量的数学符号和公式, 这是能准确描述数理统计概念体系的唯一办法. 本书贯彻 "少而精" 的原则, 尽可能简练地讲授指数型分布族、充分完全统计量、一致最小方差无偏估计、一致最大功效检验、回归模型、贝叶斯推断等内容. 作者认为这些都是数理统计课程不可或缺的部分. 统计模型的假设条件很强, 与应用的客观现实有较大差异, 但深入地学习并理解这些知识, 可以提高读者对数理统计理论和方法的认知.

(3) 注重统计思维的严谨性. 任何统计模型和方法都能利用数据计算出统计结果, 其合理性和应用价值依赖于统计理论和方法的正确应用和统计工作的经验积累. 统计模型和方法的应用一定要准确权衡假设条件和应用现实之间差异、统计结果与应用目标之间匹配等. 无论对统计理论和方法多么熟练, 无论对统计分析问题多么熟悉, 科研工作者和实际工作者的不严谨都会导致统计结果和结论的偏误, 甚至是严重的错误. 本书尽可能准确地讲授统计模型的假设条件、统计分析过程、归纳统计结果以及统计结论的适用范围,并力图给出每道例题的严谨解答思路,鼓励读者完成一定数量中等难度的习题,便于读者理解和掌握数理统计的重要知识和思想,体会数理统计思维严谨性.

本书保留了第一版的完整框架和章节结构安排. 在指数分布族、充分完全统计量、一致最小方差无偏估计、一致最大功效检验等知识点处适当增加了例题,对回归模型、贝叶斯推断等章节作出了适当删减,提高了可读性,同时校正了第一版中数学符号、语言叙述等处出现的问题,以便于读者更好地阅读和理解本书.

本书主要是为经济和管理类统计学专业本科学生而写的数理统计学教材,也可以用作非统计学专业学生和各类人员学习数理统计知识的学习参考书. 书中涉及内容较多,读者在学习中可以根据不同的需求,对书中涉及内容进行取舍. 本书是杨贵军、杨雪、周琦、陈浩四人分工合作完成的. 在成稿过程中,多个年级的在读博士研究生和在读硕士研究生参与了书稿录入、修订和校对工作. 特别感谢张润楚教授对本书编写给出了极大的支持和鼓励,感谢林路教授、朱建平教授、赵胜利教授为本书提供了非常有价值的编写建议. 感谢天津财经大学中国经济统计研究中心和统计学院对本书出版的支持. 感谢参加过本课程学习的多个年级统计学专业学生. 感谢国家自然科学基金 (项目编号: 11601366、11601367、11971345、11471239、11501405)、国家社会科学基金重点项目 (20ATJ008) 和天津市哲学社会科学规划课题 (TJTJ19-001) 资助. 感谢科学出版社为本书的出版给予了有力支持. 本书借鉴了其他参考书的一些观点、例题和习题等,在此特向有关作者表示谢意.

限于作者水平有限,书中会存在不足之处或疏漏,恳请读者给予批评指正,以便我们今后进一步修改和完善.

作　者

2021 年 3 月

# 第一版前言

　　数理统计学是经济和管理类学科共用的一门基础课程. 人们在学这门课的时候, 大概都会不时地提出一个问题: 到底什么是统计学? 对这个问题, 不同的人可能会有不同的回答.

　　目前, 一个能被大家普遍接受的看法是, 统计学是一门研究如何收集、整理和分析数据的科学. 但要仔细考究, 这个定义可能还有些不足. 因为按照该定义, 这门科学的研究对象是数据, 而对如何收集、整理和分析数据并没有加任何限制, 似乎可以随意地进行, 这门科学好像有点随意性. 然而, 作为一门科学, 它有明确的目标和目的, 并不是随意的. 例如, 物理学是研究物质结构、物质相互作用和运动规律的科学, 而化学则是一门研究物质的性质、组成、结构、变化以及物质间相互作用关系的科学. 它们都是研究物质的, 只是在研究层面上有所不同. 还有生物学、医学、社会学、经济学等都有具体的现实研究对象. 可是, 如果抽象地谈数据, 其本身并不能作为一个具体目标来研究, 因为这里说的数据只有和具体观测的对象相结合时才有意义. 因此, 如上的统计学定义抽象地把数据当成研究对象似乎有些让人难以理解. 所以, 我们有必要对统计学的研究对象和具体目标做进一步的说明.

　　在张润楚等翻译的《试验应用统计：设计、创新和发现》[①]的译者序中, 对统计学有以下的描述:

　　现在越来越多的人意识到统计学是人类认知世界的三门重要公共基础科学之一, 即除了哲学、数学 (这里主要指纯数学之外), 就是统计学. 哲学是通过对世界 (客观或主观) 总的看法和思维逻辑方式的研究来认知世界的, 数学是通过对世界 (客观或主观想象) 的空间和形态 (包括存在于现实或思维可能想象的数量、符号、图形等) 的逻辑关系的研究来认知世界的, 而统计学则是通过对世界 (客观或主观) 的观察, 即通过观察世界发生的现象而得到各种形态的信息、数据资料 (包括被动得到的或者主动设计收集而得到的) 来认知世界的, 包括研究如何观察和收集信息、数据以及对得到的数据如何进行分析的方法. 这三门公共基础科学既各自具有一定的独立性, 又相互联系和相互支撑, 哲学和数学

---

　　① Box G E P, Hunter J S, Hunter W G. 试验应用统计: 设计、创新和发现. 张润楚, 等译. 北京: 机械工业出版社, 2009.

更具有综合指导性, 统计学要用到前两者的思维方法和知识, 但又为前两者的研究提供参考或依据, 而且它们的理论和方法都要通过时间和实践来检验. 这里实践的含义可能各自有所不同, 例如, 哲学的理论要得到各类其他科学的验证 (包括实际的检验), 数学要经得起思维逻辑严密性推敲或者在其他科学领域应用的有效性来检验, 而统计学则更多地要得到实际的直接检验. 要提高人们的科学素养和认知能力, 这三者看来都是不可缺的.

虽然这个描述可能到目前还没有得到大家的一致认同, 但是我们认为这个描述比前面的定义更为合适, 它更深刻, 更能揭示这门科学不同于其他两门公共科学的实质, 因为它把关于统计学定义所述的研究内容赋予了从观察世界来认知世界的宗旨和目标. 有了这个宗旨和目标, 才能知道这门科学的建立是为了什么, 从而能更好地对这门科学的研究建立起用以来衡量其研究内容和得到结果好坏的客观标准. 我们对统计学中研究的任何一种收集、整理和分析数据的理论和方法, 应以对要认知的真实世界的接近程度和认知效率来判断其好坏, 当然这里所说的接近程度和认知效率也需要研究.

为了更深入理解上面对统计学的描述, 我们来看它的共用性、基础性以及它和数学的关系与区别. 先说它的共用性和基础性. 就现在的事实看, 有各种门类具有具体研究对象的统计学, 如生物统计学、医学统计学、经济统计学、工业统计学、农业统计学、教育统计学、统计物理、统计化学, 以至量子统计学等. 如此看来, 这些分支学科都是以统计学为基础, 有点类似于以纯粹数学为基础出现各式各样的应用数学分支一样, 如计算数学、运筹学、经济数学、计算化学、数学物理等都是以纯粹数学为基础的分支学科. 可见, 各门研究真实世界具体对象的学科都会用到统计学. 因为它们都要通过观察来认识各自的具体对象, 而统计学是提供如何通过观察来认知世界的通用理论和方法.

再说它与数学的联系和区别. 目前有不少人把统计学归为应用数学类, 这不能说没有道理, 因为现代统计学大量地用到数学. 但从统计学发展历史、统计学的原理、思想体系和方法来看, 它并不源于数学, 它是源于对真实世界的观察, 用观察得到的各种形态的信息来推断世界和认知世界的思考, 这点与数学认知世界的思维方式和特点有很大差别. 数学研究数量、图形和符号的形式逻辑, 无须直接依赖对真实世界的观察. 统计学却是直接依赖对世界的观察, 即使其推断理论的推导要用到形式逻辑. 数学在统计学研究中起着重要的作用, 特别是在必要的时候用数学才能更好和更深入地描述和表达好统计学的原理、思想体系和方法, 进而使统计学具有严密性和可靠性. 因而, 数学促进着统计学的发展, 但大量的统计推断思想和理论都不是出于数学, 例如, 现在的统计假设检验思想、贝叶斯统计推断方法、统计决策理论, 还有在试验设计和模型分析中的效应稀疏原则等, 都不是来自数学. 统计学的许多思想还源于其他学科, 如生物学、经济学、社会学、天文学以及哲学, 即统计学思想还源于观察世界得到知识的其他学科, 并将其他学科信息处理的方法进行科学的归纳和总结, 使之成为一般方法.

和数学一样, 统计学思想理论和方法应用也十分广泛, 几乎被用到所有学科, 甚至包括纯粹数学在内. 例如, 大家都知道一个著名的哥德巴赫猜想, 即任何大于 6 的偶数都可以表示为两个质数的和. 这个猜想的由来可以说是来自观察 (统计学思想方法的核心), 哥德巴赫在教数学中发现 6 是两个质数 3 与 3 的和, 8 是两个质数 3 与 5 的和, 等等, 即遇到的偶数都有这个结果, 但当时又不能证明, 从而产生了这个猜想, 将这个问题作为一个纯粹数学问题来研究, 试图证明这个结论. 用统计学的话来说, 这个猜想就是一个统计推断, 而用纯粹数学的语言说, 这只是个猜想. 统计学意义上的推断不需要严格的数学证明, 然而数学意义上的猜想是需要严格证明的. 我们还可以举出纯粹数学研究中用到这种朴素统计思想的许多其他例子. 在数学研究的范畴内, 所有的结论要么正确、要么错误, 只有严格证明的结论才能算是正确的, 而直接以真实世界为研究对象的共用科学统计学, 面对的大千世界不仅庞大无比而且变化不止, 为了认知它也要不断地做出某些结论或得出某些结果, 但这些结论或结果, 无论是以前得到的还是以后我们试图要得到的, 可能都是或者绝大多数是对真实世界的近似, 或者说被已有的事实所证实, 却不是在数学意义上严格证明出来的. 其实, 虽然现代统计学形成得较晚, 在人类知识的发展历史上, 是先有统计学思想还是先有数学, 还难以定论, 或许是同时交替发展的.

在认知世界过程中, 绝大多数结论或结果是通过观察和分析得到的, 无须或无法得到严格的数学证明. 而且在认知世界的过程中, 即便是在科学的推断方法中会用到严格的数学证明, 用科学的推断比起用严格的数学证明要更多更广. 人类获取知识也是用统计学方法, 从观察到认识, 再观察到进一步认识, 循环不止. 统计学的任务就是为人们提供这类从观察得到信息来认知世界的一般理论和方法.

在著名统计学家 C. R. Rao 所写的著作 *Statistics and Truth* (1989, International Cooperative Publishing House, USA) 的前言中说:

I would like to share with you my thoughts on the subject. It is said:

*All knowledge is, in the final analysis, history.*

*All sciences are, in the abstract, mathematics.*

I venture to add:

*All methods of acquiring knowledge are statistics.*

这位统计学家特别强调获得知识的全部方法是统计学.

于是, 由以上分析, 我们有理由把统计学定义为一门研究如何有效地通过对世界的观察得到信息 (各种形态的数据资料) 来认知世界, 包括如何收集、整理和分析数据以及进行推断的通用科学.

如此看来, 将这样一门用途如此之广、作用如此之大的共用科学看成一门独立科学, 一点也不为过. 所以, 我们不能因为统计学用到数学, 就说它就是依附于数学的一门应用数学. 统计学在认知世界方面有其独特的重要地位, 需要独立地不断创新和发展. 统计学的发展要充分利用数学, 但又不应仅从数学出发来考虑问题或过多地依赖数学, 因为这样做会局限这门科学的发展. 我们应该把它作为一门独立的科学来研究和应用, 给予这门科学以应有的重视, 以加速对世界的认知, 使人类更好地服务于世界和在能力所及范围内协调世界.

本书介绍的是统计学发展到现今的一些基本知识, 由于介绍的这些知识多数是用数学的形式来表达的, 所以我们也称之为数理统计学. 本书包含了现有一些常用的统计思想、理论和方法. 当然这里的内容不能说是统计学基础的全部, 只能说是部分, 或者说一些常用部分, 主要有总体、样本、统计量等概念, 常用分布, 点估计理论, 假设检验理论, 区间估计, 线性模型以及贝叶斯推断等.

虽然统计学的思想在人类中产生历史很长, 但现代统计学形成的历史还不长, 因而在一定意义上可以说, 现有的已经写出来的统计学知识还只是统计学发展的初级阶段, 还需要人们不断地去丰富和发展新的统计学思想和理论方法, 不排除包括挖掘人类知识库中包含统计学的那部分, 如从《易经》中挖掘. 也许这也是上述定义给我们的一点启示.

本书是由张润楚、林路、杨贵军、朱建平四人分工合作完成的. 第 1、2 章由林路撰写, 第 3、4 章由杨贵军撰写, 第 5、6 章由朱建平撰写, 然后由林路和张润楚负责全书的审阅和协调统一. 陈强博士为书稿编辑和形成 CTEX 文件做了大量工作, 李锋博士为第 1、2 章编写了习题, 赵胜利校阅了书稿, 科学出版社林建编辑对本书的出版给予了有力支持, 我们在此一并表示感谢. 由于作者的学识水平和教学经验所限, 书中难免存在不足之处, 恳请读者批评指正.

张润楚　南开大学　东北师范大学

林　路　山东大学

朱建平　厦门大学

杨贵军　天津财经大学

2010 年 6 月

# 目　　录

# 第 1 章

# 基本知识

## 1.1 数据描述

本书的第一版前言对什么是统计学、统计学研究的对象、统计学和数学的联系与区别等问题给了一个概括的阐述. 既然统计学是研究通过对真实世界的观察来认识世界, 那么首先需要对观察得到的数据作一简单描述.

在实际中, 观察或考察一个研究对象获得数据 (也称收集数据) 的方式主要有两种: 一种是直接地收集到要观察对象的有关数据, 另一种是针对要观察的对象通过人为地设计某种试验进行观察或者设计某种方案进行抽样而得到数据. 两者的区别在于, 前者是观察者处在被动的地位, 他们只是对所感兴趣的事物, 记录下 "自然而然" 发生的结果, 不企图改变他们观察的环境. 而后者则是试验者处在主动的地位, 在试验中, 可在一定范围内自由地控制某些因素, 以考察这些因素对其他因素的影响, 在 "抽样" 中, 可按观察者某种要求, 得到具有代表性的样本. 试验设计和抽样调查是统计学中专门研究的课题, 有专门著作讨论, 由于版面的限制, 本书没有涉及. 经济和金融中涉及的数据, 主要属于第一种, 即直接收集的数据. 如股票价格波动的观察数据就是一个典型的例子, 它的波动不会因研究需要而改变. 而在工业设计试验中, 得到数据大都来自试验, 属于第二种数据 —— 试验数据.

从性质上分析, 统计数据包括定量数据和定性数据. 定量数据有大小的概念, 如股票价格、产品个数、人体身高和体重等都是定量数据. 定性数据没有大小之分, 只表示研究对象的某种特征, 如人的性别、产品种类等. 人们可以用数据来描述 (如用数 "1" 表示男性, "−1" 表示女性), 这样的数据不能比较大小 (如不能说 "1" 大于 "−1"). 对于定量数据, 又习惯地划分为连续型和离散型. 如上述的人体身高, 取值范围从理论上说可以是一个区间 (如区间 $(0, +\infty)$), 习惯上称其为连续型数据. 而如上述的产品个数, 它的取值范围是离散点, (如 $0, 1, 2, \cdots$), 习惯上称其为离散型数据. 定性数据通常是离散型的. 这里只是关于连续型数据和离散型数据的习惯描述. 它们的严格数学定义, 对应着概率论中连续型随机变量和离散型随机变量的定义.

直观描述数据的分布是实际应用和理论研究数据分布规律的切入点. 直观描述数据的分布往往用表格和直方图. 当数据是一维或二维时, 这些方法简单且有效. 这里只举出一个一维数据的例子.

**例 1.1.1**　某生产车间 50 名工人加工零件件数如下 (单位: 件):

$$
\begin{array}{cccccccccc}
117 & 122 & 124 & 129 & 139 & 107 & 117 & 130 & 122 & 125 \\
108 & 131 & 125 & 117 & 122 & 133 & 126 & 122 & 118 & 108 \\
110 & 118 & 123 & 126 & 133 & 134 & 127 & 123 & 118 & 112 \\
112 & 134 & 127 & 123 & 119 & 113 & 120 & 123 & 127 & 135 \\
137 & 114 & 120 & 128 & 124 & 115 & 139 & 128 & 124 & 121
\end{array}
$$

试给出该组数据的直方图.

**解**　根据 50 名工人加工的零件件数, 按照数值的大小将数据分成若干组. 组数应该适中. 如果组数太少, 数据分布会过于集中; 如果组数太多, 数据分布会过于分散. 这些都不利于显示数据的分布特征和规律. 组数的确定应以能显示数据分布特征和规律为目的. 在实际应用中, 可以采用斯特奇斯 (Sturges) 提出的经验公式确定划分的组数 $k$

$$
k = 1 + \frac{\lg n}{\lg 2},
$$

其中 $n$ 是数据的个数. 在本例中, $n = 50$, 可得 $k$ 为 7. 组间距离的经验计算方法是: 组距 = (最大值 − 最小值) ÷ 组数 = (139 − 107) ÷ 7, 可得组距为 5. 于是, 可以列表分析零件件数的分布情况 (表 1-1). 再根据列表, 可以作出直方图 (图 1-1).

表 1-1　加工零件件数分布表

| 分组 | 频数/件 | 频率 |
|---|---|---|
| 105~110 | 3 | 0.06 |
| 110~115 | 5 | 0.10 |
| 115~120 | 8 | 0.16 |
| 120~125 | 14 | 0.28 |
| 125~130 | 10 | 0.20 |
| 130~135 | 6 | 0.12 |
| 135~140 | 4 | 0.08 |
| 合计 | 50 | 1.00 |

从列表和直方图可以看出, 零件件数的分布呈现出一种中间大两头小、略向右偏态的趋势. 这为识别数据特征提供了直观的判断, 也为进一步理论研究提出了问题: 这种小的偏态会影响数据的对称性吗? 数据服从正态分布吗? 数据的分散程度怎样? 等等. 在今后的研究中, 会逐步找到解决问题的方法, 得到有趣的结论. 关于数据描述, 还有更多的内容, 鉴于本书的特点, 不再多写.

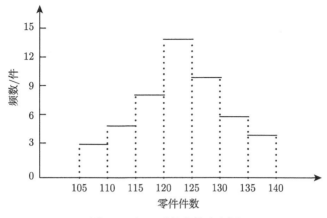

图 1-1　加工零件件数直方图

# 1.2　总体、样本、统计量

为了研究方便, 先介绍数理统计中的一些基本概念.

### 1.2.1　总体

在一个统计问题中, **研究对象的全体称为总体, 其中每个成员称为个体**. 例如, 在研究某批灯泡的质量时, 该批灯泡就是一个总体, 而其中每个灯泡就是个体. 在研究某区域居民的经济情况时, 该区域的居民构成统计问题的总体, 而每个居民则是该总体中的个体. 然而在实际问题中, 人们关心的是某些指标. 例如, 当人们关心的是某批灯泡的寿命指标时, 这批灯泡的寿命分布状况就是总体, 而每个灯泡的寿命指标就是个体. 当人们关心的是某区域居民的年收入指标时, 该区域居民的年收入分布状况就是总体, 而每个居民的年收入就是个体.

但是, 如果总体中一大堆杂乱无章的数据没有赋予什么数学或概率统计的性质, 就无法用数学和概率统计等工具研究; 另外, 如果各种总体之间找不出什么差异, 找不出分布特征, 人们就无法确定有规律性的结果, 从而对推断和决策没有任何帮助. 这就需要总体概念的核心 —— 总体的分布. 正如例 1.1.1 所表明的那样, 50 名工人加工零件件数呈现某种特有的分布趋势. 因此, 可以认为, **总体就是一个随机变量, 它有特定的分布**. 但由于总体的未知性, 常设定它是某一族随机变量 (常用参数来区别不同的随机变量, 如 $\theta$) 中的一个. 于是, 用随机变量 (或随机向量) 及其分布定义总体, 用常用的随机变量的符号或分布符号来表示. 例如, 50 名工人加工零件件数用随机变量 $X$ 或它的分布 $F(x;\theta)$ 表示; 某批灯泡的寿命用随机变量 $Y$ 或它的分布 $F(y;\theta)$ 表示.

### 1.2.2　样本

数理统计的中心任务之一是推断总体的分布和分布特征. 为了达到此目的, 就需要从总体中按照一定法则抽取若干个体进行观测或试验, 以获得总体的信息. 这一抽取过程

称为 "抽样", **所抽取的部分个体称为样本**, **样本中个体的个数称为样本容量**. 由于随机抽样具有随机性, 容量为 $n$ 的样本可能由这 $n$ 个个体组成, 也可能由另外 $n$ 个个体组成, 所以容量为 $n$ 的样本可以看成 $n$ 维随机变量 $(X_1,\cdots,X_n)$. 它的一切可能取值的全体 $\Omega = \{(x_1,\cdots,x_n)\}$ 称为样本空间, 其中任一个元素 $(x_1,\cdots,x_n)$ 是样本 $(X_1,\cdots,X_n)$ 的某个观测值. 在本书中, 一般用大写字母表示样本, 小写字母表示样本观测值. 在例 1.1.1 中, 样本容量 $n = 50$, 而列出的 50 个数据就是样本观测值, 即观测值为 $x_1 = 117, x_2 = 122,\cdots,x_{49} = 124, x_{50} = 121$.

为了通过样本对总体分布或分布的某些特征作出推断, 样本应能很好地反映总体的信息. 最常用的简单样本 (简称为 iid 样本) 具有如下两个性质.

1. 代表性

总体中每个个体都有相等的概率被抽取, 这意味着样本中每个个体与对应的总体有相同的分布. 因此, 任一样本中的个体都具有代表性, 把代表性所体现出的性质简称为 "同分布".

2. 独立性

样本中每个个体取什么值并不影响其他个体的取值, 这意味着, 样本中每个个体 $X_1,\cdots,X_n$ 相互独立, 把此性质简称为 "独立".

具有上述两个性质的样本 $(X_1,\cdots,X_n)$ 简称为 iid 样本或**简单样本**. 样本是由 $n$ 个相互独立且与总体 $X$ 同分布的随机变量组成的. 一般来说, 获得简单样本不是很难的事. 这里要特别指出, 在经济和金融研究中, 常常会遇到不是简单样本的情况. 例如, 股票价格, 因为当前的股票价格受到前一时刻价格的影响, 同一股票在不同时刻 $t_1 < t_2 < \cdots < t_n$ 观测到的价格 $X_1, X_2,\cdots,X_n$ 一般不是独立的. 关于不独立样本的研究, 有专门的统计分支 (如时间序列分析) 进行研究, 不属于本书范围.

如果不特别说明, 本书涉及的样本都是简单样本, 简称为样本. 如果总体分布函数是 $F(x)$, 则样本的分布函数为

$$F(x_1, x_2,\cdots,x_n) = F(x_1)F(x_2)\cdots F(x_n)$$

### 1.2.3　统计量

为了推断总体的分布及其特征, 常常需要对样本进行有目的的 "加工" 处理, 以提取对研究问题必要的信息而忽略无用的信息. 例如, 如果感兴趣的是总体期望 $\mu = E(X)$, 根据经验, 可以从样本均值

$$\overline{X} = \frac{1}{n}\sum_{i=1}^{n} X_i$$

中获取 $\mu$ 的信息. 如果感兴趣的是总体方差 $\sigma^2 = E(X - \mu)^2$, 根据经验, 可以从样本方差

$$S_n^2 = \frac{1}{n}\sum_{i=1}^{n}(X_i - \overline{X}_n)^2$$

中获取 $\sigma^2$ 的信息. 如果 $X_1, X_2, \cdots, X_n$ 是股票在 $t_1 < t_2 < \cdots < t_n$ 时刻的价格, 感兴趣的是股票价格波动情况, 可以从

$$X_2 - X_1, X_3 - X_2, \cdots, X_n - X_{n-1}$$

中获取有用的信息. 从上述的例子可以看出, 所谓 "加工" 就是选取样本的函数 (或向量函数), 以此实现简化并从样本中提取有用的信息. 样本函数在统计推断中起着重要作用. 于是, 引入如下定义:

对于给定分布族 $\mathcal{F} = \{F(x; \theta) : \theta \in \Theta\}$, 设 $(X_1, \cdots, X_n)$ 是从分布族 $\mathcal{F}$ 中的某分布抽取的样本, 如果实值函数 (函数向量)

$$T = T(X_1, \cdots, X_n)$$

只依赖于样本 $(X_1, \cdots, X_n)$, 而不依赖于未知参数 $\theta$, 则称函数 $T = T(X_1, \cdots, X_n)$ 为此分布的**统计量**.

对于此定义, 有几点需要加以说明. 正如前面提到的, 希望利用统计量得到总体的信息, 当样本观测值给定时, 统计量的观测值是确定的. 当分布族中的分布完全由参数决定时 (如上面给出的分布族 $\mathcal{F}$ 中的分布就是完全由参数决定的), 在定义中要求统计量不含有未知参数. 如果分布族是非参的 (总体分布不能用有限个参数决定), 则应该将统计量不依赖于参数改为不依赖于分布族. 这里不再解释什么样的分布族是非参的, 本书的目的只讲解参数统计的有关知识. 另外, 定义中提到统计量是样本的实值函数 (向量函数), 这里的实值函数 (向量函数) 是一种粗略的说法, 在理论上, 要求此函数 (向量函数) 是可测的, 其目的是利用统计量定义一些随机事件时, 所得到的事件是可以定义概率的. 通常遇到的函数 (向量函数) 都是可测的, 不必担心常用的统计量有什么问题. 本书不涉及可测的概念.

根据统计量的定义, 如上给出的例子中的三个函数都是统计量. 1.4 节介绍的矩统计量和次序统计量都是在今后研究中重要的统计量.

# 1.3 一些常用分布

随机变量的分布决定了随机变量的统计性质. 数理统计学的主要目的是通过样本对总体 (即随机变量) 的分布及其特征作出推断. 本质上, 要通过样本认识总体分布, 从而有必要先介绍数理统计学中的常用分布. 在有关概率论的教材中也有相关的内容, 有些结论就不加证明地引入, 但适当介绍一些对问题的理解和实际应用背景. 如果涉及概率论教材中不常见的结论, 会适当说明理由, 或指明参考文献.

### 1.3.1 离散型分布和连续型分布

有实际应用意义的分布有两类: 离散型分布和连续型分布. 尽管可以列举出不属于这两类的分布, 但在理论上可以证明这两类分布的范围已经够大了, 而且在实际中, 这两类分布已经足够用了.

1. 离散型分布

离散型随机变量 $X$ 的可能取值为有限个或可列无穷个: $x_1, x_2, \cdots, x_n, \cdots$. 其分布列为 $p_i = P(X = x_i)$, $i = 1, 2, \cdots$. 列出如下常用的离散型分布.

1) 二项分布

随机变量 $X$ 服从参数为 $(n, p)$ 的二项分布, 记为 $X \sim B(n, p)$, 如果其分布列为

$$P(X = k) = C_n^k p^k q^{n-k}, \quad k = 0, 1, 2, \cdots, n$$

其中, $q = 1 - p$, $0 < p < 1$. 二项分布的期望为 $E(X) = np$, 方差为 $\mathrm{Var}(X) = npq$. 特别地, 当 $n = 1$ 时, 上述分布为两点分布.

二项分布来源于 $n$ 重伯努利试验. 如果试验只有 "成功" 和 "失败" 两个结果, 则称为伯努利试验. 将伯努利试验独立重复做 $n$ 次, 用 $X$ 表示 $n$ 次伯努利试验中成功的次数, 则 $X \sim B(n, p)$, 其中 $p$ 是每次试验成功的概率. 如果将这里的 "成功" 和 "失败" 赋予具体的实际意义, 如描述产品质量的 "合格品" 与 "次品", 商品价格的 "上升" 与 "下降" 等, 就可以将二项分布应用到各种有实际意义的场合.

2) 泊松分布

随机变量 $X$ 服从参数为 $\lambda$ 的泊松 (Poisson) 分布, 记为 $X \sim P(\lambda)$, 如果其分布列为

$$P(X = k) = \frac{\lambda^k}{k!} \mathrm{e}^{-\lambda}, \quad k = 0, 1, 2, \cdots$$

其中参数 $\lambda > 0$. 泊松分布的期望和方差分别为 $E(X) = \lambda$ 和 $\mathrm{Var}(X) = \lambda$.

泊松分布来源于泊松随机质点流. 把源源不断地出现在随机时刻的质点称为随机质点流. 随机质点流称为泊松随机质点流, 如果满足如下条件:

(1) 平稳性. 出现在任意时间段 $[a, a + t]$ 中的质点个数只与时间长度 $t$ 有关, 而与时间段的起点 $a$ 无关.

(2) 无后效性 (无记忆性). 在不相交时间段中出现的质点个数是相互独立的.

(3) 稀有性. 在充分小的时间段中最多出现一个质点的概率为 1.

(4) 非平凡性. 在任何非零时间段中一个质点都不出现的概率既不等于零也不等于 1.

如果记 $X(t)$ 为在时间段 $[a, a + t]$ 中出现的质点个数, 则

$$P(X(t) = k) = \frac{(\lambda t)^k}{k!} \mathrm{e}^{-\lambda t}, \quad k = 0, 1, 2, \cdots$$

其中参数 $\lambda$ 为在单位长度时间段中随机出现质点的平均数, 称为质点流的强度.

现实中, 泊松随机质点流的例子很多, 如在某时间段中用户对商品的投诉次数、交通事故次数、纺纱机上的断头个数和港口等待进港的货船个数等.

3) 超几何分布

随机变量 $X$ 服从参数为 $(n, N, M)$ 的超几何分布, 记为 $X \sim H(n, N, M)$, 如果其分布列为

$$P(X = m) = \frac{C_M^m C_{N-M}^{n-m}}{C_N^n}, \quad m = 0, 1, 2, \cdots, l$$

其中 $l = \min\{M, n\}$, $M \leqslant N$. 可以证明, 当 $N$ 很大时,

$$\frac{\mathrm{C}_M^m \mathrm{C}_{N-M}^{n-m}}{\mathrm{C}_N^n} \approx \mathrm{C}_n^m p^m (1-p)^{n-m}$$

其中 $p = M/N$. 该近似式主要用于超几何分布的概率近似计算. 超几何分布的期望和方差分别为

$$E(X) = \frac{nM}{N}, \quad \mathrm{Var}(X) = \frac{nM(N-M)(N-n)}{N^2(N-1)}$$

　　超几何分布描述不放回抽样下一些事件的概率分布. 一个典型的模型是: 在一个盒中共装有 $N$ 个球, 其中有 $M$ 个黑球, $N - M$ 个白球. 现从盒中 (不放回地) 随机抽取 $n$ 个球, 用 $X$ 表示抽中黑球的个数, 则 $X$ 服从超几何分布. 如果将模型中的球用各种实际的东西替代, 就能得到实际问题的解. 例如, 用球表示某批产品, 黑球表示其中的次品, 现从中 (不放回地) 随机抽取 $n$ 个产品进行观测, 用 $X$ 表示观测到的次品个数, 则 $X$ 服从超几何分布. 又如, 在抽奖活动中, 如果用黑球表示中奖, 白球表示不中奖, 则在 $n$ 次抽奖中, 中奖次数 $X$ 服从超几何分布.

　　4) 几何分布

　　随机变量 $X$ 服从参数为 $p$ 的几何分布, 记为 $X \sim G(p)$, 如果其分布列为

$$P(X = k) = pq^{k-1}, \quad k = 1, 2, \cdots$$

其中 $0 < p < 1$, $q = 1 - p$. 几何分布的期望为 $E(X) = 1/p$, 方差为 $\mathrm{Var}(X) = q/p^2$.

　　在不断重复的伯努利试验中, 首次成功所需的次数记为 $X$, 则 $X$ 服从几何分布. 如果与前面的二项分布和超几何分布相比, 可以看到它们都表示某种次数的分布. 所不同的是, 在二项分布和超几何分布中, 试验 (观测) 次数是固定的, 而成功次数是随机变量. 在几何分布中, 成功次数是固定的 (一次), 而试验次数是随机的.

　　与试验次数有关的分布还有多种, 简单列举如下两个分布:

　　有限几何分布

$$P(X = k) = \begin{cases} pq^{k-1}, & k = 1, 2, \cdots, n-1 \\ q^{n-1}, & k = n \end{cases}$$

其中 $0 < p < 1$, $q = 1 - p$. 如果伯努利试验不断重复地进行, 直到首次成功或试验进行到 $n$ 次为止, 若 $X$ 表示试验次数, 则它服从如上有限几何分布.

　　参数为 $(r, p)$ 的负二项 (帕斯卡, Pascal) 分布, 其分布列为

$$P(X = k) = \mathrm{C}_{k-1}^{r-1} p^r q^{k-r}, \quad k = r, r+1, \cdots$$

其中 $0 < p < 1$, $q = 1 - p$. 负二项分布是几何分布的推广, 它表示伯努利试验序列中恰好出现 $r$ 次成功所需要的试验次数 $X$ 的分布.

### 2. 连续型分布

离散型随机变量的取值是一些离散点, 另一类随机变量的取值可以连续地布满某些区间 (区域). 为了解决此问题, 人们沿着从离散型到连续型, 从求和到积分的路径, 再借用微积分工具, 就产生连续型随机变量的概念. $X$ 称为连续型随机变量, 如果存在密度函数 $f(x) \geqslant 0$, 满足 $\int_{-\infty}^{+\infty} f(\mu)\mathrm{d}\mu = 1$, 并使得对于任意的 $x$, 其分布函数可以表示为

$$F(x) = \int_{-\infty}^{x} f(\mu)\mathrm{d}u$$

连续型随机变量中最重要的分布是正态分布, 另外还有所谓的 "三大分布", 即 $\chi^2$-分布、$t$-分布和 $F$-分布, 将在后面章节专门介绍. 以下列出几个常用的连续型随机变量的分布.

#### 1) 均匀分布

随机变量 $X$ 在 $[a,b]$ 上服从均匀分布, 记为 $X \sim U(a,b)$, 如果它的密度函数为

$$f(x) = \begin{cases} \dfrac{1}{b-a}, & x \in [a,b] \\ 0, & x \notin [a,b] \end{cases} \tag{1.3.1}$$

从而, $X$ 的分布函数为

$$F(x) = \begin{cases} 0, & x < a \\ \dfrac{x-a}{b-a}, & a \leqslant x \leqslant b \\ 1, & x > b \end{cases} \tag{1.3.2}$$

均匀分布的期望为 $E(X) = (a+b)/2$, 方差为 $\mathrm{Var}(X) = (b-a)^2/12$.

随机变量 $X$ 在 $[a,b]$ 上的分布是均匀的, 意味着, 对 $[a,b]$ 中的任意区间 $[c,d]$, $X$ 落入 $[c,d]$ 的概率与 $[c,d]$ 在区间 $[a,b]$ 中的位置无关, 只与区间 $[c,d]$ 的长度 $d-c$ 有关. 在实际中, 如果没有信息去认识 $X$, 而只知道它的取值在区间 $[a,b]$ 中, 或者根据经验知道 $X$ 落在 $[a,b]$ 中任意处是等可能的, 则往往会假设随机变量 $X$ 在 $[a,b]$ 上服从均匀分布. 此外, 均匀分布在统计模拟等其他方面也有重要的应用.

#### 2) 指数分布

随机变量 $X$ 服从参数为 $\lambda > 0$ 的指数分布, 记为 $X \sim \mathrm{Exp}(\lambda)$, 如果其密度函数为

$$f(x) = \begin{cases} \lambda \mathrm{e}^{-\lambda x}, & x > 0 \\ 0, & x \leqslant 0 \end{cases}$$

由此可知 $X$ 的分布函数为

$$F(x) = \begin{cases} 1 - \mathrm{e}^{-\lambda x}, & x > 0 \\ 0, & x \leqslant 0 \end{cases}$$

指数分布的期望和方差分别为 $E(X) = 1/\lambda$ 和 $\mathrm{Var}(X) = 1/\lambda^2$.

指数分布可以描述寿命现象. 例如, 如果某产品使用了 $t$ 小时后, 在以后的 $\Delta t$ 小时内失效的概率为 $\lambda \Delta t + o(\Delta t)$, 即 $P(t < X \leqslant t + \Delta t | X > t) = \lambda \Delta t + o(\Delta t)$, 则可以证明, 该产品寿命 $X$ 的分布是指数分布, 即分布函数 $P(X \leqslant t)$ 是如上指数分布的分布函数. 指数分布广泛应用于可靠性、生物、设备更新和维修以及排队等实际问题中.

### 1.3.2 正态分布

下面介绍统计学中一个最常用和最重要的分布 —— 正态分布, 它的理论完整、应用广泛. 如果随机变量 $X$ 有概率密度函数

$$f(x) = \frac{1}{\sqrt{2\pi}\,\sigma} \exp \left\{ -\frac{(x-\mu)^2}{2\sigma^2} \right\}, \quad -\infty < x < +\infty$$

则称其服从参数为 $\mu$ 和 $\sigma^2$ 的正态分布, 记为 $X \sim N(\mu, \sigma^2)$. 容易证明 $E(X) = \mu$ 和 $\mathrm{Var}(X) = \sigma^2$, 即式中的参数 $\mu$ 和 $\sigma^2$ 分别为 $X$ 的期望和方差. 由此可见, 一个具体正态分布变量除其密度函数 $f(x)$ 具有上述特殊形式外, 唯一地由一阶矩和二阶矩即均值和方差所决定. 特别地, 如果 $\mu = 0$ 和 $\sigma^2 = 1$, 称该分布为标准正态分布.

正态随机变量 $X$ 的密度函数 $f(x)$ 有如下特点:

(1) 密度函数 $y = f(x)$ 的图形关于 $x = \mu$ 对称.

(2) 密度曲线 $y = f(x)$ 在 $x = \mu \pm \sigma$ 处有拐点.

(3) 当 $x \to \pm\infty$ 时, 密度曲线 $y = f(x)$ 以 $x$ 轴为其渐近线.

(4) 随着 $\mu$ 增加, 密度函数 $y = f(x)$ 的图形往右移; 反之, 图形往左移 (图 1-2).

(5) $\sigma$ 越大, 密度函数 $y = f(x)$ 的曲线越平缓; $\sigma$ 越小, 密度函数 $y = f(x)$ 的曲线越陡峭 (图 1-3).

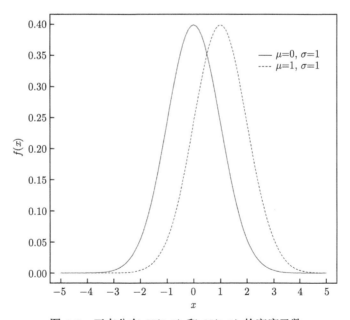

图 1-2 正态分布 $N(0,1)$ 和 $N(1,1)$ 的密度函数

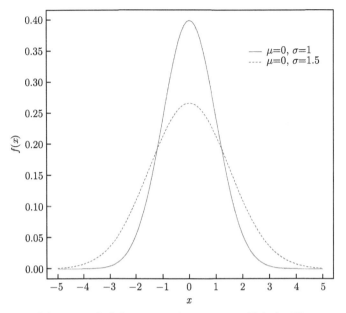

图 1-3    正态分布 $N(0,1)$ 和 $N(0,2.25)$ 的密度函数

可以证明, 经过标准化变换 $Z = (X - \mu)/\sigma$, 新的变量 $Z$ 服从标准正态分布 $N(0,1)$, 其密度函数和分布函数分别记为 $\varphi(x)$ 和 $\varPhi(x)$, 对于 $-\infty < x < +\infty$, 有

$$\varphi(x) = \frac{1}{\sqrt{2\pi}} \exp\left\{-\frac{x^2}{2}\right\}, \quad \varPhi(x) = \int_{-\infty}^{x} \frac{1}{\sqrt{2\pi}} \exp\left\{-\frac{u^2}{2}\right\} \mathrm{d}u$$

正态分布除上述特性外, 还有其他一些优良的性质, 如**线性可加性**.

若 $X_i \sim N(\mu_i, \sigma_i^2)$, $i = 1, \cdots, n$ 且相互独立, 则对不全为零的常数 $a_i$, $i = 1, \cdots, n$ 和常数 $b_i$, $i = 1, \cdots, n$, 有

$$\sum_{i=1}^{n}(a_i X_i + b_i) \sim N\left(\sum_{i=1}^{n}(a_i \mu_i + b_i), \sum_{i=1}^{n} a_i^2 \sigma_i^2\right)$$

特别地, 如果上式中 $a_i = 1/n$, $b_i = 0$, $i = 1, \cdots, n$, 则

$$\overline{X} \sim N\left(\overline{\mu}, \frac{\overline{\sigma}^2}{n}\right), \quad \frac{\sqrt{n}(\overline{X}_n - \overline{\mu})}{\sqrt{\overline{\sigma}^2}} \sim N(0,1)$$

其中 $\overline{X} = \frac{1}{n}\sum_{i=1}^{n} X_i$, $\overline{\mu} = \sum_{i=1}^{n}(\mu_i/n)$, $\overline{\sigma}^2 = \sum_{i=1}^{n}(\sigma_i^2/n)$. 如果 $\mu_i = \mu$, $\sigma_i = \sigma$, 且取 $a_i = 1/n$, $b_i = 0$, $i = 1, \cdots, n$, 则

$$\overline{X} \sim N\left(\mu, \frac{\sigma^2}{n}\right), \quad \frac{\overline{X} - \mu}{\sigma} \sim N(0,1)$$

如上性质在假设检验和置信区间中有重要的应用.

在实际应用中, 人们得到的数据不一定服从正态分布, 但在许多情况下有渐近正态性和近似正态性. 例如, 一组随机变量 $X_i$, $i = 1, 2, \cdots$, 它们相互独立但不一定服从正态分

布, 在 "比较宽松的条件" 下, 对每个 $i$, 期望 $E(X_i) = \mu_i$ 和方差 $\mathrm{Var}(X_i) = \sigma_i^2$ 都存在, 则当 $n \to +\infty$ 时,

$$\frac{\sqrt{n}(\overline{X} - \overline{\mu})}{\sqrt{\overline{\sigma^2}}} \xrightarrow{\mathcal{D}} N(0,1)$$

其中 $\xrightarrow{\mathcal{D}}$ 表示依分布收敛, 当 $n$ 趋于无穷时, $\sqrt{n}(\overline{X} - \overline{\mu})/\sqrt{\overline{\sigma^2}}$ 的渐近分布是标准正态分布. 这里不详细列出 "比较宽松的条件" 是什么, 直观地说, 该条件的意义是在独立随机变量之和中, 每个加项的影响都 "均匀的小", 即相当多的独立随机变量中每个变量的影响都不突出, 则它们之和有渐近正态性. 概率论的中心极限定理也指出这一点在实际应用中这样的条件是普遍存在的. 可以换一个说法, 如果在现实中, 有大量变量的随机性是受多种微小、独立因素综合影响的结果, 就可以想象这样的变量是近似地服从正态分布的, 如测量误差、热力学中理想气体的分子速度、某个地区的人体身高、体重等都可以认为其近似地服从正态分布. 这一事实也是使得正态分布用途很广的一个重要原因.

以上讨论说明正态分布的重要性和普遍性. 下面讨论由正态分布产生的统计学中的三个重要分布.

### 1.3.3 $\chi^2$-分布、$t$-分布和 $F$-分布

$\chi^2$-分布、$t$-分布和 $F$-分布被称为 "三大分布". 它们可以从两种方式定义. 一种是从正态分布出发, 用正态随机变量的函数定义, 推导出它们的分布函数或密度函数; 另一种是直接定义它们的分布函数或密度函数, 然后看什么样的随机变量函数具有这样的分布函数或密度函数. 两种方式的本质是一致的.

1. $\chi^2$-分布

若随机变量 $X_1, \cdots, X_n$ 相互独立, 且 $X_i \sim N(\mu_i, 1), i = 1, \cdots, n$, 则 $\sum\limits_{i=1}^{n} X_i^2$ 的分布称为具有自由度 $n$、非中心参数为 $\delta = \sum\limits_{i=1}^{n} \mu_i^2$ 的 $\chi^2$-分布, 记为

$$\sum_{i=1}^{n} X_i^2 \sim \chi^2(n, \delta)$$

如果非中心参数 $\delta = 0$, 则 $\sum\limits_{i=1}^{n} X_i^2$ 的 $\chi^2$-分布称为具有自由度为 $n$ 的中心 $\chi^2$-分布, 简称为具有自由度 $n$ 的 $\chi^2$-分布, 记为

$$\sum_{i=1}^{n} X_i^2 \sim \chi^2(n)$$

其中非中心参数 $\delta = 0$, 等价于 $\mu_1 = \mu_2 = \cdots = \mu_n = 0$, 从而 $X_i \sim N(0,1), i = 1, \cdots, n$.

随机变量 $X$ 服从自由度为 $n$ 的 $\chi^2$-分布, 其密度函数为

$$f(x; n) = \begin{cases} \dfrac{1}{2^{\frac{n}{2}} \Gamma\left(\dfrac{n}{2}\right)} x^{\frac{n}{2}-1} \mathrm{e}^{-\frac{x}{2}}, & x > 0 \\ 0, & x \leqslant 0 \end{cases}$$

其中 $\Gamma(x)$ 是 Gamma-函数. 随机变量 $X$ 的期望 $E(X) = n$, 方差 $\mathrm{Var}(X) = 2n$, 密度函数的图形见图 1-4.

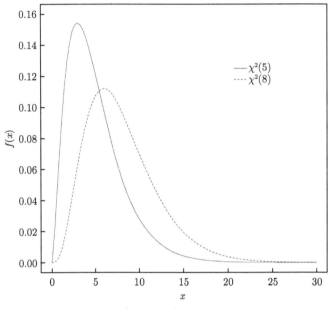

图 1-4 $\chi^2(5)$ 和 $\chi^2(8)$ 的密度函数

$\chi^2$-分布有如下的统计性质.

(1) **$\chi^2$-分布的可加性**. 若随机变量 $X \sim \chi^2(n_1), Y \sim \chi^2(n_2)$, 且相互独立, 则

$$Z = X + Y \sim \chi^2(n_1 + n_2)$$

(2) **$\chi^2$-分布的渐近正态性**. 若随机变量 $X_n \sim \chi^2(n), n = 1, 2, \cdots$, 则当 $n \to +\infty$ 时, 有

$$\frac{X_n - n}{\sqrt{2n}} \xrightarrow{\mathcal{D}} N(0, 1)$$

其中 $\xrightarrow{\mathcal{D}}$ 表示依分布收敛.

2. $t$-分布

若随机变量 $X$ 和 $Y$ 相互独立, 且 $X \sim N(\mu, 1), Y \sim \chi^2(n)$, 则 $Z = \dfrac{X}{\sqrt{Y/n}}$ 的分布称为具有自由度 $n$, 非中心参数为 $\delta$ 的 $t$-分布, 记为

$$Z = \frac{X}{\sqrt{Y/n}} \sim t(n, \delta)$$

当非中心参数 $\delta = 0$ 时, $Z = \dfrac{X}{\sqrt{Y/n}}$ 的分布称为具有自由度为 $n$ 的中心 $t$-分布, 简称为具有自由度 $n$ 的 $t$-分布. 记为

$$Z = \frac{X}{\sqrt{Y/n}} \sim t(n)$$

其中非中心参数 $\delta = 0$, 等价于 $\mu = 0$, 从而 $X \sim N(0,1)$.

随机变量 $X$ 服从自由度为 $n$ 的 $t$-分布, 其密度函数为

$$f(x;n) = \frac{\Gamma\left(\dfrac{n+1}{2}\right)}{\sqrt{n\pi}\,\Gamma\dfrac{n}{2}}\left(1+\frac{x}{n}\right)^{-\frac{n+1}{2}}, \quad -\infty < x < +\infty$$

可以验证, $t$-分布的期望 $E(X) = 0$, 方差 $\mathrm{Var}(X) = n/(n-2)$, 其中自由度 $n > 2$. 当自由度 $n = 1$ 时, $t$-分布就是柯西 (Cauchy) 分布, 不存在期望和方差. $t$-分布的密度函数的图形见图 1-5.

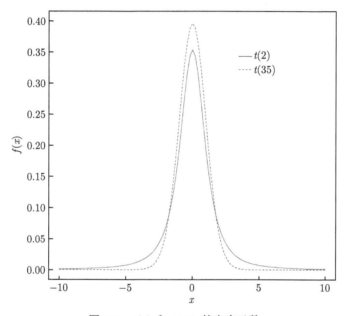

图 1-5　$t(2)$ 和 $t(35)$ 的密度函数

$t$-分布具有如下的性质.

(1) **$t$-分布的对称性**. 具有自由度 $n$ 的 $t$-分布的密度函数 $f(x;n)$ 关于 $x = 0$ 对称, 即对于任意 $-\infty < x < +\infty$,

$$f(x;n) = f(-x;n)$$

$$\int_{-\infty}^{x} f(u;n)\mathrm{d}u = \int_{-x}^{+\infty} f(u;n)\mathrm{d}u$$

(2) **$t$-分布的渐近正态性**. 若随机变量 $X_n \sim t(n), n = 1, 2, \cdots$, 则当 $n \to +\infty$ 时, 有

$$X_n \xrightarrow{\mathcal{D}} N(0,1)$$

或者

$$\lim_{n \to +\infty} f(x;n) = \frac{1}{\sqrt{2\pi}} \exp\left\{-\frac{x^2}{2}\right\}$$

于是, 当自由度 $n$ 很大时, $t$-分布可以用标准正态分布近似.

3. $F$-分布

设随机变量 $X$ 和 $Y$ 相互独立, 且 $X \sim \chi^2(m, \delta)$, $Y \sim \chi^2(n)$, 则 $Z = \dfrac{X/m}{Y/n}$ 的分布称为自由度为 $m$ 和 $n$, 非中心参数为 $\delta$ 的 $F$-分布, 记为

$$Z = \frac{X/m}{Y/n} \sim F(m, n, \delta)$$

当非中心参数 $\delta = 0$ 时, $Z = \dfrac{X/m}{Y/n}$ 的分布称为具有自由度为 $m$ 和 $n$ 的中心 $F$-分布, 简称为具有自由度为 $m$ 和 $n$ 的 $F$-分布. 记为

$$Z = \frac{X/m}{Y/n} \sim F(m, n)$$

其中非中心参数 $\delta = 0$, 等价于随机变量 $X \sim \chi^2(m)$. 随机变量 $X$ 服从自由度为 $m$ 和 $n$ 的 $F$-分布, 其密度函数为

$$f(x; m, n) = \begin{cases} \dfrac{\Gamma((m+n)/2)}{\Gamma(m/2)\Gamma(n/2)} \left(\dfrac{m}{n}\right) x^{m/2-1} \left(1 + \dfrac{m}{n}x\right)^{-(m+n)/2}, & x > 0 \\ 0, & x \leqslant 0 \end{cases}$$

具有自由度为 $m$ 和 $n$ 的 $F$-分布的期望和方差分别为

$$E(X) = \frac{n}{n-2}, \quad n > 2$$

$$\mathrm{Var}(X) = \frac{2n^2(m+n-2)}{m(n-2)^2(n-4)}, \quad n > 4$$

$F$-分布的密度函数的图形见图 1-6.

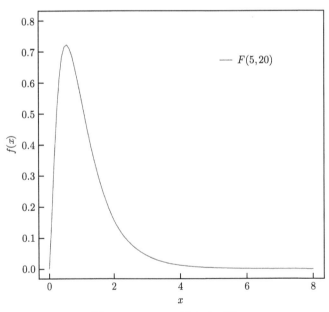

图 1-6　$F(5, 20)$ 的密度函数

$F$-分布具有如下的性质.

(1) **服从 $F$-分布的随机变量的倒数**. 若随机变量 $X \sim F(m,n)$, 则 $Y = 1/X \sim F(n,m)$. 于是, 在实际应用中只需要在 $m \geqslant n$ 的情况下 $F$-分布的上侧分位数的数值表.

(2) **$F$-分布与 $t$-分布**. 若随机变量 $X \sim t(n)$, 则 $Y = X^2 \sim F(1,n)$.

(3) **$F$-分布的渐近正态性**. 若随机变量 $X_n \sim F(m,n)$, $n = 1, 2, \cdots$, 则当 $n \to +\infty$ 时, 有

$$X_n \xrightarrow{\mathcal{D}} \frac{1}{m}\chi^2(m)$$

### 1.3.4　Gamma-分布与 Beta-分布

除正态分布和 "三大分布" 之外, Gamma-分布与 Beta-分布也比较重要. 这两个分布的主要特点是: 它们都包含两个参数, 一些重要的分布是它们的特例.

1) Gamma-分布

随机变量 $X$ 服从参数为 $(\alpha, \beta)$ 的 Gamma-分布, 记为 $X \sim \Gamma(\alpha, \beta)$, 如果它的密度函数为

$$f(x; \alpha, \beta) = \begin{cases} \dfrac{\beta^\alpha}{\Gamma(\alpha)} x^{\alpha-1} \mathrm{e}^{-\beta x}, & x > 0 \\ 0, & x \leqslant 0 \end{cases}$$

其中参数 $\alpha > 0$, $\beta > 0$.

Gamma-分布的期望 $E(X) = \alpha/\beta$, 方差 $\mathrm{Var}(X) = \alpha/\beta^2$. Gamma-分布的常见特殊情形有, $\Gamma(1, \beta)$ 是指数分布, $\Gamma(n/2, 1/2)$ 是自由度为 $n$ 的 $\chi^2$-分布. Gamma-分布关于第一个参数有可加性: 若随机变量 $X$ 和 $Y$ 相互独立, 且 $X \sim \Gamma(\alpha_1, \beta)$, $Y \sim \Gamma(\alpha_2, \beta)$, 则

$$Z = X + Y \sim \Gamma(\alpha_1 + \alpha_2, \beta)$$

Gamma-分布的可加性可推导出 $\chi^2$-分布的可加性.

2) Beta-分布

随机变量 $X$ 服从参数为 $(\alpha, \beta)$ 的 Beta-分布, 记为 $X \sim \mathrm{Be}(\alpha, \beta)$, 如果它的密度函数为

$$f(x; \alpha, \beta) = \begin{cases} \dfrac{\Gamma(\alpha+\beta)}{\Gamma(\alpha)\Gamma(\beta)} x^{\alpha-1}(1-x)^{\beta-1} & x > 0 \\ 0 & x \leqslant 0 \end{cases}$$

其中参数 $\alpha > 0$, $\beta > 0$.

Beta-分布的期望和方差分别为

$$E(X) = \frac{\alpha}{\alpha + \beta}$$

$$\mathrm{Var}(X) = \frac{\alpha\beta}{(\alpha + \beta + 1)(\alpha + \beta)^2}$$

Beta-分布有明显的直观意义, 有广泛的应用. 服从 Beta-分布的随机变量仅在区间 $[0,1]$ 上取值, 适用于市场占有率、机器维修率、射击命中率等各种比率的场合.

### 1.3.5  指数型分布族

除均匀分布外, 以上介绍的分布都属于指数型分布族. 指数型分布族在数理统计中发挥着重要的作用, 理论上的许多重要问题只能在指数型分布族的范围内才能得到比较彻底的解决. 指数型分布族包括了常用分布的共同特征.

随机变量 $X$ 的分布属于指数型分布族, 如果它的密度函数 (或分布列) 可以表示为如下形式

$$p(x;\theta) = c(\theta)\exp\left\{\sum_{j=1}^{k} c_j(\theta)T_j(x)\right\}h(x) \qquad (1.3.3)$$

并且其支撑 $\{x : p(x;\theta) > 0\}$ 不依赖于参数 $\theta$. 设 $\Theta$ 为参数空间. 对于任何 $\theta \in \Theta$, 必有 $c(\theta) > 0$, 则

$$0 < \exp\left\{\sum_{j=1}^{k} c_j(\theta)T_j(x)\right\}h(x) < +\infty$$

其积分值为 $c(\theta)$ 的倒数. 考察如下例子.

**例 1.3.1**  正态分布族: 正态分布 $N(\mu,\sigma^2)$ 的密度函数为

$$f(x;\mu,\sigma^2) = \frac{1}{\sqrt{2\pi}\,\sigma}\exp\left\{-\frac{(x-\mu)^2}{2\sigma^2}\right\}$$

其中参数 $\theta = (\mu,\sigma^2)$, 参数空间为

$$\Theta = \left\{\theta = (\mu,\sigma^2), -\infty < \mu < +\infty, 0 < \sigma^2 < +\infty\right\}$$

试验证正态分布族是指数型分布族.

**解**  正态分布的密度函数改写为

$$f(x;\mu,\sigma^2) = \frac{1}{\sqrt{2\pi}\,\sigma}\exp\left\{-\frac{\mu^2}{2\sigma^2}\right\}\exp\left\{\frac{\mu x}{\sigma^2} - \frac{x^2}{2\sigma^2}\right\}$$

取

$$c(\mu,\sigma^2) = \frac{1}{\sqrt{2\pi}\,\sigma}\exp\left\{-\frac{\mu^2}{2\sigma^2}\right\}$$
$$c_1(\mu,\sigma^2) = \frac{\mu}{\sigma^2}, \quad c_2(\mu,\sigma^2) = -\frac{1}{2\sigma^2}$$
$$T_1(x) = x, \quad T_2(x) = x^2$$
$$h(x) = 1$$

即正态分布族是指数型分布族.

**例 1.3.2**  二项分布族: 二项分布的分布列为

$$p(x;\theta) = C_n^x \theta^x (1-\theta)^{n-x}, \quad x = 0,1,\cdots,n$$

参数空间为

$$\Theta = \{\theta : 0 < \theta < 1\}$$

试验证二项分布族是指数型分布族.

**解**　二项分布的分布列改写为

$$p(x;\theta) = (1-\theta)^n \exp\left\{x\ln\left(\frac{\theta}{1-\theta}\right)\right\} C_n^x$$

取

$$c(\theta) = (1-\theta)^n$$
$$c_1(\theta) = \ln\left(\frac{\theta}{1-\theta}\right)$$
$$T_1(x) = x$$
$$h(x) = C_n^x$$

即二项分布族是指数型分布族.

**例 1.3.3**　泊松分布族: 随机变量 $X$ 服从参数为 $\lambda$ 的泊松分布 $P(\lambda)$, 其分布列为

$$p(x;\lambda) = \frac{\lambda^x}{x!}\,\mathrm{e}^{-\lambda}, \quad x = 0,1,2,\cdots$$

参数空间为

$$\Theta = \{\lambda : \lambda > 0\}$$

试验证泊松分布族为指数型分布族.

**解**　泊松分布的分布列改写为

$$p(x;\lambda) = \mathrm{e}^{-\lambda} \exp\{x\ln(\lambda)\}\,(x!)^{-1}$$

取

$$c(\lambda) = \mathrm{e}^{-\lambda}$$
$$c_1(\lambda) = \ln(\lambda)$$
$$T_1(x) = x$$
$$h(x) = (x!)^{-1}$$

即泊松分布族是指数型分布族.

均匀分布 $U(a,b)$ 的地位特殊. 当参数 $a$ 或 $b$ 未知时, 其分布密度的支撑与未知参数有关, 均匀分布 $U(a,b)$ 不属于指数型分布族. 除了均匀分布, 前几节提到的分布都属于指数型分布族.

为了研究方便, 在上述的指数型分布族 (1.3.3) 中, 引入新参数 $\omega_j = c_j(\theta), j = 1,\cdots,k$. 如果能从这些方程组中唯一解出 $\theta = \theta(\omega_1,\cdots,\omega_k)$, 则得到指数型分布族的标准形式 (也

称为自然形式)

$$p(x; \omega) = c^*(\omega) \exp \left\{ \sum_{j=1}^{k} \omega_j T_j(x) \right\} h(x) \tag{1.3.4}$$

其中 $\omega_j = c_j(\theta), j = 1, \cdots, k, c^*(\omega) = c(\theta(\omega_1, \cdots, \omega_k))$.

**例 1.3.4** 试给出例 1.3.2 中二项分布族的指数型分布族的标准形式.

**解** 在例 1.3.2 的二项分布族中, 取

$$\omega = \ln \left( \frac{\theta}{1-\theta} \right)$$

解得

$$\theta = \frac{\mathrm{e}^\omega}{1 + \mathrm{e}^\omega}$$

二项分布族的分布列改写为指数型分布族的标准形式为

$$p(x; \omega) = c^*(\omega) \exp(\omega x) h(x)$$

其中 $c^*(\omega) = (1 + \mathrm{e}^\omega)^{-n}, h(x) = C_n^x$.

指数型分布族有良好的数学性质和统计性质 (陈希孺, 1999). 例如,

(1) 积分和求导运算可交换顺序. 设 $\omega = (\omega_1, \cdots, \omega_k)$ 是指数型分布族 (1.3.4) 的参数空间的一个内点, 有函数

$$H(\omega) = (c^*(\omega))^{-1} = \int_{\mathcal{X}} \exp \left\{ \sum_{j=1}^{k} \omega_j T_j(x) \right\} h(x) \mathrm{d}x$$

在 $\omega$ 点处连续, 任意阶偏导数存在, 且可以在积分号下求导, 即对于 $s = 1, \cdots, k$,

$$\frac{\partial}{\partial \omega_s} \int_{\mathcal{X}} \exp \left\{ \sum_{j=1}^{k} \omega_j T_j(x) \right\} h(x) \mathrm{d}x = \int_{\mathcal{X}} \frac{\partial}{\partial \omega_s} \left\{ \exp \left\{ \sum_{j=1}^{k} \omega_j T_j(x) \right\} h(x) \right\} \mathrm{d}x$$

(2) 如果随机变量 $X$ 的分布有指数型分布族的标准形式 (1.3.4), $(X_1, \cdots, X_n)$ 是总体 $X$ 的样本, $(X_1, \cdots, X_n)$ 的密度函数 (分布列) 为

$$(c^*(\omega))^n \exp \left\{ \sum_{i=1}^{n} \sum_{j=1}^{k} \omega_j T_j(x_i) \right\} h(x_1) \cdots h(x_n) \tag{1.3.5}$$

统计量

$$(T_1(X), \cdots, T_k(X)) = \left( \sum_{i=1}^{n} T_1(X_i), \cdots, \sum_{i=1}^{n} T_k(X_i) \right)$$

的分布也是指数型.

(3) 式 (1.3.5) 中的统计量 $(T_1(X), \cdots, T_k(X))$ 的期望和协方差分别为

$$E(T_j(X)) = -\frac{\partial \ln(c^*(\omega))^n}{\partial \omega_j}, \quad j = 1, \cdots, k$$

$$\mathrm{Cov}(T_i(X), T_j(X)) = -\frac{\partial^2 \ln(c^*(\omega))^n}{\partial \omega_i \partial \omega_j}, \quad i, j = 1, \cdots, k$$

**例 1.3.5** 试给出参数为 $\mu$ 和 $\sigma^2$ 的对数正态分布族为标准形式. 并计算期望和方差.

**解** 设随机变量 $X$ 服从对数正态分布, 其密度函数为

$$f(x) = \frac{1}{\sqrt{2\pi}\sigma x} \exp\left\{-\frac{(\ln x - \mu)^2}{2\sigma^2}\right\}$$

改写为指数型分布族的标准形式为

$$f(x) = c^*(\omega_1, \omega_2) \exp\{\omega_1 \ln x + \omega_2 (\ln x)^2\} h(x)$$

其中

$$\omega_1 = \frac{\mu}{\sigma^2}$$

$$\omega_2 = -\frac{1}{2\sigma^2}$$

$$c^*(\omega_1, \omega_2) = \sqrt{\frac{-\omega_2}{\pi}} \exp\left\{\frac{\omega_1^2}{4\omega_2}\right\}$$

$$h(x) = \frac{1}{x}$$

$(X_1, \cdots, X_n)$ 是总体 $X$ 的样本, 则

$$(T_1(X), T_2(X)) = \left(\sum_{i=1}^n \ln(X_i), \sum_{i=1}^n (\ln X_i)^2\right)$$

的抽样分布也是指数型. 计算对数正态分布的期望和协方差.

$$\ln\left[(c^*)^n\right] = \frac{n}{2} \ln\left(-\frac{\omega_2}{\pi}\right) + \frac{n\omega_1^2}{4\omega_2}$$

$$\frac{\partial}{\partial \omega_1} \ln\left[(c^*)^n\right] = \frac{n\omega_1}{2\omega_2} = -n\mu$$

$$\frac{\partial}{\partial \omega_2} \ln\left[(c^*)^n\right] = \frac{n}{2\omega_2} - \frac{n\omega_1^2}{4\omega_2^2} = -n\sigma^2 - n\mu^2$$

于是

$$E(T_1(X)) = n\mu$$

$$E(T_2(X)) = n\sigma^2 + n\mu^2$$

计算 $\omega_1$ 的二阶偏导数

$$\frac{\partial^2}{\partial \omega_1^2} \ln\left[(c^*)^n\right] = \frac{n}{2\omega_2} = -n\sigma^2$$

统计量 $T_1(X)$ 的方差为

$$\mathrm{Var}(T_1(X)) = n\sigma^2$$

计算 $\omega_2$ 的二阶偏导数

$$\frac{\partial^2}{\partial \omega_2^2} \ln\left[(c^*)^n\right] = -n(2\sigma^4 + 4\mu^2\sigma^2)$$

统计量 $T_2(X)$ 的方差为

$$\mathrm{Var}(T_2(X)) = n(2\sigma^4 + 4\mu^2\sigma^2)$$

计算 $\omega_1$ 和 $\omega_2$ 的偏导数

$$\frac{\partial^2}{\partial \omega_1 \partial \omega_2} \ln\left[(c^*)^n\right] = -2n\mu\sigma^2$$

统计量 $T_1(X)$ 和 $T_2(X)$ 的协方差为

$$\mathrm{Cov}(T_1(X), T_2(X)) = 2n\mu\sigma^2$$

# 1.4  统计量与抽样分布

在 1.2 节中定义了统计量, 其目的是用统计量 "加工" 样本的信息, 以便对总体或其特征进行推断. 然而, 当利用统计量进行推断时, 需要评价统计量的性质, 此时要用到统计量的分布. 另外, 有些统计推断问题, 如置信区间和假设检验, 也需要知道统计量的分布. 统计量的分布称为抽样分布. 统计量的抽样分布是数理统计中的重要问题. 英国统计学家 Fisher 曾把抽样分布、参数估计和假设检验列为统计推断的三个中心内容.

### 1.4.1  矩统计量

矩统计量在统计量中地位特殊, 具有着重要的作用. 设 $k$ 是正整数, 称

$$m_k = \frac{1}{n}\sum_{i=1}^{n} X_i^k$$

为样本 $k$ 阶原点矩. 它反映了总体 $k$ 阶原点矩 $E(X^k)$ 的信息. 称

$$S_n^k = \frac{1}{n}\sum_{i=1}^{n}(X_i - \overline{X}_n)^k$$

为样本 $k$ 阶中心矩. 它反映了总体 $k$ 阶中心矩 $E(X - E(X))^k$ 的信息.

样本均值 $\overline{X}$ 和样本方差 $S_n^2$ 分别是样本 1 阶原点矩和样本 2 阶中心矩. 对于正态总体 $X \sim N(\mu, \sigma^2)$, 与矩统计量有关的抽样分布有如下的主要结论. 设 $(X_1, \cdots, X_n)$ 是正态总体 $X$ 的样本.

(1) 正态总体的样本均值 $\overline{X}$ 服从正态分布, 即

$$\overline{X} \sim N\left(\mu, \frac{\sigma^2}{n}\right)$$

(2) 正态总体的样本方差 $S_n^2$ 和样本均值 $\overline{X}_n$ 相互独立, 且

$$\frac{nS_n^2}{\sigma^2} = \frac{1}{\sigma^2}\sum_{i=1}^{n}(X_i - \overline{X})^2 \sim \chi^2(n-1)$$

此结论的证明参见相关参考文献.

(3) 根据 $t$-分布的定义, 有

$$\frac{\overline{X} - \mu}{\sqrt{S_n^2/(n-1)}} \sim t(n-1)$$

(4) 设 $(Y_1, \cdots, Y_m)$ 是正态总体 $N(\mu_Y, \sigma^2)$ (注意两个正态总体的方差相等) 的样本, 且与正态总体 $X$ 的样本相互独立. 根据 $F$-分布的定义, 有

$$\frac{\sum\limits_{i=1}^{n}(X_i - \overline{X})^2/(n-1)}{\sum\limits_{i=1}^{m}(Y_i - \overline{Y})^2/(m-1)} \sim F(n-1, m-1)$$

### 1.4.2 次序统计量

次序统计量是数理统计中一类重要的统计量. 它的一些统计性质不依赖于总体的分布, 在质量管理、风险分析等方面有广泛的应用.

设 $X_1, \cdots, X_n$ 是来自总体 $X$ 的样本, 其向量形式的表示为 $(X_1, \cdots, X_n)$. 注意, 样本的容量为 $n$, 样本的每个分量 $X_i$ 不仅有数值的大小, 而且有在向量中的顺序位置. 如果只关心样本的各分量数值大小而不管其顺序位置, 该样本对应着含有 $n$ 个随机数值的集合, 记为 $\{X_1, \cdots, X_n\}$. 用样本分量的数值大小区分这 $n$ 个随机数值, 从小到大排列, 依次为

$$X_{(1)} \leqslant X_{(2)} \leqslant \cdots \leqslant X_{(n)}$$

称 $X_{(1)}, X_{(2)}, \cdots, X_{(n)}$ 为样本 $X_1, X_2, \cdots, X_n$ 的次序统计量. 称 $X_{(i)}$ 为次序统计量的第 $i$ 个分量, 或第 $i$ 个次序统计量. 特别地, 称 $X_{(1)}$ 为极小值统计量, $X_{(n)}$ 为极大值统计量. 这两个统计量统称为极值统计量.

对于连续型总体 $X$, 设其密度函数为 $f(x)$. 采用 "概率元" 的方法导出次序统计量的分布. 依据连续型分布的密度函数定义, $X$ 的取值落在很小区间 $(x, x+\mathrm{d}x]$ 内的概率为

$$P(x < X \leqslant x + \mathrm{d}x) = f(x)\mathrm{d}x + o(\mathrm{d}x) \tag{1.4.1}$$

其中 $o(\mathrm{d}x)$ 是 $\mathrm{d}x$ 的高阶无穷小. $f(x)\mathrm{d}x$ 是式 (1.4.1) 左端概率的主要部分, 称为 $X$ 的概率元. 若存在这样的 $f(x)$ 使式 (1.4.1) 成立, 则 $f(x)$ 是 $X$ 的密度函数.

记总体 $X$ 的分布函数为 $F(x)$, $X_{(k)}$ 的密度函数为 $g_k(y)$. 对于任意给定的实数 $y$, 把实数轴划分为三个区间:

$$(-\infty, y), \quad [y, y + \mathrm{d}y), \quad [y + \mathrm{d}y, +\infty)$$

则当 $\mathrm{d}y$ 充分小时, 可以假定 $[y, y + \mathrm{d}y)$ 内最多只有一个观测值. 统计量 $X_{(k)}$ 落入 $[y, y + \mathrm{d}y)$ 内的事件等价于样本 $X_1, \cdots, X_n$ 中有 $k - 1$ 个分量落入 $(-\infty, y)$, 1 个分量落入 $[y, y + \mathrm{d}y)$, 其余的 $n - k$ 个分量落入 $[y + \mathrm{d}y, +\infty)$. 基于多项分布, 得到 $X_{(k)}$ 的概率元为

$$g_k(y)\mathrm{d}y = \frac{n!}{(k-1)!1!(n-k)!}[F(y)]^{k-1}[f(y)\mathrm{d}y][1 - F(y + \mathrm{d}y)]^{n-k}$$

两边约去 $\mathrm{d}y$, 再让 $\mathrm{d}y \to 0$, 即可得到 $X_{(k)}$ 的密度函数为

$$g_k(y) = \frac{n!}{(k-1)!(n-k)!}[F(y)]^{k-1}[1 - F(y)]^{n-k}f(y)$$

特别地, 极小值统计量 $X_{(1)}$ 和极大值统计量 $X_{(n)}$ 的密度函数分别为

$$g_1(y) = n[1 - F(y)]^{n-1}f(y)$$
$$g_n(y) = n[F(y)]^{n-1}f(y)$$

**例 1.4.1**　若随机变量 $X$ 服从在区间 $[0,1]$ 上的均匀分布 $U(0,1)$, 均匀分布的密度函数参见式 (1.3.1) 和分布函数参见式 (1.3.2), 试求次序统计量 $X_{(k)}$ 的密度函数.

**解**　随机变量 $X$ 服从在区间上 $[0,1]$ 上的均匀分布, 试求次序统计量 $X_{(k)}$ 的密度函数.

$$g_k(y) = \begin{cases} \dfrac{n!}{(k-1)!(n-k)!}y^{k-1}(1-y)^{n-k}, & 0 < y < 1 \\ 0, & \text{其他} \end{cases}$$

这是 Beta-分布, 即 $X_{(k)} \sim \mathrm{Be}(k, n-k+1)$. 基于 Beta-分布的期望, 有

$$E(X_{(k)}) = \frac{k}{n+1}$$

**例 1.4.2**　若随机变量 $X$ 的密度函数为

$$f(x) = \begin{cases} 2x, & 0 < x < 1 \\ 0, & \text{其他} \end{cases}$$

其分布函数为

$$F(x) = \begin{cases} 0, & x \leqslant 0 \\ x^2, & 0 < x < 1 \\ 1, & x \geqslant 1 \end{cases}$$

试求次序统计量 $X_{(u)}$ 的密度函数.

**解** 已知随机变量 $X$ 的密度函数和分布函数, 次序统计量 $X_{(k)}$ 的密度函数为

$$g_k(y) = \begin{cases} \dfrac{2n!}{(k-1)!(n-k)!} y^{2(k-1)} (1-y^2)^{n-k} y, & 0 < y < 1 \\ 0, & \text{其他} \end{cases}$$

采用类似方法可以证明, 对于 $1 \leqslant k < j \leqslant n$, 次序统计量 $X_{(k)}$ 和 $X_{(j)}$ 的联合密度函数为

$$g_{kj}(y,z) = \begin{cases} \dfrac{n!}{(k-1)!(j-1-k)!(n-j)!} [F(y)]^{k-1} [F(z) - F(y)]^{j-1-k} \\ \times [1 - F(z)]^{n-j} f(y) f(z), & y \leqslant z \\ 0, & y > z \end{cases}$$

在实际应用中, 有时要用到次序统计量的函数. 例如, 在质量管理中要用到极差 $D_n = X_{(n)} - X_{(1)}$. 在经济和金融中经常用到中位数, 或更一般地, $p$-分位数. 对于连续型随机变量 $X$, 其分布函数和密度函数分别记为 $F(x)$ 和 $f(x)$, 对于 $0 < p < 1$, 总体的 $p$-分位数 $a_p$ 满足

$$F(a_p) = \int_{-\infty}^{a_p} f(x) \mathrm{d}x = p$$

样本中位数为 $X_{(n+1)/2}$ (若 $n$ 是奇数) 或 $[X_{(n/2)} + X_{((n+2)/2)}]/2$ (若 $n$ 是偶数). 更一般地, 样本的 $p$-分位数为 $X_{([np]+1)}$. 尽管前文给出了用分布函数 $F(x)$ 和密度函数 $f(x)$ 计算样本 $p$-分位数的密度函数的方法, 但有时并不知道总体分布或者分布函数很复杂. 此时, 样本 $p$-分位数的分布函数采用如下的渐近公式

$$\sqrt{n}(X_{([np]+1)} - a_p) \xrightarrow{\mathcal{D}} N\left(0, \frac{p(1-p)}{f^2(a_p)}\right)$$

即当 $n$ 很大时, 样本 $p$-分位数 $X_{([np]+1)}$ 的近似分布为 $N(a_p, p(1-p)/[nf^2(a_p)])$.

# 1.5 统计量的充分性和完全性

本节内容具有一定的理论性, 为解决参数估计问题提供理论路径.

### 1.5.1 统计量的充分性

统计量的充分性是数理统计中最重要的概念之一, 也是数理统计学所特有的基本概念. 它是由 Fisher 在 1925 年提出的. 为了引入此概念, 先从实际问题开始探讨. 在数理统计中, 用统计量进行统计推断, 而不是用样本的观测值进行统计推断. 这就意味着, 经过 "加工" 后, 只需保留统计量的观测值, 而可以不考虑样本的观测值. 问题是, 在 "加工"

过程中, 不应该损失样本中的有关总体 (参数) 的信息. 假如一个统计量能做到这一点, 即在 "加工" 过程中, 能把有关总体 (参数) 的信息毫不损失地提取出来, 这样的统计量是非常重要的, 称之为充分统计量. 反之, 如果统计量损失了有关总体 (参数) 的信息, 将给统计推断带来不利. 考察如下例子.

**例 1.5.1** 为考察某产品的合格率 $\theta$, 随机检查了 10 件产品. 检查结果是, 除前两件产品是不合格品 (记为 $X_1 = 0, X_2 = 0$) 外, 其他的产品都是合格品 (记为 $X_i = 1, i = 3, \cdots, 10$). 对于这样的检查结果, 检验员给出如下两种回答.

(1) 在 10 件产品中有两件不合格品, 给出合格率 $\theta$ 的统计量 $T_1(X) = \sum\limits_{i=1}^{10} X_i$, 观测值是 8;

(2) 前两件产品是不合格品, 给出合格率 $\theta$ 的统计量 $T_2(X) = (X_1, X_2)$, 观测值是 $(0, 0)$.

第一个回答是令人满意的, 第二个则不然. 因为关心的是合格率 $\theta$, 而不关心不合格品是第几个产品. 统计量 $T_1(X)$ 对 $\theta$ 的统计推断是有意义的, 而 $T_2(X)$ 对 $\theta$ 的统计推断没有什么帮助.

接下来的任务是怎样用统计方式描述如上的充分统计量. 设总体的分布函数是 $F(x; \theta)$, 则样本 $(X_1, \cdots, X_n)$ 的分布函数为 $F(x_1, \cdots, x_n; \theta) = F(x_1; \theta) \cdots F(x_n; \theta)$. 记统计量 $T = T(X_1, \cdots, X_n)$ 的抽样分布为 $F^T(t; \theta)$. 在进行统计推断时, 若用统计量 $T = T(X_1, \cdots, X_n)$ 去替代样本 $(X_1, \cdots, X_n)$, 等价于用抽样分布 $F^T(t; \theta)$ 去替代样本的分布函数 $F(x_1, \cdots, x_n; \theta)$. 若要求统计量 $T = T(X_1, \cdots, X_n)$ 包含了样本 $(X_1, \cdots, X_n)$ 中有关总体 (参数) 的一切有价值信息, 等价于要求抽样分布 $F^T(t; \theta)$ 也像样本的分布函数 $F(x_1, \cdots, x_n; \theta)$ 一样包含了有关总体 (参数) 的一切有价值信息. 这就是说, 在抽样分布 $F^T(t; \theta)$ 之外, 不再包含有关总体 (参数) 的任何有价值信息.

把上述想法转化为统计语言就是**充分统计量的定义**: 称统计量 $T = T(X_1, \cdots, X_n)$ 是充分统计量, 如果给定统计量 $T = T(X_1, \cdots, X_n)$ 的取值 $t$, 样本的条件分布

$$F(x_1, \cdots, x_n; \theta | T = t) = F(x_1, \cdots, x_n | T = t)$$

不再依赖于总体分布 (参数).

**例 1.5.2** 在例 1.5.1 中, 设 $(X_1, \cdots, X_n)$ 是来自总体分布 $B(1, \theta)$ 的样本, 其中 $0 < \theta < 1$ 为分布的参数, 试说明 $T_1$ 和 $T_2$ 是否充分统计量.

**解** 注意到 $(X_1, \cdots, X_n)$ 的分布列为

$$P(X_1 = x_1, \cdots, X_n = x_n) = \theta^{\sum\limits_{i=1}^{n} x_i} (1 - \theta)^{n - \sum\limits_{i=1}^{n} x_i}$$

在给定统计量 $T_1 = \sum\limits_{i=1}^{n} X_i = t$ 的条件下, 样本 $(X_1, \cdots, X_n)$ 的条件分布为

$$P(X_1 = x_1, \cdots, X_n = x_n | T_1 = t)$$
$$= \frac{P(X_1 = x_1, \cdots, X_{n-1} = x_{n-1}, X_n = x_n, T_1 = t)}{P(T_1 = t)}$$

$$= \frac{P\left(X_1 = x_1, \cdots, X_{n-1} = x_{n-1}, X_n = t - \sum_{i=1}^{n-1} x_i\right)}{P(T_1 = t)}$$

$$= \frac{\theta^t(1-\theta)^{n-t}}{C_n^t \theta^t (1-\theta)^{n-t}} = (C_n^t)^{-1}$$

样本 $(X_1, \cdots, X_n)$ 的条件分布不依赖于参数 $\theta$. 对于总体分布 $B(1, \theta)$, $T_1 = \sum_{i=1}^{n} X_i$ 是参数 $\theta$ 的充分统计量.

考虑给定统计量 $T_2 = (X_1, X_2) = (t_1, t_2)$ 的条件下, 样本 $(X_1, \cdots, X_n)$ 的条件分布为

$$P(X_1 = x_1, \cdots, X_n = x_n | (X_1, X_2) = (t_1, t_2))$$

$$= \frac{P(X_1 = x_1, \cdots, X_n = x_n, (X_1, X_2) = (t_1, t_2))}{P((X_1, X_2) = (t_1, t_2))}$$

$$= \frac{P(X_1 = t_1, X_2 = t_2, X_3 = x_3, \cdots, X_n = x_n)}{P(X_1 = t_1, X_2 = t_2)}$$

$$= \frac{\theta^{t_1+t_2+\sum_{i=3}^{n} x_i}(1-\theta)^{n-t_1-t_2-\sum_{i=3}^{n} x_i}}{\theta^{t_1+t_2}(1-\theta)^{2-t_1-t_2}}$$

$$= \theta^{\sum_{i=3}^{n} x_i}(1-\theta)^{n-2-\sum_{i=3}^{n} x_i}$$

样本 $(X_1, \cdots, X_n)$ 的条件分布依赖于参数 $\theta$. 对于总体分布 $B(1, \theta)$, $T_2 = (X_1, X_2)$ 不是参数 $\theta$ 的充分统计量.

**例 1.5.3** 设 $(X_1, \cdots, X_n)$ 是正态总体 $N(\mu, 1)$ $(-\infty < \mu < +\infty)$ 的样本. 试考察统计量 $T = \sum_{i=1}^{n} X_i$ 的充分性.

**解** 依据正态分布的可加性, 有统计量 $T \sim N(n\mu, n)$, 其密度函数为

$$f_\mu^T(t) = \frac{1}{\sqrt{2\pi}\sqrt{n}} \exp\left\{-\frac{(t-n\mu)^2}{2n}\right\}$$

考虑变换 $x_1 = x_1, \cdots, x_{n-1} = x_{n-1}, t = \sum_{i=1}^{n} x_i$. 此变换的雅可比行列式为

$$\left| \frac{\partial(x_1, \cdots, x_{n-1}, x_n)}{\partial(x_1, \cdots, x_{n-1}, t)} \right| = 1$$

由随机向量 $(X_1, \cdots, X_n)$ 的密度函数得到随机向量 $(X_1, \cdots, X_{n-1}, T)$ 的密度函数为

$$f_\mu(x_1, \cdots, x_{n-1}, t) = \frac{1}{(\sqrt{2\pi})^n} \exp\left\{-\frac{1}{2}\sum_{i=1}^{n-1}(x_i-\mu)^2 - \frac{1}{2}\left(t-\sum_{i=1}^{n-1}x_i-\mu\right)^2\right\}$$

给定 $T = t$ 的条件下, $(X_1, \cdots, X_n)$ 的条件密度函数为

$$f_\mu(x_1, \cdots, x_n | T = t) = \frac{f_\mu(x_1, \cdots, x_{n-1}, t)}{f_\mu^T(t)}$$

将上式化简, 可以验证该条件密度函数与参数 $\mu$ 无关, 即统计量 $T = \sum_{i=1}^{n} X_i$ 是充分统计量.

### 1.5.2  因子分解定理

从定义出发验证统计量的充分性, 涉及条件分布的计算, 往往是困难的, 有时是不可能的. Neyman 和 Halmos 在 20 世纪 40 年代证明了一个判定充分统计量的法则 —— 因子分解定理.

**因子分解定理.** 设样本 $(X_1, \cdots, X_n)$ 的密度函数 (分布列) 为 $f(x_1, \cdots, x_n; \theta)$, 则 $T = T(X_1, \cdots, X_n)$ 是充分统计量的充分必要条件是: 存在非负函数 $h(x_1, \cdots, x_n)$ 和 $g(T(x_1, \cdots, x_n); \theta)$, 使得

$$f(x_1, \cdots, x_n; \theta) = g(T(x_1, \cdots, x_n); \theta) h(x_1, \cdots, x_n)$$

此定理表明, 若 $T = T(X_1, \cdots, X_n)$ 是充分统计量, 则样本的密度函数 $f(x_1, \cdots, x_n; \theta)$ 一定可以分解成两个因子的乘积. 其中, 一个因子与参数 $\theta$ 无关, 但与样本观测值 $(x_1, \cdots, x_n)$ 有关; 另一因子与参数 $\theta$ 有关, 但与样本 $(x_1, \cdots, x_n)$ 的密度函数的关系是通过统计量 $T(x_1, \cdots, x_n)$ 表现出来的. 先看下面的例子, 再给出定理的证明.

**例 1.5.4** 设 $(X_1, \cdots, X_n)$ 是均匀分布 $U(0, \theta)$ 的样本, 试给出 $\theta$ 的充分统计量.

**解** 在均匀分布 $U(0, \theta)$ 的条件下, 可以设 $X_i > 0, i = 1, \cdots, n$. 样本的密度函数为

$$f(x_1, \cdots, x_n; \theta) = \theta^{-n} I_{\{x_{(n)} < \theta\}}(x_1, \cdots, x_n)$$

其中 $I_{\{x_{(n)} < \theta\}}(x_1, \cdots, x_n)$ 是集合 $\{x_1, \cdots, x_n\}$ 的示性函数. 参数 $\theta$ 的统计量为 $T(x_1, \cdots, x_n) = X_{(n)}$. 选择

$$g(T(x_1, \cdots, x_n); \theta) = \theta^{-n} I_{\{x_{(n)} < \theta\}}(x_1, \cdots, x_n)$$
$$h(x_1, \cdots, x_n) = 1$$

根据因子分解定理, 统计量 $T(X_1, \cdots, X_n) = X_{(n)}$ 是参数 $\theta$ 的充分统计量.

**例 1.5.5** 设 $(X_1, \cdots, X_n)$ 是正态总体 $N(\mu, \sigma^2)$ 的样本, 试给出 $\mu, \sigma^2$ 的充分统计量.

**解** 设 $(X_1, \cdots, X_n)$ 的密度函数为

$$f(x_1, \cdots, x_n; \mu, \sigma^2) = \frac{1}{(\sqrt{2\pi}\sigma)^n} \exp\left\{ -\frac{\sum\limits_{i=1}^{n}(x_i - \mu)^2}{2\sigma^2} \right\}$$
$$= \frac{1}{(\sqrt{2\pi}\sigma)^n} \exp\left\{ -\frac{n\mu^2}{2\sigma^2} \right\} \exp\left\{ -\frac{1}{2\sigma^2}\left( \sum_{i=1}^{n} x_i^2 - 2\mu \sum_{i=1}^{n} x_i \right) \right\}$$

参数 $\mu$ 和 $\sigma^2$ 的统计量分别为 $T_1(X_1, \cdots, X_n) = \sum\limits_{i=1}^{n} X_i, T_2(X_1, \cdots, X_n) = \sum\limits_{i=1}^{n} X_i^2$. 选择

$$g(T_1(x_1, \cdots, x_n), T_2(x_1, \cdots, x_n); \mu, \sigma^2)$$
$$= \frac{1}{(\sqrt{2\pi}\sigma)^n} \exp\left\{ -\frac{n\mu^2}{2\sigma^2} \right\} \exp\left\{ -\frac{1}{2\sigma^2}\left( \sum_{i=1}^{n} x_i^2 - 2\mu \sum_{i=1}^{n} x_i \right) \right\}$$

$$\cdot h(x_1,\cdots,x_n)=1$$

根据因子分解定理, 统计量 $(T_1(X_1,\cdots,X_n),T_2(X_1,\cdots,X_n))=\left(\sum\limits_{i=1}^{n}X_i,\sum\limits_{i=1}^{n}X_i^2\right)$ 是参数 $(\mu,\sigma^2)$ 的充分统计量. 进一步, 统计量 $\left(\sum\limits_{i=1}^{n}X_i,\sum\limits_{i=1}^{n}X_i^2\right)$ 与统计量 $(\overline{X},S_n^2)$ 是一一对应的, 即在正态总体的情况下常用的统计量 $(\overline{X},S_n^2)$ 是充分统计量.

**例 1.5.6**　设总体 $X$ 的分布属于指数型分布族 (1.3.3), 其密度函数 (分布列) 为

$$p(x;\theta)=c(\theta)\exp\left\{\sum_{j=1}^{k}c_j(\theta)T_j(x)\right\}h(x)$$

试给出 $\theta$ 的充分统计量.

**解**　设 $(X_1,\cdots,X_n)$ 是总体 $X$ 的样本, 则 $(X_1,\cdots,X_n)$ 的密度函数为

$$(c(\theta))^n\exp\left\{\sum_{i=1}^{n}\sum_{j=1}^{k}c_j(\theta)T_j(x_i)\right\}h(x_1)\cdots h(x_n)$$

根据因子分解定理,

$$T(X)=(T_1(X),\cdots,T_k(X))=\left(\sum_{i=1}^{n}T_1(X_i),\cdots,\sum_{i=1}^{n}T_k(X_i)\right)$$

是参数 $\theta$ 的充分统计量.

基于例 1.5.6 中指数型分布族的统计量充分性讨论, 可以得到有关具体分布的结论.

(1) 设 $(X_1,\cdots,X_n)$ 是正态总体 $N(\mu,\sigma^2)$ 的样本. 记 $\overline{X}=\frac{1}{n}\sum\limits_{i=1}^{n}X_i$, $S^2=\frac{1}{n-1}\sum\limits_{i=1}^{n}(X_i-\overline{X})^2$, 则统计量 $(\overline{X},S^2)$ 是参数 $(\mu,\sigma^2)$ 的充分统计量.

(2) 设 $(X_1,\cdots,X_n)$ 是正态总体 $N(\mu_1,\sigma^2)$ 的样本, $(Y_1,\cdots,Y_m)$ 是正态总体 $N(\mu_2,\sigma^2)$ 的样本, 两个样本相互独立. 记

$$\overline{X}=\frac{1}{n}\sum_{i=1}^{n}X_i,\quad \overline{Y}=\frac{1}{m}\sum_{i=1}^{m}Y_i,\quad S^2=\frac{1}{n+m-2}\left[\sum_{i=1}^{n}(X_i-\overline{X})^2+\sum_{i=1}^{m}(Y_i-\overline{Y})^2\right]$$

则统计量 $(\overline{X},\overline{Y},S^2)$ 是参数 $(\mu_1,\mu_2,\sigma^2)$ 的充分统计量.

(3) 设 $(X_1,\cdots,X_n)$ 是泊松分布 $P(\lambda)$ 的样本, 记 $\overline{X}=\frac{1}{n}\sum\limits_{i=1}^{n}X_i$, $\overline{X}/n$ 是参数 $\lambda$ 的充分统计量.

(4) 设 $(X_1,\cdots,X_n)$ 是 Gamma-分布 $\Gamma(\alpha,\lambda)$ 的样本, $\left(\prod\limits_{i=1}^{n}X_i,\sum\limits_{i=1}^{n}X_i\right)$ 是参数 $(\alpha,\lambda)$ 的充分统计量.

现在给出因子分解定理在离散型分布情况下的证明. 对于一般情况下的证明, 请参见相关参考文献.

**充分性的证明** 记集合 $A(t) = \{(x_1, \cdots, x_n) : T = T(x_1, \cdots, x_n) = t\}$. 当 $(x_1, \cdots, x_n) \in A(t)$ 时, 有

$$
\begin{aligned}
P_\theta((X_1, \cdots, X_n) = (x_1, \cdots, x_n)|T = t) &= \frac{P_\theta((X_1, \cdots, X_n) = (x_1, \cdots, x_n), T = t)}{P_\theta(T = t)} \\
&= \frac{P_\theta((X_1, \cdots, X_n) = (x_1, \cdots, x_n))}{P_\theta(T = t)} \\
&= \frac{f(x_1, \cdots, x_n; \theta)}{\sum\limits_{(x_1, \cdots, x_n) \in A(t)} f(x_1, \cdots, x_n; \theta)}
\end{aligned}
$$

对于 $(x_1, \cdots, x_n) \in A(t)$, 有 $T(x_1, \cdots, x_n) = t$. 将因子分解定理的分解形式代入上式, 得到

$$
\begin{aligned}
P_\theta((X_1, \cdots, X_n) = (x_1, \cdots, x_n)|T = t) &= \frac{g(t; \theta)h(x_1, \cdots, x_n)}{\sum\limits_{(x_1, \cdots, x_n) \in A(t)} g(t; \theta)h(x_1, \cdots, x_n)} \\
&= \frac{h(x_1, \cdots, x_n)}{\sum\limits_{(x_1, \cdots, x_n) \in A(t)} h(x_1, \cdots, x_n)}
\end{aligned}
$$

上式与参数 $\theta$ 无关. 另外, 当 $(x_1, \cdots, x_n) \notin A(t)$ 时, $T(x_1, \cdots, x_n) \neq t$. 此时, 随机事件 "$(X_1, \cdots, X_n) = (x_1, \cdots, x_n)$" 与随机事件 "$T(x_1, \cdots, x_n) = t$" 不可能同时发生. 当 $(x_1, \cdots, x_n) \notin A(t)$ 时, $P((X_1, \cdots, X_n) = (x_1, \cdots, x_n)|T = t) = 0$. 从而, 概率 $P_\theta((X_1, \cdots, X_n) = (x_1, \cdots, x_n)|T = t)$ 与参数 $\theta$ 无关.

**必要性的证明** 设 $T = T(X_1, \cdots, X_n)$ 是充分统计量, 则在给定 $T = t$ 下, 条件概率密度 $P_\theta((X_1, \cdots, X_n) = (x_1, \cdots, x_n)|T = t)$ 与参数 $\theta$ 无关. 不妨记

$$
P_\theta((X_1, \cdots, X_n) = (x_1, \cdots, x_n)|T = t) = h(x_1, \cdots, x_n)
$$

对于 $(x_1, \cdots, x_n) \in A(t)$, 有

$$
\begin{aligned}
P_\theta((X_1, \cdots, X_n) = (x_1, \cdots, x_n)) &= P_\theta((X_1, \cdots, X_n) = (x_1, \cdots, x_n), T = t) \\
&= P_\theta((X_1, \cdots, X_n) = (x_1, \cdots, x_n)|T = t)P_\theta(T = t) \\
&= g(t; \theta)h(x_1, \cdots, x_n)
\end{aligned}
$$

其中 $g(t; \theta) = P_\theta(T(X_1, \cdots, X_n) = t)$. 这恰好是因子分解形式.

### 1.5.3 统计量的完全性

统计量的完全性又称为统计量的完备性, 是数理统计中很重要的概念, 在参数估计 (如一致最小方差无偏估计) 中有重要的应用. 统计量的完全性依赖于抽样分布族的完全性. 完全性是分布族的性质. 下面只给出连续型分布族的完全性定义, 离散型分布族的完全性定义是类似的.

设总体 $X$ 的密度函数为 $f(x; \theta)$. 对于任意函数 $\varphi(x)$, 若

$$
\varphi(X) = 0 \quad \text{(a.s.)} \tag{1.5.1}
$$

显然有

$$E(\varphi X) = \int_{-\infty}^{+\infty} \varphi(x) f(x;\theta) \mathrm{d}x = 0, \ \ \forall \theta \in \Theta \tag{1.5.2}$$

反之, 结论不一定成立. 式 (1.5.1) 中的符号 a.s. 表示 $\varphi(X) = 0$ "几乎处处" 成立. 通俗地说, 除了概率为 0 的区域外, 在其他区域上都有 $\varphi(x) = 0$.

注意, 在式 (1.5.2) 中要求对所有的 $\theta \in \Theta$ 都成立. 如果把积分 $\int_{-\infty}^{+\infty} \varphi(x) f(x;\theta) \mathrm{d}x$ 看成 $\varphi(x)$ 和 $f(x;\theta)$ 的内积

$$\langle \varphi(x), f(x;\theta) \rangle = \int_{-\infty}^{+\infty} \varphi(x) f(x;\theta) \mathrm{d}x$$

则式 (1.5.2) 表示函数 $\varphi(x)$ 和函数空间 $\{f(x;\theta) : \theta \in \Theta\}$ 中的任意函数都正交 (垂直). 一般来说, 如果函数空间的性质 "好", 应该有 $\varphi(x) = 0$. 如果把式 (1.5.2) 作为条件, 选择合适的函数空间 $\{f(x;\theta) : \theta \in \Theta\}$, 使得式 (1.5.1) 成立, 这样的选择要求并不苛刻. 进而, 分布族的完全性的定义如下.

**对于分布族 $\{f(x;\theta) : \theta \in \Theta\}$, 如果能由式 (1.5.2) 推导出式 (1.5.1), 则称该分布族是完全的.**

**例 1.5.7** 设总体 $X$ 服从二项分布 $B(n,p)$, 其分布列为

$$f(x;n,p) = \mathrm{C}_n^x p^x (1-p)^{n-x}, \ \ x = 0, 1, \cdots, n$$

试验二项分布族是完全的.

**解** 若存在函数 $\varphi(x)$, 满足

$$E(\varphi(X)) = \sum_{x=0}^{n} \varphi(x) \mathrm{C}_n^x p^x (1-p)^{n-x} = 0, \ \ \forall p \in (0,1)$$

由于 $(1-p)^{n-x} = \sum_{k=0}^{n-x} \mathrm{C}_{n-x}^k (-p)^k$, 有

$$E(\varphi(X)) = \sum_{x=0}^{n} \sum_{k=0}^{n-x} (-1)^k \mathrm{C}_n^x \mathrm{C}_{n-x}^k \varphi(x) p^{x+k} = 0$$

上式是 $p$ 的多项式, 且对任意 $p \in (0,1)$, 多项式的值都是零. 从而, 多项式的系数为零, 即 $\varphi(X) = 0$ (a.s.), 二项分布族 $\{B(n,p); p \in (0,1)\}$ 是完全的.

**例 1.5.8** 证明 (1) 正态分布族 $\{N(\mu,1) : \mu \in \mathbf{R}\}$ 是完全的; (2) 正态分布族 $\{N(0,\sigma^2) : \sigma > 0\}$ 不是完全的.

**证明** (1) 正态分布族 $\{N(\mu,1); \mu \in \mathbf{R}\}$ 是完全的. 证明请见相关的文献.

(2) 要证明分布族不是完全的, 只要找到一个函数 $\varphi(x)$, 满足 $E(\varphi(X)) = 0, \forall \sigma > 0$, 并且 $\varphi(X)$ 不是 (a.s.) 为零即可. 正态分布的密度函数是偶函数, 选择函数 $\varphi(x) = x$, 就有

$$E(\varphi(X)) = 0, \ \ \forall \sigma > 0$$

$$P(\varphi(X) = 0) = P(X = 0) \neq 1$$

即 $\varphi(X) = X$ 不是 (a.s.) 为零的. 从而, 正态分布族 $\{N(0, \sigma^2) : \sigma > 0\}$ 不是完全的.

设统计量 $T(X)$ 的抽样分布族为 $\{f^T(x; \theta) : \theta \in \Theta\}$, 若存在函数 $\varphi(x)$, 满足

$$E(\varphi(X)) = \int_{-\infty}^{+\infty} \varphi(x) f^T(x; \theta) \mathrm{d}x = 0, \quad \forall \theta \in \Theta$$

有

$$\varphi(X) = 0 \quad (\text{a.s.})$$

称抽样分布族 $\{f^T(x; \theta) : \theta \in \Theta\}$ 是完全的. **如果统计量 $T = T(X_1, \cdots, X_n)$ 的抽样分布族是完全的, 称该统计量是完全的.** 统计量的完全性由其抽样分布族的完全性决定.

**例 1.5.9** 例 1.5.8 验证了正态分布族 $\{N(0, \sigma^2) : \sigma > 0\}$ 不是完全的. 设 $(X_1, \cdots, X_n)$ 是正态总体 $N(0, \sigma^2)$ 的样本. 试证明统计量 $T = \sum\limits_{i=1}^{n} X_i^2$ 的抽样分布族是完全的.

**证明** 统计量 $T = \sum\limits_{i=1}^{n} X_i^2$ 的抽样分布族是 $\{\Gamma(n/2, 1/(2\sigma^2)) : \sigma > 0\}$. 注意到分布族 $\{\Gamma(n/2, 1/(2\sigma^2)) : \sigma > 0\}$ 是完全的 (证明请参见相关的文献). 从而, 统计量 $T$ 是完全统计量. 在例 1.5.5 中, 已经验证了统计量 $T = \sum\limits_{i=1}^{n} X_i^2$ 是充分统计量. 于是, 统计量 $T = \sum\limits_{i=1}^{n} X_i^2$ 是充分完全统计量.

**例 1.5.10** 设总体 $X$ 的分布为指数型分布族的标准形式 (1.3.4), $(X_1, \cdots, X_n)$ 是总体 $X$ 的样本, 其密度函数 (分布列) 为

$$(c^*(\omega))^n \exp\left\{ \sum_{i=1}^{n} \sum_{j=1}^{k} \omega_j T_j(x_i) \right\} h(x_1) \cdots h(x_n)$$

有统计量

$$(T_1(X), \cdots, T_k(X)) = \left( \sum_{i=1}^{n} T_1(X_i), \cdots, \sum_{i=1}^{n} T_k(X_i) \right)$$

是参数 $(\omega_1, \cdots, \omega_k)$ 的完全统计量 (证明请参见相关的文献). 根据因子分解定理, 统计量 $(T_1(X), \cdots, T_k(X))$ 也是参数 $(\omega_1, \cdots, \omega_k)$ 的完全统计量. 从而, 统计量 $(T_1(X), \cdots, T_k(X))$ 是参数 $(\omega_1, \cdots, \omega_k)$ 的充分完全统计量.

 # 习题 1

1-1 设 $X_1, \cdots, X_5$ 是取自两点分布 $B(1, p)$ 的样本, 其中 $0 < p < 1$.

(1) 写出样本的联合分布列.

(2) 指出下列子样函数中哪些是统计量, 哪些不是统计量, 为什么?

$$T_1 = \frac{X_1 + \cdots + X_5}{5}, \quad T_2 = X_5 - E(X_1)$$

$$T_3 = X_5 - p, \quad T_4 = \max\{X_1, \cdots, X_5\}$$

1-2　在正态分布总体 $N(52, 6.3^2)$ 中随机抽取一容量为 36 的样本, 求样本均值 $\overline{X}$ 落在 50.8 到 53.8 之间的概率.

1-3　设正态分布总体 $X \sim N(\mu, 0.5^2)$, 试问样本容量 $n$ 应取多大时, 才能以 99.7% 的概率保证样本均值 $\overline{X}$ 与总体均值 $\mu$ 之差值小于 0.1?

1-4　设从正态总体 $N(20, 3^2)$ 中分别抽取容量为 10 和 15 的两个独立样本, 试求两样本均值差的绝对值大于 0.3 的概率.

1-5　设总体 $X$ 的期望为 $\mu$, 方差为 $\sigma^2$, $(X_1, \cdots, X_n)$ 为来自该总体的简单样本, 样本均值 $\overline{X} = \frac{1}{n} \sum\limits_{i=1}^{n} x_i$, 样本方差 $S^2 = \frac{1}{n} \sum\limits_{i=1}^{n} (x_i - \overline{X})^2$. 试证明:

(1) $E(\overline{X}) = \mu$, $\text{Var}(\overline{X}) = \sigma^2/n$;

(2) $E(S^2) = \sigma^2$.

1-6　设 $(X_1, \cdots, X_{10})$ 为正态总体 $N(0, 0.3^2)$ 的简单样本, 求 $P\left(\sum\limits_{i=1}^{10} X_i^2 > 1.44\right)$.

1-7　从正态分布总体 $N(\mu, \sigma^2)$ 中抽取容量为 16 的样本, 其中 $\mu, \sigma^2$ 均未知, $S^2 = \frac{1}{n} \sum\limits_{i=1}^{n} (x_i - \overline{X})^2$ 为样本方差, 试求:

(1) $P\left(S^2/\sigma^2 \leqslant 2.041\right)$;

(2) $\text{Var}(S^2)$.

1-8　设某厂生产的电器元件的寿命服从均值为 1000h 的正态分布, 现随机抽取容量为 16 的样本, 算得样本标准差 $S = 100$. 试求这 16 只元件的寿命总和不超过 15150h 的概率.

1-9　设 $X_1, X_2, \cdots, X_9$ 和 $Y_1, Y_2, \cdots, Y_9$ 均为来自正态分布总体 $N(0, 0.3^2)$ 的两个独立样本, 试求统计量

$$U = \frac{X_1 + X_2 + \cdots + X_9}{\sqrt{Y_1^2 + Y_2^2 + \cdots + Y_9^2}}$$

的分布.

1-10　设正态分布总体 $X \sim N(\mu, \sigma^2)$, $X_1, X_2, \cdots, X_n$ 为来自该总体的样本, $\overline{X}$ 和 $S^2 = \frac{1}{n-1} \sum\limits_{i=1}^{n} (X_i - \overline{X})^2$ 分别为其样本均值和样本方差, 又设 $X_{n+1} \sim N(\mu, \sigma^2)$ 且与 $X_1$, $X_2, \cdots, X_n$ 独立. 试求统计量

$$\frac{X_{n+1} - \overline{X}}{S} \sqrt{\frac{n}{n+1}}$$

的分布.

1-11　已知 $X \sim t(n)$, 试证 $X^2 \sim F(1, n)$.

1-12　检验下列分布族是否指数型分布族:

(1) 泊松分布族;

(2) 单参数指数分布族, $\{E(\lambda) : \lambda > 0\}$;

(3) 双参数指数分布族,

$$\left\{ p(x; \lambda, \mu) = \lambda^{-1} \cdot \exp\left\{ -\frac{x - \mu}{\lambda} \right\} : \lambda > 0, -\infty < \mu < +\infty \right\}$$

(4) Gamma-分布族, $\{\Gamma(\alpha, \lambda) : \alpha > 0, \lambda > 0\}$;

(5) 柯西分布族,

$$\left\{ p(x; \lambda) = \frac{\lambda}{\pi(\lambda^2 + x^2)} : \lambda > 0 \right\}$$

1-13　设 $(X_1, \cdots, X_n)$ 为取自泊松分布族的样本, 试证明, 在已知 $T = \sum\limits_{i=1}^{n} X_i = t$ 时, 样本 $X_1, \cdots, X_n$ 的条件分布与参数 $\lambda$ 无关.

1-14　利用因子分解定理证明, 若 $(X_1, \cdots, X_n)$ 为样本, 则

(1) $\overline{X} = \dfrac{1}{n} \sum\limits_{i=1}^{n} X_i$ 是正态总体 $N(\mu, 1)$ 中 $\mu$ 的充分统计量;

(2) $S^2 = \sum\limits_{i=1}^{n} X_i^2$ 是正态总体 $N(0, \sigma^2)$ 中 $\sigma^2$ 的充分统计量.

1-15　设 $(X_1, \cdots, X_n)$ 是来自均匀分布族 $\{U(\theta_1, \theta_2) : -\infty < \theta_1 < \theta_2 < +\infty\}$ 的样本. 证明: $(X_{(1)}, X_{(n)})$ 是 $(\theta_1, \theta_2)$ 的充分统计量.

1-16　设 $X_1, \cdots, X_n$ 是独立同分布的随机变量, 其分布为两参数的指数分布, 其密度函数为

$$f(x; \lambda, \mu) = \lambda^{-1} \cdot \exp\left\{ -\frac{x - \mu}{\lambda} \right\}, \quad x \geqslant \mu$$

其中 $\mu$ $(-\infty < \mu < +\infty)$ 称为位置参数, $\lambda$ $(0 < \lambda < +\infty)$ 称为尺度参数. 设 $X_{(1)} \leqslant \cdots \leqslant X_{(n)}$ 是其次序统计量, 则 $\left( X_{(1)}, \sum\limits_{i=2}^{n} X_{(i)} \right)$ 是 $(\lambda, \mu)$ 的充分统计量.

# 第2章

# 点估计

数理统计学是在给定样本和总体分布的部分信息 (有时没有分布的任何信息) 的前提下对总体分布或对其某些特征进行推断. 在本章中, 给出的基本条件是分布部分信息 —— 总体的分布形式已知但含有未知参数, 任务是由样本估计未知参数.

## 2.1 估 计 方 法

本章将介绍两种点估计方法: 矩估计和极大似然估计. 这是两种常用的点估计方法, 代表了估计方法的基本统计思想, 也是其他统计方法和解决其他统计问题的基础.

### 2.1.1 参数估计问题

可以从如下几个方面提出参数估计问题. 一是, 如果分布类型已知, 例如, 分布密度为已知函数 $f(x;\theta)$, 但其中含有未知参数 $\theta$, 任务是要利用样本估计参数 $\theta$ 以确定分布密度. 二是, 从实际应用考虑, 分布的参数有一定实际意义. 例如, 对于泊松分布 $P(\lambda)$, 参数 $\lambda$ 有明确的实际意义, 它可以表示单位时间内用户对商品的平均投诉次数、平均交通事故次数等, 希望通过估计此参数以解决实际问题. 三是, 即使分布是非参数形式的, 例如, 总体 $X$ 的分布密度 $f(x)$ 形式未知, 也不能用有限个参数确定, 但它的数学期望 $\mu = E(X)$ 和方差 $\sigma^2 = \mathrm{Var}(X)$ 等能刻画总体某些性质. 例如, 某地区农民平均年收入是总体收入的重要特征, 希望通过样本估计它.

在实际应用中, 常用的参数估计方法有两种: 点估计和区间估计. 简单地说, 点估计就是用一个具体的样本函数 (随机点) 去估计参数. 样本是随机变量, 点估计也是随机变量. 在实际应用中, 当获得样本观测值后, 就能得到点估计的观测值, 这时的观测值就是非随机的. 区间估计就是用样本的函数确定未知参数的上界和 (或者) 下界, 即用一个区间去估计参数. 同理, 用随机区间估计未知参数. 当观测到样本值后, 得到区间估计就是非随机的区间.

根据上面对点估计的定义, 未知参数 $\theta$ 的点估计可以用 $\hat{\theta} = \hat{\theta}(X_1, \cdots, X_n)$ 表示. 从这个定义出发, 点估计 $\hat{\theta}$ 给出的是一种估计规则, 它告诉我们, 在有了样本观测值后, 如何算出估计值. 所以, 即使手头没有任何样本观测值, 也可以构造估计量, 一旦有了样本观测值之后就可用了.

### 2.1.2 矩估计方法

矩估计是最古老的估计方法之一, 是由 Pearson 在 19 世纪初提出的. 其基本原理和方法如下: 根据概率论中的极限理论, 当样本容量 $n$ 很大时, 样本的 $k$ 阶原点矩 $m_k = \frac{1}{n}\sum_{i=1}^{n} X_i^k$ 很 "靠近" 总体原点矩 $\mu_k = E(X^k)$. 这里的 "靠近" 表示, 当 $n$ 趋于无穷时, $m_k$ 以某种方式 (如依概率) 趋于 $\mu_k$. 于是, 就用 $m_k$ 估计 $\mu_k$. 这就是矩估计, 即若感兴趣的未知参数是 $\mu_k$, 则 $\mu_k$ 的矩估计为 $\hat{\mu}_k = m_k$. 一般地, 若未知参数 $\theta$ 是总体原点矩 $\mu_1, \cdots, \mu_k$ 的函数, 即

$$\theta = g(\mu_1, \cdots, \mu_k)$$

就用 $m_j$ 替代 $\mu_j$, 从而得到 $\theta$ 的矩估计为

$$\hat{\theta} = g(m_1, \cdots, m_k)$$

**例 2.1.1** 试求总体方差 $\sigma^2$ 的矩估计.

**解** 由于

$$\sigma^2 = \text{Var}(X) = E(X^2) - (E(X))^2$$

分别用 $m_1$ 和 $m_2$ 替代 $E(X)$ 和 $E(X^2)$, 得到方差 $\sigma^2$ 的估计量为

$$\hat{\sigma}^2 = m_2 - m_1^2 = S_n^2 = \frac{1}{n}\sum_{i=1}^{n}(X_i - \overline{X}_n)^2$$

**例 2.1.2** 设 $(X_1, \cdots, X_n)$ 是来自两点分布 $B(1, \theta)$ 总体 $X$ 的样本. 如果 $\theta$ 表示某事件成功的概率, 则成功与失败的概率之比 $g(\theta) = \theta/(1-\theta)$ 是人们感兴趣的参数, 试求 $g(t)$ 的矩估计.

**解** 由于 $\theta = E(X)$. 则可以得到 $g(\theta)$ 的一个矩估计为

$$\hat{g} = \frac{\overline{X}_n}{1 - \overline{X}_n}$$

另外, $\text{Var}(X) = \theta(1-\theta)$, 则 $g(\theta) = \theta^2/(\theta(1-\theta))$. 由此得到 $g(\theta)$ 的另一个矩估计为

$$\widetilde{g} = \frac{m_1^2}{S_n^2}$$

这种矩估计不唯一的现象不是个别的. 又如, 对于泊松分布 $P(\lambda)$, 因为 $E(X) = \lambda$, $\text{Var}(X) = \lambda$, 则 $\lambda$ 的矩估计可以是样本均值 $\overline{X}_n$ 和样本方差 $S_n^2$. 在矩估计不唯一时, 可以根据如下原则选择矩估计: ① 涉及的样本矩的阶尽量低. ② 所用的统计量最好是充分统计量. 在例 2.1.2 中, $\overline{X}_n$ 是 $\theta$ 的充分统计量, 从而应该用估计量 $\hat{g} = \overline{X}_n/(1 - \overline{X}_n)$. 对泊松分布 $P(\lambda)$, $\overline{X}_n$ 是 $\lambda$ 的充分统计量并且阶低于 $S_n^2$ 的阶, 从而应该用估计量 $\overline{X}_n$.

**例 2.1.3** 设 $(X_1, \cdots, X_n)$ 是来自均匀分布 $U(\theta_1, \theta_2)$ 的总体 $X$ 的样本, 试求 $\theta_1$ 和 $\theta_2$ 的矩估计.

**解** 不能直接看出 $\theta_1$ 和 $\theta_2$ 与总体矩的关系. 但

$$E(X) = \frac{\theta_1 + \theta_2}{2}, \quad \mathrm{Var}(X) = \frac{(\theta_2 - \theta_1)^2}{12}$$

根据替代原则, 得到方程

$$\overline{X}_n = \frac{\theta_1 + \theta_2}{2}, \quad S_n^2 = \frac{(\theta_2 - \theta_1)^2}{12}$$

解得 $\theta_1$ 和 $\theta_2$ 的矩估计分别为

$$\hat{\theta}_1 = \overline{X}_n - \sqrt{3}S_n, \quad \hat{\theta}_2 = \overline{X}_n + \sqrt{3}S_n$$

例 2.1.3 提示我们, 如果总体含有 $k$ 个参数 $\theta_1, \cdots, \theta_k$, 而前 $k$ 个原点矩 $\mu_1, \cdots, \mu_k$ 是 $\theta_1, \cdots, \theta_k$ 的函数, 记为

$$\mu_j = g_j(\theta_1, \cdots, \theta_k), \quad j = 1, \cdots, k$$

再用替代原则, 得到方程

$$m_j = g_j(\theta_1, \cdots, \theta_k), \quad j = 1, \cdots, k$$

从这 $k$ 个方程就能解出参数的估计量, 记为

$$\hat{\theta}_j = h_j(m_1, \cdots, m_k), \quad j = 1, \cdots, k$$

**例 2.1.4** 设 $(X_1, \cdots, X_n)$ 是来自 Gamma-分布 $\Gamma(\alpha, \lambda)$ 的总体 $X$ 样本, 试求 $X$ 和 $\lambda$ 的矩估计.

**解** 依据题意知道

$$E(X) = \frac{\alpha}{\lambda}, \quad \mathrm{Var}(X) = \frac{\alpha}{\lambda^2}$$

根据替代原则, 得到方程

$$\overline{X}_n = \frac{\alpha}{\lambda}, \quad S_n^2 = \frac{\alpha}{\lambda^2}$$

解得 $\alpha$ 和 $\lambda$ 矩估计分别为

$$\hat{\alpha} = \frac{\overline{X}_n^2}{S_n^2}, \quad \hat{\lambda} = \frac{\overline{X}_n}{S_n^2}$$

### 2.1.3 极大似然估计法

"似然" 是一种重要的统计思想. 在似然的观点下, 不仅产生了极大似然, 还有经验似然和拟似然以及估计方程等. 极大似然方法最早是德国数学家 Gauss 在 1821 年提出的, 后来英国统计学家 Fisher 在 1922 年重新发现并研究了这一方法. 于是, 往往把这个方法归功于 Fisher.

为了引入极大似然估计方法, 先考察一个例子.

**例 2.1.5** 若知道一个盒子中有 100 个球, 其中球的颜色只有两种: 白球和黑球, 并且一种颜色的有 99 个, 另一种颜色的只有 1 个. 要判断盒中哪种颜色的球有 99 个, 用参数估计的说法就是要估计白球所占的比例 $p$ 是 0.99 还是 0.01. 如果从盒中任取一个球, 发现是白球, 则一个自然的判断是白球有 99 个 (即 $p = 0.99$). 若白球有 99 个, 则抽取到白球的概率为 0.99, 而取到黑球的概率只有 0.01, 这样判断得到的条件对取得白球是十分有利的.

上述例子体现了极大似然估计方法的基本条件和似然思想. 极大似然估计方法的基本前提条件是: 已知总体 $X$ 的分布形式 (例 2.1.5 中的两点分布), 但含有未知参数 (例 2.1.5 中的白球所占的比例 $p$). 极大似然估计方法的基本思想是: 用 "最像" $\theta$ 的统计量去估计 $\theta$. 这一统计思想在日常生活中经常用到.

现在把上述思想用统计方式表示出来. 设 $(X_1, \cdots, X_n)$ 是总体 $X$ 的样本, 它的联合概率密度 (分布列) 为 $f(x_1, \cdots, x_n; \theta)$. 以前, 只把 $f(x_1, \cdots, x_n; \theta)$ 当成密度函数 (分布列), 从而 $(x_1, \cdots, x_n)$ 是自变量. 现在用另一种观点看待它. 当样本观测到 $(x_1, \cdots, x_n)$ 时, 可以把 $f(x_1, \cdots, x_n; \theta)$ 看成 $\theta \in \Theta$ 的函数. 对于 $\theta_1, \theta_2 \in \Theta$, 若

$$f(x_1, \cdots, x_n; \theta_1) > f(x_1, \cdots, x_n; \theta_2)$$

那么该观测值 $(x_1, \cdots, x_n)$ 来自总体 $f(x_1, \cdots, x_n; \theta_1)$ 比来自总体 $f(x_1, \cdots, x_n; \theta_2)$ 的可能性大. 所以, 在给定观测值时, $f(x_1, \cdots, x_n; \theta)$ 又可作为参数 $\theta$ 对产生观测值 $(x_1, \cdots, x_n)$ 的可能性的一种度量. 于是对同一个函数 $f(x_1, \cdots, x_n; \theta)$ 有两个不同的看法, 后一种观点把它当成 $\theta$ 的函数, 这样的函数就是似然函数. 也就是给定观测值后, 称

$$L(\theta; x_1, \cdots, x_n) = f(x_1, \cdots, x_n; \theta), \quad \theta \in \Theta$$

为**似然函数**. 有时将它简记为 $L(\theta)$. 而称 $l(\theta) = \ln L(\theta)$ 为对数似然函数.

在给定观测值的条件下, 似然函数作为 $\theta$ 的函数, 它描述 $\theta$ 对观测值 $(x_1, \cdots, x_n)$ 影响出现可能性的大小. 于是, 若存在样本的函数 $\hat{\theta}(X_1, \cdots, X_n)$, 使得

$$L(\hat{\theta}(x_1, \cdots, x_n); x_1, \cdots, x_n) = \sup_{\theta \in \Theta} L(\theta; x_1, \cdots, x_n)$$

称 $\hat{\theta}(X_1, \cdots, X_n)$ 是 $\theta$ 的**极大似然估计**, 记为 MLE.

**例 2.1.6** 设 $(X_1, \cdots, X_n)$ 是取自两点分布 $B(1, \theta)$ 的样本. 试求 $\theta$ 的极大似然估计量.

**解** 似然函数为

$$L(\theta) = \theta^{\sum\limits_{i=1}^{n} x_i} (1-\theta)^{n - \sum\limits_{i=1}^{n} x_i}$$

对数似然函数为

$$l(\theta) = \sum_{i=1}^{n} x_i \ln \theta + \left(n - \sum_{i=1}^{n} x_i\right) \ln(1-\theta)$$

为求关于 $\theta$ 的最大值, 对 $\theta$ 求导, 得到似然方程

$$\frac{\partial l}{\partial \theta} = \frac{1}{\theta} \sum_{i=1}^{n} x_i - \frac{1}{1-\theta} \left(n - \sum_{i=1}^{n} x_i\right) = 0$$

由此得到方程的解 $\hat{\theta} = \dfrac{1}{n}\sum\limits_{i=1}^{n} X_i$. 可以验证如上解使似然函数达到最大. 故它是 $\theta$ 的极大似然估计.

**例 2.1.7** 设 $(X_1, \cdots, X_n)$ 是取自 $N(\mu, \sigma^2)$ 的样本. 试求 $(\mu, \sigma^2)$ 的极大似然估计量.

**解** 似然函数为

$$L(\mu, \sigma^2) = (2\pi\sigma^2)^{-n/2} \exp\left\{ -\frac{1}{2\sigma^2}\sum_{i=1}^{n}(x_i - \mu)^2 \right\}$$

对数似然函数为

$$l(\mu, \sigma^2) = -\frac{n}{2}\ln(2\pi) - \frac{n}{2}\ln\sigma^2 - \frac{1}{2\sigma^2}\sum_{i=1}^{n}(x_i - \mu)^2$$

为求关于 $(\mu, \sigma^2)$ 的最大值, 分别对 $\mu$ 和 $\sigma^2$ 求偏导, 得到似然方程

$$\frac{\partial l}{\partial \mu} = \frac{1}{\sigma^2}\sum_{i=1}^{n}(x_i - \mu) = 0$$

$$\frac{\partial l}{\partial \sigma^2} = -\frac{n}{2\sigma^2} + \frac{1}{2\sigma^4}\sum_{i=1}^{n}(x_i - \mu)^2 = 0$$

由此得到方程的解

$$\hat{\mu} = \frac{1}{n}\sum_{i=1}^{n} X_i$$

$$\hat{\sigma}^2 = \frac{1}{n}\sum_{i=1}^{n}(X_i - \overline{X}_n)^2$$

可以验证如上解使似然函数达到最大. 故它们分别是 $\mu$ 和 $\sigma^2$ 的极大似然估计.

从极大似然估计的定义和例 2.1.7 看到, 把参数估计问题转化为求极值问题, 而求极值问题转化成解方程的问题

$$\frac{\partial l(\theta)}{\partial \theta} = 0 \tag{2.1.1}$$

称上述方程为对数似然方程. 对丁某些具体的问题, 如果似然方程的解唯一, 它就是极大似然估计, 而往往不需要验证它使得似然函数达到最大. 另外, 将在 2.2 节中证明, 在一般条件下, 对数似然方程的期望是零, 即对数似然方程满足

$$E\left( \frac{\partial l(\theta)}{\partial \theta} \right) = 0 \tag{2.1.2}$$

如上讨论的直接结果是, 既然真的参数满足式 (2.1.2), 就有理由直接通过对数似然方程 (2.1.1) 求参数的估计量. 由此就可以看到数理统计学中估计理论的基本思想, 即通过合适的方程求参数估计.

但是, 并不是所有的极大似然估计都是通过似然方程得到的. 请看如下例题.

**例 2.1.8** 设 $(X_1, \cdots, X_n)$ 是来自均匀分布 $U(0, \theta)$ 的样本, 其中 $\theta > 0$, 试求 $\theta$ 的极大似然估计量.

**解** 似然函数为

$$L(\theta) = \begin{cases} \theta^{-n}, & 0 < x_{(1)} \leqslant x_{(n)} < \theta \\ 0, & \text{其他} \end{cases}$$

如果按照如上似然方程的求解方法, 是不能解决问题的. 但是, 注意到, 要使得似然函数 $L(\theta)$ 达到最大, $\theta$ 就应该尽可能小. 而 $\theta$ 不能小于 $X_{(n)}$, 则它的极大似然估计为 $\hat{\theta} = X_{(n)}$.

### 2.1.4 估计量的比较

在例 2.1.8 中, 极大似然估计是 $\hat{\theta} = X_{(n)}$. 另外, 容易得到, 均匀分布 $U(0, \theta)$ 中参数的矩估计是 $\tilde{\theta} = 2\overline{X}_n$. 于是, 一个自然问题是, 对于同一个参数, 要比较这样两种不同的估计.

第一个问题是, 怎样比较矩估计和极大似然估计. 为此, 先考察这两种估计的前提条件. 矩估计只要求总体存在相应的矩, 而极大似然估计要求知道总体的分布形式. 于是, 如果人们对总体的分布形式假定是错误的或有较大的偏差, 则极大似然估计就没有意义或有很大的偏差. 从这个观点看, 极大似然估计是不稳健的, 即容易受到前提假设条件的影响. 而矩估计稳健性比极大似然估计好. 但是在 2.3 节将讲到, 极大似然估计是 "渐近有效" 的, 即若前提假设正确, 则当 $n$ 充分大时, 它是最有效的估计 (在后面章节将介绍什么是估计的有效性).

如果不考虑前提条件, 则评价参数 $\theta$ 的估计 $\hat{\theta}$ 优良性的一个自然标准是它们之间的距离 $|\theta - \hat{\theta}|$. 但估计量是随机的, 直接使用这种度量在实际中是不可行的. 为了排除随机性的影响, 经过取期望, 用如下估计量的**均方误差**来评价估计量的优良性, 即

$$\text{MSE}(\hat{\theta}) = E(\hat{\theta} - \theta)^2 \tag{2.1.3}$$

如上标准纯粹是数学上对估计量的评价, 并没有考虑估计量的实际意义. 例如, 如果从实际意义出发, 当参数高估和低估造成的损失 (如经济上的损失) 不一样时, 就要把损失加进去考察估计的好坏. 这里并不打算考虑这些实际意义对评价估计量带来的影响, 但读者应该注意这个问题.

自然地, 均方误差越小越好. 于是, 如果能找到一个估计 $\hat{\theta}^*$, 使得对任意估计 $\hat{\theta}$ 有

$$\text{MSE}(\hat{\theta}^*) \leqslant \text{MSE}(\hat{\theta}), \quad \forall \theta \in \Theta$$

这样的估计就是最好的. 遗憾的是, 这样估计并不总是存在 (陈希孺, 1999).

为了找到既合理又可行的评价方法, 先看一个例子: 在测试产品质量时, 观测了 $n$ 件产品, 记其中次品的件数为 $X$, 人们往往用频率 $X/n$ 估计次品率 (取到次品的概率) $p$. 虽然 $X/n$ 是随机的, 但根据实际意义, $X/n$ 在 $p$ 附近摆动, 并且容易证明频率的期望就是概率 $p$, 即 $E(X/n) = p$. 基于这种想法, 称估计量 $\hat{\theta}$ 是参数 $\theta$ 的**无偏估计**, 如果

$$E(\hat{\theta}) = \theta \tag{2.1.4}$$

直观上, 这个标准是合理的, 并从今后的研究中可以看到, 有时可以从无偏性的要求出发, 找到一条可行的路径, 以求得 "最好" 的估计.

**例 2.1.9** 设 $(X_1, \cdots, X_n)$ 是来自总体 $X$ 的样本, 试判断 $\overline{X}_n$ 和 $S^2$ 的无偏性.

**解** 验证 $\overline{X}_n = \dfrac{1}{n}\sum\limits_{i=1}^{n} X_n$ 和 $S^2 = \dfrac{1}{n-1}\sum\limits_{i=1}^{n}(X_i - \overline{X}_n)^2$ 分别是总体期望 $\mu = E(X)$ 和方差 $\sigma^2 = \mathrm{Var}(X)$ 的无偏估计, 即 $E(\overline{X}_n) = \mu$ 且

$$E(S^2) = \sigma^2 \tag{2.1.5}$$

**证明** 先进行平方和分解

$$\sum_{i=1}^{n}(X_i - \overline{X}_n)^2 = \sum_{i=1}^{n} X_i^2 - n(\overline{X}_n)^2$$

则

$$\begin{aligned}
E(S_n^{*2}) &= \frac{1}{n-1}\sum_{i=1}^{n} E(X_i^2) - \frac{n}{n-1} E((\overline{X}_n)^2)\\
&= \frac{n}{n-1}\big[E(X^2) - E((\overline{X}_n)^2)\big]\\
&= \frac{n}{n-1}\big[\mathrm{Var}(X) + (E(X))^2 - \mathrm{Var}(\overline{X}_n) - (E(\overline{X}_n))^2\big]\\
&= \frac{n}{n-1}\left[\sigma^2 + \mu^2 - \frac{\sigma^2}{n} - \mu^2\right]\\
&= \sigma^2
\end{aligned}$$

第一个结论的正确性是显然的, 第二个结论的证明如下. 如上结论说明, 样本均值是总体期望的无偏估计, 本书中定义的样本方差 $S_n^2 = \dfrac{1}{n}\sum\limits_{i=1}^{n}(X_i - \overline{X}_n)^2$ 是有偏的, 但当样本容量很大时, 它的偏差很小.

**例 2.1.10** 上面已经提到, 均匀分布 $U(0,\theta)$ 总体 $X$ 中 $\theta$ 的矩估计为 $2\overline{X}_n$ 和极大似然估计为 $X_{(n)}$, 试判断两个估计差的无偏性.

**解** 我们知道 $E(X) = \theta/2$, 于是

$$E(2\overline{X}_n) = 2E(\overline{X}_n) = 2E(X) = \theta$$

即矩估计 $2\overline{X}_n$ 是 $\theta$ 的无偏估计. 但是极大似然估计 $X_{(n)}$ 不是 $\theta$ 的无偏估计, 它的期望为

$$E(X_{(n)}) = \frac{n}{n+1}\theta \tag{2.1.6}$$

虽然 $X_{(n)}$ 是有偏的, 但可以修正成无偏估计

$$\hat{\theta}^* = \frac{n+1}{n} X_{(n)} \tag{2.1.7}$$

**证明** 由 1.5.2 节知道, 对于均匀分布 $U(0,\theta)$, $X_{(n)}$ 的概率密度函数为

$$g_n(y) = n\left(\frac{y}{\theta}\right)^{n-1}\frac{1}{\theta}, \quad 0 < y < \theta$$

于是

$$E(X_{(n)}) = \int_0^\theta y\, n \left(\frac{y}{\theta}\right)^{n-1} \frac{1}{\theta}\mathrm{d}y = \frac{n}{n+1}\theta$$

这就得到式 (2.1.7) 的证明.

例 2.1.10 给出一个参数的两个无偏估计, 那么怎样比较这两个无偏估计呢? 从均方误差的定义式 (2.1.3) 可以看到

$$\mathrm{MSE}(\hat{\theta}) = \mathrm{Var}(\hat{\theta}) + (E(\hat{\theta}) - \theta)^2$$

即均方误差可以被分解成两部分, 一部分是方差, 另外一部分是偏差的平方. 特别地, 如果 $\hat{\theta}$ 是无偏估计, 则

$$\mathrm{MSE}(\hat{\theta}) = \mathrm{Var}(\hat{\theta})$$

于是, 在无偏估计类中, 比较估计量的方差. 对于参数 $\theta$ 的两个无偏估计 $\hat{\theta}_1$ 和 $\hat{\theta}_2$, 若

$$\mathrm{Var}(\hat{\theta}_1) \leqslant \mathrm{Var}(\hat{\theta}_2), \quad \forall\, \theta \in \Theta$$

则称 $\hat{\theta}_1$ 比 $\hat{\theta}_2$ 有效.

**例 2.1.11** 接着讨论例 2.1.10 的两个无偏估计量哪个有效.

**解** 对于均匀分布 $U(0,\theta)$, 有 $\mathrm{Var}(X) = \theta^2/12$, 则无偏估计 $2\overline{X}_n$ 的方差为

$$\mathrm{Var}(2\overline{X}_n) = 4\mathrm{Var}(\overline{X}_n) = \frac{4}{n}\mathrm{Var}(X) = \frac{\theta^2}{3n}$$

而对于式 (2.1.7) 定义的修正无偏估计, 有

$$\mathrm{Var}(\hat{\theta}^*) = \frac{\theta^2}{n(n+2)} \tag{2.1.8}$$

因此, 当 $n \geqslant 2$ 时, $\hat{\theta}^*$ 比 $2\overline{X}_n$ 有效.

**证明**

$$\begin{aligned}
\mathrm{Var}(X_{(n)}) &= E(X_{(n)}^2) - (E(X_{(n)}))^2 \\
&= \int_0^\theta y^2\, n \left(\frac{y}{\theta}\right)^{n-1} \frac{1}{\theta}\mathrm{d}y - \frac{n^2\theta^2}{(n+1)^2} = \frac{n\theta^2}{(n+1)^2(n+2)}
\end{aligned}$$

于是

$$\mathrm{Var}(\hat{\theta}^*) = \frac{(n+1)^2}{n^2}, \quad \mathrm{Var}(X_{(n)}) = \frac{\theta^2}{n(n+2)}$$

接下来的问题是, 是否有比 $\hat{\theta}^*$ 更有效的估计, 或更一般的问题是, 在无偏估计类中, 怎样找方差最小的估计. 在 2.2 节中将进行讨论.

## 2.2 无偏估计

在很多模型中, 参数的无偏估计是存在的. 在今后的研究中, 假定参数的无偏估计存在, 此时, 称这样的参数是可估的. 另外, 例 2.1.11 表明, 一个参数的无偏估计可能有多个.

更一般的结论是, 如果 $\theta$ 有两个无偏估计 $\hat{\theta}_1$ 和 $\hat{\theta}_2$, 则对任意的 $0 \leqslant \lambda \leqslant 1$, $\lambda \hat{\theta}_1 + (1 - \lambda) \hat{\theta}_2$ 是 $\theta$ 的无偏估计. 现在讨论在无偏估计类中寻求 "最好" 估计的方法. 在无偏估计类中, 称方差最小的估计为**一致最小方差无偏估计**, 即对于 $\theta$ 的一个无偏估计 $\hat{\theta}^*$, 称它为一致最小方差无偏估计, 如果对 $\theta$ 的任意无偏估计 $\hat{\theta}$, 有

$$\mathrm{Var}(\hat{\theta}^*) \leqslant \mathrm{Var}(\hat{\theta}), \quad \forall \theta \in \Theta$$

一致最小方差无偏估计, 简记为 UMVUE. 接下来, 将找到一些可行的路径达到此目的.

### 2.2.1　有效估计

根据上面的讨论, 在无偏估计类中, 希望估计量的方差越小越好. 于是, 首先要在理论上弄明白, 对于无偏估计, 它的方差的下界是什么.

瑞典统计学家 Cramér 和印度统计学家 Rao 分别在 1946 年和 1945 年给出了无偏估计的方差下界, 除了其他理论上的意义, 这个下界在评价无偏估计好坏上起着至关重要的作用.

**Cramér-Rao (克拉默–罗) 不等式**　如果随机变量的概率密度 (分布列) $f(x; \theta)$ 满足正则条件 (i) $\sim$ (v), $\hat{\theta}$ 是 $\theta$ 的无偏估计, 则

$$\mathrm{Var}(\hat{\theta}) \geqslant \frac{1}{n I(\theta)} \tag{2.2.1}$$

其中

$$I(\theta) = E \left( \frac{\partial \ln f(X; \theta)}{\partial \theta} \right)^2 \tag{2.2.2}$$

正则条件 (i) $\sim$ (v) 在后面列出. 有时, 要考察参数 $\theta$ 的某个函数 $g(\theta)$ 无偏估计 $\hat{g}(\theta)$ 的方差下界. 如上不等式可以写成

$$\mathrm{Var}(\hat{g}(\theta)) \geqslant \frac{(g'(\theta))^2}{n I(\theta)} \tag{2.2.3}$$

如果 $\boldsymbol{\theta} = (\theta_1, \cdots, \theta_p)^{\mathrm{T}}$ 是 $p$ 维列向量, $g(\boldsymbol{\theta}) = (g_1, \cdots, g_q)^{\mathrm{T}}$ 是 $q$ 维函数列向量, 则式 (2.2.3) 应该写成

$$\mathrm{Var}(\hat{g}(\boldsymbol{\theta})) \geqslant g'(\boldsymbol{\theta})(n I(\boldsymbol{\theta}))^{-1}(g'(\boldsymbol{\theta}))^{\mathrm{T}}$$

其中

$$I(\boldsymbol{\theta}) = [I_{ij}(\boldsymbol{\theta})] = \left[ E \left( \frac{\partial \ln f(X; \boldsymbol{\theta})}{\partial \theta_i} \frac{\partial \ln f(X; \boldsymbol{\theta})}{\partial \theta_j} \right) \right]$$

是 $p \times p$ 的矩阵, 导数

$$g'(\boldsymbol{\theta}) = \left( \frac{\partial g_i}{\partial \theta_j} \right)$$

是 $q \times p$ 矩阵, 角标 T 表示转置.

Cramér-Rao 不等式简称为 C-R 不等式. 此不等式的证明也放到后面, 而称条件 (i) $\sim$ (v) 为 C-R 正则条件. 虽然正则条件看起来复杂, 但要指出的是, 见到的大多数分布, 如指数型分布族, 都满足这些条件. 不过也有分布不满足这些条件, 如均匀分布就不满足.

另外, 此不等式与 $I(\theta)$ 有关: 若 $I(\theta)$ 较大, 则方差下界较小; 反之则方差下界较大. 于是, $I(\theta)$ 决定了此分布中参数估计的下界. 称 $I(\theta)$ 为该分布的 **Fisher 信息 (矩阵)**. 在此信息的观点下, 有时称 C-R 不等式为信息不等式. Fisher 信息 $I(\theta)$ 完全由分布决定, 方差的下界完全由分布决定.

如果 $\theta$ 的无偏估计 $\hat{\theta}$ 达到 C-R 不等式的下界, 即它的方差

$$\mathrm{Var}(\hat{\theta}) = \frac{1}{nI(\theta)}$$

称此无偏估计为**有效估计**. 当然有效估计一定是一致最小方差无偏估计. 但一致最小方差无偏估计不一定是有效估计.

在计算方差下界的时候, 首先要计算 Fisher 信息. 为了方便, 给出如下公式: 在正则条件下, 有

$$I(\theta) = -E\left(\frac{\partial^2 \ln f(X;\theta)}{\partial \theta^2}\right) \tag{2.2.4}$$

此等式的证明也放在后面. 可以根据需要用式 (2.2.2) 或式 (2.2.4) 计算 Fisher 信息.

**例 2.2.1** 计算泊松分布 $P(\lambda)$ 的无偏估计差的方差下界参数 $\lambda$.

$$\ln f(x;\lambda) = x\ln\lambda - \ln(x!) - \lambda$$

则

$$\frac{\partial^2 \ln f(X;\lambda)}{\partial \lambda^2} = -\frac{X}{\lambda^2}$$

由此得到 Fisher 信息为

$$I(\lambda) = E\left(\frac{X}{\lambda^2}\right) = \frac{1}{\lambda}$$

从而参数 $\lambda$ 的无偏估计的方差下界为 $\lambda/n$. 可以验证, 样本均值 $\overline{X}_n$ 是无偏的, 且它的方差为 $\lambda/n$. 于是, $\overline{X}_n$ 是 $\lambda$ 的有效估计.

**例 2.2.2** 计算正态分布 $N(\mu,\sigma^2)$ 的参数 $\mu$ 和 $\sigma^2$ 的无偏估计的方差下界.

**解** 在正态分布 $N(\mu,\sigma^2)$ 中, 有两个未知参数. 可以得到

$$I_{11} = -E\left(\frac{\partial^2 f(X;\mu,\sigma^2)}{\partial \mu^2}\right) = \frac{1}{\sigma^2}$$

$$I_{22} = -E\left(\frac{\partial^2 f(X;\mu,\sigma^2)}{\partial (\sigma^2)^2}\right) = E\left(\frac{(X-\mu)^2}{\sigma^6}\right) - \frac{1}{2\sigma^4} = \frac{1}{2\sigma^4}$$

$$I_{12} = -E\left(\frac{\partial^2 f(X;\mu,\sigma^2)}{\partial \mu \partial \sigma^2}\right) = E\left(\frac{X-\mu}{\sigma^4}\right) = 0$$

于是信息不等式的下界为

$$\begin{pmatrix} \dfrac{\sigma^2}{n} & 0 \\ 0 & \dfrac{2\sigma^4}{n} \end{pmatrix}$$

已经知道样本平均 $\overline{X}_n$ 是 $\mu$ 的无偏估计, 并且 $\mathrm{Var}(\overline{X}_n) = \sigma^2/n$. 另外, $S^2 = \dfrac{1}{n-1} \cdot \sum\limits_{i=1}^{n}(X_i - \overline{X}_n)^2$ 是 $\sigma^2$ 的无偏估计. 以下计算 $S^2$ 的方差. 从 1.4.1 节知道

$$\frac{n-1}{\sigma^2}S^2 \sim \chi^2(n-1)$$

则根据 $\chi^2$-分布的方差公式知道

$$\mathrm{Var}\left(\frac{n-1}{\sigma^2}S^2\right) = 2(n-1)$$

故

$$\mathrm{Var}(S^2) = \frac{2\sigma^4}{n-1}$$

又由 1.4.1 节知道, $\overline{X}_n$ 和 $S_n^{*2}$ 独立, 则

$$\mathrm{Cov}(\overline{X}_n, S^2) = 0$$

以上结果说明, $\overline{X}_n$ 与 $S^2$ 的协方差矩阵为

$$\begin{pmatrix} \dfrac{\sigma^2}{n} & 0 \\[2mm] 0 & \dfrac{2\sigma^4}{(n-1)} \end{pmatrix}$$

故 $(\overline{X}_n, S^2)$ 不是 $(\mu, \sigma^2)$ 的有效估计. 但是如果假设 $\sigma^2$ 已知, 则只估计 $\mu$, 从上面的结论看到, $\overline{X}_n$ 是 $\mu$ 的有效估计. 另外, 如果 $\mu$ 已知, 则只要估计 $\sigma^2$, 上面结论仍然表明 $S^2$ 不是有效估计. 注意到 $\mu$ 已知, 此时可以构造一个新的估计

$$\hat{\sigma^*}^2 = \frac{1}{n}\sum_{i=1}^{n}(X_i - \mu)^2$$

显然此估计是无偏的, 即 $E(\hat{\sigma^*}^2) = \sigma^2$. 另外

$$\frac{n\hat{\sigma^*}^2}{\sigma^2} \sim \chi^2(n)$$

则

$$\mathrm{Var}\left(\frac{n\hat{\sigma^*}^2}{\sigma^2}\right) = 2n$$

从而

$$\mathrm{Var}(\hat{\sigma^*}^2) = \frac{2\sigma^4}{n}$$

此时 $\hat{\sigma^*}^2$ 是 $\sigma^2$ 的有效估计.

在上述例子中 $S^2$ 虽然不是有效估计, 但当 $n$ 很大时, 它的方差接近信息不等式下界. 如果参数 $\theta$ 的无偏估计 $\hat{\theta}$ 满足

$$\frac{1/(nI(\theta))}{\mathrm{Var}(\hat{\theta})} \to 1 \quad (n \to +\infty)$$

则称 $\hat{\theta}$ 是**渐近有效的**.

在例 2.2.2 中, $(\overline{X}_n, S^2)$ 是 $(\mu, \sigma^2)$ 的渐近有效估计.

**C-R 正则条件**

(i) 参数空间 $\Theta$ 是直线上的某个开区间;

(ii) 导数 $\dfrac{\partial f(x; \theta)}{\partial \theta}$ 在 $\Theta$ 上存在;

(iii) 支撑 $\{x : f(x; \theta) > 0\}$ 不依赖于 $\theta$;

(iv) 对密度函数 $f(x; \theta)$ 的积分与微分运算可以交换, 即

$$\frac{\partial}{\partial \theta} \int_{-\infty}^{+\infty} f(x; \theta)\mathrm{d}x = \int_{-\infty}^{+\infty} \frac{\partial}{\partial \theta} f(x; \theta)\mathrm{d}x$$

如果是分布列, 则上述条件可改为求和与微分运算可以交换;

(v) 下列数学期望存在, 且

$$0 < I(\theta) = E\left(\frac{\partial}{\partial \theta} \ln f(x; \theta)\right)^2 < +\infty$$

**C-R 不等式 (2.2.1) 的证明**　样本的概率密度函数 $p(x_1, \cdots, x_n; \theta) = \prod\limits_{i=1}^{n} f(x_i; \theta)$. 记

$$S(\theta) = \frac{\partial}{\partial \theta}\big(\ln p(x_1, \cdots, x_n; \theta)\big)$$

则

$$S(\theta) = \sum_{i=1}^{n} \frac{\partial}{\partial \theta}\big(\ln f(x_i; \theta)\big)$$

由于

$$E\left(\frac{\partial}{\partial \theta} \ln f(X_i; \theta)\right) = \int f(x; \theta)\frac{\partial}{\partial \theta} \ln f(x; \theta)\mathrm{d}x = \frac{\partial}{\partial \theta} \int f(x; \theta)\mathrm{d}x = 0$$

故

$$E(S(\theta)) = \sum_{i=1}^{n} E\left(\frac{\partial}{\partial \theta} \ln f(X_i; \theta)\right) = 0$$

由此得到

$$\mathrm{Var}(S(\theta)) = \sum_{i=1}^{n} \mathrm{Var}\left(\frac{\partial}{\partial \theta} \ln f(X_i; \theta)\right) = \sum_{i=1}^{n} E\left(\frac{\partial}{\partial \theta} \ln f(X_i; \theta)\right)^2 = nI(\theta)$$

利用 Schwarz 不等式, 有

$$\big(\mathrm{Cov}(S(\theta), \hat{g})\big)^2 \leqslant \mathrm{Var}\big(S(\theta)\big)\mathrm{Var}(\hat{g}) = nI(\theta)\mathrm{Var}(\hat{g})$$

而

$$\text{Cov}\big(S(\theta),\hat{g}\big) = E\big[S(\theta)(\hat{g}-g)\big] = E\big(S(\theta)\hat{g}\big)$$

$$= \int \hat{g}\frac{\partial p}{\partial \theta}\mathrm{d}x_1\cdots\mathrm{d}x_n = \frac{\partial}{\partial \theta}\int \hat{g}p\,\mathrm{d}x_1\cdots\mathrm{d}x_n$$

注意到估计的无偏性, 有 $\int \hat{g}p\,\mathrm{d}x_1\cdots\mathrm{d}x_n = g$. 将这些结果代入上述 Schwarz 不等式, 可以得到式 (2.2.1), 证毕.

**Fisher 信息式 (2.2.4) 的证明** 利用式 (2.2.1) 证明中的结论, 由 $E(\partial\ln f(X;\theta)/\partial\theta) = 0$, 得到

$$0 = \frac{\partial}{\partial \theta}E\left(\frac{\partial}{\partial \theta}\ln f(X;\theta)\right) = \int \frac{\partial}{\partial \theta}\left(f(x;\theta)\frac{\partial}{\partial \theta}\ln f(x;\theta)\right)\mathrm{d}x$$

$$= \int \left(\frac{\partial}{\partial \theta}\ln f(x;\theta)\right)^2 f(x;\theta)\mathrm{d}x + \int \left(\frac{\partial^2}{\partial \theta^2}\ln f(x;\theta)\right)f(x;\theta)\mathrm{d}x$$

$$= I(\theta) + E\left(\frac{\partial^2}{\partial \theta^2}\ln f(X;\theta)\right)$$

证毕.

### 2.2.2 一致最小方差无偏估计

由于一致最小方差无偏估计不一定是有效估计, 从而在有些模型中, 去寻求有效估计是不现实的. 下面利用以前提到过的充分完全统计量给出一个构造一致最小方差无偏估计的方法.

前面提到, 构造的估计量应该尽量是充分统计量. 于是, 假设已经得到一个充分统计量 $S = S(X_1,\cdots,X_n)$ 和参数 $\theta$ 的一个无偏估计 $\varphi = \varphi(X_1,\cdots,X_n)$. 考虑条件期望

$$T(S) = E(\varphi|S)$$

由于 $S$ 是充分统计量, 则条件期望 $T(S) = E(\varphi|S)$ 与参数 $\theta$ 无关, 即 $T(S)$ 也是一个统计量. 另外, 根据条件期望的性质, 有

$$E(T(S)) = E\big[E(\varphi|S)\big] = E(\varphi) = \theta \tag{2.2.5}$$

即 $T(S)$ 也是 $\theta$ 的无偏估计. 更进一步, 将在后面证明如下不等式

$$\text{Var}\big(T(S)\big) \leqslant \text{Var}(\varphi) \tag{2.2.6}$$

于是, 经过如上的程序, 得到一个比 $\varphi$ 更有效的估计 $T(S)$. 最后, 如果统计量 $S$ 还是完全的, 则 $T(S)$ 是一致最小方差无偏估计. 事实上, 对于任意一个无偏估计 $g = g(X_1,\cdots,X_n)$, 令 $T^*(S) = E(g|S)$. 根据式 (2.2.6)

$$\text{Var}(T^*(S)) \leqslant \text{Var}(g) \tag{2.2.7}$$

类似于 (2.2.5), 有 $E(T^*(S)) = \theta$. 利用此结论和式 (2.2.5), 得到

$$E(T(S) - T^*(S)) = 0, \quad \forall \theta \in \Theta$$

而 $S$ 是完全统计量, 故

$$T(S) = T^*(S) \quad \text{(a.s.)}$$

此式和式 (2.2.6) 说明, $T(S)$ 比任意无偏估计 $g$ 的方差小, $T(S)$ 是一致最小方差无偏估计. 另外, 上面的证明过程还说明, $T(S)$ 是 (a.s.) 唯一的一致最小方差无偏估计.

上面的讨论给出一条寻求一致最小方差无偏估计的路径:

(1) 构造一个无偏估计 $\varphi$ 和一个充分完全统计量 $S$;

(2) 计算条件期望 $T(S) = E(\varphi|S)$.

这样的 $T(S)$ 就是一致最小方差无偏估计. 再根据完全性, 如果一个无偏估计是充分完全统计量的函数, 它就是一致最小方差无偏估计.

**例 2.2.3** 考虑两点分布 $B(1, \theta)$. 已知 $S = \sum\limits_{i=1}^{n} X_i$ 是充分完全统计量, 且样本平均 $\overline{X}_n = S/n$ 是 $\theta$ 的无偏估计, 则 $\overline{X}_n$ 是 $\theta$ 的一致最小方差无偏估计.

**例 2.2.4** 接着讨论例 2.1.10. 对于均匀分布 $U(0, \theta)$, 在例 1.5.4 中证明了 $X_{(n)}$ 是充分统计量. 又由于 $X_{(n)}$ 的密度为

$$f(y; \theta) = \frac{ny^{n-1}}{\theta^n}, \quad 0 < y < \theta$$

则可用例 1.5.6 的方法证明 $X_{(n)}$ 是完全统计量. 因此 $X_{(n)}$ 是充分完全统计量. 由于在例 2.1.10 中证明了

$$\hat{\theta}^* = \frac{n+1}{n} X_{(n)}$$

是无偏的, 又是 $X_{(n)}$ 的函数, 则 $\hat{\theta}^*$ 是 $\theta$ 的一致最小方差无偏估计.

**例 2.2.5** 考虑泊松分布 $P(\lambda)$, 求 $\lambda$ 和 $P_\lambda(X_1 = k)$ 的一致最小方差无偏估计. 已知 $S = \sum\limits_{i=1}^{n} X_i$ 是充分完全统计量.

(1) 令 $\hat{g}_1(S) = S/n$, 则 $E(\hat{g}_1(S)) = E(\overline{X}) = \lambda$, 故 $\hat{g}_1(S)$ 是充分完全统计量 $S$ 的函数, 且是 $\lambda$ 的无偏估计. 因此 $\hat{g}_1(S)$ 是 $\lambda$ 的一致最小方差无偏估计.

(2) 由于 $P_\lambda(X_1 = k) = \lambda^k e^{-\lambda}/k!$ 是参数 $\lambda$ 的函数, 故令 $g_2(\lambda) = P_\lambda(X_1 = k)$. 设 $\varphi(X_1) = I_{[X_1=k]}$, 则 $E_\lambda(\varphi(X_1)) = P_\lambda(X_1 = k)$, 因此, $\varphi(X_1) = I_{[X_1=k]}$ 为 $g_2(\lambda)$ 的无偏估计. 注意到, $S = \sum\limits_{i=1}^{n} X_i \sim P(n\lambda)$ 以及 $\sum\limits_{i=2}^{n} X_i \sim P((n-1)\lambda)$. 因此

$$
\begin{aligned}
E(\varphi(X_1)|S = s) &= \frac{P_\lambda(X_1 = k, S = s)}{P_\lambda(S = s)} \\
&= \frac{P_\lambda(X_1 = k)P_\lambda(X_2 + X_3 + \cdots + X_n = s - k)}{P_\lambda(X_1 + X_1 + \cdots + X_n = s)} \\
&= \frac{(n-1)^{s-k}s!}{n^s(s-k)!k!} = C_s^k \frac{(n-1)^{s-k}}{n^s} \\
&= C_s^k \left(\frac{1}{n}\right)^k \left(1 - \frac{1}{n}\right)^{s-k}
\end{aligned}
$$

即 $C_s^k (1/n)^k ((n-1)/n)^{s-k}$ 是 $P_\lambda(X_1 = k) = \lambda^k e^{-\lambda}/k!$ 的一致最小方差无偏估计.

**例 2.2.6**　指数分布是可靠性统计中一类很重要的分布, 许多产品的寿命服从指数分布. 在可靠性试验中, 由于时间等因素的影响, 做全部试验往往很困难, 因此, 截尾试验经常被采用. 假设有 $n$ 个产品投入试验, 当第 $r$ 个 $(r < n)$ 产品失效发生时试验截止. 于是, 能观测到 $n$ 个产品中前 $r$ 个失效产品的寿命, 记为 $X_{(1)} \leqslant X_{(2)} \leqslant \cdots \leqslant X_{(r)}$.

假设产品寿命的密度函数为 $f(x; \theta) = (1/\theta)\mathrm{e}^{-x/\theta}$, $x > 0$, $\theta > 0$. 由因子分解定理知, $S = \sum\limits_{i=1}^{r} X_{(i)} + (n-r)X_{(r)}$ 是 $\theta$ 的充分统计量. 事实上, 因为 $S \sim \Gamma(r, 1/\theta)$, 故 $S$ 还是 $\theta$ 的完全统计量. 又由于 $E(S) = r\theta$, 所以 $\hat{\theta} = S/r$ 是 $\theta$ 的一致最小方差无偏估计.

更一般地, 假设产品的寿命分布为 $f(x; \alpha, \theta) = (1/\theta)\mathrm{e}^{-(x-\alpha)/\theta}$, $x > \alpha$, 则 $X_{(1)}$, $X_{(2)}, \cdots, X_{(r)}$ 的联合密度函数为

$$\frac{n!}{(n-r)!} \prod_{i=1}^{r} f(x_{(i)}; \alpha, \theta)[1 - F(x_{(r)}; \alpha, \theta)]^{n-r}$$

$$= \frac{n!}{(n-r)!} \theta^{-r} \mathrm{e}^{n\alpha/\theta} \exp\left\{-\frac{nT_1 + T_2}{\theta}\right\} I_{(T_1 > \alpha)} I_{(T_2 > 0)}$$

其中, $T_1 = X_{(1)}$, $T_2 = \sum\limits_{i=2}^{r}(n-i+1)(X_{(i)} - X_{(i-1)})$. 于是, $(T_1, T_2)$ 是 $(\alpha, \theta)$ 的充分统计量. 作变换 $Y_1 = n(X_{(1)} - \alpha)$, $Y_i = (n-i+1)(X_{(i)} - X_{(i-1)})$, $i = 2, \cdots, r$. 可证得诸 $Y_i$ 独立同分布, 且 $Y_1 \sim \mathrm{Exp}(1/\theta)$, 从而可求出 $(T_1, T_2)$ 的分布并证明 $(T_1, T_2)$ 也是 $(\alpha, \theta)$ 的完全统计量, 且 $E(T_1) = \alpha + \theta/n$, $E(T_2) = (r-1)\theta$, 由此即知 $\hat{\alpha} = T_1 - T_2/[n(r-1)]$ 和 $\hat{\theta} = T_2/(r-1)$ 分别是参数 $\alpha$ 和 $\theta$ 的一致最小方差无偏估计.

**例 2.2.7**　设某种产品的废品率为 $\theta$. 为检验产品, 从每盒中抽取 $n$ 个产品逐个检验, 测得废品数 $X$. 假设盒中的产品个数远远大于 $n$, 则可以认为 $X$ 服从二项分布 $B(n, \theta)$. 如果 $X \leqslant 2$, 那么商家接受该产品, 若 $X \geqslant 3$ 则拒收. 记

$$g(\theta) = (1-\theta)^n + n\theta(1-\theta)^{n-1} + \frac{n(n-1)}{2\theta^2(1-\theta)^{n-2}}$$

则 $g(\theta)$ 是产品通过检验的概率. 人们关心怎样估计 $g(\theta)$. 现抽取了 $r$ 盒产品进行检验, 第 $i$ 盒的废品数 $X_i \sim B(n, \theta)$, 求 $g(\theta)$ 的一致最小方差无偏差估计.

**解**　我们知道 $S = \sum\limits_{i=1}^{n} X_i$ 是充分完全统计量, 且 $S \sim B(rn, \theta)$. 令

$$\varphi(X_1) = \begin{cases} 1, & X_1 \leqslant 2 \\ 0, & X_1 \geqslant 3 \end{cases}$$

显然 $E(\varphi(X_1)) = P(\varphi(X_1) = 1) = g(\theta)$. 即 $\varphi(X_1)$ 是 $g(\theta)$ 的无偏估计. 令 $B_i$ 表示事件 "从第 1 盒抽取的产品中有且只有 $i$ 个废品", $B = B_0 + B_1 + B_2$. 于是

$$T(S) = E(\varphi|S) = P(B|S) = \sum_{i=0}^{2} P(B_i|S)$$

$$= \frac{P(X_1 = 0, S = s) + P(X_1 = 1, S = s) + P(X_1 = 2, S = s)}{P(S = s)}$$

$$= \frac{C_{rn-n}^s + nC_{rn-n}^{s-1} + n(n-1)C_{rn-n}^{s-2}}{C_{rn}^s}$$

于是 $T(S)$ 是 $g(\theta)$ 的一致最小方差无偏估计.

在有些情况下求条件期望很复杂或不可能, 还要寻求其他的办法解决此问题.

**有效性判定不等式 (2.2.6) 的证明**

$$\text{Var}(\varphi) = E(\varphi - g)^2 = E\big(\varphi - T(S) + T(S) - g\big)^2$$
$$= E\big(\varphi - T(S)\big)^2 + E\big(T(S) - g\big)^2 \geqslant \text{Var}\big(T(S)\big)$$

因为其中交叉项为零, 即

$$E\big[(\varphi - T(S))(T(S) - g)\big] = E\big\{E[(\varphi - T(S))(T(S) - g)]\|S\big\}$$
$$= E\big\{(T(S) - g)E[(\varphi - T(S))]\|S\big\} = 0$$

证毕.

### 2.2.3   $U$-统计量

$U$-统计量是 Hoeffding 在 1948 年引进的. 几十年来, 它不仅得到统计学家的重视, 还是纯粹概率学者的一个热门研究课题. 在介绍 $U$-统计量前, 先要考察一下次序统计量的充分性和完全性. 设 $(X_1, \cdots, X_n)$ 是从密度函数 (分布列) 为 $f(x)$ 的总体中抽取的样本, 则样本的 (联合) 密度函数 (分布列) 为

$$f(x_1) \cdots f(x_n) = f(x_{(1)}) \cdots f(x_{(n)})$$

回顾因子分解定理, 如果把 $f$ 视为 (无穷维) 参数, 次序统计量 $S = (X_{(1)}, \cdots, X_{(n)})$ 是充分统计量. 这里, 把函数 $f$ 视为 (无穷维) 参数, 在非参数的范围内应用因子分解定理. 另外, 次序统计量 $S$ 是否完全统计量, 取决于总体的分布. 幸运的是, 对于见到的大多数分布, 次序统计量 $S$ 是完全的, 具体条件参见相关参考文献. 在以下的讨论中, 总是假定次序统计量 $S$ 是充分完全统计量.

为了引入 $U$-统计量, 先看两个例题.

**例 2.2.8**   设 $(X_1, \cdots, X_n)$ 是从总体 $X$ 中抽取的样本, 为估计总体的 $k$ 阶原点矩 $\mu_k = E(X^k)$, 先找到一个无偏估计 $X_1^k$, 即 $E(X_1^k) = \mu_k$. 根据在 2.2.2 节中提到的方法和次序统计量 $S$ 的充分完全性, 条件期望

$$T = E(X_1^k|S) = \frac{1}{n} \sum_{i=1}^n X_{(i)}^k = \frac{1}{n} \sum_{i=1}^n X_i^k$$

是 $\mu$ 的一致最小方差无偏估计.

**例 2.2.9**   设 $(X_1, \cdots, X_n)$ 是从总体 $X$ 中抽取的样本. 由于 $X_1, \cdots, X_n$ 是独立同分布的, 则可以用 $\theta = E(|X_1 - X_2|)$ 表示总体的离散程度, 试求 $\theta$ 的一致最小方差无偏估计.

**解**　显然 $|X_1 - X_2|$ 是 $\theta$ 的一个无偏估计. 条件期望

$$T = E(|X_1 - X_2| \,|S) = \frac{1}{n(n-1)} \sum_{1 \leqslant i \neq j \leqslant n} |X_{(i)} - X_{(j)}| = \frac{1}{n(n-1)} \sum_{1 \leqslant i \neq j \leqslant n} |X_i - X_j|$$

是 $\theta$ 的一致最小方差无偏估计.

将例 2.2.9 所示方法推广到一般的模式. 设 $(X_1, \cdots, X_n)$ 是从总体 $X$ 抽取的样本, $g(X_1, \cdots, X_k)$ 是总体某个特征 $\theta$ 的无偏估计, 则

$$
\begin{aligned}
T &= E\big(g(X_1, \cdots, X_k)|S\big) \\
&= \frac{1}{n(n-1)\cdots(n-k+1)} \sum_{1 \leqslant i_1, \cdots, i_k \leqslant n, i_j \neq i_s} g(X_{(i_1)}, \cdots, X_{(i_k)}) \\
&= \frac{1}{n(n-1)\cdots(n-k+1)} \sum_{1 \leqslant i_1, \cdots, i_k \leqslant n, i_j \neq i_s} g(X_{i_1}, \cdots, X_{i_k})
\end{aligned}
$$

是 $\theta$ 的一致最小方差无偏估计. 称如上最后等式右边的项为 $(X_1, \cdots, X_n)$ 的以 $g$ 为核的 $U$-统计量. 如果核函数 $g$ 是 $k$ 元对称函数, 则如上 $U$-统计量可以表示为

$$T = \frac{1}{\mathrm{C}_n^k} \sum_{1 \leqslant i_1 < \cdots < i_k \leqslant n} g(X_{i_1}, \cdots, X_{i_k})$$

**例 2.2.10**　要考察两个地区的经济水平, 这两个地区的经济质量指标分别用 $X$ 和 $Y$ 表示. 关心的是 $\theta = P(Y > X)$, 试求 $\theta$ 的一致最小方差无偏估计.

**解**　设 $X_1, \cdots, X_m$ 和 $Y_1, \cdots, Y_n$ 分别是 $X$ 和 $Y$ 的样本. 显然 $I(Y_1 > X_1)$ 是 $\theta$ 的无偏估计. 此时的核函数为 $g(x_1, y_1) = I(y_1 > x_1)$, 它不是对称函数. 则 $U$-统计量

$$T = \frac{1}{mn} \sum_{i=1}^{m} \sum_{j=1}^{n} I(Y_j > X_i)$$

是 $\theta$ 的一致最小方差无偏估计.

**例 2.2.11**　试估计总体 $X$ 和 $Y$ 的协方差 $\mathrm{Cov}(X, Y)$.

**解**　设 $X_1, \cdots, X_n$ 和 $Y_1, \cdots, Y_n$ 分别是 $X$ 和 $Y$ 的样本. 核函数为 $g(x_1, y_1, y_2) = x_1 y_1 - x_1 y_2$, 它不是对称函数. 则 $U$-统计量

$$T = \frac{1}{n(n-1)} \sum_{1 \leqslant i_1, i_2 \leqslant n, i_1 \neq i_2} (X_{i_1} Y_{i_1} - X_{i_1} Y_{i_2})$$

是 $\mathrm{Cov}(X, Y)$ 的一致最小方差无偏估计. 可以验证, 上面的 $U$-统计量就是通常的样本协方差, 即

$$T = \frac{1}{n-1} \sum_{i=1}^{n} (X_i - \overline{X}_n)(Y_i - \overline{Y}_n)$$

## 2.3 估计量的渐近性质

估计量的渐近性质就是当样本容量 $n \to +\infty$ 时估计量的统计性质. 在应用问题中, 样本容量是有限的, 但研究估计的渐近性质至少有两个作用. 第一, 渐近性质是评价估计的标准, 也应该是基本的标准. 例如, 人们总是希望, 通过增加试验次数来增加参数估计的 "精度", 若做不到这一点, 这样的参数估计是值得怀疑的. 第二, 在统计推断中, 有时得不到小样本结果 ($n$ 是有限值条件下的结论), 如得不到抽样分布. 这时, 大样本理论 ($n \to +\infty$ 时的结论) 可以发挥作用, 这样的结论为人们提供了近似计算或近似推断方法.

### 2.3.1 相合性

相合性表示, 当样本容量 $n$ 无限增加时, 参数 $\theta$ 的估计 $\hat{\theta}$ 在某种意义下收敛于 $\theta$. 相合性可以说是估计量的一个起码而合理的要求. 正像前面提到的那样, 若不论做多少次试验也不能使估计量达到指定的精确程度, 这样的估计当然是不能用的. 相合的定义主要有如下几种.

(1) **弱相合(依概率收敛)** 称 $\hat{\theta}$ 是 $\theta$ 的弱相合估计, 若对任意的 $\theta \in \Theta$ 和 $\varepsilon > 0$, 有

$$\lim_{n \to +\infty} P(|\hat{\theta} - \theta| \geqslant \varepsilon) = 0$$

记为

$$\hat{\theta} \xrightarrow{P} \theta \quad (n \to +\infty)$$

(2) **强相合(几乎处处收敛)** 称 $\hat{\theta}$ 是 $\theta$ 的强相合估计, 若

$$P(\lim_{n \to +\infty} \hat{\theta} = \theta) = 1, \quad \forall \theta \in \Theta$$

记为

$$\hat{\theta} \to \theta \quad (\text{a.s.}) \quad (n \to +\infty)$$

(3) **$p$ 阶矩相合($p$ 阶矩收敛)** 称 $\hat{\theta}$ 是 $\theta$ 的 $p$ 阶矩相合估计, 若对于 $p > 0$, 有

$$\lim_{n \to +\infty} E(|\hat{\theta} - \theta|^p) = 0, \quad \forall \theta \in \Theta$$

记为

$$\hat{\theta} \xrightarrow{L_p} \theta \quad (n \to +\infty)$$

特别地, 当 $p = 2$ 时, 称为均方相合.

由概率论的理论知道, 从强相合可以得到弱相合, 从矩相合也可以得到弱相合.

**例 2.3.1** 若 $\hat{\theta}$ 是 $\theta$ 的渐近无偏估计, 即 $E(\hat{\theta}) \to \theta \ (n \to +\infty)$, 且 $\text{Var}(\hat{\theta}) \to 0 \ (n \to +\infty)$, 则 $\hat{\theta}$ 是 $\theta$ 的弱相合估计.

**证明**　因为 $E(\hat{\theta}) \to \theta\ (n \to +\infty)$, 则对任意的 $\varepsilon > 0$, 当 $n$ 充分大时, $|E(\hat{\theta}) - \theta| < \varepsilon/2$. 于是

$$P(|\hat{\theta} - \theta| \geqslant \varepsilon) \leqslant P(|\hat{\theta} - E(\hat{\theta})| + |E(\hat{\theta}) - \theta| \geqslant \varepsilon)$$
$$\leqslant P\left(|\hat{\theta} - E(\hat{\theta})| + \frac{\varepsilon}{2} \geqslant \varepsilon\right)$$
$$= P\left(|\hat{\theta} - E(\hat{\theta})| \geqslant \frac{\varepsilon}{2}\right)$$
$$\leqslant \frac{4\mathrm{Var}(\hat{\theta})}{\varepsilon^2} \to 0$$

故结论成立.

**例 2.3.2**　看起来例 2.3.1 是很普通的, 但有了此例的结论, 就可以断定, 前面提到的所有的估计 (矩估计和极大似然估计以及经过修正的估计) 都是弱相合的, 因为前面提到的估计都是无偏的或渐近无偏的, 且方差都趋于零.

### 2.3.2　渐近正态性

渐近正态性无论在理论上还是在应用上都很重要. 在理论上, 渐近正态性一度成为数理统计学极限理论的 "中心" 内容, 并把相关的定理称为 "中心极限定理". 另外, 正如在第 1 章提到的那样, 由于多数统计量的分布是未知的, 而正态分布有良好的性质并具有普遍性, 可以作为很多随机变量和的分布的近似, 所以在应用上渐近正态性也非常重要.

在介绍渐近正态性前, 先回顾什么是随机变量依分布收敛. 记随机变量序列 $\eta_n\ (n = 1, 2, \cdots)$ 的分布函数为 $F_n(x)$, $\eta$ 的分布函数为 $F(x)$, 如果对函数 $F(x)$ 的每个连续点 $x$, 都有

$$\lim_{n \to +\infty} F_n(x) = F(x)$$

则称 $\eta_n$ 依分布收敛于 $\eta$, 记为

$$\eta_n \xrightarrow{\mathcal{D}} \eta$$

在概率论中已经证明了如下结论.

(1) 若随机变量序列 $\eta_n$ 依概率收敛于 $\eta$, 则 $\eta_n$ 依分布收敛于 $\eta$.

(2) 随机变量序列 $\eta_n \xrightarrow{\mathcal{D}} \eta$ 且 $\xi_n \xrightarrow{P} c$, 其中 $c$ 是常数, 则

$$\eta_n \pm \xi_n \xrightarrow{\mathcal{D}} \eta \pm c$$
$$\xi_n \eta_n \xrightarrow{\mathcal{D}} c\,\eta$$
$$\frac{\eta_n}{\xi_n} \xrightarrow{\mathcal{D}} \frac{\eta}{c}, \quad c \neq 0, \xi_n \neq 0$$

(3) 设常数数列 $a_n \to +\infty$ 且 $\mu$ 是常数, 随机变量序列 $\eta_n$ 满足

$$a_n(\eta_n - \mu) \xrightarrow{\mathcal{D}} \eta$$

$g(x)$ 是可微函数且导数 $g'(x)$ 在 $\mu$ 处连续, 则

$$a_n(g(\eta_n) - g(\mu)) \xrightarrow{\mathcal{D}} g'(\mu)\eta$$

如上结论中, 特别感兴趣的分别是 $c=0$ 和 $c=1$ 时的对应结论. 在 $c=0$ 时, 说明加上 (减去) 一个依概率趋于零随机变量并不影响渐近分布. 在 $c=1$ 时, 说明乘以 (除以) 一个依概率趋于 1 随机变量并不影响渐近分布. 另外, 上述第 (3) 条在计算渐近分布时也是很重要的.

下面考察渐近正态问题. 设 $(X_1,\cdots,X_n)$ 是来自总体 $X$ 的样本, 记 $\mu = \mathrm{Var}(X)$. 由于 $X_1,\cdots,X_n$ 独立同分布, 根据中心极限定理, 只要 $\mathrm{Var}(X)=\sigma^2$ 存在, 则

$$\lim_{n\to+\infty} P\left(\frac{\sum\limits_{i=1}^n X_i - n\mu}{\sigma\sqrt{n}} < x\right) = \frac{1}{\sqrt{2\pi}}\int_{-\infty}^x \mathrm{e}^{-u^2/2}\mathrm{d}u$$

如上结论说明, $\left(\sum\limits_{i=1}^n X_i - n\mu\right)\Big/(\sigma\sqrt{n})$ 依分布收敛于标准正态的随机变量. 当 $n$ 充分大时, 可以用标准正态分布近似表示 $\left(\sum\limits_{i=1}^n X_i - n\mu\right)\Big/(\sigma\sqrt{n})$ 的分布.

**例 2.3.3** 回顾 1.3.2 节中关于正态总体样本和的可加性的结论. 现在去掉正态总体的假设条件, 而只要求总体方差存在并且 $n$ 充分大, 那么关于可加性的结论仍然近似地成立.

**例 2.3.4** 设 $(X_1,\cdots,X_n)$ 是来自两点分布总体 $B(1,\theta)$ 的样本, 总体期望为 $\theta$, 方差为 $\theta(1-\theta)$, 则

$$\frac{\sqrt{n}(\overline{X}_n-\theta)}{\sqrt{\theta(1-\theta)}} \xrightarrow{\mathcal{D}} N(0,1)$$

即近似地有

$$\overline{X}_n \sim N\left(\theta, \frac{\theta(1-\theta)}{n}\right)$$

而 $\overline{X}_n$ 是 $\theta$ 的点估计 (矩估计), 上式给出了点估计 (矩估计) 的渐近分布.

**例 2.3.5** 在矩估计中, 用样本原点矩 $m_k = \frac{1}{n}\sum\limits_{i=1}^n X_i^k$ 估计总体原点矩 $\mu_k = E(X^k)$. 根据上面提到的中心极限定理, 只要 $\sigma_k^2 = \mathrm{Var}(X^k)$ 存在且 $n$ 充分大, 则近似地有

$$\frac{\sqrt{n}(m_k-\mu_k)}{\sigma_k} \sim N(0,1)$$

即近似地有

$$m_k \sim N\left(\mu_k, \frac{\sigma_k^2}{n}\right)$$

于是得到矩估计的渐近分布.

**例 2.3.6** 继续讨论例 2.3.5. 若函数 $g(x)$ 连续可微, 有

$$\frac{\sqrt{n}\big(g(m_k)-g(\mu_k)\big)}{\sigma_k} \xrightarrow{\mathcal{D}} N\big(0,(g'(\mu_k))^2\big)$$

即近似地有

$$g(m_k) \sim N\left(g(\mu_k), \frac{\sigma_k^2(g'(\mu_k))^2}{n}\right)$$

一般地, 若参数 $\theta = g(\mu_1, \cdots, \mu_k)$ 是总体原点矩的函数, 则它的矩估计 $\hat{\theta} = g(m_1, \cdots, m_k)$ 是样本原点矩的函数. 利用上面的证明方法可以得到矩估计 $\hat{\theta}$ 的渐近正态性, 即

$$\sqrt{n}(\hat{\theta} - \theta) \xrightarrow{\mathcal{D}} N(0, \boldsymbol{G\Sigma G}^{\mathrm{T}})$$

其中向量 $\boldsymbol{G} = (\partial g/\partial \mu_j)_{k \times 1}$, 矩阵 $\boldsymbol{\Sigma} = (\mu_{i+j} - \mu_i \mu_j)_{k \times k}$. 即近似地有

$$\hat{\theta} \sim N\left(\theta, \frac{\boldsymbol{G\Sigma G}^{\mathrm{T}}}{n}\right)$$

详细证明参见相关参考文献. 此例说明一般的矩估计都是渐近正态的.

### 2.3.3　极大似然估计的渐近性质

极大似然估计是重要的估计方法之一, 将会看到, 从极大似然估计的渐近性质可以得到极大似然估计的渐近有效性. 这一部分的研究既有理论意义又有实际意义.

**极大似然估计的渐近性质**　设总体密度函数 (分布列) $f(x; \theta)$ 的真值 $\theta^0$ 为参数空间 $\Theta$ 的内点, 正则条件 (i) ~(iii) 成立, 则对数似然方程 (2.1.1) 有一个解 $\hat{\theta}$ 存在, 此解依概率收敛到 $\theta^0$, 并且具有渐近正态性, 即

$$\sqrt{n}(\hat{\theta} - \theta^0) \xrightarrow{\mathcal{D}} N\left(0, \frac{1}{I(\theta^0)}\right) \tag{2.3.1}$$

其中 $I(\theta)$ 是 Fisher 信息量.

**正则条件**

(i) 对任意 $\theta \in \Theta$, 偏导数 $\partial^3 f(x; \theta)/\partial \theta^3$ 存在;

(ii) 对一切 $\theta \in \Theta$, 有

$$\left|\frac{\partial f(x; \theta)}{\partial \theta}\right| < F_1(x), \quad \left|\frac{\partial^2 f(x; \theta)}{\partial \theta^2}\right| < F_2(x), \quad \left|\frac{\partial^3 f(x; \theta)}{\partial \theta^3}\right| < H(x)$$

其中函数 $F_1(x)$ 和 $F_2(x)$ 在实轴上可积, 而 $H(x)$ 满足

$$\int_{-\infty}^{+\infty} H(x) f(x; \theta) \mathrm{d}x < M$$

这里的 $M$ 与 $\theta$ 无关;

(iii) 对一切 $\theta \in \Theta$, 有 $I(\theta) < +\infty$.

可以验证, 如上条件是很普通的.

此结论说明, 极大似然估计 $\hat{\theta}$ 是渐近无偏的, 它的渐近方差是 $1/(nI(\theta^0))$, 根据 C-R 不等式, 渐近方差达到下界, 即极大似然估计是渐近有效的.

**例 2.3.7**　对于正态总体 $N(\mu, \sigma^2)$, 知道 $\mu$ 和 $\sigma^2$ 的极大似然估计分别是

$$\hat{\mu} = \overline{X}_n = \frac{1}{n}\sum_{i=1}^{n} X_i, \quad \hat{\sigma}^2 = S_n^2 = \frac{1}{n}\sum_{i=1}^{n}(X_i - \overline{X}_n)^2$$

已经在例 2.2.2 中得到, 关于参数 $\mu$ 和 $\sigma^2$ 的 Fisher 信息分别是 $1/\sigma^2$ 和 $1/(2\sigma^4)$. 于是 $\hat{\mu}$ 渐近地服从 $N(\mu, \sigma^2/n)$, 与 $\overline{X}_n$ 的精确分布一致而 $\hat{\sigma}^2$ 渐近地服从 $N(\sigma^2, 2\sigma^4/n)$.

**渐近正态式 (2.3.1) 的证明**　证明分两步. 第一步先证明似然方程有一个解 $\hat{\theta}$ 依概率收敛于 $\theta$. 记似然函数 $L(\theta) = \prod\limits_{i=1}^{n} f(x_i; \theta)$,

$$\left(\frac{\partial^k \ln f(x_i; \theta)}{\partial \theta^k}\right)_0 = \frac{\partial^k \ln f(x_i; \theta)}{\partial \theta^k}\bigg|_{\theta=\theta^0}$$

根据条件 (i), 对 $\partial \ln L(\theta)/\partial \theta$ 在 $\theta = \theta^0$ 处泰勒展开, 得到

$$\frac{1}{n}\frac{\partial \ln L(\theta)}{\partial \theta} = \frac{1}{n}\sum_{i=1}^{n}\left(\frac{\partial \ln f_i}{\partial \theta}\right)_0 + (\theta - \theta^0)\frac{1}{n}\sum_{i=1}^{n}\left(\frac{\partial^2 \ln f_i}{\partial \theta^2}\right)_0$$

$$+ \frac{(\theta - \theta^0)^2}{2}\frac{1}{n}\sum_{i=1}^{n}\left(\frac{\partial^3 \ln f_i}{\partial \theta^3}\right)_{\theta=\theta^0+\lambda(\theta-\theta^0)}$$

$$= B_0 + (\theta - \theta^0)B_1 + \frac{\alpha}{2}(\theta - \theta^0)^2 B_2$$

其中 $0 \leqslant \lambda, \alpha \leqslant 1$,

$$B_0 = \frac{1}{n}\sum_{i=1}^{n}\left(\frac{\partial \ln f_i}{\partial \theta}\right)_0, \quad B_1 = \frac{1}{n}\sum_{i=1}^{n}\left(\frac{\partial^2 \ln f_i}{\partial \theta^2}\right)_0, \quad B_2 = \frac{1}{n}\sum_{i=1}^{n}H(x_i)$$

由于 $X_1, \cdots, X_n$ 独立同分布, 根据大数定律和式 (2.2.4), 有

$$B_0 \xrightarrow{P} E\left(\frac{\partial f}{\partial \theta}\right)_0 = 0, \quad B_1 \xrightarrow{P} E\left(\frac{\partial^2 f}{\partial \theta^2}\right)_0 = -I(\theta^0), \quad B_2 \xrightarrow{P} E(H(X)) < M$$

于是, 根据概率收敛的定义, 任给正数 $\varepsilon$ 和 $\delta$, 总可以找到 $n_0 = n(\varepsilon, \delta)$, 使得当 $n > n_0$ 时,

$$P_1 = P(|B_0| \geqslant \delta^2) < \frac{\varepsilon}{3}, \quad P_2 = P\left(B_1 \geqslant -\frac{I(\theta^0)}{2}\right) < \frac{\varepsilon}{3}, \quad P_3 = P(|B_2| \geqslant 2M) < \frac{\varepsilon}{3}$$

记

$$A = \left\{(x_1, \cdots, x_n) : |B_0| < \delta^2, B_1 < -\frac{I(\theta^0)}{2}, |B_2| < 2M\right\}$$

则 $\overline{A}$ 表示一切使得三个不等式至少一个不满足的点 $(x_1, \cdots, x_n)$ 组成的集合. 按照概率加法公式, 可得

$$P(\overline{A}) \leqslant P_1 + P_2 + P_3 < \varepsilon$$

故

$$P(A) > 1 - \varepsilon$$

任取 $(x_1, \cdots, x_n) \in A$, 有

$$\left|B_0 + \frac{\alpha}{2}B_2\delta^2\right| \leqslant |B_0| + \frac{|\alpha|}{2}|B_2|\delta^2 < (M+1)\delta^2$$

下面考察 $(1/n) \cdot (\partial/n L(\theta)/\partial \theta)$ 的符号变化. 由于 $\theta^0$ 是 $\Theta$ 的内点, 则总可以找到充分小的 $\delta > 0$ 使 $\delta < I(\theta^0)/(2(M+1))$, 且 $[\theta^0 - \delta, \theta^0 + \delta] \subset \Theta$. 这时, 在 $\theta = \theta^0 + \delta$ 处, 有

$$\frac{1}{n} \cdot \frac{\partial \ln L(\theta)}{\partial \theta} = B_0 + \delta B_1 + \frac{\alpha}{2}\delta^2 B_2 < (M+1)\delta^2 - \frac{I(\theta^0)\delta}{2} < 0$$

而在 $\theta = \theta^0 - \delta$ 处, 有

$$\frac{1}{n} \cdot \frac{\partial \ln L(\theta)}{\partial \theta} > -(M+1)\delta^2 + \frac{I(\theta^0)\delta}{2} > 0$$

由于 $\partial \ln L(\theta)/\partial \theta$ 在 $[\theta^0 - \delta, \theta^0 + \delta]$ 上连续, 故在 $[\theta^0 - \delta, \theta^0 + \delta]$ 上一定存在一个 $\hat\theta$, 使得

$$\left.\frac{\partial \ln L(\theta)}{\partial \theta}\right|_{\theta = \hat\theta} = 0, \quad (x_1, \cdots, x_n) \in A$$

这说明似然方程 $\partial \ln L(\theta)/\partial \theta = 0$ 在 $n \geqslant n_0$ 时以超过 $1 - \varepsilon$ 的概率有一个根在 $[\theta^0 - \delta, \theta^0 + \delta]$ 内. 即当 $n \geqslant n_0$ 时,

$$P(|\hat\theta - \theta^0| < \delta) > 1 - \varepsilon$$

这就证明了 $\hat\theta$ 依概率收敛.

下面证明渐近正态性. 因为 $\hat\theta$ 是似然方程的解, 则

$$B_0 + B_1(\hat\theta - \theta^0) + \frac{\alpha}{2}B_2(\hat\theta - \theta^0)^2 = 0$$

由此解得

$$\sqrt{nI(\theta^0)}(\hat\theta - \theta^0) = \frac{1/I(\theta^0)\sqrt{n} \sum\limits_{i=1}^{n} (\partial \ln f_i/\partial\theta)_0}{-B_1/I(\theta^0) - \alpha/2 B_2(\hat\theta - \theta^0)/I(\theta^0)}$$

由于 $B_1$ 依概率收敛于 $-I(\theta^0)$, $-B_1/I(\theta^0)$ 依概率收敛于 $1$, $\hat\theta$ 依概率收敛于 $\theta^0$, $B_2$ 依概率收敛于 $E(H(X)) < +\infty$. 所以上式分母依概率收敛于 $1$. 而在分子中

$$E\left(\frac{\partial \ln f_i}{\partial \theta}\right)_0 = 0, \quad \mathrm{Var}\left(\frac{\partial \ln f_i}{\partial \theta}\right)_0 = I(\theta^0)$$

根据概率论中的 Lindeberg-Levy (林德伯格–莱维) 中心极限定理, 分子依分布收敛于标准正态分布 $N(0,1)$. 证毕.

#  习题 2

2-1　设 $(X_1, X_2, \cdots, X_n)$ 是来自总体 $X \sim B(1,p)$ 的样本, 求 $p$ 的矩估计量.

2-2　设总体 $X$ 服从 $U(-a,a)$ 的均匀分布, 其中 $a > 0$ 是未知参数, $(X_1, X_2, \cdots, X_n)$ 是简单随机样本. 求 $a$ 的矩估计和极大似然估计.

2-3　对目标进行独立射击, 直到命中为止, 假设 $n(n \geqslant 1)$ 轮这样的射击, 各轮射击的次数分别为 $k_1, k_2, \cdots, k_n$, 试求命中率 $p$ 的极大似然估计和矩估计.

2-4　设总体 $X$ 的概率密度函数为

$$f(x) = \begin{cases} 0, & x \leqslant 0 \\ \sqrt{\dfrac{2}{\pi}} \dfrac{1}{\sigma} \mathrm{e}^{-\frac{x^2}{2\sigma^2}}, & x > 0 \end{cases}$$

试用矩估计法分别对 $\sigma$ 和 $\sigma^2$ 进行估计.

2-5　设总体 $X$ 具有分布律

| $X$ | 1 | 2 | 3 |
|---|---|---|---|
| $p_k$ | $\theta^2$ | $2\theta(1-\theta)$ | $(1-\theta)^2$ |

其中 $\theta(0<\theta<1)$ 为未知参数, 已知取得了样本观测值 $x_1=1$, $x_2=2$, $x_3=1$, 试求 $\theta$ 的极大似然估计及矩估计.

2-6  设总体 $X$ 具有概率密度函数 $f(x;a)=(a+1)x^a$, 其中 $a>-1$ 是未知参数, $(X_1,X_2,\cdots,X_n)$ 是一个简单样本, 试求参数 $a$ 的矩估计和极大似然估计.

2-7  为检验某种自来水消毒设备的效果, 现从消毒后的水中随机抽取 60 L, 化验每升水中大肠杆菌的个数 (假设 1 L 水中大肠杆菌的个数服从泊松分布), 化验结果如下:

| 个数/个 | 0 | 1 | 2 | 3 | 4 | 5 |
|---|---|---|---|---|---|---|
| 水体积/L | 22 | 22 | 11 | 4 | 1 | 0 |

试问每升水中大肠杆菌个数平均值为多少时, 才能使出现上述情况的概率最大.

2-8  设 $(X_1,X_2,\cdots,X_n)$ 是取自均匀总体 $U(\alpha,\alpha+1)$ 的一个样本, 证明估计量

$$\hat{\alpha}_1=\frac{1}{n}\sum_{i=1}^{n}X_i-\frac{1}{2},\quad \hat{\alpha}_2=X_{(n)}-\frac{n}{n+1}$$

皆为参数 $\alpha$ 的无偏估计, 且 $\mathrm{Var}(\hat{\alpha}_2)=o(\mathrm{Var}(\hat{\alpha}_1))$. 这里 $o(\mathrm{Var}(\hat{\alpha}_1))$ 是 $\mathrm{Var}(\hat{\alpha}_1)$ 的高阶无穷小.

2-9  设总体 $X$ 在 $[0,\theta]$ 上服从均匀分布, $(X_1,X_2,\cdots,X_n)$ 是其样本容量为 $n$ 的简单样本, 讨论估计量 $\hat{\theta}_M=2\overline{X}$ 和 $\hat{\theta}=(n+1)X_{(n)}/n$ 的优劣.

2-10  设从均值为 $\mu$, 方差为 $\sigma^2>0$ 的总体中分别抽取容量为 $n_1$, $n_2$ 的两个独立样本, 样本均值分别为 $\overline{X}$, $\overline{Y}$, 记 $T=a\overline{X}+b\overline{Y}$, 试求: 对于任意满足条件 $a+b=1$ 的常数 $a$ 和 $b$, $a$ 和 $b$ 取何值时使方差 $\mathrm{Var}(T)$ 达到最小.

2-11  设总体的概率密度函数为

$$f(x;\theta)=\theta c^{\theta}x^{-(\theta+1)}$$

其中 $x>c$, $c>0$. 已知 $\theta>0$, 求 $\theta$ 的 Fisher 信息量 $I(\theta)$.

2-12  设 $T_1$, $T_2$ 分别是 $\theta_1$, $\theta_2$ 的一致最小方差无偏估计, 证明: 对任意的 (非零) 常数 $a$, $b$, $aT_1+bT_2$ 是 $a\theta_1+b\theta_2$ 的一致最小方差无偏估计.

2-13  设 $(X_1,X_2,\cdots,X_n)$ 是来自指数分布 $\mathrm{Exp}(1/\theta)$ 的样本, 则根据因子分解定理可知, $T=X_1+X_2+\cdots+X_n$ 是 $\theta$ 的充分统计量, 由于 $ET=n\theta$, 所以 $\overline{X}=T/n$ 是 $\theta$ 的无偏估计. 设 $\varphi(X_1,X_2,\cdots,X_n)$ 是 $\theta$ 的任一无偏估计, 证明 $\overline{X}$ 是 $\theta$ 的一致最小方差无偏估计.

2-14  设 $(X_1,X_2,\cdots,X_n)$ 是来自总体 $B(1,p)$ 的一个样本, $p$ 的一个估计量是 $\overline{X}=\frac{1}{n}\sum_{i=1}^{n}X_i$, 证明 $\overline{X}$ 的极限分布是正态分布.

2-15  设 $\hat{\theta}_1$, $\hat{\theta}_2$ 是参数 $\theta$ 的两个相互独立的无偏估计量, 又知 $\hat{\theta}_1$ 的方差为 $\hat{\theta}_2$ 的方差的两倍, 试确定常数 $K_1$, $K_2$, 使 $\hat{\theta}=K_1\hat{\theta}_1+K_2\hat{\theta}_2$ 为 $\theta$ 的无偏估计量, 并使得它在所有这样的线性估计量中方差最小.

2-16　设 $(X_1, X_2, \cdots, X_n)$ 是取自下列指数分布的一个样本:

$$f(x; \theta) = \begin{cases} \dfrac{1}{\theta} \mathrm{e}^{-\frac{x}{\theta}}, & x \geqslant 0 \\ 0, & x < 0 \end{cases}$$

试证 $\overline{X}$ 是 $\theta$ 的无偏估计、相合估计, 并求出 $\overline{X}$ 的方差.

2-17　设 $(X_1, X_2, \cdots, X_n)$ 是来自 $\mathrm{Gamma}(a, \lambda)$ 分布的样本, 已知 $a > 0$, 试着证明 $\overline{X}/a$ 是 $g(\lambda) = 1/\lambda$ 的有效估计.

2-18　设 $(X_1, X_2, \cdots, X_n)$ 是来自总体 $X$ 且服从区间 $[0, \theta]$ 上的均匀分布的一个样本, 求 $\theta$ 的最小方差无偏估计.

2-19　总体 $X \sim U(\theta, 2\theta)$, 其中 $\theta > 0$ 是未知参数, 又 $(X_1, X_2, \cdots, X_n)$ 是来自总体 $X$ 的简单随机样本, $\overline{X}$ 为样本均值.

(1) 证明 $\hat{\theta} = \dfrac{2}{3}\overline{X}$ 是参数 $\theta$ 的无偏估计和相合估计;

(2) 求 $\theta$ 的极大似然估计, 它是无偏估计吗? 是相合估计吗?

2-20　若 $\hat{\theta}$ 是 $\theta$ 的渐近无偏估计, 即 $E(\hat{\theta}) \to \theta(n \to +\infty)$, 且 $\mathrm{Var}(\hat{\theta}) \to 0(n \to +\infty)$. 证明: $\hat{\theta}$ 是 $\theta$ 的弱相合估计.

2-21　设有样本 $(X_1, X_2, \cdots, X_n)$, 并设 $\phi$ 为 $X_1, X_2, \cdots, X_m (m \leqslant n)$ 的对称函数, 令

$$U = U(X_1, \cdots, X_n) = \binom{n}{m}^{-1} \cdot \sum \phi(X_{i_1}, \cdots, X_{i_m})$$

其中 $1 \leqslant i_1 < \cdots < i_m \leqslant n$, 对所有的组合 $(i_1, \cdots, i_m)$ 求和, 则 $U$ 或 $U(X_1, X_2, \cdots, X_n)$ 是以 $\phi(X_1, X_2, \cdots, X_m)$ 为核的 $U$ 统计量. 若令 $\theta = E(\phi(X_1, X_2, \cdots, X_m))$, 则 $U$ 统计量的数学期望 $E(U) = \theta$. 请试着给出 $U$ 统计量的方差.

# 第 3 章

# 假设检验

## 3.1 基本概念

利用样本所包含的数量信息对总体或其未知参数作出统计推断. 统计推断方式有两种, 即未知参数的估计或者关于未知参数的假设检验. 按照总体分布函数形式是否已知假设检验划分为两类: 参数假设检验和非参数假设检验.

若对总体有一定的了解, 知道总体 $X$ 的分布函数 $F(x;\theta)$ 的形式, 其中参数 $\theta$ 是未知的, 想知道 "数值 $\theta_0$ 是否未知参数 $\theta$ 的真值". 此时, $\theta$ 的真值是未知的, 只能利用从该总体抽取的样本 $X_1, X_2, \cdots, X_n$ 来判断假设 "数值 $\theta_0$ 是未知参数 $\theta$ 的真值", 并说明判断方法的好坏, 这类问题统称为参数假设检验.

除了总体 $X$ 分布函数 $F(x;\theta)$ 形式已知的情况之外, 另外一些情况是总体 $X$ 的分布函数形式是未知的, 甚至对总体 $X$ 的其他统计性质也是未知的. 这时, 可能猜测总体的分布类型或者具体的分布函数, 对假设命题 "总体的分布函数为某一特定函数 $F_0(x)$" 作出判断, 依据也是从该总体抽取的样本 $(X_1, X_2, \cdots, X_n)$ 这类问题属于非参数假设检验, 除了上面的问题之外, 判断总体不同属性之间的独立性问题, 也属于非参数假设检验.

### 3.1.1 假设检验问题

先看一个具体例子.

**例 3.1.1** 某生产车间用包装机包装化肥, 每袋化肥的净重作为随机变量 $X$. 根据长期的生产经验可知, 每袋化肥的净重服从正态分布, 为了能够保证其信誉, 其标准差为 $\sigma = 0.25\text{kg}$. 该类化肥的包装袋上所示的重量为 $50\text{kg}$. 根据行业规范的要求, 每袋化肥的重量不能少于 $50\text{kg}$, 同时生产厂家还希望平均每袋化肥的重量不能多于 $50\text{kg}$. 为了检验出所包装好的每袋化肥重量是否满足要求, 随机抽取 $100$ 袋已经包装好的化肥, 称得其重量的平均值为 $49.94\text{kg}$, 试根据该样本, 判断每袋化肥的重量是否合格.

在这个例子中, 首先, 总体 $X$ 是所有包装成袋的化肥的重量. 根据经验对这个总体 $X$ 的分布函数作了约定, $X$ 服从正态分布, 其标准差为 $\sigma = 0.25\text{kg}$, 但另一个分布参数 —— 总体均值是未知的. 问题是判断总体 $X$ 的数学期望 $E(X)$ 是否等于 50. 已经知道了总体 $X$ 服从正态分布, 故该问题属于参数假设检验.

其次, 为了对命题 "总体均值为 50kg" 进行检验, 从该总体中抽取样本 $x_1, x_2, \cdots, x_n$, 算出样本均值为 $\bar{x} = 49.94\text{kg}$.

再次, 命题 "$E(X) = 50$" 是否可接受, 完全取决于未知参数 —— 总体均值 $\mu = E(X)$. 这个命题把参数 $\mu$ 的所有可能取值 $-\infty < \mu < +\infty$ 分为两个部分, 一部分是 $H_0 : \{\mu : \mu = 50\}$, 另一部分是 $H_1 : \{\mu : \mu \neq 50\}$. $H_0$ 内的 $\mu$ 值使得 "$E(X) = 50$" 成立, 而 $H_1$ 内的 $\mu$ 值使得 "$E(X) = 50$" 不成立. 为了简化, 命题也可以描述为 $\mu \in H_0$.

最后, 利用所抽取的样本 $(X_1, X_2, \cdots, X_n)$ 判断命题 "$\mu \in H_0$" 是否可接受. 判断的依据是样本所包含的总体分布信息, 也就是 "$\mu \in H_0$" 是否可接受的信息.

这里把类似于 "$\mu \in H_0$" 的命题称为 "统计假设" 或 "假设". 在数学上, 常说的 "假设什么样的条件成立" 之类的 "假设" 是所讨论的问题已被承认的前提或条件. 而这里 "假设" 的含义是一个陈述, 其可否被接受需要通过样本去判断. 检验的含义是指判断规则. 本例的一个合理判断规则是: "当 $|\bar{x} - \mu| \leqslant C$ 时, 认为假设 $\mu \in H_0$ 正确, 否则认为它不正确". "认为假设 $\mu \in H_0$ 正确" 意味着在统计上接受该假设, 并不意味数学上严格地证明这个假设就是正确的; "认为假设 $\mu \in H_0$ 不正确" 意味着在统计上否定或拒绝该假设, 并不意味数学上严格地证明这个假设不正确.

在统计假设检验问题中, 常把一个被检验的假设称为原假设, 而把其对立面称为对立假设. 原假设又常称为 "零假设", 对立假设又常称为 "备择假设", 表示原假设不成立时可供选择的假设. 本例的原假设为 $\mu \in H_0$, 对立假设为 $\mu \in H_1$.

对原假设进行判断, 需要利用样本 $(X_1, X_2, \cdots, X_n)$ 所包含的总体 $X$ 的信息. 把这些能够对原假设作出判断的总体信息描述为样本 $(X_1, X_2, \cdots, X_n)$ 的函数. 称其为检验统计量, 这个例子的检验统计量是样本均值 $\overline{X}$, 其观测值为 $\bar{x}$. 直观上合理的判断, 当 $|\bar{x} - \mu| \leqslant C$ 时, 倾向于接受原假设; 否则就倾向于拒绝原假设.

使原假设被接受的那些样本 $(X_1, X_2, \cdots, X_n)$ 所在的区域 $A$, 称为该检验的接受域, 而使原假设被否定的那些样本所在的区域 $R$, 被称为该检验的拒绝域. 拒绝域有时也称为否定域、临界域. 接受域 $A$ 与拒绝域 $R$ 是互补的, 它们的并集包含了所有可能的样本. 在例 3.1.1 中, 检验原假设 $\mu \in H_0$ 的接受域为

$$A = \{(x_1, x_2, \cdots, x_n) : C_1 \leqslant x_1 + \cdots + x_n \leqslant C_2\} \tag{3.1.1}$$

拒绝域为

$$R = \{(x_1, x_2, \cdots, x_n) : x_1 + \cdots + x_n < C_1 \text{ 或 } x_1 + \cdots + x_n > C_2\} \tag{3.1.2}$$

其中 $C_1 < C_2$. 确定了该假设检验的接受域或拒绝域等价于给出一个检验方法或检验准则.

在这个检验方法中, $C_1, C_2$ 这两个数值很特殊, $X_1 + \cdots + X_n$ 的数值一旦超过界限 $[C_1, C_2]$, 就会作出否定原假设的推断. 把这两个数值 $C_1, C_2$ 称为检验统计量 $X_1 + \cdots + X_n$

的临界值. 临界值与所使用的检验统计量有关. 例如, 另一个检验统计量 $\overline{X}$ 的临界值为 $C_1/n$ 和 $C_2/n$.

在例 3.1.1 中, 对于消费者来说更关心每袋化肥的重量不少于 50kg. 假设检验的原假设变为 $H_0: \{\mu: \mu \geqslant 50\}$, 相应的检验方法为: 当 $\overline{x} \geqslant C$ 时, 接受原假设, 否则拒绝原假设. 此时, $C$ 是适当选定的常数, 也是临界值.

不论是原假设还是备择假设, 若其中只含一个参数值, 则称为简单假设, 否则称为复合假设. 在例 3.1.1 中, 原假设只包含参数 $\mu$ 的一个值 50, 它是简单假设; 备择假设 $\mu \neq 50$ 包含所有不等于 50 的 $\mu$ 值, 它是复合假设. 决定一个假设是简单的还是复合的, 要考虑总体分布的一切参数, 而不只是直接出现在假设陈述中的那部分参数. 如例 3.1.1 所示的总体方差是未知的, 此时原假设包含了形如

$$H_0: \{ (50, \sigma^2): \ \sigma^2 \text{ 为任意的正数 } \} \tag{3.1.3}$$

的参数值, 所以原假设也是复合的. 类似于 $\sigma^2$ 的参数被称为赘余参数.

为了说明具体的检验过程, 继续分析例 3.1.1. 从抽取的样本来看, 样本均值 $\overline{X}$ 的观测值为 $\overline{x} = 49.94$kg, $\overline{x}$ 比 50 小了一些, 差值为 0.06kg. 这个差值对判断检验的意义在于其是由纯粹的随机因素引起的还是由总体均值 $\mu \neq 50$kg 所造成的. 当这个差值完全是由纯粹的随机因素引起的, 应当接受原假设, 认为总体的均值为 50kg. 然而, 如果这个差值不完全是由纯粹的随机因素引起的, 那么它一定受到总体均值 $\mu$ 不等于 50kg 的影响, 认为总体均值为 50kg 就是不合理的. 这里排除了抽样方法、数据收集等的可能误差和错误的影响.

于是, 假设检验的基本思路是: 假设所抽取的样本是从均值为 50kg 的总体中抽取出来的. 每袋化肥的质量 $X \sim N(50, 0.0625)$, 总体方差是已知的, 检验统计量

$$U = \frac{\overline{X} - 50}{0.25/\sqrt{n}} \tag{3.1.4}$$

服从标准正态分布 $N(0, 1)$. 由于 $P(|U| \leqslant 1.96) = 0.95$, 所以

$$P\left( 50 - 1.96 \times \frac{0.25}{\sqrt{n}} \leqslant \overline{X} \leqslant 50 + 1.96 \times \frac{0.25}{\sqrt{n}} \right) = 0.95 \tag{3.1.5}$$

若假设 "$\mu = 50$kg" 是正确的, 或者 "所抽取的样本是从均值为 50kg 的总体中抽取出来的", 则容量为 $n$ 样本的均值 $\overline{X}$ 观测值落在这个区间 $[50 - 1.96 \times 0.25/\sqrt{n},\ 50 + 1.96 \times 0.25/\sqrt{n}]$ 之外的概率为 0.05. 它的统计含义是:"在总体不变的情况下, 从总体中抽取 100 个样本, 每个样本的容量都为 $n$, 计算每个样本的样本均值, 这 100 个样本均值中大约只有 5 次落在这个区间之外." 如果一次实际抽取容量为 $n$ 样本的均值落在这个区间外面, 就认为 "样本不是来自均值为 50kg 的总体", 也就是, 倾向于 "$\mu \neq 50$kg", 原假设应当被否定或者被拒绝.

在上面的讨论中, 应该接受原假设还是拒绝原假设的统计思想是所谓的小概率事件的原理. 小概率事件的原理是: "小概率事件 (或概率很小的事件) 在一次试验 (或观测) 中是几乎不可能发生的." 例 3.1.1 中, 假设 $H_0: \mu = 50$ 是要进行的检验, 先假定 $H_0: \mu = 50$

是正确的, 在此 "假定" 条件之下, 构造了一个随机事件 $R = \{\overline{X} < 50 - 1.96 \times 0.25/\sqrt{n}\}$ $\cup \{\overline{X} > 50 + 1.96 \times 0.25/\sqrt{n}\}$, 这个事件在 $H_0 : \mu = 50$ 是正确的条件之下发生的概率很小, 可以验证 $P(R|H_0) = 0.05$. 现在进行了一次观测, 事件 $R$ 发生了, 这不得不使人怀疑 $H_0$ 的正确性, 而更倾向于否定 $H_0$. 对于例 3.1.1, 由于 $n = 100, 50 - 1.96 \times 0.25/\sqrt{100} =$ $49.95, 50 + 1.96 \times 0.25/\sqrt{100} = 50.05$, 于是 $\overline{x} = 49.94 < 49.95$ 且 $\overline{x} \in R$, 原假设 $H_0 : \mu = 50$ 倾向于被拒绝, 认为 $\mu = 50$ 是不正确的, 也就是, 平均每袋化肥的重量不是 $50\text{kg}$.

### 3.1.2 两类错误和功效函数

针对同一个假设检验问题, 可以构造很多个检验准则, 得到不同的检验方法. 为了评估不同检验方法的优劣, 需要说明检验的两类错误和功效函数.

在例 3.1.1 中, 设定检验法 $\Phi$ 为

$$\Phi : \text{当 } |\overline{X} - 50| \leqslant C \text{ 时, 接受原假设, 否则拒绝原假设} \tag{3.1.6}$$

对于这个检验, 由于所抽取的样本 $(X_1, X_2, \cdots, X_n)$ 是随机的, 检验统计量也是随机的, $|\overline{X} - 50| \leqslant C$ 也是一个随机事件, 其发生与否决定着原假设 $H_0 : \mu = 50$ 被接受还是被拒绝, 后者也可以看作随机事件. 原假设被拒绝的概率为

$$M_\Phi(\mu) = P_\mu(|\overline{X} - 50| > C) \tag{3.1.7}$$

其中 $P_\mu(|\overline{X} - 50| > C)$ 表示总体均值为 $\mu$ 时随机事件 $|\overline{X} - 50| > C$ 发生的概率. $M_\Phi(\mu)$ 是参数 $\mu$ 的函数, 被称为检验法 (3.1.6) 的功效函数.

功效函数的一般定义为: 设总体的分布函数包含若干个未知参数 $\theta_1, \cdots, \theta_k$. $H_0$ 是关于这些参数的一个原假设, 对于给定的样本 $(X_1, \cdots, X_n)$, $\Phi$ 是基于该样本对 $H_0$ 所作的一个检验. 称检验 $\Phi$ 的功效函数为

$$M_\Phi(\theta_1, \cdots, \theta_k) = P_{\theta_1, \cdots, \theta_k} \quad (\text{在检验 } \Phi \text{ 之下}, H_0 \text{ 被拒绝}) \tag{3.1.8}$$

容易验证: 当某一特定参数取值 $\theta_1^0, \cdots, \theta_k^0$ 使 $H_0$ 成立时, 希望否定原假设的概率尽可能地小, 功效函数 $M_\Phi(\theta_1^0, \cdots, \theta_k^0)$ 的值也尽可能地小. 然而, 若 $\theta_1^0, \cdots, \theta_k^0$ 使 $H_0$ 不成立, 则希望否定原假设的概率尽可能地大, 功效函数 $M_\Phi(\theta_1^0, \cdots, \theta_k^0)$ 的值也尽可能地大.

由于样本的随机性, 不免会作出错误的决策. 当原假设 $H_0$ 成立时, 检验统计量的观测值可能落到接受域里, 此时接受原假设的决策是正确的; 检验统计量也有可能落到拒绝域里, 此时根据检验准则否定原假设的决策是错误的. 同样地, 当备择假设 $H_1$ 成立时, 检验统计量的观测值也有落到接受域或者拒绝域的两种可能性, 则拒绝原假设的决策是正确的, 而接受原假设的决策是错误的. 总之, 最终作出的决策只有一个, 或者是接受原假设, 或者是拒绝原假设, 因而无论如何决策都存在犯错误的可能性.

当原假设 $H_0$ 是对的, 检验统计量观测值落在拒绝域, 否定了原假设 $H_0$, 这种 "弃真" 的错误, 称之为犯第一类错误. 此时, 对原假设 $H_0$ 作出否定或不否定的判断, 故称假设检验为对 $H_0$ 的显著性检验. 称犯第一类错误的概率为显著性水平, 通常记为 $\alpha$.

显著性水平的一般定义为: 设总体的分布函数包含若干个未知参数 $\theta_1, \cdots, \theta_k$. $H_0$ 是关于这些参数的一个原假设, 对于给定的样本 $X_1, \cdots, X_n$, $\Phi$ 是基于该样本对 $H_0$ 所

作的一个检验, $M_\Phi(\theta_1, \cdots, \theta_k)$ 为其功效函数, $\alpha$ 为常数, $0 \leqslant \alpha \leqslant 1$. 如果

$$M_\Phi(\theta_1, \cdots, \theta_k) \leqslant \alpha, \quad \text{对任何}(\theta_1, \cdots, \theta_k) \in H_0 \tag{3.1.9}$$

则称 $\Phi$ 为原假设 $H_0$ 的一个水平为 $\alpha$ 的检验, 或检验 $\Phi$ 的显著性水平为 $\alpha$.

在例 3.1.1 中, 犯第一类错误的概率为

$$P(R|H_0) = P(\overline{X} < 49.95 \text{ 或 } \overline{X} > 50.05 | \mu = 50) = 0.05 \tag{3.1.10}$$

这个检验的显著性水平为 0.05. 需要注意的是, 对原假设 $H_0$ 作出判断, 要承担犯第一类错误的风险. 对于 $H_0$, 选定不同的显著性水平 $\alpha$, 对应有不同的临界值, 相应地, 有不同的拒绝域, 同一个样本就可能作出不同的判断. 当显著性水平 $\alpha = 0.01$ 时, $P(|U| \leqslant 2.58) = 0.99$, $P(49.936 \leqslant \overline{X} \leqslant 50.065) = 0.99$. 此时, 原假设 $H_0$ 的拒绝域为 $\{\overline{X} > 50.065\}$ $\cup \{\overline{X} < 49.936\}$. 由于 $49.94 > 49.936$, 按照新的检验规则, 应当接受原假设. 两个不同的检验规则对应的显著性水平是不同的. 在显著性水平 0.05 下进行检验, 拒绝原假设; 而在显著性水平 0.01 下进行检验, 却接受原假设. 显著性水平的确定是根据实际问题的研究经验. 另外, 接受原假设希望检验的显著性水平 $\alpha$ 或者 $M_\Phi(\theta_1, \cdots, \theta_k)$ 越大越好.

一个检验方法除了犯第一类错误之外, 还可能犯另一类错误. 当原假设 $H_0$ 不成立的, 检验统计量观测值落在接受域中, 则接受原假设 $H_0$, 这种 "取伪" 的错误, 称之为第二类错误, 常用 $\beta$ 来表示. 表 3-1 给出了对原假设 $H_0$ 的判断情况.

**表 3-1   对原假设 $H_0$ 的判断情况**

| 判断 | 假设 | |
|---|---|---|
| | $H_0$ 为真 | $H_0$ 不真 |
| 拒绝 $H_0$ | 第一类错误 | 正确 |
| 接受 $H_0$ | 正确 | 第二类错误 |

一般情况下, 设总体的分布函数包含若干个未知参数 $\theta_1, \cdots, \theta_k$. $H_0$ 是关于这些参数的原假设, 对于给定的样本 $(X_1, \cdots, X_n)$, $\Phi$ 是基于样本对 $H_0$ 所作的一个检验, $M_\Phi(\theta_1, \cdots, \theta_k)$ 为其功效函数. 由于功效函数为 $M_\Phi(\theta_1, \cdots, \theta_k) = P_{\theta_1, \cdots, \theta_k}($在检验 $\Phi$ 之下, $H_0$ 被拒绝$) = 1 - P_{\theta_1, \cdots, \theta_k}($在检验 $\Phi$ 之下, $H_0$ 被接受$) = 1 - \beta$. 即

$$\alpha = \begin{cases} M_\Phi(\theta_1, \cdots, \theta_k), & (\theta_1, \cdots, \theta_k) \in H_0 \\ 0, & (\theta_1, \cdots, \theta_k) \in H_1 \end{cases} \tag{3.1.11}$$

$$\beta = \begin{cases} 0, & (\theta_1, \cdots, \theta_k) \in H_0 \\ 1 - M_\Phi(\theta_1, \cdots, \theta_k), & (\theta_1, \cdots, \theta_k) \in H_1 \end{cases} \tag{3.1.12}$$

对于假设检验, 希望犯两类错误的概率尽可能地小. 在例 3.1.1 中, 对于检验 $\Phi$, 犯第一类错误的概率由 0.05 减小到 0.01, 相应的拒绝域由 $\{\overline{x} < 49.95\} \cup \{\overline{x} > 50.05\}$ 变为 $\{\overline{x} < 49.936\} \cup \{\overline{x} > 50.064\}$, 拒绝域的范围减小了, 功效函数也随之减小, 根据式 (3.1.12), 检验 $\Phi$ 犯第二类错误的概率增大了. 对于给定的样本, 同时减小犯两种错误的概率是相

互矛盾的. 在实际应用中, 先保证犯第一类错误的概率不超过某指定值 $\alpha$, 在这个限制之下, 使犯第二类错误的概率尽可能小. $\alpha$ 通常比较小, 最常用的是 $\alpha = 0.05$ 和 0.01, 有时也用到 0.001, 0.10 以及 0.20 等值.

概括前面的讨论, 总结假设检验的步骤:

第一步, 提出原假设 $H_0$. 根据所研究的题目, 提出假设检验所要解决的问题. 问题提出的过程也是把实际问题转化为统计问题的过程. 问题的提出一定要正确, 否则对结论会产生重要的影响.

第二步, 建立检验统计量. 建立检验统计量是假设检验的关键环节. 建立检验统计量就是寻找一个样本的函数, 这个函数并不包含其他的未知数. 检验统计量应当能够完全包含原假设是否成立的信息.

第三步, 确定原假设 $H_0$ 的拒绝域. 根据事前给定的显著性水平, 确定与检验统计量的分布相对应的临界值, 得到拒绝域, 从而对原假设 $H_0$ 作出接受或拒绝的判断.

上述根据显著性水平 $\alpha$ 确定临界值, 从而通过获得的拒绝域判断是否拒绝原假设的方法被称为临界值法. 随着近年来计算机的普及, 通过 $p$ 值对原假设进行检验的方法更为常用. 简单来说, $p$ 值是由检验统计量的样本观测值得出的原假设可能被拒绝的最小显著性水平.

继续讨论例 3.1.1 来对 $p$ 值做进一步说明, 在此例中

$$H_0 : \mu = 50, \quad H_1 : \mu \neq 50$$

为一双边假设检验问题. 由于样本均值 $\overline{X}$ 的观测值为 $\bar{x} = 49.94\text{kg}$, 根据 $p$ 值的定义可知

$$p = P\left\{\left|\frac{\overline{X} - 50}{0.25/\sqrt{100}}\right| \geqslant \left|\frac{49.94 - 50}{0.25/\sqrt{100}}\right|\right\} = 0.0164$$

那么当显著性水平为 0.01 时, 会作出接受原假设的结论; 而当显著性水平为 0.05 时, 会作出拒绝原假设的结论. 由此可见, $p$ 值表示由样本信息所得出的反对原假设 $H_0$ 的依据的强度, $p$ 值越小, 反对 $H_0$ 的依据越强、越充分, 而对于小的界定就和之前所学习的显著性水平联系了起来. 在此, 我们就不做进一步的展开讨论.

## 3.2 一致最大功效检验

针对原假设 $H_0$, 可能会找出很多检验统计量, 进而构造出原假设 $H_0$ 的不同检验准则. 为了实际的应用, 限制每个检验准则犯第一类错误的概率不超过某指定值 $\alpha$. 于是, 比较不同检验准则优良性的方法就是看哪个检验准则犯第二类错误概率更小. 我们总是希望能够找到最好的检验. 有如下的定义.

设总体的分布函数包含若干个未知参数 $\theta_1, \cdots, \theta_k$. $H_0$ 是关于这些参数的一个原假设, $H_1$ 为其备择假设, 对于给定的样本 $X_1, \cdots, X_n$, $\Phi$ 是显著性水平为 $\alpha$ 的检验. 若对于其他任何显著性水平为 $\alpha$ 的检验 $g$, 有

$$M_\Phi(\theta_1, \cdots, \theta_k) \geqslant M_g(\theta_1, \cdots, \theta_k), \quad \text{对任何}(\theta_1, \cdots, \theta_k) \in H_1 \tag{3.2.1}$$

称 $\Phi$ 是假设检验问题 $H_0 : H_1$ 的显著性水平为 $\alpha$ 的一致最大功效检验.

在该定义中, 一致最大功效检验是针对复合备择假设的情况. 当定义中的备择假设是简单的, 称 $\Phi$ 是显著性水平为 $\alpha$ 的最大功效检验. 根据功效函数的定义, 显著性水平 $\alpha$ 的一致最大功效检验是指在所有显著性水平为 $\alpha$ 的检验中, 其功效函数在备择假设 $H_1$ 上处处达到最大, 也是犯第二类错误达到最小的检验.

### 3.2.1　Neyman-Pearson 引理

下面的检验给出了简单原假设与简单备择假设的最大功效检验.

**Neyman-Pearson (奈曼-皮尔逊) 引理**　设总体的分布函数包含若干个未知参数, 记为 $\theta = (\theta_1, \cdots, \theta_k)$. 分布的参数只取 $\theta^0 = (\theta_1^0, \cdots, \theta_k^0)$ 或者 $\theta^1 = (\theta_1^1, \cdots, \theta_k^1)$. 给定数值 $\alpha, 0 < \alpha < 1$, 针对假设检验问题:

$$H_0 : \theta = \theta^0, \qquad H_1 : \theta = \theta^1 \tag{3.2.2}$$

必存在显著性水平为 $\alpha$ 的最大功效检验.

这里省略该定理的证明. 最大功效检验的拒绝域可以使用似然比法来确定. 当备择假设是复合的, 一致最大功效检验不一定存在. 对于连续型分布和离散型分布, Neyman-Pearson 引理都是成立的. 最大功效检验的拒绝域可以使用似然比法来确定. 直接给出连续型分布的最优否定域. 对于离散型分布的讨论也是类似的, 只要用分布列代替概率密度函数, 用求和号代替积分符号即可.

设总体的概率密度为 $f(x; \theta)$, 样本为 $X = (X_1, \cdots, X_n)$. 样本的观测值为 $x = (x_1, \cdots, x_n)$. $\theta$ 为未知参数, 其似然函数为

$$L(x; \theta) = \prod_{i=1}^{n} f(x_i; \theta) \tag{3.2.3}$$

则

$$\lambda(x) = \frac{L(x; \theta^1)}{L(x; \theta^0)} = \frac{\prod\limits_{i=1}^{n} f(x_i; \theta^1)}{\prod\limits_{i=1}^{n} f(x_i; \theta^0)} \tag{3.2.4}$$

为似然比. 根据似然比的取值, 把样本空间分为两个部分, 分别为 $R$ 和 $A$.

$$R = \{x : L(x, \theta^1) \geqslant cL(x, \theta^0)\} \tag{3.2.5}$$

$$A = \{x : L(x, \theta^1) < cL(x, \theta^0)\} \tag{3.2.6}$$

其中 $c$ 为非负的实数. 定义函数

$$\phi(c) = P_{\theta=\theta^0}(X \in R) \tag{3.2.7}$$

对应于 $\phi(c)$ 取值的情况, 常数 $c$ 的确定可以分为下面的三种情况.

(1) 若存在常数 $c_\alpha$, 使得 $\phi(c_\alpha) = \alpha$, 则检验在显著性水平为 $\alpha$ 下的最佳拒绝域为

$$R = \{x : L(x, \theta^1) \geqslant c_\alpha L(x, \theta^0)\} \tag{3.2.8}$$

(2) 若存在常数 $c_\alpha$, 使得 $\phi(c_\alpha + 0) = \alpha \leqslant \phi(c_\alpha)$, 则检验在显著性水平为 $\alpha$ 下的最佳拒绝域为

$$R = \{x : L(x, \theta^1) > c_\alpha L(x, \theta^0)\} \tag{3.2.9}$$

(3) 若存在常数 $c_\alpha$, 使得 $\phi(c_\alpha + 0) < \alpha < \phi(c_\alpha)$, 则检验在显著性水平为 $\alpha$ 下的最佳拒绝域为

$$R = \{x : L(x, \theta^1) > c_\alpha L(x, \theta^0)\} \cup R_0 \tag{3.2.10}$$

其中 $R_0$ 满足 $R_0 \subseteq R_0^r \subseteq R_0^*$, 它们都是 $n$ 维空间中的子集, 满足条件

$$P_{\theta=\theta^0}(X \in R_0) = \sup_r \{P_{\theta=\theta^0}(X \in R_0^r) < \alpha - \phi(c_\alpha + 0)\}$$
$$\leqslant \alpha - \phi(c_\alpha + 0) \tag{3.2.11}$$

其中

$$R_0^* = \{x : L(x, \theta^1) = c_\alpha L(x, \theta^0)\} \tag{3.2.12}$$
$$R_0^r = \{(-\infty, r_1) \times \cdots \times (-\infty, r_n)\} \cap R_0^* \tag{3.2.13}$$

$r_1, \cdots, r_n$ 由式 (3.2.1) 决定.

**例 3.2.1** 设总体的概率密度函数为

$$f(x; \theta) = \begin{cases} \theta x^{\theta-1}, & 0 < x < 1 \\ 0, & x \geqslant 1 \text{ 或 } x \leqslant 0 \end{cases} \tag{3.2.14}$$

若只从总体中抽取一个样本点, 且给定显著性水平 $\alpha = 0.05$ 时, 试求下面假设检验问题的最佳拒绝域:

$$H_0 : \theta = 2, \quad H_1 : \theta = 1 \tag{3.2.15}$$

**解** 设 $X$ 是该总体的简单样本. 当 $0 < x < 1$ 时, 可构造似然比统计量

$$\lambda(x) = \frac{f(x; 1)}{f(x; 2)}$$
$$= \frac{1x^0}{2x}$$
$$= \frac{1}{2x}$$

根据 Neyman-Pearson 引理, 最大功效检验的拒绝域具有形式

$$R = \{x : \lambda(x) \geqslant k\} = \{x : x \leqslant k'\}$$

其中

$$k' = \frac{1}{2k}$$

给定的水平为 0.05, 常数 $k'$ 可由下式确定

$$\int_0^{k'} 2x\mathrm{d}x = (k')^2 = 0.05 \tag{3.2.16}$$

因此, $k' = \sqrt{0.05}$, 且拒绝域 $R = \{x\colon x \leqslant \sqrt{0.05}\}$ 是显著性水平 0.05 下的最大功效检验.

在例 3.2.1 中, 拒绝域 $R = \{x\colon x \leqslant \sqrt{0.05}\}$ 不仅与显著性水平 $\alpha$ 有关, 还与 $H_1$ 中 $\theta$ 的选取有关. 如备择假设为 $H_1\colon \theta = 4$, 那么拒绝域为 $R = \{x\colon x \geqslant \sqrt{0.95}\}$. 因此, 上述的检验法不是假设检验问题

$$H_0\colon \theta = 2, \quad H_1\colon \theta = 1 \tag{3.2.17}$$

在显著性水平 $\alpha$ 下的一致最大功效检验法.

**例 3.2.2** 设总体服从正态分布 $N(\mu, \sigma_0^2)$, 其中 $\mu$ 是未知参数, $\sigma_0^2$ 已知. 给定显著性水平 $\alpha$, $0 < \alpha < 1$, 试求下面假设检验问题的最佳拒绝域:

$$H_0\colon \mu = 0, \quad H_1\colon \mu = \mu_1(> 0) \tag{3.2.18}$$

**解** 设 $X = (X_1, \cdots, X_n)$ 是来自该总体的简单样本, 当 $H_0$ 和 $H_1$ 成立时, 其似然函数分别为

$$L(x; 0) = \prod_{i=1}^n \frac{1}{\sqrt{2\pi}\sigma_0} \exp\left\{-\frac{x_i^2}{2\sigma_0^2}\right\}$$

$$= \frac{1}{(\sqrt{2\pi}\sigma_0)^n} \exp\left\{-\frac{\sum\limits_{i=1}^n x_i^2}{2\sigma_0^2}\right\}$$

$$L(x; \mu_1) = \prod_{i=1}^n \frac{1}{\sqrt{2\pi}\sigma_0} \exp\left\{-\frac{(x_i - \mu_1)^2}{2\sigma_0^2}\right\}$$

$$= \frac{1}{(\sqrt{2\pi}\sigma_0)^n} \exp\left\{-\frac{\sum\limits_{i=1}^n (x_i - \mu_1)^2}{2\sigma_0^2}\right\}$$

构造似然比统计量

$$\lambda(x) = \frac{L(x; \mu_1)}{L(x; 0)} = \frac{1/(\sqrt{2\pi}\sigma_0)^n \exp\left\{-\sum\limits_{i=1}^n (x_i - \mu_1)^2/2\sigma_0^2\right\}}{1/(\sqrt{2\pi}\sigma_0)^n \exp\left\{-\sum\limits_{i=1}^n x_i^2/2\sigma_0^2\right\}}$$

$$= \exp\left\{\frac{n\bar{x}\mu_1}{\sigma_0^2} - \frac{n\mu_1^2}{2\sigma_0^2}\right\}$$

根据 Neyman-Pearson 引理, 最大功效检验的拒绝域具有形式

$$R = \{x: \lambda(x) \geqslant k\} = \{x: \overline{x} \geqslant k'\}$$

其中

$$k' = \frac{2\sigma_0^2 \ln(k) + n\mu_1^2}{2n\mu_1}$$

当 $H_0$ 成立时, 样本均值 $\overline{X}$ 是连续型随机变量, 且服从正态分布 $N(0, \sigma_0^2/n)$. 对于给定的水平 $\alpha$, 常数 $k'$ 可由下式确定

$$\int_{k'}^{+\infty} \frac{1}{\sqrt{2\pi\sigma_0^2/n}} \exp\left(-\frac{t^2}{2\sigma_0^2/n}\right) \mathrm{d}t = \alpha \tag{3.2.19}$$

于是, 拒绝域 $R = \{x: \overline{x} \geqslant k'\}$ 是显著性水平 $\alpha$ 的最大功效检验.

在例 3.2.2 中, 拒绝域 $R = \{x: \overline{x} \geqslant k'\}$ 仅与显著性水平 $\alpha$ 有关, 而与 $\mu_1$ 的具体数值无关, 只要 $\mu_1 > 0$, 该检验法就是最大功效的. 因此, 上述的检验法也是假设检验问题

$$H_0: \mu = 0, \quad H_1: \mu > 0 \tag{3.2.20}$$

在显著性水平 $\alpha$ 下的一致最大功效检验法.

**例 3.2.3** 设总体服从两点分布 $B(1, p)$, 其中 $p$ 是未知参数. 假设检验问题为

$$H_0: p = p_0, \quad H_1: p = p_1 \ (p_1 > p_0) \tag{3.2.21}$$

利用简单样本构造水平 $\alpha$ 的最大功效检验.

**解** 设 $X = (X_1, \cdots, X_n)$ 是来自该总体的简单样本. 在 $H_0$ 和 $H_1$ 成立时, 其似然函数分别为

$$L(p_0; x) = \prod_{i=1}^{n} p_0^{x_i}(1-p_0)^{1-x_i} = p_0^{\sum_{i=1}^{n} x_i}(1-p_0)^{n-\sum_{i=1}^{n} x_i} \tag{3.2.22}$$

$$L(p_1; x) = \prod_{i=1}^{n} p_1^{x_i}(1-p_1)^{1-x_i} = p_1^{\sum_{i=1}^{n} x_i}(1-p_1)^{n-\sum_{i=1}^{n} x_i} \tag{3.2.23}$$

记 $v = \sum_{i=1}^{n} x_i$, 构造似然比统计量

$$\lambda(x) = \frac{L(\mu_1; x)}{L(0; x)} = \frac{p_1^{\sum_{i=1}^{n} x_i}(1-p_1)^{n-\sum_{i=1}^{n} x_i}}{p_0^{\sum_{i=1}^{n} x_i}(1-p_0)^{n-\sum_{i=1}^{n} x_i}} = \left[\frac{p_1(1-p_0)}{p_0(1-p_1)}\right]^{v}\left(\frac{1-p_1}{1-p_0}\right)^{n}$$

根据 Neyman-Pearson 引理, 最大功效检验的拒绝域具有形式

$$R = \{x: \lambda(x) \geqslant k\} = \left\{x: \sum_{i=1}^{n} x_i \geqslant k'\right\}$$

其中

$$k' = \frac{\ln(k) - n\ln\left(\dfrac{1-p_1}{1-p_0}\right)}{\ln\left(\dfrac{p_1(1-p_0)}{p_0(1-p_1)}\right)}$$

当 $H_0$ 成立时, 样本值之和 $V = \sum\limits_{i=1}^{n} X_i$ 是离散型随机变量, 且服从二项分布 $B(n, p_0)$. 对于给定的水平 $\alpha$, 常数 $k'$ 应满足

$$P_{p=p_0}(V \geqslant k') = \sum_{i \geqslant k'}^{n} \mathrm{C}_n^i p_0^i (1-p_0)^{n-i} = \alpha \qquad (3.2.24)$$

于是, 拒绝域 $R = \left\{x: \sum\limits_{i=1}^{n} x_i \geqslant k'\right\}$ 是水平 $\alpha$ 的最大功效检验. 由于 $\sum\limits_{i=1}^{n} X_i$ 服从离散型分布, 通常满足上式的 $k'$ 是不存在的. 只能找到 $k'$ 满足

$$P_{p=p_0}(V \geqslant k') = \sum_{i \geqslant k'}^{n} \mathrm{C}_n^i p_0^i (1-p_0)^{n-i} > \alpha > \sum_{i \geqslant k'+1}^{n} \mathrm{C}_n^i p_0^i (1-p_0)^{n-i} \qquad (3.2.25)$$

例如, $n = 4$, $\alpha = 0.10$, $p_0 = 0.5$, $p_1 = 0.8$, 则有

$$P_{p=0.5}(V = 4) = \frac{1}{16}, \qquad P_{p=0.5}(V = 3) = \frac{4}{16}$$

于是

$$P_{p=0.5}(V \geqslant 4) = \frac{1}{16} < 0.10$$

$$P_{p=0.5}(V \geqslant 3) = \frac{5}{16} > 0.10$$

取 $k' = 4$, 由于

$$\alpha - P_{p=0.5}(V \geqslant 4) = 0.10 - \frac{1}{16} = \frac{3}{80} < \frac{1}{16}$$

则水平 $\alpha = 0.1$ 的最优拒绝域为 $R = \left\{x: \sum\limits_{i=1}^{4} x_i \geqslant 4\right\}$.

在例 3.2.3, 由于拒绝域 $R = \{x: \overline{x} \geqslant k'\}$ 仅与水平 $\alpha$ 有关, 而与 $p_1$ 的具体数值无关, 只要 $p_1 > 0$ 就成立. 因此, 上述的检验法也是 $H_0: p = p_0$, $H_1 \cdot p > p_0$ 在显著性水平 $\alpha$ 下的一致最大功效检验法.

**例 3.2.4** 设总体服从正态分布 $N(\mu, \sigma^2)$, 其中 $\mu$ 是已知参数, $\sigma^2$ 是未知参数. 给定显著性水平 $\alpha$, $0 < \alpha < 1$, 试求下面假设检验问题的最佳拒绝域:

$$H_0: \sigma^2 = \sigma_0^2, \quad H_1: \sigma^2 = \sigma_1^2 \ (\sigma_1^2 > \sigma_0^2) \qquad (3.2.26)$$

**解** 设 $X = (X_1, \cdots, X_n)$ 是该总体的一个简单随机样本, 当 $H_0$ 和 $H_1$ 成立时, 其似然函数分别为

$$L(\sigma_0^2; x) = \prod_{i=1}^{n} \frac{1}{\sqrt{2\pi}\sigma_0} \exp\left\{-\frac{(x_i - \mu)^2}{2\sigma_0^2}\right\}$$

$$= \frac{1}{(\sqrt{2\pi}\sigma_0)^n} \exp\left\{ -\frac{\sum\limits_{i=1}^{n}(x_i-\mu)^2}{2\sigma_0^2} \right\}$$

$$L(\sigma_1^2; x) = \prod_{i=1}^{n} \frac{1}{\sqrt{2\pi}\sigma_1} \exp\left\{ -\frac{(x_i-\mu)^2}{2\sigma_1^2} \right\}$$

$$= \frac{1}{(\sqrt{2\pi}\sigma_1)^n} \exp\left\{ -\frac{\sum\limits_{i=1}^{n}(x_i-\mu)^2}{2\sigma_1^2} \right\}$$

构造似然比统计量

$$\lambda(x) = \frac{L(\sigma_1^2; x)}{L(\sigma_0^2; x)} = \left(\frac{\sigma_0}{\sigma_1}\right)^n \exp\left\{ \frac{\sigma_1^2-\sigma_0^2}{2\sigma_0^2\sigma_1^2} \sum_{i=1}^{n}(x_i-\mu)^2 \right\}$$

根据 Neyman-Pearson 引理, 最大功效检验的拒绝域具有形式

$$R = \{x \colon \lambda(x) \geqslant k\} = \left\{ x \colon \frac{\sum\limits_{i=1}^{n}(x_i-\mu)^2}{\sigma_0^2} \geqslant k' \right\}$$

其中

$$k' = \left[ n\ln\left(\frac{\sigma_0}{\sigma_1}\right) - \ln k \right] \left( \frac{2\sigma_1^2}{\sigma_1^2-\sigma_0^2} \right)$$

当 $H_0$ 成立时, $\sum\limits_{i=1}^{n}(X_i-\mu)^2/\sigma_0^2$ 是连续型随机变量, 且服从自由度为 $n$ 的 $\chi^2$-分布. 对于给定的水平 $\alpha$, 记 $\chi_{1-\alpha}^2$ 满足 $P(\chi^2 \leqslant \chi_{1-\alpha}^2) = 1 - \alpha$. 于是, 拒绝域 $R = \left\{ x \colon \sum\limits_{i=1}^{n}(X_i-\mu)^2/\sigma_0^2 \geqslant \chi_{1-\alpha}^2 \right\}$ 是显著性水平 $\alpha$ 下的最大功效检验.

在例 3.2.4 中, 拒绝域仅与显著性水平 $\alpha$ 有关, 而与 $\sigma_1^2$ 的具体数值无关, 只要 $\sigma_1^2 > \sigma_0^2$, 该检验法就是最大功效的. 因此, 上述的检验法也是假设检验问题

$$H_0 \colon \sigma^2 = \sigma_0^2, \quad H_1 \colon \sigma^2 > \sigma_0^2 \tag{3.2.27}$$

在显著性水平 $\alpha$ 下的一致最大功效检验法.

### 3.2.2　单调似然比分布族与单侧检验

在前面一节的例子中, 关于 $H_0 \colon \theta = \theta_0$ 对 $H_1 \colon \theta > \theta_0$ ( 或 $\theta < \theta_0$) 的单边假设检验的问题, 存在一致最大功效检验. 然而, 并不是所有单边假设检验问题的一致最大功效检验都存在. 为了能够判断一致最大功效检验的存在情况, 有下面的定义.

对于分布密度族 $\{f(x; \theta)\}$, 其中 $\theta$ 为实值的未知参数. 如果存在实值函数 $T(x)$, 使得对于任意的 $\theta_1 < \theta_2$, 满足:

(1) 事件 $\{f(x; \theta_1) \neq f(x; \theta_2)\}$ 的概率不为零;

(2) 概率比 $\lambda = f(x;\theta_2)/f(x;\theta_1)$ 是关于 $T(x)$ 的非降函数 (或非增函数).
则称分布密度族 $\{f(x;\theta)\}$ 关于 $T(x)$ 具有单调似然比.

当 $X$ 是离散型随机变量, 若其概率分布族 $\{p(x;\theta)\}$ 具有上述定义所述性质, 同样称概率分布族 $\{p(x;\theta)\}$ 关于 $T(x)$ 具有单调似然比.

**例 3.2.5**　考虑超几何概率分布族 $\{p(x;m):m=0,1,\cdots,N\}$,

$$p(x;m) = \frac{C_m^x C_{N-m}^{n-x}}{C_N^n}$$

其中 $m$ 是仅取正整数的实参数.

因为

$$\frac{p(x;m+1)}{p(x;m)} = \frac{C_{m+1}^x C_{N-m-1}^{n-x}}{C_N^n} \frac{C_N^n}{C_m^x C_{N-m}^{n-x}}$$
$$= \frac{(m+1)(N-m-1+x)}{(N-m)(m+1-x)}$$

它是 $x$ 的不减函数. 所以, 超几何概率分布族 $\{p(x;m)\}$ 关于 $T(x)=x$ 具有单调似然比.

具有单调似然比的分布族, 关于单边假设检验存在一致最大功效检验法. 具体的细节见下面的定理.

**定理 3.2.1**　假设样本 $X=(X_1,\cdots,X_n)$ 具有连续型分布, 其分布密度族为 $\{f(x;\theta)\}$, 其中 $\theta$ 为实值的未知参数, 且假设分布族 $\{f(x;\theta)\}$ 关于统计量 $T(x)$ 具有单调似然比. 则

(1) 对于单边假设 $H_0:\theta \leqslant \theta_0$ 对 $H_1:\theta > \theta_0$, 存在一致最大功效检验, 其检验函数是

$$\phi(x) = \begin{cases} 1, & T(x) > c \\ \delta, & T(x) = c \\ 0, & T(x) < c \end{cases} \tag{3.2.28}$$

其中 $0 \leqslant \delta \leqslant 1$ 和 $c$ 由下式决定:

$$P_{\theta_0}(T(x) > c) + \delta P_{\theta_0}(T(x) = c) = \alpha \tag{3.2.29}$$

(2) 对任一 $\theta^*$, 由式 (3.2.29) 所决定的检验法也是检验问题 $H_0:\theta \leqslant \theta^*$ 对 $H_1:\theta > \theta^*$ 的水平为 $\alpha^* = M(\theta^*)$ 的一致最大功效检验法;

(3) 对任一 $\theta < \theta_0$, 在一切使显著性水平为 $\alpha$ 的检验法中由式 (3.2.28) 所决定的检验法 $\phi(x)$ 使函数 $M_\phi(\theta)$ 达到最小;

(4) 当似然比关于 $T(x)$ 是单调不增的, 该检验依然成立, 但式 (3.2.28) 中的不等号需改变方向;

(5) 对于单边假设 $H_0:\theta \geqslant \theta_0$ 对 $H_1:\theta < \theta_0$ 的检验问题, 存在一致最大功效检验, 只要改变式 (3.2.28) 的不等号方向, 就可以得到其检验函数;

(6) 如果 $X$ 是离散型变量, 其概率分布关于 $T(x)$ 具有单调似然比, 此时上述结论全部成立.

**例 3.2.6**  若一批 $N$ 件产品, 其中含有 $m$ 件次品; 从中随机地抽取 $n$ 件产品进行检查, 记其次品数为 $X$, 则 $X$ 服从超几何分布.

$$p(x; m) = \frac{C_m^x C_{N-m}^{n-x}}{C_N^n} \tag{3.2.30}$$

要求构造原假设 $H_0$: $m \leqslant m_0$ 对 $H_1$: $m > m_0$ 的一致最大功效检验.

**解**  例 3.2.5 已经证明了 $p(x; m)$ 关于 $T(x) = x$ 具有单调似然比. 由上面定理可知, 对此假设检验问题存在一致最大功效检验. 对于水平 $\alpha$, 其检验函数是

$$\phi(x) = \begin{cases} 1, & T(x) > c \\ (\alpha - \alpha_1)\dfrac{C_N^n}{C_{m_0}^c C_{N-m_0}^{n-c}}, & T(x) = c \\ 0, & T(x) < c \end{cases} \tag{3.2.31}$$

其中 $c$ 满足条件

$$\sum_{x \geqslant c} \frac{C_{m_0}^x C_{N-m_0}^{n-x}}{C_N^n} > \alpha > \alpha_1 = \sum_{x \geqslant c+1} \frac{C_{m_0}^x C_{N-m_0}^{n-x}}{C_N^n} \tag{3.2.32}$$

为了能够识别具有单调似然比的分布函数族, 有下面的定理.

**定理 3.2.2**  设样本 $X = (X_1, \cdots, X_n)$ 服从单参数指数型分布, 其概率密度函数为

$$f(x; \theta) = a(\theta) \exp\left\{ Q(\theta) T(x) \right\} h(x) \tag{3.2.33}$$

其中 $\theta$ 是一个实值参数, $Q(\theta)$ 是关于 $\theta$ 的严格单调函数, 则对于单边假设 $H_0$: $\theta \leqslant \theta_0$ 对 $H_1$: $\theta > \theta_0$ 的检验问题, 存在一致最大功效检验.

(1) 如果 $Q(\theta)$ 是关于 $\theta$ 的单调增加函数, 其一致最大功效检验法为

$$\phi(x) = \begin{cases} 1, & T(x) > c \\ \delta, & T(x) = c \\ 0, & T(x) < c \end{cases} \tag{3.2.34}$$

其中 $0 \leqslant \delta \leqslant 1$ 和 $c$ 由下式决定:

$$P_{\theta_0}(T(x) > c) + \delta P_{\theta_0}(T(x) = c) = \alpha \tag{3.2.35}$$

(2) 如果 $Q(\theta)$ 是关于 $\theta$ 的单调下降函数, 其一致最大功效检验法与式 (3.2.35) 类似, 仅仅需要改变不等号方向.

(3) 如果 $X$ 是离散型变量, 它的概率分布 $p(x; \theta)$ 具有性质 (3.2.33), 且满足定理所述条件, 则定理的结论依然成立.

对于许多常用分布, 如二项分布、负二项分布、泊松分布和正态分布 (均值未知方差已知或均值已知方差未知的情形), 它们都是单参数指数型分布. 对于单边假设检验问题, 都可以找到一致最大功效检验.

**例 3.2.7** 电话交换台单位时间内接到的呼叫次数服从泊松分布 $P(\lambda)$, $\lambda > 0$, $\lambda$ 为单位时间内接到的平均呼叫次数. 设 $x = (x_1, \cdots, x_{10})$ 是该电话交换台的 10 次记录, 即它是来自 $P(\lambda)$ 的样本 $X = (X_1, \cdots, X_{10})$ 的观测值. 为了考察该交换台在单位时间内的平均呼叫次数是否超过 1, 求下面假设检验问题的一致最大功效检验:

$$H_0: \lambda \leqslant 1, \quad H_1: \lambda > 1 \tag{3.2.36}$$

**解** 依据题意 $X = (X_1, \cdots, X_n)$ 的概率密度函数为

$$f(x; \lambda) = \exp\{-\lambda n\} \frac{\exp\left\{\sum_{i=1}^{10} x_i \ln \lambda\right\}}{\prod_{i=1}^{10} x_i!}$$

由式 (3.2.33) 可知

$$a(\lambda) = \exp\{-\lambda n\}, \quad Q(\lambda) = \ln \lambda, \quad T(x) = \sum_{i=1}^{10} x_i, \quad h(x) = \frac{1}{\prod_{i=1}^{10} x_i!}$$

因为 $Q(\lambda)$ 是 $\lambda$ 的严格增函数, 存在一致最大功效检验法,

$$\phi(x) = \begin{cases} 1, & \sum_{i=1}^{10} x_i > c \\ \delta, & \sum_{i=1}^{10} x_i = c \\ 0, & \sum_{i=1}^{10} x_i < c \end{cases} \tag{3.2.37}$$

又因为

$$\sum_{k=16}^{+\infty} \frac{10^k}{k!} \exp\{-10\} = 0.048740 < 0.05$$

$$\sum_{k=15}^{+\infty} \frac{10^k}{k!} \exp\{-10\} = 0.083458 > 0.05$$

故取 $c = 15$. 由式 (3.2.35) 可求出, 当显著性水平 $\alpha = 0.05$ 时 $\delta$ 为 0.036, 并得到该检验问题的一致最大功效检验

$$\phi(x) = \begin{cases} 1, & \sum_{i=1}^{10} x_i > 15 \\ 0.036, & \sum_{i=1}^{10} x_i = 15 \\ 0, & \sum_{i=1}^{10} x_i < 15 \end{cases}$$

## 3.3　正态分布的假设检验

正态分布是最常用的分布. 本节给出有关正态分布参数检验问题的一致最大功效检验, 相关结论可以根据前一节的方法进行验证. 为了叙述简单, 每一个检验问题, 着重给出检验统计量和拒绝域, 并举例说明其应用.

### 3.3.1　单个正态总体的参数检验

假设总体服从正态分布 $N(\mu, \sigma^2)$, $\dot{X} = (X_1, \cdots, X_n)$ 为该总体的样本. 关于正态总体的参数检验主要是指总体的均值 $\mu$ 或者方差 $\sigma^2$ 的检验. 常见总体均值的检验问题如下.

(1) 当 $\sigma^2$ 已知, 总体均值 $\mu$ 的单侧检验问题.

$$H_0: \mu = \mu_0, \quad H_1: \mu > \mu_0 \tag{3.3.1}$$

样本均值 $\overline{X}$ 是正态分布参数 $\mu$ 的一个估计, 则所构造的检验统计量为

$$U = \frac{\overline{X} - \mu_0}{\sigma/\sqrt{n}} \tag{3.3.2}$$

当原假设 $H_0: \mu = \mu_0$ 成立时, $U$ 服从标准正态分布 $N(0,1)$. 于是, 该检验法称为 $U$ 检验法. 记 $u_{1-\alpha}$ 满足 $P(U \leqslant u_{1-\alpha}) = 1 - \alpha$, 则检验问题 (3.3.1) 的拒绝域为

$$\{u: u > u_{1-\alpha}\} \tag{3.3.3}$$

当所要检验的问题为

$$H_0: \mu = \mu_0, \quad H_1: \mu < \mu_0 \tag{3.3.4}$$

则检验统计量依然是

$$U = \frac{\overline{X} - \mu_0}{\sigma/\sqrt{n}} \tag{3.3.5}$$

记 $u_\alpha$ 满足 $P(U \leqslant u_\alpha) = \alpha$, 则检验问题 (3.3.4) 的拒绝域为

$$\{u: u \leqslant u_\alpha\} \tag{3.3.6}$$

**例 3.3.1**　某工厂生产的电灯泡使用时数用 $X$ 表示, 假定其服从正态分布 $N(\mu, \sigma^2)$, 其中 $\mu$ 为未知参数, $\sigma = 510\text{h}$. 现在随机观测 $n = 20$ 个灯泡, 测得 20 个灯泡使用时数为 $x_1, x_2, \cdots, x_{20}$, 由此算得 $\overline{x} = 1810\text{h}$. 试问 "该厂电灯泡的平均使用时间 $\mu$ 小于 2000h" 是否成立?

**解**　所要检验的问题如下:

$$H_0: \mu = 2000, \quad H_1: \mu < 2000 \tag{3.3.7}$$

由于总体方差是已知的, 所以检验统计量是

$$U = \frac{\overline{X} - 2000}{510/\sqrt{20}} \tag{3.3.8}$$

当原假设 $H_0$: $\mu = 2000$ 成立时, $U$ 服从标准正态分布 $N(0,1)$. 由于 $P(U \leqslant -1.645) = 0.05$, 拒绝域为 $\{u: u \leqslant -1.645\}$. 检验统计量的样本观测值为 $u = (1810 - 2000)/(510/\sqrt{20}) = -1.666$, 落到拒绝域中. 因此, 支持 "$\mu$ 小于 2000h" 的结论.

(2) 当 $\sigma^2$ 已知, 总体均值 $\mu$ 的双侧检验问题

$$H_0: \mu = \mu_0, \quad H_1: \mu \neq \mu_0 \tag{3.3.9}$$

此时, 依然可以利用正态分布样本均值 $\overline{X}$ 来构造检验统计量, 结果为

$$U = \frac{\overline{X} - \mu_0}{\sigma/\sqrt{n}} \tag{3.3.10}$$

当原假设 $H_0$: $\mu = \mu_0$ 成立时, $U$ 服从标准正态分布 $N(0,1)$. 记 $u_{1-\alpha/2}$ 满足 $P(|U| \leqslant u_{1-\alpha/2}) = 1 - \alpha$, 则检验问题 (3.3.9) 的拒绝域为

$$\{u: |u| \geqslant u_{1-\alpha/2}\} \tag{3.3.11}$$

**例 3.3.2** 某地农作物根据长势估计平均亩产量 300kg. 收割时, 随机抽取了 10 块地, 测出每块地的实际亩产量 $x_1, \cdots, x_{10}$, 计算得 $\overline{x} = 310$kg. 如果已知早稻亩产量 $X$ 服从正态分布 $N(\mu, 100)$. 试问所估计的亩产量是否正确.

**解** 所要检验的问题如下:

$$H_0: \mu = 300, \quad H_1: \mu \neq 300 \tag{3.3.12}$$

由于总体方差是已知的, 所以检验统计量是

$$U = \frac{\overline{X} - 300}{10/\sqrt{10}} \tag{3.3.13}$$

当原假设 $H_0$: $\mu = 300$ 成立时, $U$ 服从标准正态分布 $N(0,1)$. 由于 $P(|U| \leqslant 1.96) = 0.05$, 拒绝域为 $\{u: |u| > 1.96\}$. 检验统计量的样本观测值为 $u = (310 - 300)/(10/\sqrt{10}) = 3.1623$, 落到拒绝域中. 因此, 拒绝原假设, 不支持 "$\mu$ 为 300kg" 的结论.

(3) 当 $\sigma^2$ 未知, 总体均值 $\mu$ 的单侧检验问题.

$$H_0: \mu = \mu_0, \quad H_1: \mu > \mu_0 \tag{3.3.14}$$

所构造的检验统计量为

$$T = \frac{\overline{X} - \mu_0}{S/\sqrt{n}} \tag{3.3.15}$$

其中 $S = \sqrt{\sum\limits_{i=1}^{n}(X_i-\overline{X})^2/(n-1)}$ 代表样本标准差. 当原假设 $H_0: \mu = \mu_0$ 成立时, 有 $T \sim t(n-1)$. 该检验法被称为 $T$ 检验法. 记 $t_{1-\alpha}(n-1)$ 满足 $P(T \leqslant t_{1-\alpha}(n-1)) = 1-\alpha$, 则检验问题 (3.3.14) 的拒绝域为

$$\{t: t > t_{1-\alpha}(n-1)\} \tag{3.3.16}$$

当所要检验的问题为 $H_0: \mu = \mu_0$, $H_1: \mu < \mu_0$ 时, 相应的拒绝域为 $\{t: t < t_\alpha(n-1)\}$, 其中检验统计量 $T$ 由式 (3.3.15) 给出, 且 $t_\alpha(n-1)$ 满足 $P(T \leqslant t_\alpha(n-1)) = \alpha$.

**例 3.3.3** 例 3.3.1 续. 在例 3.3.1 中, 如果总体的方差未知且样本标准差为 510h, 试问 "该厂电灯泡的平均使用时间为 $\mu$ 小于 2000h" 的结论是否成立?

**解** 所要检验的问题见式 (3.3.7). 由于总体方差未知, 所以检验统计量是

$$T = \frac{\overline{X} - 2000}{510/\sqrt{20}} \tag{3.3.17}$$

当原假设 $H_0: \mu = 2000$ 成立时, $T$ 服从包含 19 个自由度的 $t$-分布. 由于 $P(T \leqslant -1.725) = 0.05$, 拒绝域为 $\{t: t < -1.725\}$. 在本例中, 检验统计量的样本观测值 $t = (1810-2000)/(510/\sqrt{20}) = -1.666$, 落到接受域中. 因此, 没有充分证据拒绝原假设, 不支持 "$\mu$ 小于 2000h" 的结论.

这两个例子所要检验的问题都是相同, 但是对总体方差是否已知的差别, 也可能会得到相反的结论.

(4) 当 $\sigma^2$ 未知, 总体均值 $\mu$ 的双侧检验问题.

$$H_0: \mu = \mu_0, \quad H_1: \mu \neq \mu_0 \tag{3.3.18}$$

检验统计量 $T$ 由式 (3.3.15) 给出. 记 $t_{1-\alpha/2}(n-1)$ 满足 $P(|T| \leqslant t_{1-\alpha/2}(n-1)) = 1-\alpha$, 则检验问题 (3.3.15) 的拒绝域为

$$\{t: |t| > t_{1-\alpha/2}(n-1)\} \tag{3.3.19}$$

(5) 总体方差 $\sigma^2$ 的单侧检验问题.

$$H_0: \sigma^2 = \sigma_0^2, \quad H_1: \sigma^2 > \sigma_0^2 \tag{3.3.20}$$

由于总体服从正态分布 $N(\mu,\sigma^2)$, 其中 $\mu$ 和 $\sigma^2$ 都是未知的, 所构造的检验统计量为

$$\chi^2 = \frac{nS_n^2}{\sigma_0^2} \tag{3.3.21}$$

其中,

$$S_n^2 = \frac{1}{n}\sum_{i=1}^{n}(X_i-\overline{X})^2$$

当原假设 $H_0: \sigma^2 = \sigma_0^2$ 成立时, 有 $\chi^2$ 服从自由度为 $n-1$ 的 $\chi^2$-分布. 记 $s_n^2$ 为检验统计量 $S_n^2$ 的观测值, 则检验问题 (3.3.20) 的拒绝域为

$$\left\{\frac{ns_n^2}{\sigma_0^2}: \frac{ns_n^2}{\sigma_0^2} > \chi_{1-\alpha}^2(n-1)\right\} \tag{3.3.22}$$

(6) 总体方差 $\sigma^2$ 的双侧检验问题.

$$H_0: \sigma^2 = \sigma_0^2, \quad H_1: \sigma^2 \neq \sigma_0^2 \tag{3.3.23}$$

选择式 (3.3.21) 中的检验统计量, 当原假设 $H_0: \sigma^2 = \sigma_0^2$ 成立时, 有 $\chi^2$ 服从自由度为 $n-1$ 的 $\chi^2$-分布. 记 $\chi_{\alpha/2}^2(n-1)$ 和 $\chi_{1-\alpha/2}^2(n-1)$ 满足 $P(\chi_{\alpha/2}^2(n-1) \leqslant \chi^2 \leqslant \chi_{1-\alpha/2}^2(n-1)) = 1-\alpha$, $s^2 n$ 为检验统计量 $S_n^2$ 的观测值, 则检验问题 (3.3.23) 的拒绝域为

$$\left\{\frac{ns_n^2}{\sigma_0^2}: \frac{ns_n^2}{\sigma_0^2} < \chi_{\alpha/2}^2(n-1) \text{ 或者 } \frac{ns_n^2}{\sigma_0^2} > \chi_{1-\alpha/2}^2(n-1)\right\} \tag{3.3.24}$$

**例 3.3.4**  用包装机包装洗衣粉. 在正常的情况下, 每袋洗衣粉的重量为 500g, 标准差不超过 10g. 假设每袋洗衣粉质量服从正态分布. 某天为检查包装机工作情况, 随机选取 10 袋已包装好的洗衣粉, 测其重量样本均值为 498g, 样本标准差为 14.6g. 试问按标准差来衡量, 这台机器工作是否正常 ($\alpha = 0.05$).

**解**  依据题意, 所要检验的问题如下:

$$H_0: \sigma^2 = 100, \quad H_1: \sigma^2 > 100 \tag{3.3.25}$$

所选择的检验统计量为

$$\chi^2 = \frac{10S_n^2}{100} \tag{3.3.26}$$

当原假设 $H_0: \sigma^2 = 100$ 成立时, $\chi^2$ 服从 $n-1$ 个自由度的 $\chi^2$-分布. 由于 $P(\chi^2 \leqslant 16.919) = 0.05$, 则拒绝域为 $\{ns_n^2/\sigma_0^2: ns_n^2/\sigma_0^2 > 16.919\}$. 检验统计量的样本观测值为 $10 \times 14.6^2/100 = 21.316$, 落到拒绝域中. 因此, 有充分证据认为该包装机工作异常.

### 3.3.2  两个正态总体的参数检验

假设总体 $X$ 服从正态分布 $N(\mu_1, \sigma_1^2)$, 总体 $Y$ 服从正态分布 $N(\mu_2, \sigma_2^2)$, 其中 $\mu_1, \mu_2$ 和 $\sigma_1^2, \sigma_2^2$ 都是未知的. 现独立地分别从总体 $X$ 和 $Y$ 中抽取样本 $X_1, \cdots, X_{n_1}$ 和 $Y_1, \cdots, Y_{n_2}$. 记

$$\overline{X} = \frac{1}{n_1}\sum_{i=1}^{n_1} X_i, \quad S_1^2 = \frac{1}{n_1-1}\sum_{i=1}^{n_1}(X_i - \overline{X})^2 \tag{3.3.27}$$

$$\overline{Y} = \frac{1}{n_2}\sum_{j=1}^{n_2} Y_j, \quad S_2^2 = \frac{1}{n_2-1}\sum_{j=1}^{n_2}(Y_j - \overline{Y})^2 \tag{3.3.28}$$

当 $\sigma_1^2 = \sigma_2^2 = \sigma^2$ 时, 考虑下面的检验问题.

$$H_0: \mu_1 = \mu_2, \quad H_1: \mu_1 \neq \mu_2 \tag{3.3.29}$$

$\overline{X} - \overline{Y}$ 是两个总体均值之差 $\mu_1 - \mu_2$ 的估计量. 所构造的检验统计量为

$$T = \frac{(\overline{X} - \overline{Y}) - (\mu_1 - \mu_2)}{\sqrt{(n_1-1)S_1^2 + (n_2-1)S_2^2}}\sqrt{\frac{n_1 n_2(n_1 + n_2 - 2)}{n_1 + n_2}} \tag{3.3.30}$$

当原假设 $H_0: \mu_1 = \mu_2$ 成立时, 有 $T$ 服从自由度为 $n_1 + n_2 - 2$ 的 $t$-分布. 于是, 拒绝域为

$$\{t: |t| > t_{1-\alpha/2}(n_1 + n_2 - 2)\} \tag{3.3.31}$$

其中 $t_{1-\alpha/2}(n_1 + n_2 - 2)$ 满足自由度为 $n_1 + n_2 - 2$ 的 $t$-分布的 $1 - \alpha/2$ 分位数.

对于两个总体, 另一个常用的检验问题是检验两个总体的方差是否相等, 即

$$H_0: \sigma_1^2 = \sigma_2^2, \quad H_1: \sigma_1^2 \neq \sigma_2^2 \tag{3.3.32}$$

所使用的检验统计量为

$$F = \frac{S_1^2}{S_2^2} \tag{3.3.33}$$

当原假设 $H_0: \sigma_1^2 = \sigma_2^2$ 成立时, $(n_1 - 1)S_1^2/\sigma_1^2 \sim \chi^2(n_1 - 1)$ 且 $(n_2 - 1)S_2^2/\sigma_2^2 \sim \chi^2(n_2 - 1)$. 于是, 检验统计量 $F$ 服从自由度分别为 $n_1 - 1$ 与 $n_2 - 1$ 的 $F$-分布. 记 $F_{\alpha/2}(n_1 - 1, n_2 - 1)$ 和 $F_{1-\alpha/2}(n_1 - 1, n_2 - 1)$ 满足 $P(F \leqslant F_{1-\alpha/2}(n_1 - 1, n_2 - 1)) = 1 - \alpha/2$ 和 $P(F < F_{\alpha/2}(n_1 - 1, n_2 - 1)) = \alpha/2$, 则检验问题 (3.3.32) 的拒绝域为

$$\{f: f < F_{\alpha/2}(n_1 - 1, n_2 - 1) \text{ 或者 } f > F_{1-\alpha/2}(n_1 - 1, n_2 - 1)\} \tag{3.3.34}$$

**例 3.3.5** $A, B$ 两台机床分别加工某种轴, 轴的直径分别服从正态分布 $N(\mu_1, \sigma_1^2)$ 和 $N(\mu_2, \sigma_2^2)$, 为比较两台机床的加工精度有无显著差异. 自加工的轴中分别抽取若干根轴测其直径. 所抽取两种轴的个数分别为 $n_1 = 10$ 和 $n_2 = 10$, 测量结果为 $s_1^2 = 0.2512$, $s_2^2 = 0.2839$, $\overline{x}_1 = 20.295$ 和 $\overline{x}_2 = 19.143$. 问两台机床加工轴的平均直径是否相等 $(\alpha = 0.05)$?

**解** 依据题意, 首先检验两个机床加工的轴的方差是否相等, 所要检验的问题为

$$H_0: \sigma_1^2 = \sigma_2^2, \quad H_1: \sigma_1^2 \neq \sigma_2^2 \tag{3.3.35}$$

所选择的检验统计量为

$$F = \frac{S_1^2}{S_2^2} \tag{3.3.36}$$

当原假设 $H_0: \sigma_1^2 = \sigma_2^2$ 成立时, $F$ 服从自由度分别为 9 与 9 的 $F$-分布. 由于 $F_{0.25}(9.9) = 0.2326$, $F_{0.975}(9.9) = 4.30$, 拒绝域为 $\{F: F \leqslant 0.2326 \text{ 或者 } F > 4.30\}$. 检验统计量的样本观测值为 $F = 0.2512/0.2839 = 0.8848$, 落到接受域中. 不能拒绝原假设, 应当认为两台机床所加工轴的直径的方差是相等的. 进一步, 为了判断两个机床加工的轴平均直径是否相等, 需要检验下面的假设问题:

$$H_0: \mu_1 = \mu_2, \quad H_1: \mu_1 \neq \mu_2 \tag{3.3.37}$$

所选择的检验统计量为

$$T = \frac{(\overline{X} - \overline{Y}) - (\mu_1 - \mu_2)}{\sqrt{(n_1 - 1)S_1^2 + (n_2 - 1)S_2^2}} \sqrt{\frac{n_1 n_2 (n_1 + n_2 - 2)}{n_1 + n_2}} \tag{3.3.38}$$

当原假设 $H_0$: $\mu_1 = \mu_2$ 成立时, 有 $T$ 服从自由度为 $n_1 + n_2 - 2$ 的 $t$-分布. 于是, $n_1 = n_2 = 10$, $P(T < 2.1009) = 0.975$, 拒绝域为

$$\{t\colon |t| > 2.1009\} \tag{3.3.39}$$

检验统计量 $T$ 的样本观测值为 $t = 4.9801$, 落到拒绝域中, 拒绝原假设, 认为两台机床加工轴的平均直径不相等.

# 3.4 几种常用的非参数检验

前面介绍的各种假设检验方法都是在总体分布函数类型已知或者假定总体分布函数类型的前提下所使用的. 但有些实际问题中, 并不知道或者不能确定分布函数的类型, 需要利用样本来检验有关总体的统计特征. 这种假设检验的方法称非参数假设检验, 或简称非参数检验.

非参数检验是与参数检验方法对立而言的. 参数检验和非参数检验都是针对有关总体的某统计特征所作出的假设, 包括原假设和备择假设, 把实际的样本统计量与检验临界值进行比较, 用以作出接受或拒绝原假设的决策. 然而, 参数检验需要知道总体分布函数的类型, 其中分布函数的某参数可以是未知的. 如果对总体分布函数不知道或是知道很少, 使用不正确的总体分布函数会使检验的结论不可靠甚至不正确. 非参数检验不要求事先知道总体分布函数的知识.

与参数检验相比较, 非参数检验对总体分布函数的未知, 提高了方法的稳健性; 对于容量小的样本, 也能给出合理的检验结果, 避免了其他统计方法由于实际样本少而无法使用的缺陷. 常用的非参数检验方法主要用于检验总体分布函数 $F(x)$ 的拟合优度, 以及总体之间的独立性和相关性的问题.

### 3.4.1 符号检验

符号检验是最简单常用的一种非参数检验方法, 既适用于一个总体的检验问题, 又适用于两个总体的检验问题.

1. 单个总体的符号检验

符号检验适用于检验总体的中位数是否某一指定的数值. 假设总体的分布函数为 $F(x)$, 如果 $x_M$ 满足条件

$$F(x_M) = 1 - F(x_M) = 0.5 \tag{3.4.1}$$

则称 $x_M$ 为总体的中位数, 也称总体的中位点. 与均值一样, 中位数也是总体分布的重要位置特征数. 总体的中位数一定存在, 但有些总体的均值并不存在. 对于存在均值的总体, 当总体的分布对称时, 均值与中位数是一致的; 当总体的分布不对称时, 均值与中位数不一定一致.

把所收集的样本, 按照大小次序排序后处于中间位置上的统计量称为样本中位数, 常用 $x_{\mathrm{m}}$ 表示. 假设 $x_1, \cdots, x_n$ 来自某总体的样本, 其次序统计量记为 $x_{(1)} \leqslant \cdots \leqslant x_{(n)}$, 则

$$x_{\mathrm{m}} = \begin{cases} x_{(n+1)/2}, & n \text{ 为奇数} \\ \dfrac{x_{(n/2)} + x_{(n/2+1)}}{2}, & n \text{ 为偶数} \end{cases} \tag{3.4.2}$$

例如, 样本容量为 7, 其观测值为 $1, 3, 4, 5, 6, 7, 19$, 则样本中位数 $x_{\mathrm{m}} = 5$. 如果增加一个观测值 100, 则样本中位数 $x_{\mathrm{m}} = (5+6)/2 = 5.5$. 样本中位数 $x_{\mathrm{m}}$ 表示在样本中有一半数据小于 $x_{\mathrm{m}}$, 另一半数据大于 $x_{\mathrm{m}}$. 相对于样本均值来说, 中位数受异常值的影响较小, 更稳健地反映总体的位置特征.

中位数检验的基本过程是, 原假设总体中位数的真值 $x_{\mathrm{M}} = A$, 把容量为 $n$ 样本的每个观测值 $x_i$ $(1 \leqslant i \leqslant n)$ 均减去 $A$, 记录每个差值的符号, 即

$$\mathrm{sign}(x_i - A) = \begin{cases} +, & x_i > A \\ -, & x_i < A \end{cases} \tag{3.4.3}$$

若 $x_i = A$, 就忽略不计. 分别计算 "+" 的个数, 用 $n^+$ 表示, "–" 的个数, 用 $n^-$ 表示. 理论上, 当中位数 $x_{\mathrm{M}} = A$ 为真时, 得到的正号和负号个数应该相等或接近, 即 $n^+ \approx n^-$. 在原假设 $x_{\mathrm{M}} = A$ 成立的情况下, 正号个数 $n^+$ 或负号个数 $n^-$ 服从参数为 $n$ 和 0.5 的二项分布. 若样本的 $n^+$ 或 $n^-$ 相对较大, 就倾向于拒绝 "中位数 $x_{\mathrm{M}} = A$ 为真" 的假设. 下面用例子来说明检验的具体过程.

**例 3.4.1**　从某中学的男女学生中, 随机抽取 20 名学生, 测得身高数据如下 (单位: cm):

$$\begin{array}{cccccccccc} 153 & 160 & 147 & 161 & 157 & 145 & 155 & 151 & 158 & 148 \\ 148 & 164 & 153 & 158 & 151 & 156 & 149 & 160 & 162 & 152 \end{array}$$

给定显著性水平 $\alpha = 0.10$, 用符号检验判定该中位数是否与 155cm 有显著性差异.

(1) 根据题意, 检验相应的假设为

$$H_0: x_{\mathrm{M}} = 155, \quad H_1: x_{\mathrm{M}} \neq 155$$

(2) 将每个观测值均减去原假设所设定的中位数 $x_{\mathrm{M}} = 155\mathrm{cm}$, 得到

$$\begin{array}{cccccccccc} -2 & +5 & -8 & +6 & +2 & -10 & 0 & -4 & +3 & -7 \\ -7 & +9 & -2 & +3 & -4 & +1 & -6 & +5 & +7 & -3 \end{array}$$

观测值与中位数相等, 则忽略. 计算差值正号和负号的个数, 得到 $n^+ = 9$ 和 $n^- = 10$, 并且 $n = 19$.

(3) 计算临界值. 由于该问题是双边假设检验, 显著性水平为 0.10. 查二项分布临界值表, 当 $n = 19$ 时, 临界值为 13.

(4) 给出检验的结果. 由于 $\max\{n^+, n^-\} = 10 < 13$, 故不拒绝原假设, 认为该校学生身高的中位数与 155cm 没有显著性差异.

### 2. 两个总体分布相同的符号检验

前面的检验是针对一个总体的情况, 符号检验还能判断两个总体分布函数是否相等.

不失一般性, 假设两个容量相等的样本, $X_1, \cdots, X_n$ 是取自总体 $F_1(x)$ 的样本, $Y_1, \cdots, Y_n$ 是取自总体 $F_2(x)$ 的样本, 且设两个样本相互独立. 为了判断两个总体分布函数是否相同, 相应的原假设和备择假设分别为

$$H_0: F_1(x) = F_2(x), \quad H_1: F_1(x) \neq F_2(x)$$

在原假设 $H_0$ 成立时, 对于 $i = 1, \cdots, n$, $X_i$ 和 $Y_i$ 相当于来自一个总体, 由对称性, $P(X_i - Y_i > 0)$ 与 $P(X_i - Y_i < 0)$ 应当相等. 因此, 可以使用 $X_i - Y_i > 0$ 的个数或 $X_i - Y_i < 0$ 的个数作为统计量. 当原假设成立时, $X_i$ 大于 $Y_i$ 的个数应该与 $X_i$ 小于 $Y_i$ 的个数近似相等. 记 $X_i$ 大于 $Y_i$ 的个数为 $S^+$, $X_i$ 小于 $Y_i$ 的个数为 $S^-$, 当 $X_i = Y_i$ 时, 忽略不计.

考虑 $|S^+ - S^-|$, 越大说明两个总体的差异越大. 而 $|S^+ - S^-|$ 越大, 则 $\min\{S^+, S^-\}$ 越小 (等价地, $\max\{S^+, S^-\}$ 越大), 于是取 $S = \min\{S^+, S^-\}$ 为检验统计量. 在显著性水平 $\alpha$ 下, 当 $S = \min\{S^+, S^-\}$ 小于临界值 $S_{m,\alpha}$ 时, 拒绝原假设, 其中 $m = S^+ - S^-$, 临界值 $S_{m,\alpha}$ 可根据 $m$ 和 $\alpha$ 在符号检验表查到.

如果 $S \leqslant S_{m,\alpha}$, 就拒绝原假设, 认为两个分布函数是不同的; 否则, 倾向于接受原假设, 认为两个分布函数是相同的.

**例 3.4.2**　在某项比赛中, 裁判甲和乙分别对参加该项比赛的 10 位选手在场上综合表现进行评分, 分数为 $0 \sim 20$ 分, 数据如表 3-2 所示.

表 3-2　两名裁判给出的分数

| 序号 | 1 | 2 | 3 | 4 | 5 | 6 | 7 | 8 | 9 | 10 |
|---|---|---|---|---|---|---|---|---|---|---|
| 裁判甲 | 18.2 | 19.0 | 18.8 | 19.3 | 17.9 | 19.1 | 18.6 | 18.8 | 18.4 | 19.0 |
| 裁判乙 | 17.9 | 18.8 | 18.6 | 19.4 | 18.4 | 19.0 | 18.9 | 18.7 | 18.0 | 19.3 |
| 差值的符号 | + | + | + | − | − | + | − | + | + | − |

试用符号检验法判断两位裁判的判定成绩是否有显著性差异 $(\alpha = 0.05)$.

**解**　由已知条件, 相应的原假设和备择假设分别为

$H_0$: 两位裁判的判定成绩无显著性差异,　$H_1$: 两位裁判的判定成绩有显著性差异.

表 3-2 的最后一行给出了裁判甲与裁判乙的判定成绩之差值符号. 于是, $S^+ = 6$, $S^- = 4$, $m = S^+ + S^- = 4 + 6 = 10$, 检验统计量为 $S = \min\{S^+, S^-\} = 4$.

查符号检验临界值 $S_{10,0.05} = 1$. 由于 $S = 4 > S_{10,0.05} = 1$, 不拒绝原假设, 即认为两位裁判的判定成绩无显著性差异.

上述的检验过程适用于样本容量相等的情况. 在很多实际问题中两个总体的样本容量并不一定相同, 在这样的条件下, 仍然可以进行符号检验. 假设 $X_1, \cdots, X_{n_1}$ 是取自总体 $F_1(x)$ 的样本, $Y_1, \cdots, Y_{n_2}$ 是取自总体 $F_2(x)$ 的样本, 且这两个样本相互独立. 原假设和备择假设分别为

$$H_0: F_1(x) = F_2(x), \quad H_1: F_1(x) \neq F_2(x)$$

具体的检验过程为, 先将两个样本观测值混合在一起, 共计 $n_1 + n_2$ 个. 将 $n_1 + n_2$ 个观测值按照递增或递减顺序进行排列, 计算样本中位数 $x_{\mathrm{m}}$. 分别计算两个样本观测值大于和小于中位数 $x_{\mathrm{m}}$ 的个数, 并完成列联表. 上面例子的列联表见表 3-3. 检验统计量为

$$\chi^2 = \sum_{i=1}^{2}\sum_{j=1}^{2}\frac{(n_{ij} - n_i n_{\cdot j}/n)^2}{n_i n_{\cdot j}/n} \tag{3.4.4}$$

当原假设为真时, $\chi^2 \sim \chi^2(1)$. 对于给定的显著性水平 $\alpha$, 检验的临界值为 $\chi^2_{1-\alpha}(1)$, 满足 $P(\chi^2 > \chi^2_{1-\alpha}(1)) = \alpha$. 当 $\chi^2 < \chi^2_{1-\alpha}(1)$ 时, 不拒绝原假设, 认为两个样本来源于同一个总体.

**表 3-3　两位裁判判定成绩的列联表**

| | $> x_{\mathrm{m}}$ | $< x_{\mathrm{m}}$ | 合计 |
|---|---|---|---|
| 样本 1 | $n_{11}$ | $n_{12}$ | $n_1$ |
| 样本 2 | $n_{21}$ | $n_{22}$ | $n_2$ |
| 合计 | $n_{\cdot 1} = n_{11} + n_{21}$ | $n_{\cdot 2} = n_{12} + n_{22}$ | $n = n_1 + n_2$ |

**例 3.4.3**　某家用电器销售员甲和乙的月销售额数据如表 3-4 所示 (单位: 万元). 销售员甲有 10 个观测值, 销售员乙只有 8 个观测值, 两个样本容量并不相等. 现使用符号检验法对这两位销售人员销售额的分布是否一致进行检验.

**表 3-4　商品销售员的月销售数据**

| 序号 | 1 | 2 | 3 | 4 | 5 | 6 | 7 | 8 | 9 | 10 |
|---|---|---|---|---|---|---|---|---|---|---|
| 销售员甲 | 2.563 | 2.600 | 2.230 | 1.986 | 3.000 | 2.800 | 3.130 | 2.023 | 1.869 | 1.896 |
| 销售员乙 | 1.999 | 2.980 | 3.404 | 2.567 | 2.479 | 2.581 | 3.022 | 1.880 | | |

**解**　根据题意, 原假设和备择假设分别为

$H_0$: 两位销售员的月销售额无显著性差异,

$H_1$: 两位销售员的月销售额有显著性差异.

将两个样本合并到一起, 算出的中位数为 2.565 万元. 并计算每个样本大于和小于中位数的个数, 写到下面的列联表中 (表 3-5).

**表 3-5　商品销售人员的月销售数据的列联表**

| | $> 2.565$ | $< 2.565$ | 合计 |
|---|---|---|---|
| 销售员甲 | 4 | 6 | 10 |
| 销售员乙 | 5 | 3 | 8 |
| 合计 | 9 | 9 | 18 |

检验统计量 $\chi^2$ 的观测值为

$$\frac{(4 - 10\times 9/18)^2}{(10\times 9/18)} + \frac{(6 - 10\times 9/18)^2}{(10\times 9/18)} + \frac{(5 - 8\times 9/18)^2}{(8\times 9/18)} + \frac{(3 - 8\times 9/18)^2}{(8\times 9/18)} = 0.9$$

对于给定的显著性水平 $\alpha = 0.05$, 检验的临界值为 $\chi^2_{1-\alpha}(1) = \chi^2_{1-0.05}(1) = 3.841$. 由于 $0.9 < 3.841$, 故不能拒绝原假设, 认为两个样本来源于同一个总体. 即两位销售员销售额的分布是一致的.

### 3.4.2 秩和检验

假设 $X_1, \cdots, X_{n_1}$ 是取自总体 $F_1(x)$ 的样本, $Y_1, \cdots, Y_{n_2}$ 是取自总体 $F_2(x)$ 的样本, 且两个样本相互独立. 不失一般性, 约定 $n_1 \leqslant n_2$. 把两个样本的观测数据合在一起并按从小到大的次序排列, 用 $1, 2, \cdots, n_1 + n_2$ 统一编号, 规定每个数据在排列中所对应的编号称为该数的秩. 对于相同的数值, 用它们编号的平均值作为秩. 把容量较小样本的各观测值的秩之和记为 $T$, 作为检验统计量, 用于检验两个总体分布函数是否相等的问题. $T$ 的最小可能值取在当总体 $F_1(x)$ 的样本观测值都排列在总体 $F_2(x)$ 的样本观测值之前时, 即 $T_{\min} = 1 + 2 + \cdots + n_1 = n_1(n_1 + 1)/2$. $T$ 的最大可能值取在当总体 $F_1(x)$ 的样本观测值都排列在总体 $F_2(x)$ 的样本观测值的后面时, 此时 $T_{\max} = (n_2 + 1) + (n_2 + 2) + \cdots + (n_2 + n_1) = n_2 n_1 + n_1(n_1 + 1)/2$. 如果两个总体的分布函数相同, 则 $T$ 的数值不能太大或太小, 而是靠近最大值 $T_{\max}$ 和 $T_{\min}$ 之间的中间位置 $(T_{\max} + T_{\min})/2$.

两个总体分布函数是否相等的秩和检验过程如下.

(1) 原假设和备择假设分别为

$$H_0: F_1(x) = F_2(x), \quad H_1: F_1(x) \neq F_2(x)$$

(2) 计算检验统计量秩和 $T$. 当样本容量小于 10 时, 查询秩和检验表, 得到统计量 $T$ 的临界值 $T_1$ 和 $T_2$, 满足 $P(T_1 < T < T_2) = 1 - \alpha$.

当检验统计量观测值落在 $[T_1, T_2]$ 中, 则接受原假设, 认为两个总体的分布函数是相同的; 否则, 拒绝原假设, 认为两个总体的分布函数存在显著差异.

(3) 当样本容量大于 10 时, 统计量 $T$ 近似服从正态分布, 均值为 $n_1(n_1 + n_2 + 1)/2$, 方差为 $n_1 n_2 (n_1 + n_2 + 1)/12$. 检验统计量

$$U = \frac{T - \dfrac{n_1(n_1 + n_2 + 1)}{2}}{\sqrt{\dfrac{n_1 n_2 (n_1 + n_2 + 1)}{12}}} \tag{3.4.5}$$

近似服从正态分布. 当检验统计量观测值不大于 $u_{1-\alpha/2}$ 时, 接受原假设, 认为两个总体的分布函数是相同的. 当检验统计量观测值大于 $u_{1-\alpha/2}$ 时, 拒绝原假设, 认为两个总体的分布函数存在显著差异.

**例 3.4.4** 样本一为 $161, 170, 168, 165, 175, 180, 172$, 样本二为 $170, 164, 158, 164, 160$. 试用秩和检验法判断两个样本是否来自同一总体 $(\alpha = 0.20)$.

**解** 根据题意, 有

(1) 原假设和备择假设为

$$H_0: \text{两个样本来自同一总体}, \quad H_1: \text{两个样本来自不同总体}$$

(2) 计算检验统计量秩和 $T$. 将两个样本数据混合在一起, 按照由小到大的顺序排序, 每个观测值和相应的秩见表 3-6.

表 3-6　每个观测值和相应的秩

| 秩 | 1 | 2 | 3 | 4 | 5 | 6 | 7 | 8.5 | 10 | 11 | 12 |
|---|---|---|---|---|---|---|---|---|---|---|---|
| 样本一 | | | 161 | | | 165 | 168 | 170 | 172 | 175 | 180 |
| 样本二 | 158 | 160 | | 164 | 164 | | | 170 | | | |

由于样本二的容量 $n_2 = 5$ 小于样本一的容量 $n_1 = 7$. 因此,$T = 1+2+4+5+8.5 = 20.5$. 对于 $\alpha = 0.20$, 查询秩和检验表, 得到 $T_1 = 22$ 和 $T_2 = 43$, 满足 $P(T_1 < T < T_2) = 1 - \alpha$. 因为 $20.5 < 22$, 拒绝原假设, 认为两个样本取自不同的总体.

# 3.5　$\chi^2$ 拟合优度检验

在实际应用中, 分布可能是已知的, 也可能是未知的. $\chi^2$ 拟合优度检验就是通过构造服从或者渐近服从 $\chi^2$-分布的检验统计量, 判断样本来自某个总体的非参数检验方法. 本节将介绍 $\chi^2$ 检验包括总体分布函数的拟合优度检验和独立性检验.

### 3.5.1　分布函数的拟合优度检验

在实际问题中, 有时不能事先知道总体分布函数的类型, 需要根据样本来检验关于总体分布的假设. 设 $F(x)$ 是总体的分布函数, 分布函数拟合优度检验的原假设和备择假设分别为

$$H_0: F(x) = F_0(x), \quad H_1: F(x) \neq F_0(x) \tag{3.5.1}$$

其中 $F_0(x)$ 是某个已知的分布函数, 该函数可以包含未知参数. 例如, $F_0(x)$ 可以是正态分布的分布函数, 参数 $\mu$ 和 $\sigma$ 可以是已知的, 也可以是未知的. 当 $\mu$ 和 $\sigma$ 是未知的, 分布函数通常表示为 $F_0(x; \mu, \sigma)$. 有关 $F_0(x)$ 的确定通常是根据经验来决定的. 如果对该总体一无所知, $F_0(x)$ 也可以基于样本的经验分布函数来确定.

假设 $X_1, \cdots, X_n$ 是总体 $F(x)$ 的样本. 分布函数拟合优度检验的过程如下:

(1) 确定原假设和备择假设, 如式 (3.5.1) 所示.

(2) 将分布函数的取值范围划分为多个不相交的区间, 记为 $[R_{i-1}, R_i)$, $i = 1, \cdots, m$, 其中 $R_0 \leqslant R_1 \leqslant \cdots \leqslant R_{i-1} \leqslant \cdots \leqslant R_m$, $m$ 表示区间的个数. 计算样本的观测值落入每个区间的频数, 用 $f_i$ 表示区间 $[R_{i-1}, R_i)$, $i = 1, \cdots, m$ 所包含观测值的个数. 计算分布函数 $F_0(x)$ 在每个区间内的概率值

$$p_i = F_0(R_i) - F_0(R_{i-1}) \tag{3.5.2}$$

以及相应的理论频数 $np_i$, $i = 1, \cdots, m$.

注意, 如果每个区间包含观测值的个数比较少或者理论频数比较小, 需要调整区间, 例如, 把其并入到其他区间.

(3) 计算检验统计量

$$\chi^2 = \sum_{i=1}^{m} \frac{(f_i - np_i)^2}{np_i} \ \text{或者} \ \chi^2 = \sum_{i=1}^{m} \frac{(f_i - n\widehat{p_i})^2}{n\widehat{p_i}} \tag{3.5.3}$$

后者表示分布函数 $F_0(x)$ 包含未知参数, 这些参数是由样本估计的.

(4) 当原假设为真时, 检验统计量渐近服从 $\chi^2(m-r-1)$ 分布, 即

$$\chi^2 \sim \chi^2(m-r-1) \tag{3.5.4}$$

其中 $r$ 为待估参数的个数. 检验临界值 $\chi^2_{1-\alpha}(m-r-1)$ 满足 $P(\chi^2 \leqslant \chi^2_{1-\alpha}(m-r-1)) = 1-\alpha$. 对于显著性水平 $\alpha$, 当 $\chi^2 > \chi^2_{1-\alpha}(m-r-1)$, 拒绝原假设, 认为样本不是来自总体 $F_0(x)$. 当 $\chi^2 \leqslant \chi^2_{1-\alpha}(m-r-1)$, 接受原假设, 认为样本是来自总体 $F_0(x)$.

**例 3.5.1** 为了检验某骰子是否均匀, 随机掷了 120 次, 将点数记录下来, 各点数出现的次数见表 3-7. 在显著性水平 $\alpha = 0.05$ 下, 检验这颗骰子是否均匀.

表 3-7 出现点数和出现次数

| 出现点数 $i$ | 1 | 2 | 3 | 4 | 5 | 6 |
|---|---|---|---|---|---|---|
| 出现次数 $f_i$ | 26 | 23 | 15 | 21 | 15 | 20 |

**解** 掷一颗骰子出现的点数 $X$ 是离散的, 根据题意, 原假设和备择假设分别为

$$H_0: X \text{ 服从均匀分布}, \quad H_1: X \text{ 不服从均匀分布}$$

$X$ 服从均匀分布等价于 $P(X=i) = 1/6$, $i=1,\cdots,6$. 因此, $X$ 等于每个观测值的理论频数 $np_i = nP(X=i) = 120 \times (1/6) = 20$, $i=1,\cdots,6$. 检验统计量为 $\chi^2 = \sum\limits_{i=1}^{m} (f_i - np_i)^2 \big/ (np_i) = 4.8$. 对于 $\alpha = 0.05$, 根据 $\chi^2$-分布表, 有 $\chi^2_{1-\alpha}(m-r-1) = \chi^2_{0.95}(5) = 11.07$. 由于 $\chi^2 = 4.8 < \chi^2_{0.95}(5) = 11.07$, 接受原假设, 认为骰子是均匀的.

### 3.5.2 独立性检验

在有些实际问题中, 关心总体的多个属性间的关系. 例如, 在进行失业人员情况调查时, 对所抽取的失业人员可按照性别分类, 研究男女失业人员是否独立. 工厂调查某类产品的质量时, 按产品的生产小组分类, 研究两个小组生产的产品质量的独立性.

假设总体 $X=(X_1, X_2)$, $X_1$ 有 $r$ 个类别, $X_2$ 有 $c$ 个类别, 把被调查的容量为 $n$ 的样本按其所属类别进行分类, 列成一张 $r \times c$ 的二维表 (表 3-8), 称为二维列联表. 其中 $n_{ij}$ 表示样本中属性 $X_1$ 为 $A_i$ 且属性 $X_2$ 为 $B_j$ 类的观测值个数. 并且

$$n_{i\cdot} = \sum_{j=1}^{c} n_{ij}, \quad i=1,\cdots,r$$

$$n_{\cdot j} = \sum_{i=1}^{r} n_{ij}, \quad j=1,\cdots,c$$

$$n = \sum_{i=1}^{r} n_{i\cdot} = \sum_{j=1}^{c} n_{\cdot j}$$

对于 $i=1,\cdots,r$, $j=1,\cdots,c$, 总体 $X$ 的分布函数满足

$$p_{ij} = P(X \in A_i \cap B_j) = P(X_1 \in A_i, \ X_2 \in B_j)$$

$$p_{i\cdot} = P(X_1 \in A_i) = \sum_{j=1}^{c} p_{ij}$$

$$p_{\cdot j} = P(X_2 \in B_j) = \sum_{i=1}^{r} p_{ij}$$

可以验证

$$\sum_{i=1}^{r} p_{i\cdot} = \sum_{j=1}^{c} p_{\cdot j} = \sum_{i=1}^{r} \sum_{j=1}^{c} p_{ij} = 1$$

当属性 $X_1$ 和 $X_2$ 相互独立时, 有

$$p_{ij} = p_{i\cdot} p_{\cdot j}, \quad i = 1, \cdots, r, \ j = 1, \cdots, c$$

检验属性 $X_1$ 和 $X_2$ 独立性的检验统计量为

$$\chi^2 = \sum_{i=1}^{r} \sum_{j=1}^{c} \frac{(n_{ij} - (n_{i\cdot} n_{\cdot j})/n)^2}{(n_{i\cdot} n_{\cdot j})/n} \tag{3.5.5}$$

当属性 $X_1$ 和 $X_2$ 相互独立时,

$$\chi^2 \sim \chi^2((r-1)(c-1)) \tag{3.5.6}$$

对于显著性水平 $\alpha$, 当 $\chi^2 \leqslant \chi^2_{1-\alpha}((r-1)(c-1))$ 时, 接受原假设, 该列联表具有独立性, 即总体的两个属性是独立的. 当 $\chi^2 > \chi^2_{1-\alpha}((r-1)(c-1))$ 时, 拒绝原假设, 认为总体的两个属性不是独立的.

**表 3-8　$r \times c$ 的二维表**

| | | $X_2$ | | | | 合计 |
|---|---|---|---|---|---|---|
| | | $B_1$ | $B_2$ | $\cdots$ | $B_c$ | |
| | $A_1$ | $n_{11}$ | $n_{12}$ | $\cdots$ | $n_{1c}$ | $n_{1\cdot}$ |
| | $A_2$ | $n_{21}$ | $n_{22}$ | $\cdots$ | $n_{2c}$ | $n_{2\cdot}$ |
| $X_1$ | $\vdots$ | $\vdots$ | $\vdots$ | | $\vdots$ | $\vdots$ |
| | $A_r$ | $n_{r1}$ | $n_{r2}$ | $\cdots$ | $n_{rc}$ | $n_{r\cdot}$ |
| 合计 | | $n_{\cdot 1}$ | $n_{\cdot 2}$ | $\cdots$ | $n_{\cdot c}$ | $n$ |

**例 3.5.2**　对失业人员情况进行调查, 抽取某地区 1000 名失业人员, 样本数据如表 3-9 所示. 在显著性水平 $\alpha = 0.05$ 下, 检验失业人员中的文化程度与性别的独立性.

**表 3-9　样本数据**

| | | 文化程度 | | | 合计 |
|---|---|---|---|---|---|
| | | 大学及以上 | 高中 | 初中及以下 | |
| 性别 | 男 | 88 | 72 | 280 | 440 |
| | 女 | 120 | 120 | 320 | 560 |
| 合计 | | 208 | 192 | 600 | 1000 |

**解** 依据题意, 原假设和备择假设分别为

$H_0$: 失业人员中的文化程度与性别相互独立, $H_1$: 失业人员中的文化程度与性别不相互独立. 在本例中, $r = 2, c = 3, n = 1000$. 由式 (3.5.5), 计算检验统计量为

$$\chi^2 = \frac{[88 - (208 \times 440)/1000]^2}{(208 \times 440)/1000} + \frac{[72 - (192 \times 440)/1000]^2}{(192 \times 440)/1000}$$
$$+ \frac{[280 - (600 \times 440)/1000]^2}{(600 \times 440)/1000} + \frac{[120 - (208 \times 560)/1000]^2}{(208 \times 560)/1000}$$
$$+ \frac{[120 - (192 \times 560)/1000]^2}{(192 \times 560)/1000} + \frac{[320 - (600 \times 560)/1000]^2}{(600 \times 560)/1000} = 5.266$$

当 $\alpha = 0.05$, $\chi^2_{1-\alpha}((r-1)(c-1)) = \chi^2_{1-0.05}((2-1)(3-1)) = 5.992$. 因为 $\chi^2 = 5.266 < \chi^2_{0.95}(2) = 5.992$. 接受原假设, 认为失业人员中的文化程度与性别是相互独立的.

# 3.6 正态性检验

正态性检验用于判断总体分布是否正态分布的检验. 正态分布在实际中使用最频繁, 最为重要. 至今已经有几十种正态性检验方法, 其中 Wilk 和 Shapiro 提出的 $W$ 检验以及 D'Agostino 提出的 $D$ 检验是最常用的, 它们犯第二类错误的概率最小. 下面主要介绍这两种检验方法.

### 3.6.1 小样本的 $W$ 检验

假设从总体 $X$ 中抽取的样本为 $X_1, \cdots, X_n$, 次序统计量为 $X_{(1)} \leqslant X_{(2)} \leqslant \cdots \leqslant X_{(n)}$, 其中 $n$ 为样本容量. 所要检验的问题为

$$H_0: X \text{ 服从正态分布}, \quad H_1: X \text{ 不服从正态分布} \tag{3.6.1}$$

Wilk 和 Shapiro 提出的检验统计量为

$$W = \frac{\left[\sum\limits_{i=1}^{n}(a_i - \overline{a})(X_{(i)} - \overline{X})\right]^2}{\sum\limits_{i=1}^{n}(a_i - \overline{a})^2 \sum\limits_{i=1}^{n}(X_{(i)} - \overline{X})^2} \tag{3.6.2}$$

该检验统计量被称为 $W$ 统计量. 它的取值在 $[0, 1]$, 且可以看作数对 $(a_i, X_{(i)})$ 的相关系数的平方, 其中 $i = 1, \cdots, n$. 式 (3.6.2) 中的系数 $a_1, \cdots, a_n$ 已制成表格供查用. 对于系数 $a_1, \cdots, a_n$ 满足下面的性质:

$$a_i = -a_{n+1-i}, \quad i = 1, 2, \cdots, \left[\frac{n}{2}\right] \tag{3.6.3}$$

$$\sum_{i=1}^{n} a_i = 0, \quad \sum_{i=1}^{n} a_i^2 = 1 \tag{3.6.4}$$

可以验证, 在 $H_0$ 成立时, $W$ 的取值应接近于 1, 因而检验的拒绝域应当为

$$\{W: W \leqslant W_\alpha\} \tag{3.6.5}$$

给定显著性水平 $\alpha$, 在正态分布假定下, 使 $P(W \leqslant W_\alpha) = \alpha$ 成立的临界值可以通过查表得到.

**例 3.6.1** 抽查用某药物治疗的尘肺患者 10 人, 记录他们治疗前后血红蛋白的差值 (单位: g/L) 如下:

$$2.7 \quad -1.2 \quad -1.0 \quad 0 \quad 0.7 \quad 2.0 \quad 3.7 \quad -0.6 \quad 0.8 \quad -0.3$$

现要检验治疗前后血红蛋白之差是否服从正态分布 $(\alpha = 0.05)$.

**解** 所要检验的假设为

$$H_0: 检验治疗前后血红蛋白之差服从正态分布$$
$$H_1: 检验治疗前后血红蛋白之差不服从正态分布$$

对于 $n = 10, \alpha = 0.05$, 用式 (3.6.2) 中 $W$ 检验统计量进行检验的拒绝域为

$$\{W: W \leqslant 0.842\} \tag{3.6.6}$$

其中 $W_{0.05} = 0.842$. $W$ 检验统计量的计算过程见表 3-10. 由式 (3.6.6) 知 $W$ 的观测值为

$$\sum_{i=1}^{n}(X_{(i)} - \overline{X})^2 = \sum_{i=1}^{n} X_{(i)}^2 - n(\overline{X})^2 = 29 - 10 \times 0.68^2 = 24.376$$

$$W = \frac{(-4.7490)^2}{24.376} = 0.9252$$

由于检验统计量 $W$ 的观测值落到接受域中, 在显著性水平 $\alpha = 0.05$ 上, 我们接受正态性假设, 认为检验治疗前后血红蛋白之差服从正态分布.

**表 3-10 $W$ 检验统计量的计算过程**

| $i$ | $a_i$ | $x_{(i)}$ | $x_{(i)}^2$ | $x_{(i)} - \overline{x}$ | $(a_i - \overline{a})(x_{(i)} - \overline{x})$ |
|---|---|---|---|---|---|
| 1 | 0.5739 | $-1.2$ | 1.44 | $-1.88$ | $-1.0789$ |
| 2 | 0.3291 | $-1.0$ | 1.00 | $-1.68$ | $-0.5529$ |
| 3 | 0.2141 | $-0.6$ | 0.36 | $-1.28$ | $-0.2740$ |
| 4 | 0.1224 | $-0.3$ | 0.09 | $-0.98$ | $-0.1200$ |
| 5 | 0.0399 | 0.0 | 0.00 | $-0.68$ | $-0.0271$ |
| 6 | $-0.0399$ | 0.7 | 0.49 | 0.02 | $-0.0008$ |
| 7 | $-0.1224$ | 0.8 | 0.64 | 0.12 | $-0.0147$ |
| 8 | $-0.2141$ | 2.0 | 4.00 | 1.32 | $-0.2826$ |
| 9 | $-0.3291$ | 2.7 | 7.29 | 2.02 | $-0.6648$ |
| 10 | $-0.5739$ | 3.7 | 13.69 | 3.02 | $-1.7332$ |
| 求和 | $-$ | 6.8 | 29 | $-$ | $-4.7490$ |

### 3.6.2 大样本的 $D$ 检验

大样本指的是样本容量大于 $50$. 假设从总体 $X$ 中抽取的样本为 $X_1, \cdots, X_n$, 次序统计量为 $X_{(1)} \leqslant X_{(2)} \leqslant \cdots \leqslant X_{(n)}$, 其中 $n$ 为样本容量. 所要检验的问题为

$$H_0: X \text{ 服从正态分布}, \quad H_1: X \text{ 不服从正态分布} \tag{3.6.7}$$

D'Agostino 提出的检验统计量 $D$ 为

$$D = \frac{\sum\limits_{i=1}^{n} \left( i - \frac{n+1}{2} \right) X_{(i)}}{n^{3/2} \sqrt{\sum\limits_{i=1}^{n} (X_i - \overline{X})^2}} \tag{3.6.8}$$

可以验证, 在 $H_0$ 成立时,

$$E(D) \approx 0.2821 \tag{3.6.9}$$

$$\sqrt{\mathrm{Var}(D)} = \frac{0.0300}{\sqrt{n}} \tag{3.6.10}$$

进而

$$Y = \frac{\sqrt{n}(D - 0.2821)}{0.0300} \tag{3.6.11}$$

的渐近分布为 $N(0,1)$, 但其接近 $N(0,1)$ 的速度十分慢. D'Agostino 利用随机模拟的方法给出了更精确的分布表. 拒绝域应当为

$$\{y: y \leqslant Y_{\alpha/2} \text{ 或 } y \geqslant Y_{1-\alpha/2}\} \tag{3.6.12}$$

在给定的显著性水平 $\alpha = 0.05$, 在正态分布假定下, 使 $P(Y_{\alpha/2} \leqslant Y \leqslant Y_{1-\alpha/2}) = 1 - \alpha$ 成立的临界值可以通过查正态分布表得到.

**例 3.6.2** 某地区气象台测定的 $1901 \sim 2000$ 年的年降水量数据如下 (单位: mm):

| | | | | | | | | | |
|---|---|---|---|---|---|---|---|---|---|
| 104.10 | 99.63 | 98.80 | 100.96 | 97.35 | 97.62 | 100.63 | 97.78 | 103.52 | 98.48 |
| 98.30 | 97.30 | 100.13 | 100.90 | 98.00 | 95.34 | 98.87 | 99.89 | 99.50 | 103.02 |
| 100.68 | 101.22 | 101.11 | 99.40 | 100.58 | 99.94 | 99.82 | 97.76 | 100.62 | 99.17 |
| 98.72 | 99.59 | 99.60 | 99.98 | 97.66 | 103.73 | 98.15 | 101.16 | 97.02 | 99.28 |
| 98.57 | 96.93 | 100.17 | 100.92 | 99.29 | 99.97 | 99.41 | 98.94 | 104.29 | 98.28 |
| 97.80 | 100.35 | 101.15 | 99.01 | 100.17 | 98.16 | 98.75 | 100.35 | 99.87 | 101.59 |
| 99.49 | 99.40 | 98.44 | 96.21 | 103.45 | 100.97 | 99.74 | 102.74 | 96.73 | 101.30 |
| 102.81 | 99.58 | 97.18 | 99.15 | 101.51 | 102.50 | 101.11 | 99.55 | 101.10 | 99.81 |
| 99.94 | 98.27 | 98.30 | 97.55 | 98.66 | 99.39 | 101.32 | 96.85 | 100.50 | 103.16 |
| 97.92 | 101.14 | 99.90 | 100.00 | 98.12 | 101.59 | 99.58 | 98.46 | 95.77 | 101.77 |

试在显著性水平 $\alpha = 0.05$ 下检验该数据是否服从正态分布.

**解**　所要检验的假设为

$H_0$: 某地区 $1901 \sim 2000$ 年的年降水量服从正态分布

$H_1$: 某地区 $1901 \sim 2000$ 年的年降水量不服从正态分布

对于 $n = 100, \alpha = 0.05$, 查找 $D$ 检验法临界表, 有拒绝域为

$$\{d: d \leqslant D_{0.025} \text{ 或 } d \geqslant D_{0.975}\}$$

其中 $D_{0.025} = -2.54$, $D_{0.975} = 1.31$. 计算 $D$ 和 $Y$ 的观测值为

$$d = 0.2800973, \quad y = -0.6661533$$

由于检验统计量 $Y$ 的观测值落到接受域中, 在显著性水平 $\alpha = 0.05$ 下, 接受原假设, 认为某地区 $1901 \sim 2000$ 年的年降水量服从正态分布.

#  习题 3

3-1　设某次考试的考生成绩服从正态分布, 从中随机抽取 50 位考生, 得到的平均成绩为 76.9 分, 标准差为 15 分. 问在显著性水平为 0.05 下, 是否可以认为全体考生考试的平均成绩为 80 分.

3-2　长期统计资料表明, 某市轻工产品月产值的百分比 $X$ 服从正态分布, 方差为 $\sigma^2 = 1.69$. 现任意抽查 10 个月, 轻工产品月产值占总产值的百分比为

41.08%　40.99%　42.01%　42.11%　41.91%　41.39%　42.21%　41.81%　42.11%　40.97%

问在显著性水平 0.05 下, 是否可以认为过去该市轻工产品月产值占该市工业产品总产值百分比的平均数为 42%.

3-3　某厂生产铜丝, 主要质量指标为折断力大小 (单位: kg). 根据以往资料分析, 折断力 $X$ 服从正态分布 $N(100, 1.6^2)$. 今改变原材料生产一批铜丝, 并从中抽出 8 个样品, 测得折断力为

101　　106　　98　　102　　103　　98　　99　　103

根据材料性质的分析, 估计折断力的方差不会改变. 问这批铜丝的折断力是否比以往生产铜丝的折断力更大 $(\alpha = 0.05)$.

3-4　为了研究某减肥药的效果, 现对 10 人进行临床试验. 药物服用之前和药物服用一个疗程之后的体重记录如表 3-11 所示 (单位: kg).

表 3-11　药物服用之前和药物服用一个疗程之后的体重记录

| 人员 | 1 | 2 | 3 | 4 | 5 | 6 | 7 | 8 | 9 | 10 |
|---|---|---|---|---|---|---|---|---|---|---|
| 服药前 | 80 | 84 | 68 | 56 | 69 | 83 | 78 | 74 | 70 | 63 |
| 服药后 | 75 | 72 | 65 | 56 | 63 | 80 | 72 | 70 | 65 | 59 |
| 服药前后的差值 | 5 | 12 | 3 | 0 | 6 | 3 | 6 | 4 | 5 | 4 |

假设服药前后的体重差值服从正态分布, 试在显著性水平 $\alpha = 0.05$ 下, 判断减肥药是否有效.

3-5    市质监局接到投诉后, 对某金店进行质量调查. 现从其出售的含尽量为 18K 项链中抽取 10 件进行检测, 检测标准为: 含尽量的标准值为 18K 且标准差不得超过 0.3K, 检测结果如下 (单位: K):

$$17.4 \quad 16.6 \quad 17.9 \quad 18.2 \quad 17.3 \quad 18.5 \quad 17.2 \quad 18.1 \quad 18.1 \quad 17.9$$

假设项链的含金量服从正态分布, 试问检测结果是否能够认为金店出售的产品存在质量问题 $(\alpha = 0.01)$.

3-6    某电子元件的寿命 $X$ 服从正态分布 $N(\mu, \sigma^2)$, 其中 $\mu$ 和 $\sigma^2$ 未知. 现测得 10 个元件, 其寿命如下 (单位: h):

$$169 \quad 210 \quad 270 \quad 352 \quad 111 \quad 158 \quad 222 \quad 240 \quad 234 \quad 159$$

给定显著性水平 $\alpha = 0.05$.

(1) 问元件的寿命是否大于 225h;

(2) 问元件寿命的方差值是否等于 $100^2$.

3-7    某香烟厂生产两种香烟, 独立地随机抽取容量大小相同的烟叶标本, 测试尼古丁含量, 实验室分别作了 6 次测定, 数据记录如表 3-12 所示 (单位: mg).

表 3-12    两种香烟的数据

| 甲 | 24 | 27 | 22 | 25 | 28 | 21 |
|---|---|---|---|---|---|---|
| 乙 | 28 | 22 | 29 | 24 | 20 | 26 |

假设尼古丁含量服从正态分布且具有相同方差. 试问这两种香烟的尼古丁含量有无显著差异, 给定 $\alpha = 0.05$.

3-8    某苗圃采用两种育苗方案作育苗试验. 在两组育苗试验中, 已知苗高的标准差分别为 $\sigma_1 = 40$, $\sigma_2 = 36$. 各取 100 株苗作为样本, 求出苗高的平均数为 $\overline{X}_1 = 2.37$, $\overline{X}_2 = 1.99$. 试以显著性水平 0.05 来检验两种试验方案对苗高的影响.

3-9    用车床生产一批零件. 按照生产规格要求, 每个零件长度 15mm, 标准差 $\sigma$ 不能超过 0.45mm. 假设零件的长度服从正态分布. 从这批零件中随机抽取 10 个零件, 测得其长度为 (单位: mm)

$$15.20 \quad 15.30 \quad 14.66 \quad 14.94 \quad 15.14 \quad 14.98 \quad 14.76 \quad 14.82 \quad 14.50 \quad 15.48$$

试问用标准差来衡量, 这批零件是否合格, 给定 $\alpha = 0.05$.

3-10    甲乙两种矿石中含铁量分别服从正态分布 $N(\mu_1, \sigma_1^2)$ 与 $N(\mu_2, \sigma_2^2)$. 现分别从两种矿石中各取若干样品测其含铁量, 其样本量、样本均值和样本方差分别为

$$甲矿石: n = 10, \overline{x} = 16.1, s_x^2 = 10.80$$
$$乙矿石: m = 5, \overline{y} = 18.9, s_y^2 = 0.27$$

试在显著性水平 $\alpha = 0.05$ 下, 检验假设: 甲矿石含铁量不低于乙矿石的含铁量.

3-11　甲乙两台机床分别加工某种轴, 轴直径分别服从正态分布 $N(\mu_1, \sigma_1^2)$ 与 $N(\mu_2, \sigma_2^2)$, 为了比较两台机床的加工精度有无显著差异. 从各自加工的轴中分别抽取若干根轴测其直径, 结果如表 3-13 所示 (单位: mm).

**表 3-13　抽取的轴直径值**

| $X$(机床甲) | 10.5 | 9.8 | 9.7 | 10.4 | 10.1 | 10.0 | 9.0 | 9.9 |
| --- | --- | --- | --- | --- | --- | --- | --- | --- |
| $Y$(机床乙) | 10.7 | 9.8 | 9.5 | 10.8 | 10.4 | 9.6 | 10.2 | |

假定显著性水平 $\alpha = 0.05$.

3-12　测试两批电子器件样品的电阻如表 3-14 所示 (单位: $\Omega$).

**表 3-14　两批电子器件的样品的电阻值**

| 甲批 ($x_i$) | 1.14 | 1.13 | 1.14 | 1.14 | 1.14 | 1.13 |
| --- | --- | --- | --- | --- | --- | --- |
| 乙批 ($y_i$) | 1.13 | 1.14 | 1.12 | 1.13 | 1.13 | 1.14 |

假设这批器件的电阻值分别服从正态分布 $N(\mu_1, \sigma_1^2)$ 和 $N(\mu_2, \sigma_2^2)$, 且两个样本相互独立. 在显著性水平为 $\alpha = 0.05$ 下, 检验假设 $H_0: \sigma_1^2 = \sigma_2^2$, $H_1: \sigma_1^2 \neq \sigma_2^2$. 如果接受原假设 $H_0$, 则继续检验假设 $H_0': \mu_1 = \mu_2$, $H_1': \mu_1 \neq \mu_2$.

3-13　独立地用两种工艺对 9 批材料进行生产, 得到产品的某性能指标如表 3-15 所示.

**表 3-15　产品的某性能指标**

| 工艺甲 | 1.417 | 2.022 | 1.313 | 1.750 | 1.924 | 1.853 | 1.399 | 1.523 | 1.467 |
| --- | --- | --- | --- | --- | --- | --- | --- | --- | --- |
| 工艺乙 | 1.411 | 2.010 | 1.436 | 1.631 | 1.864 | 1.875 | 1.361 | 1.523 | 1.581 |

能否判断这两种工艺对产品性能指标有无显著影响 ($\alpha = 0.05$).

3-14　为了检验两种不同谷物种子的优劣, 选取 9 块面积相同的试验田, 种植这两种种子. 各块试验田的土质是相同的. 产量如表 3-16 所示 (单位: kg):

**表 3-16　两种种子的产量**

| 种子 A | 195 | 145 | 139 | 221 | |
| --- | --- | --- | --- | --- | --- |
| 种子 B | 331 | 231 | 149 | 326 | 228 |

试检验这两种种子种植的谷物产量是否存在显著差异 ($\alpha = 0.10$).

3-15　根据某市公路交通部门年前 6 个月交通事故记录, 星期一到星期日发生交通事故的次数如表 3-17 所示.

**表 3-17　星期一到星期日发生交通事故的次数**

| 星期 | 星期一 | 星期二 | 星期三 | 星期四 | 星期五 | 星期六 | 星期日 |
| --- | --- | --- | --- | --- | --- | --- | --- |
| 次数 | 73 | 49 | 65 | 71 | 80 | 100 | 50 |

问交通事故的发生是否与星期几无关 ($\alpha = 0.05$).

3-16　某次考试包含 6 道选择题. 参加考试共计 200 人, 统计试卷给出正确选择题答案的个数分布如表 3-18 所示.

表 3-18    选择题成绩与人数

| 成绩 | 0 | 1 | 2 | 3 | 4 | 5 | 6 |
|------|-----|-----|-----|-----|-----|-----|-----|
| 人数 | 28 | 54 | 52 | 40 | 20 | 3 | 3 |

检验试卷给出正确选择题答案的个数是否服从泊松分布 $(\alpha = 0.05)$.

3-17    为了研究慢性支气管炎与吸烟量的关系, 调查了 1150 人, 统计数据如表 3-19 所示 (单位: 支/日).

表 3-19    慢性支气管炎与吸烟量数据

|  | < 10 | 10 ~ 20 | > 20 | 总和 |
|------|------|---------|------|------|
| 患病人数 | 226 | 247 | 153 | 626 |
| 健康人数 | 200 | 223 | 101 | 524 |
| 总和 | 426 | 470 | 254 | 1150 |

试问慢性支气管炎与吸烟量是否有关? 给定显著性水平 $\alpha = 0.05$.

# 第4章

# 区间估计

区间估计就是是估计总体参数的可能取值并用区间来表示, 同时给出这个区间包含参数真值的概率. 区间估计属于参数估计的方法之一. 前面介绍了参数估计的另一种方法——点估计. 相比较而言, 区间估计对总体参数的可能取值范围及其估计的可信度描述更全面. 本章的主要内容包括区间估计的基本概念、构造区间估计的一些常用方法等.

## 4.1 基本概念

总体参数可能是一个数值, 也可能是多个数值所构成的向量. 不论是数值还是向量, 为了描述其可能的取值范围, 可以选择两个量分别代表这个范围的下限和上限. 为了简单直观, 下面假设总体参数是一个数值.

直观地说, 区间估计方法是希望找到两个统计量分别代表总体参数可能取值区间的下限和上限. 不失一般性, 假设总体的未知参数为 $\theta$, 统计量 $\hat{\theta}_1$ 和 $\hat{\theta}_2$ 满足 $\hat{\theta}_1 \leqslant \hat{\theta}_2$. 区间估计方法要求对预先给定的 $\alpha$, 使得 $\hat{\theta}_1$ 和 $\hat{\theta}_2$ 满足

$$P(\hat{\theta}_1 \leqslant \theta \leqslant \hat{\theta}_2) \geqslant 1 - \alpha \tag{4.1.1}$$

则 $[\hat{\theta}_1, \hat{\theta}_2]$ 称为置信度为 $1 - \alpha$ 的双侧置信区间. 统计量 $\hat{\theta}_1$ 和 $\hat{\theta}_2$ 分别代表参数 $\theta$ 双侧置信区间的置信下限和置信上限, 其中 $1 - \alpha$ 称为置信度 (也称为置信水平或置信系数). 一般情况下, 选择的 $\alpha$ 比较小, 也就是 $1 - \alpha$ 比较大. 但是实际问题是不同的, 置信度选择也不一样. 常用的置信度为 0.99, 0.975 和 0.95. 由于区间估计的上限 $\hat{\theta}_2$ 和下限 $\hat{\theta}_1$ 是两个统计量, 也是随机变量, 因此区间 $[\hat{\theta}_1, \hat{\theta}_2]$ 是一个随机区间. 一旦把样本 $X_1, \cdots, X_n$ 代入统计量中, 就得到参数 $\theta$ 的区间估计 $[\hat{\theta}_1(X_1, \cdots, X_n), \hat{\theta}_2(X_1, \cdots, X_n)]$.

对于给定的总体参数 $\theta$, 首先希望式 (4.1.1) 中的概率 $P(\hat{\theta}_1 \leqslant \theta \leqslant \hat{\theta}_2)$ 尽可能大. 为使区间 $[\hat{\theta}_1, \hat{\theta}_2]$ 包含参数 $\theta$ 真值的概率增大, 相应的置信区间 $[\hat{\theta}_1, \hat{\theta}_2]$ 长度就变大. 然而, 更

大长度的置信区间 $[\widehat{\theta}_1, \widehat{\theta}_2]$ 使区间估计的精度更低, 区间长度 $|\widehat{\theta}_2 - \widehat{\theta}_1|$ 被称为区间估计的精度.

区间估计的置信度过低, 会直接降低区间估计的可靠性, 最终影响估计结果的实用性. 反之, 过分强调可靠性, 提高置信度, 会降低区间估计的精度, 也同样会影响估计结果的实用性. 例如, 估计一个成年人的体重, 在区间 $[60, 70]$(kg) 内, 希望这个区间估计尽量可靠, 该成年人的体重有很大把握在这个区间内, 并且要求区间长度不能太长. 如果一个成年人体重在 $[40, 170]$(kg) 内, 这个估计可靠度很大, 但精度太差, 也就没有太多的实用价值.

因此, 区间估计应当同时考虑区间的置信度和精度. 不过, 这两个要求是相互矛盾的, 提高区间估计的置信度和精度是有一定限度的. 目前, 一个被广泛接受的原则是: 先保证区间估计的置信度, 在这个前提下使区间的精度尽量高. 现在很多方法都是按照这一原则寻找优良的区间估计.

在有些区间估计的问题中, 不是寻找双侧置信区间, 而是更关心单侧置信区间. 例如, 对于设备和元件的寿命问题, 关心未知参数 "至少有多大"; 而考虑药品的毒性、轮胎的磨损和产品的不合格品率等问题, 更关心未知参数 "不超过多大". 不失一般性, 假设总体的未知参数为 $\theta$. 对于预先给定的 $\alpha$, 如果统计量 $\widehat{\theta}_1$ 代表参数 $\theta$ 单侧置信区间的置信下限, 则

$$P(\theta \geqslant \widehat{\theta}_1) \geqslant 1 - \alpha \qquad (4.1.2)$$

对于预先给定的 $\alpha$, 如果统计量 $\widehat{\theta}_2$ 代表参数 $\theta$ 单侧置信区间的置信上限, 则

$$P(\theta \leqslant \widehat{\theta}_2) \geqslant 1 - \alpha \qquad (4.1.3)$$

式 (4.1.2) 和式 (4.1.3) 中的 $1 - \alpha$ 称为区间估计的置信度.

# 4.2 区间估计的方法

为了能够构造满足给定置信度的置信区间, 先引入一个工具——枢轴量, 借助枢轴量来构造置信区间.

### 4.2.1 枢轴量

假设 $X_1, \cdots, X_n$ 为来自正态总体 $N(\mu, \sigma^2)$ 的样本, 求未知参数 $\mu$ 的区间估计. 先假设 $\sigma^2$ 是已知的.

需要先找到未知参数 $\mu$ 的优良点估计. 根据前面的理论, 可选择样本均值 $\overline{X}$ 作为未知参数 $\mu$ 的估计量. 由正态总体的性质可知

$$\frac{\sqrt{n}(\overline{X} - \mu)}{\sigma} \sim N(0, 1) \qquad (4.2.1)$$

记 $\varPhi$ 为标准正态分布 $N(0,1)$ 的分布函数, 其均值为 0, 方差为 1. 如果

$$\varPhi(u_\alpha) = \alpha \tag{4.2.2}$$

称 $u_\alpha$ 为标准正态分布的下概率 $\alpha$ 分位数. 其意义表示服从标准正态分布的随机变量不大于 $u_\alpha$ 的概率为 $\alpha$. 选择 $\alpha_1$ 和 $\alpha_2$, 满足 $0 \leqslant \alpha_1, \alpha_2 \leqslant \alpha$ 且 $\alpha_1 + \alpha_2 = \alpha$. 于是

$$P\left(u_{\alpha_1} \leqslant \frac{\sqrt{n}(\overline{X} - \mu)}{\sigma} \leqslant u_{1-\alpha_2}\right)$$
$$= \varPhi(u_{1-\alpha_2}) - \varPhi(u_{\alpha_1}) = 1 - \alpha_2 - \alpha_1 = 1 - \alpha \tag{4.2.3}$$

经过不等式变换之后, 可以得到

$$P\left(\overline{X} - \frac{\sigma u_{1-\alpha_2}}{\sqrt{n}} \leqslant \mu \leqslant \overline{X} - \frac{\sigma u_{\alpha_1}}{\sqrt{n}}\right) = 1 - \alpha \tag{4.2.4}$$

由双侧置信区间的定义可知, 对于满足要求的任意 $\alpha_1$ 和 $\alpha_2$,

$$\left[\overline{X} - \frac{\sigma u_{1-\alpha_2}}{\sqrt{n}}, \overline{X} - \frac{\sigma u_{\alpha_1}}{\sqrt{n}}\right] \tag{4.2.5}$$

为参数 $\theta$ 的置信度 $1 - \alpha$ 的双侧置信区间. 为了得到一个优良的区间估计, 还需要讨论双侧置信区间的精度. 根据式 (4.2.5), 可以计算该置信区间的长度为

$$\left(\overline{X} - \frac{\sigma u_{\alpha_1}}{\sqrt{n}}\right) - \left(\overline{X} - \frac{\sigma u_{1-\alpha_2}}{\sqrt{n}}\right) = \frac{\sigma(u_{1-\alpha_2} - u_{\alpha_1})}{\sqrt{n}}$$

上式显示区间长度由标准差 $\sigma$、样本量 $n$、分位数 $u_{\alpha_1}$ 和 $u_{1-\alpha_2}$ 决定. 其中标准差 $\sigma$ 是已知的. 随着样本量 $n$ 的增加, 区间长度会减小, 区间估计的精度会增高. 在实际问题中, 样本量 $n$ 是预先确定的. 因此, 影响区间长度的主要是分位数 $u_{\alpha_1}$ 和 $u_{1-\alpha_2}$ 的选择或者 $\alpha_1$ 和 $\alpha_2$ 的选择. 注意到 $\varPhi(-u_\alpha) = \varPhi(u_{1-\alpha})$, 有

$$\frac{\sigma(u_{1-\alpha_2} - u_{\alpha_1})}{\sqrt{n}} = \frac{-\sigma(u_{\alpha_1} + u_{\alpha_2})}{\sqrt{n}}$$

由于 $\alpha_1 + \alpha_2 = \alpha$, 故存在常数 $\delta \geqslant 0$, 使得 $\delta = \alpha/2 - \alpha_1 = \alpha_2 - \alpha/2$. 当 $\delta = 0$ 时, 区间长度 $\sigma(u_{\alpha_1} + u_{\alpha_2})/\sqrt{n}$ 达到最小, 也就是说, 区间 $[\overline{X} - \sigma u_{1-\alpha/2}/\sqrt{n}, \overline{X} - \sigma u_{\alpha/2}/\sqrt{n}]$ 是参数 $\theta$ 的置信度为 $1 - \alpha$ 的优良区间估计.

一般地, 如果找到的未知参数统计量的分布函数是对称的, 例如, 在上例中当 $\sigma^2$ 未知时得到的 $t$-分布, 与式 (4.2.1) 的正态分布相类似, 其区间估计的分位数也可按照同样方法确定. 如果未知参数统计量函数的分布函数不是对称的, 按照上面的过程也可以找到优良的区间估计, 然而分位数的确定比较麻烦. 为了简单, 直接选择相应分布函数的 $\alpha/2$ 分位数和 $1 - \alpha/2$ 分位数.

把上述的过程推广为构造区间估计的一般方法.

(1) 对于总体的未知参数 $g(\theta)$, 找到一个性质优良的估计量 $T$, 一般选择性质优良的点估计. 在本例中, $g(\theta) = \mu$ 的统计量是 $T = \overline{X}$.

(2) 找出统计量 $T$ 和 $g(\theta)$ 的某一函数 $S(T,g(\theta))$, 其分布函数 $F$ 要与未知参数 $\theta$ 无关, 并且函数 $S(T,g(\theta))$ 中除了 $g(\theta)$ 之外不再包含其他未知参数. 这样的函数 $S(T,g(\theta))$ 称为枢轴量. 在本例中, $S(T,g(\theta)) = \sqrt{n}(\overline{X}-\mu)/\sigma$ 服从标准正态分布.

(3) 选取分布函数 $F$ 的下概率 $\alpha/2$ 分位数 $w_{\alpha/2}$ 和下概率 $1-\alpha/2$ 分位数 $w_{1-\alpha/2}$, 即 $F(w_{\alpha/2}) = \alpha/2$ 和 $F(w_{1-\alpha/2}) = 1-\alpha/2$. 于是, $P(w_{\alpha/2} \leqslant S(T,g(\theta)) \leqslant w_{1-\alpha/2}) = 1-\alpha$. 把不等式 $w_{\alpha/2} \leqslant S(T,g(\theta)) \leqslant w_{1-\alpha/2}$ 变换为 $A(w_{1-\alpha/2}, w_{\alpha/2}, T) \leqslant g(\theta) \leqslant B(w_{1-\alpha/2}, w_{\alpha/2}, T)$ 形式, 则 $[A(w_{1-\alpha/2}, w_{\alpha/2}, T), B(w_{1-\alpha/2}, w_{\alpha/2}, T)]$ 就是参数 $g(\theta)$ 的置信度 $1-\alpha$ 的区间估计.

(4) 如果考虑的是单侧区间估计的问题, 则选取分布函数 $F$ 的下概率 $\alpha$ 分位数 $w_\alpha$ 或下概率 $1-\alpha$ 分位数 $w_{1-\alpha}$, 即 $F(w_\alpha) = \alpha$ 和 $F(w_{1-\alpha}) = 1-\alpha$. 于是, 由 $P(S(T,g(\theta)) \leqslant w_{1-\alpha}) = 1-\alpha$ 或 $P(S(T,g(\theta)) \geqslant w_\alpha) = 1-\alpha$, 变换为不等式 $g(\theta) \geqslant A(w_{1-\alpha}, w_\alpha, T)$ 或 $g(\theta) \leqslant B(w_{1-\alpha}, w_\alpha, T)$. 则 $A(w_{1-\alpha}, w_\alpha, T)$ 称为参数 $g(\theta)$ 的置信度为 $1-\alpha$ 的单侧置信区间的置信下限. $B(w_{1-\alpha}, w_\alpha, T)$ 称为参数 $g(\theta)$ 的置信度为 $1-\alpha$ 的单侧置信区间的置信上限.

该方法可以用于很多实际问题的区间估计. 在下文中, 区间估计都是利用该方法构造的.

### 4.2.2 总体均值的置信区间

正态分布函数 $N(\mu,\sigma^2)$ 是由总体均值 $\mu$ 和方差 $\sigma^2$ 确定的. 不同方差 $\sigma^2$ 对应不同的分布函数, 也会影响均值 $\mu$ 的区间估计. 下面针对总体方差 $\sigma^2$ 是否已知分别讨论总体均值 $\mu$ 的区间估计. 假设正态总体 $N(\mu,\sigma^2)$ 的样本为 $X_1, \cdots, X_n$.

1. 总体方差 $\sigma^2$ 已知时总体均值 $\mu$ 的置信区间

当 $\sigma^2$ 已知时, 按照 4.2.1 节的构造过程, 选择 $S(T,g(\theta)) = \sqrt{n}(\overline{X}-\mu)/\sigma$ 作为枢轴量. 对于给定的置信度 $1-\alpha$, 选择下概率分位数 $u_{\alpha/2}$ 和 $u_{1-\alpha/2}$, 满足 $\Phi(u_{\alpha/2}) = \alpha/2$ 和 $\Phi(u_{1-\alpha/2}) = 1-\alpha/2$. 于是, 得到式 (4.2.5) 的双侧置信区间.

如果考虑的是单侧区间估计的问题, 当 $\sigma^2$ 已知并给定置信度 $1-\alpha$ 时, 选择下概率分位数 $u_{1-\alpha}$, 满足 $\Phi(u_{1-\alpha}) = 1-\alpha$. 于是, $P(\mu \geqslant \overline{X} - \sigma u_{1-\alpha}/\sqrt{n}) = 1-\alpha$. 即当 $\sigma^2$ 已知时总体均值 $\mu$ 的单侧置信区间的下限为 $\overline{X} - \sigma u_{1-\alpha}/\sqrt{n}$. 另外, 选择下概率分位数 $u_\alpha$, 满足 $\Phi(u_\alpha) = \alpha$. 于是, $P(\mu \leqslant \overline{X} - \sigma u_\alpha/\sqrt{n}) = 1-\alpha$. 当 $\sigma^2$ 已知时总体均值 $\mu$ 的单侧置信区间的上限为 $\overline{X} - \sigma u_\alpha/\sqrt{n}$.

**例 4.2.1** 如果一个矩形的宽度与长度之比为 $(\sqrt{5}-1)/2 = 0.618$, 则称此矩形为黄金矩形, 这种比例称为黄金比例. 这类尺寸的矩形能给人以美好的感觉. 基于此, 现代的建筑构建 (如窗架)、工艺品 (如图片镜框)、商业信用卡等其外形都是采用黄金矩形. 某工艺品厂想知道自己加工的矩形工艺品的尺寸与黄金矩形接近的程度, 于是随机从成品车间取出 24 个工艺品, 测得它们的长度和宽度并计算出黄金比例, 数值见表 4-1. 已知该厂生产的矩形工艺品的黄金比例服从正态分布, 总体标准差等于 0.05, 试建立该种工艺品黄金比例值的双侧置信区间, 给定置信度为 0.95.

表 4-1　某工艺品厂工艺品尺寸的黄金比例

| 序号 | 1 | 2 | 3 | 4 | 5 | 6 | 7 | 8 |
|---|---|---|---|---|---|---|---|---|
| 黄金比例 | 0.6270 | 0.6286 | 0.6248 | 0.6290 | 0.6252 | 0.6319 | 0.6283 | 0.6303 |
| 序号 | 9 | 10 | 11 | 12 | 13 | 14 | 15 | 16 |
| 黄金比例 | 0.6264 | 0.6216 | 0.6268 | 0.6278 | 0.6324 | 0.6322 | 0.6300 | 0.6298 |
| 序号 | 17 | 18 | 19 | 20 | 21 | 22 | 23 | 24 |
| 黄金比例 | 0.6385 | 0.6337 | 0.6309 | 0.6353 | 0.6291 | 0.6296 | 0.6281 | 0.6362 |

**解**　依据题意, 可知黄金比例的区间估计为

$$\left[\overline{X} - \frac{\sigma u_{1-\alpha/2}}{\sqrt{n}},\ \overline{X} - \frac{\sigma u_{\alpha/2}}{\sqrt{n}}\right]$$

其中标准差 $\sigma = 0.05$, $n = 24$, $\alpha = 0.05$. 查询标准正态分布表可得, $u_{0.025} = -1.96$ 和 $u_{0.975} = 1.96$. 样本均值为 $\overline{x} = 0.6297$. 于是, $\overline{x} - \sigma u_{1-\alpha/2}/\sqrt{n} = 0.6297 - 0.05 \times 1.96/\sqrt{24} = 0.6097$ 和 $\overline{x} - \sigma u_{\alpha/2}/\sqrt{n} = 0.6297 - 0.05 \times (-1.96)/\sqrt{24} = 0.6497$. 该工艺品黄金比例值的置信度为 0.95 的双侧置信区间为 $[0.6097, 0.6497]$. 即在置信度 0.95 下, 该工艺品黄金比例值在 0.6097 和 0.6497 之间.

2. 总体方差 $\sigma^2$ 未知时总体均值 $\mu$ 的置信区间

设总体服从正态分布 $N(\mu, \sigma^2)$, 但总体方差 $\sigma^2$ 未知. 在这样的条件下, 总体均值 $\mu$ 的估计量依然为 $\overline{X}$. 于是, $\overline{X} \sim N(\mu, \sigma^2/n)$ 且 $\sqrt{n}(\overline{X} - \mu)/\sigma \sim N(0,1)$. 由于 $\sqrt{n}(\overline{X} - \mu)/\sigma$ 包含未知参数 $\sigma$, 故不能作为枢轴量, 需要使用样本标准差 $S = \sqrt{\sum_{i=1}^{n}(X_i - \overline{X})^2 / (n-1)}$ 代替 $\sigma$. 由于

$$\frac{\sqrt{n}(\overline{X} - \mu)}{S} \sim t(n-1) \tag{4.2.6}$$

其中 $t(n-1)$ 代表 $n-1$ 个自由度的 $t$-分布, 式 $\sqrt{n}(\overline{X} - \mu)/S$ 中只包含一个未知参数 $\mu$, 故可以作为枢轴量. 令 $t = \sqrt{n}(\overline{X} - \mu)/S$, 对于给定的置信度 $1 - \alpha$, 选择 $t$-分布的分位数 $t_{\alpha/2}(n-1)$ 和 $t_{1-\alpha/2}(n-1)$, 满足 $P(t \leqslant t_{\alpha/2}(n-1)) = \alpha/2$ 和 $P(t \leqslant t_{1-\alpha/2}(n-1)) = 1 - \alpha/2$. 于是

$$P\left(t_{\alpha/2}(n-1) \leqslant \frac{\sqrt{n}(\overline{X} - \mu)}{S} \leqslant t_{1-\alpha/2}(n-1)\right) = 1 - \alpha \tag{4.2.7}$$

即

$$P\left(\overline{X} - \frac{t_{1-\alpha/2}(n-1)}{\sqrt{n}}S \leqslant \mu \leqslant \overline{X} - \frac{t_{\alpha/2}(n-1)}{\sqrt{n}}S\right) = 1 - \alpha$$

进而, 总体均值 $\mu$ 的置信度为 $1 - \alpha$ 的双侧置信区间为

$$\left[\overline{X} - \frac{t_{1-\alpha/2}(n-1)}{\sqrt{n}}S,\ \overline{X} - \frac{t_{\alpha/2}(n-1)}{\sqrt{n}}S\right] \tag{4.2.8}$$

如果考虑总体均值 $\mu$ 的单侧区间估计问题. 对于给定的置信度 $1-\alpha$, 选择 $t$-分布的分位数 $t_\alpha(n-1)$ 和 $t_{1-\alpha}(n-1)$, 满足 $P(t \leqslant t_\alpha(n-1)) = \alpha$. 于是

$$P\left(\frac{\sqrt{n}(\overline{X} - \mu)}{S} \geqslant t_\alpha(n-1)\right) = 1 - \alpha$$

$$P\left(\frac{\sqrt{n}(\overline{X} - \mu)}{S} \leqslant t_{1-\alpha}(n-1)\right) = 1 - \alpha$$

经过运算之后, 可以得到

$$P\left(\mu \leqslant \overline{X} - \frac{t_\alpha(n-1)}{\sqrt{n}}S\right) = 1 - \alpha$$

$$P\left(\mu \geqslant \overline{X} - \frac{t_{1-\alpha}(n-1)}{\sqrt{n}}S\right) = 1 - \alpha$$

因此, $\overline{X} - t_\alpha(n-1)S/\sqrt{n}$ 为总体均值 $\mu$ 的置信度为 $1-\alpha$ 的单侧置信区间的上限. $\overline{X} - t_{1-\alpha}(n-1)S/\sqrt{n}$ 为总体均值 $\mu$ 的置信度为 $1-\alpha$ 的单侧置信区间的下限.

**例 4.2.2**　在例 4.2.1 中, 假定总体方差未知, 试构造该种工艺品黄金比例值的双侧置信区间, 给定置信度 0.95.

**解**　在例 4.2.1 中, 样本量 $n = 24$, 样本均值 $\overline{x} = 0.6297$, 样本标准差 $s = 0.0038$. 对于 $\alpha = 0.05$, 有 $t_{0.025}(23) = -2.068$ 和 $t_{0.975}(23) = 2.068$. 总体的方差是未知的, 则

$$\overline{x} - \frac{t_{\alpha/2}(n-1)}{\sqrt{n}}s = 0.6297 - \frac{-2.068}{\sqrt{24}} \times 0.0038 = 0.631$$

$$\overline{x} - \frac{t_{1-\alpha/2}(n-1)}{\sqrt{n}}s = 0.6297 - \frac{2.068}{\sqrt{24}} \times 0.0038 = 0.628$$

因此, 当总体方差未知时, 该工艺品黄金比例值的置信度为 0.95 的双侧置信区间为 [0.628, 0.631]. 即在置信度 0.95 下, 该工艺品黄金比例值在 0.628 和 0.631 之间. 在这个例子中, 黄金比例 0.618 不在区间 [0.628, 0.631] 之内, 而且该区间的最小值比 0.618 还大 0.010, 可以认为该工艺品黄金比例值大于 0.618. 这个结论似乎与例 4.2.1 的结论不同, 主要原因是两个问题的已知条件是不同的, 即总体方差是否已知, 这对结论具有重要影响. 例 4.2.1 的总体标准差为 0.05, 例 4.2.2 的样本标准差为 0.0038, 这两个数值差距很大, 是影响这两个例子结论的主要原因.

**例 4.2.3**　为了研究某大学学生每天参加体育锻炼的情况, 从该校学生中随机抽取 100 人, 调查到他们每天参加体育锻炼的平均时间为 20 分钟. 假设学生体育锻炼的时间服从正态分布, 总体方差未知. 样本标准差为 34 分钟, 试在置信度 0.95 下求该校学生每天参加体育锻炼时间的区间估计.

**解**　由题意知, 样本量 $n = 100$, 样本均值 $\overline{x} = 20$, 样本标准差 $s = 34$. 对于 $\alpha = 0.05$, 查询 $t$-分布表可得, $t_{0.025}(99) = -2.014$ 和 $t_{0.975}(99) = 2.014$. 根据式 (4.2.8), 有

$$\overline{x} - \frac{t_{\alpha/2}(n-1)}{\sqrt{n}}s = 20 - \frac{-2.014}{\sqrt{100}} \times 34 = 26.85$$

$$\overline{x} - \frac{t_{1-\alpha/2}(n-1)}{\sqrt{n}}s = 20 - \frac{2.014}{\sqrt{100}} \times 34 = 13.15$$

在置信度 0.95 下, 该校学生每天参加体育锻炼时间的双侧置信区间为 [13.15, 26.85]. 即学生每天参加体育锻炼的时间在 13.15 分钟到 26.85 分钟之间.

### 4.2.3 两个总体均值差的置信区间

在实际问题中常常会遇到需要同时处理两个正态总体的情况, 要求构造两个总体均值差的区间估计. 例如, 化工产品生产的新工艺与原工艺得率的比较, 对工厂提高生产效率具有重要意义.

不失一般性, 假设 $X_1, \cdots, X_{n_1}$ 是取自正态总体 $N(\mu_1, \sigma_1^2)$ 的样本, $Y_1, \cdots, Y_{n_2}$ 是取自正态总体 $N(\mu_2, \sigma_2^2)$ 的样本, 且设两个样本相互独立. 从两个总体中独立抽取的样本, 一个样本的元素与另一个样本的任何元素都相互独立, 称这样的两个样本是相互独立的. 根据两个总体方差 $\sigma_1^2$ 和 $\sigma_2^2$ 是否已知, 下面分两种情况来讨论.

1. 总体方差 $\sigma_1^2$ 和 $\sigma_2^2$ 已知时两个总体均值差 $\mu_1 - \mu_2$ 的置信区间

当 $\sigma_1^2$ 和 $\sigma_2^2$ 已知时, 选择样本均值 $\overline{X}$ 和 $\overline{Y}$ 分别作为总体均值 $\mu_1$ 和 $\mu_2$ 的估计量, 样本均值差 $\overline{X} - \overline{Y}$ 作为总体均值差 $\mu_1 - \mu_2$ 的估计量, 并且

$$\frac{(\overline{X} - \overline{Y}) - (\mu_1 - \mu_2)}{\sqrt{\sigma_1^2/n_1 + \sigma_2^2/n_2}} \sim N(0, 1) \tag{4.2.9}$$

根据枢轴量的定义, 式 (4.2.9) 只包含未知参数 $\mu_1 - \mu_2$, 且其分布为标准正态分布, 故 $[(\overline{X} - \overline{Y}) - (\mu_1 - \mu_2)]/\sqrt{\sigma_1^2/n_1 + \sigma_2^2/n_2}$ 可以作为枢轴量. 对于给定的置信度 $1 - \alpha$, 选择分位数 $u_{\alpha/2}$ 和 $u_{1-\alpha/2}$, 满足 $\Phi(u_{\alpha/2}) = \alpha/2$ 和 $\Phi(u_{1-\alpha/2}) = 1 - \alpha/2$. 于是

$$P\left(u_{\alpha/2} \leqslant \frac{(\overline{X} - \overline{Y}) - (\mu_1 - \mu_2)}{\sqrt{\sigma_1^2/n_1 + \sigma_2^2/n_2}} \leqslant u_{1-\alpha/2}\right) = 1 - \alpha \tag{4.2.10}$$

即

$$P\left((\overline{X} - \overline{Y}) - u_{1-\alpha/2}\sqrt{\frac{\sigma_1^2}{n_1} + \frac{\sigma_2^2}{n_2}} \leqslant \mu_1 - \mu_2 \leqslant (\overline{X} - \overline{Y}) - u_{\alpha/2}\sqrt{\frac{\sigma_1^2}{n_1} + \frac{\sigma_2^2}{n_2}}\right) = 1 - \alpha$$

进而, 两个总体均值差 $\mu_1 - \mu_2$ 的双侧置信区间为

$$\left[(\overline{X} - \overline{Y}) - u_{1-\alpha/2}\sqrt{\frac{\sigma_1^2}{n_1} + \frac{\sigma_2^2}{n_2}}, \quad (\overline{X} - \overline{Y}) - u_{\alpha/2}\sqrt{\frac{\sigma_1^2}{n_1} + \frac{\sigma_2^2}{n_2}}\right] \tag{4.2.11}$$

对于两个总体均值差 $\mu_1 - \mu_2$ 单侧置信区间估计的问题, 给定置信度 $1 - \alpha$, 选择分位数 $u_\alpha$ 和 $u_{1-\alpha}$, 满足 $\Phi(u_\alpha) = \alpha$ 和 $\Phi(u_{1-\alpha}) = 1 - \alpha$, 于是

$$P\left(\frac{(\overline{X} - \overline{Y}) - (\mu_1 - \mu_2)}{\sqrt{\sigma_1^2/n_1 + \sigma_2^2/n_2}} \geqslant u_\alpha\right) = 1 - \alpha$$

$$P\left(\frac{(\overline{X} - \overline{Y}) - (\mu_1 - \mu_2)}{\sqrt{\sigma_1^2/n_1 + \sigma_2^2/n_2}} \leqslant u_{1-\alpha}\right) = 1 - \alpha$$

即

$$P\left(\mu_1 - \mu_2 \leqslant (\overline{X} - \overline{Y}) - u_\alpha \sqrt{\frac{\sigma_1^2}{n_1} + \frac{\sigma_2^2}{n_2}}\right) = 1 - \alpha$$

$$P\left(\mu_1 - \mu_2 \geqslant (\overline{X} - \overline{Y}) - u_{1-\alpha} \sqrt{\frac{\sigma_1^2}{n_1} + \frac{\sigma_2^2}{n_2}}\right) = 1 - \alpha$$

进而, 两个总体均值差 $\mu_1 - \mu_2$ 的置信度为 $1 - \alpha$ 的单侧置信区间的上限为 $(\overline{X} - \overline{Y}) - u_\alpha \sqrt{\sigma_1^2/n_1 + \sigma_2^2/n_2}$. 同时, $(\overline{X} - \overline{Y}) - u_{1-\alpha} \sqrt{\sigma_1^2/n_1 + \sigma_2^2/n_2}$ 为两个总体均值差 $\mu_1 - \mu_2$ 的置信度 $1 - \alpha$ 的单侧置信区间的下限.

2. 总体方差 $\sigma_1^2 = \sigma_2^2 = \sigma^2$ 未知时两个总体均值差 $\mu_1 - \mu_2$ 的置信区间

当 $\sigma_1^2 = \sigma_2^2 = \sigma^2$ 未知时, 选择样本均值 $\overline{X}$ 和 $\overline{Y}$ 分别作为总体均值 $\mu_1$ 和 $\mu_2$ 的估计量, 样本均值差 $\overline{X} - \overline{Y}$ 作为总体均值差 $\mu_1 - \mu_2$ 的估计量. 两个样本的联合方差

$$S_w^2 = \frac{\sum\limits_{i=1}^{n_1} (X_i - \overline{X})^2 + \sum\limits_{j=1}^{n_2} (Y_j - \overline{Y})^2}{n_1 + n_2 - 2} \tag{4.2.12}$$

作为方差 $\sigma^2$ 的估计量. 于是

$$\frac{(\overline{X} - \overline{Y}) - (\mu_1 - \mu_2)}{S_w \sqrt{1/n_1 + 1/n_2}} \sim t(n_1 + n_2 - 2) \tag{4.2.13}$$

选择 $[(\overline{X} - \overline{Y}) - (\mu_1 - \mu_2)]/[S_w \sqrt{1/n_1 + 1/n_2}]$ 作为枢轴量, 因为其只包含未知参数 $\mu_1 - \mu_2$, 且其分布函数是已知的. 令 $t = [(\overline{X} - \overline{Y}) - (\mu_1 - \mu_2)]/[S_w \sqrt{1/n_1 + 1/n_2}]$, 对于给定的置信度 $1 - \alpha$, 选择分位数 $t_{\alpha/2}(n_1 + n_2 - 2)$ 和 $t_{1-\alpha/2}(n_1 + n_2 - 2)$, 满足 $P(t \leqslant t_{\alpha/2}(n_1 + n_2 - 2)) = \alpha/2$ 和 $P(t \leqslant t_{1-\alpha/2}(n_1 + n_2 - 2)) = 1 - \alpha/2$. 于是

$$P\left(t_{\alpha/2}(n_1 + n_2 - 2) \leqslant \frac{(\overline{X} - \overline{Y}) - (\mu_1 - \mu_2)}{S_w \sqrt{1/n_1 + 1/n_2}} \leqslant t_{1-\alpha/2}(n_1 + n_2 - 2)\right) = 1 - \alpha \tag{4.2.14}$$

经过计算, 可以得到两个总体均值差 $\mu_1 - \mu_2$ 的双侧置信区间为

$$\left[(\overline{X} - \overline{Y}) - t_{1-\alpha/2}(n_1 + n_2 - 2)S_w \sqrt{\frac{1}{n_1} + \frac{1}{n_2}}, (\overline{X} - \overline{Y}) - t_{\alpha/2}(n_1 + n_2 - 2)S_w \sqrt{\frac{1}{n_1} + \frac{1}{n_2}}\right] \tag{4.2.15}$$

考虑总体方差 $\sigma_1^2 = \sigma_2^2 = \sigma^2$ 未知时两个总体均值差 $\mu_1 - \mu_2$ 的单侧置信区间估计问题. 假设预先给定置信度 $1 - \alpha$, 选择分位数 $t_\alpha(n_1 + n_2 - 2)$ 和 $t_{1-\alpha}(n_1 + n_2 - 2)$, 分别满足 $P(t \leqslant t_\alpha(n_1 + n_2 - 2)) = \alpha$ 和 $P(t \leqslant t_{1-\alpha}(n_1 + n_2 - 2)) = 1 - \alpha$. 于是

$$P\left(t_\alpha(n_1 + n_2 - 2) \leqslant \frac{(\overline{X} - \overline{Y}) - (\mu_1 - \mu_2)}{S_w \sqrt{1/n_1 + 1/n_2}}\right) = 1 - \alpha$$

经过计算, 可以得到两个总体均值差 $\mu_1 - \mu_2$ 的置信度为 $1 - \alpha$ 的单侧置信区间的上限为 $(\overline{X} - \overline{Y}) - t_\alpha(n_1 + n_2 - 2)S_w\sqrt{1/n_1 + 1/n_2}$. 另外, 根据下面的式子

$$P\left(\frac{(\overline{X} - \overline{Y}) - (\mu_1 - \mu_2)}{S_w\sqrt{1/n_1 + 1/n_2}} \leqslant t_{1-\alpha}(n_1 + n_2 - 2)\right) = 1 - \alpha$$

经过计算, 可以得到两个总体均值差 $\mu_1 - \mu_2$ 的置信度为 $1 - \alpha$ 的单侧置信区间的下限为 $(\overline{X} - \overline{Y}) - t_{1-\alpha}(n_1 + n_2 - 2)S_w\sqrt{1/n_1 + 1/n_2}$.

**例 4.2.4** 为提高某一化工产品生产过程的得率, 试图采用一种新的催化剂. 为了慎重起见, 在实验工厂先进行试验. 设采用原来的催化剂进行了 $n_1 = 8$ 次试验, 得率的样本均值 $\overline{x} = 91.73$, 样本方差 $s_1^2 = 3.89$. 又采用新催化剂进行了 $n_2 = 8$ 次试验, 得率的样本均值 $\overline{y} = 93.75$, 样本方差 $s_2^2 = 4.02$. 假设两总体都可认为服从正态分布, 且方差相等, 试求两总体均值差 $\mu_1 - \mu_2$ 的置信度 0.95 的双侧置信区间, 其中 $\mu_1$ 和 $\mu_2$ 分别代表两个正态总体的均值.

**解** 根据样本数据计算得到两样本均值差为 $\overline{x} - \overline{y} = 91.73 - 93.75 = -2.02$, 为了计算联合样本方差, 代入样本数据得

$$\begin{aligned}
s_w^2 &= \frac{(n_1 - 1)s_1^2 + (n_2 - 1)s_2^2}{n_1 + n_2 - 2} \\
&= \frac{(8 - 1) \times 3.89 + (8 - 1) \times 4.02}{8 + 8 - 2} = 3.955
\end{aligned}$$

对于置信度 $1 - \alpha = 0.95$, $t_{0.05/2}(8 + 8 - 2) = -2.145$ 和 $t_{1-0.05/2}(8 + 8 - 2) = 2.145$. 得到置信区间的下限和上限分别为

$$(\overline{x} - \overline{y}) - t_{1-\alpha/2}(n_1 + n_2 - 2)s_w\sqrt{\frac{1}{n_1} + \frac{1}{n_2}}$$
$$= -2.02 - 2.145 \times \sqrt{3.955}\sqrt{\frac{1}{8} + \frac{1}{8}} = -4.153$$
$$(\overline{x} - \overline{y}) - t_{\alpha/2}(n_1 + n_2 - 2)s_w\sqrt{\frac{1}{n_1} + \frac{1}{n_2}}$$
$$= -2.02 + 2.145 \times \sqrt{3.955}\sqrt{\frac{1}{8} + \frac{1}{8}} = 0.113$$

在置信度 0.95 下, 两个总体均值差 $\mu_1 - \mu_2$ 的双侧置信区间为 $[-4.153, 0.113]$.

### 4.2.4 总体方差的置信区间

在有些实际问题中, 需要对总体方差进行区间估计. 假设 $X_1, \cdots, X_n$ 是取自正态总体 $N(\mu, \sigma^2)$ 的样本. 根据总体均值 $\mu$ 是否已知, 下面分两种情况来分别讨论.

1. 总体均值 $\mu$ 已知时总体方差 $\sigma^2$ 的置信区间

当 $\mu$ 已知时, 总体方差 $\sigma^2$ 的估计量为 $\frac{1}{n}\sum_{i=1}^{n}(X_i - \mu)^2$, 并且

$$\frac{\sum\limits_{i=1}^{n}(X_i - \mu)^2}{\sigma^2} \sim \chi^2(n) \tag{4.2.16}$$

其中 $\chi^2(n)$ 代表自由度为 $n$ 的 $\chi^2$-分布. 于是, 选择 $\chi^2 = \sum\limits_{i=1}^{n}(X_i-\mu)^2/\sigma^2$ 作为枢轴量. 对于给定的置信度 $1-\alpha$, 选择分位数 $\chi^2_{\alpha/2}(n)$ 和 $\chi^2_{1-\alpha/2}(n)$, 分别满足 $P(\chi^2 \leqslant \chi^2_{\alpha/2}(n)) = \alpha/2$ 和 $P(\chi^2 \leqslant \chi^2_{1-\alpha/2}(n)) = 1-\alpha/2$. 于是

$$P\left(\chi^2_{\alpha/2}(n) \leqslant \frac{\sum\limits_{i=1}^{n}(X_i-\mu)^2}{\sigma^2} \leqslant \chi^2_{1-\alpha/2}(n)\right)$$

$$= P\left(\frac{\sum\limits_{i=1}^{n}(X_i-\mu)^2}{\chi^2_{1-\alpha/2}(n)} \leqslant \sigma^2 \leqslant \frac{\sum\limits_{i=1}^{n}(X_i-\mu)^2}{\chi^2_{\alpha/2}(n)}\right) = 1-\alpha$$

进而, 当总体均值 $\mu$ 已知时, 总体方差 $\sigma^2$ 的置信度为 $1-\alpha$ 的双侧置信区间为

$$\left[\frac{\sum\limits_{i=1}^{n}(X_i-\mu)^2}{\chi^2_{1-\alpha/2}(n)}, \quad \frac{\sum\limits_{i=1}^{n}(X_i-\mu)^2}{\chi^2_{\alpha/2}(n)}\right] \tag{4.2.17}$$

考虑总体均值 $\mu$ 已知时总体方差 $\sigma^2$ 的单侧置信区间. 事先给定的置信度 $1-\alpha$, 选择分位数 $\chi^2_{\alpha}(n)$ 和 $\chi^2_{1-\alpha}(n)$, 分别满足 $P(\chi^2 \leqslant \chi^2_{\alpha}(n)) = \alpha$ 和 $P(\chi^2 \leqslant \chi^2_{1-\alpha}(n)) = 1-\alpha$. 于是

$$P\left(\frac{\sum\limits_{i=1}^{n}(X_i-\mu)^2}{\sigma^2} \geqslant \chi^2_{\alpha}(n)\right) = P\left(\sigma^2 \leqslant \frac{\sum\limits_{i=1}^{n}(X_i-\mu)^2}{\chi^2_{\alpha}(n)}\right) = 1-\alpha$$

进而, 总体均值 $\mu$ 已知时总体方差 $\sigma^2$ 的置信度为 $1-\alpha$ 的单侧置信区间的上限为 $\sum\limits_{i=1}^{n}(X_i-\mu)^2/\chi^2_{\alpha}(n)$. 另外, 根据

$$P\left(\frac{\sum\limits_{i=1}^{n}(X_i-\mu)^2}{\sigma^2} \leqslant \chi^2_{1-\alpha}(n)\right) = P\left(\sigma^2 \geqslant \frac{\sum\limits_{i=1}^{n}(X_i-\mu)^2}{\chi^2_{1-\alpha}(n)}\right) = 1-\alpha$$

总体方差 $\sigma^2$ 的置信度 $1-\alpha$ 的单侧置信区间的下限为 $\sum\limits_{i=1}^{n}(X_i-\mu)^2/\chi^2_{1-\alpha}(n)$.

2. 总体均值 $\mu$ 未知时总体方差 $\sigma^2$ 的置信区间

当总体均值 $\mu$ 未知时, 总体方差 $\sigma^2$ 的估计量为 $\dfrac{1}{n-1}\sum\limits_{i=1}^{n}(X_i-\overline{X})^2$, 并且

$$\frac{\sum\limits_{i=1}^{n}(X_i-\overline{X})^2}{\sigma^2} \sim \chi^2(n-1) \tag{4.2.18}$$

于是, 选择 $\chi^2 = \sum\limits_{i=1}^{n}(X_i - \overline{X})^2/\sigma^2$ 作为枢轴量. 对于给定的置信度 $1-\alpha$, 选择分位数 $\chi^2_{\alpha/2}(n-1)$ 和 $\chi^2_{1-\alpha/2}(n-1)$, 分别满足 $P(\chi^2 \leqslant \chi^2_{\alpha/2}(n-1)) = \alpha/2$ 和 $P(\chi^2 \leqslant \chi^2_{1-\alpha/2}(n-1)) = 1-\alpha/2$. 进而

$$P\left(\chi^2_{\alpha/2}(n-1) \leqslant \frac{\sum\limits_{i=1}^{n}(X_i - \overline{X})^2}{\sigma^2} \leqslant \chi^2_{1-\alpha/2}(n-1)\right)$$

$$= P\left(\frac{\sum\limits_{i=1}^{n}(X_i - \overline{X})^2}{\chi^2_{1-\alpha/2}(n-1)} \leqslant \sigma^2 \leqslant \frac{\sum\limits_{i=1}^{n}(X_i - \overline{X})^2}{\chi^2_{\alpha/2}(n-1)}\right) = 1-\alpha$$

因此, 当总体均值 $\mu$ 未知时, 总体方差 $\sigma^2$ 的置信度为 $1-\alpha$ 的双侧置信区间为

$$\left[\frac{\sum\limits_{i=1}^{n}(X_i - \overline{X})^2}{\chi^2_{1-\alpha/2}(n-1)}, \quad \frac{\sum\limits_{i=1}^{n}(X_i - \overline{X})^2}{\chi^2_{\alpha/2}(n-1)}\right] \tag{4.2.19}$$

对于总体均值 $\mu$ 未知时总体方差 $\sigma^2$ 的单侧置信区间. 事前给定的置信度 $1-\alpha$, 选择分位数 $\chi^2_{\alpha}(n-1)$ 和 $\chi^2_{1-\alpha}(n-1)$, 分别满足 $P(\chi^2 \leqslant \chi^2_{\alpha}(n-1)) = \alpha$ 和 $P(\chi^2 \leqslant \chi^2_{1-\alpha}(n-1)) = 1-\alpha$. 即

$$P\left(\frac{\sum\limits_{i=1}^{n}(X_i - \overline{X})^2}{\sigma^2} \geqslant \chi^2_{\alpha}(n-1)\right) = P\left(\sigma^2 \leqslant \frac{\sum\limits_{i=1}^{n}(X_i - \overline{X})^2}{\chi^2_{\alpha}(n-1)}\right) = 1-\alpha$$

从而得出当总体均值 $\mu$ 未知时, 总体方差 $\sigma^2$ 的置信度为 $1-\alpha$ 的单侧置信区间的上限为 $\sum\limits_{i=1}^{n}(X_i - \overline{X})^2/\chi^2_{\alpha}(n-1)$. 另外, 根据

$$P\left(\frac{\sum\limits_{i=1}^{n}(X_i - \overline{X})^2}{\sigma^2} \leqslant \chi^2_{1-\alpha}(n-1)\right) = P\left(\sigma^2 \geqslant \frac{\sum\limits_{i=1}^{n}(X_i - \overline{X})^2}{\chi^2_{1-\alpha}(n-1)}\right) = 1-\alpha$$

可以得到, 总体方差 $\sigma^2$ 的置信度为 $1-\alpha$ 的单侧置信区间的下限为

$$\frac{\sum\limits_{i=1}^{n}(X_i - \overline{X})^2}{\chi^2_{1-\alpha}(n-1)}$$

**例 4.2.5** 某行业职工的月收入服从正态分布 $N(\mu, \sigma^2)$, 先随机抽取 100 名职工进行调查, 得到他们的月收入 ( 单位: 元 ) 的平均值为 $\overline{x} = 4686.50$, 样本方差为 $s^2 = 18523$, 试求 $\sigma^2$ 的置信度为 0.90 的置信区间.

**解**　根据已知条件, 样本量 $n=100$, 置信度 $1-\alpha=0.90$, 样本方差 $s^2=18523$, 查 $\chi^2$-分布表, $\chi^2_{\alpha/2}(n-1)=\chi^2_{0.05}(99)=77.05$, $\chi^2_{1-\alpha/2}(n-1)=\chi^2_{0.95}(99)=123.23$. 由于总体均值 $\mu$ 是未知的, 根据式 (4.2.19), 得到总体方差 $\sigma^2$ 置信度为 0.90 的置信区间的下限和上限分别为

$$\frac{\sum\limits_{i=1}^{n}(x_i-\overline{x})^2}{\chi^2_{1-\alpha/2}(n-1)}=\frac{(n-1)s^2}{\chi^2_{1-\alpha/2}(n-1)}=\frac{(100-1)\times18523}{123.23}\approx14880.93$$

$$\frac{\sum\limits_{i=1}^{n}(x_i-\overline{x})^2}{\chi^2_{\alpha/2}(n-1)}=\frac{(n-1)s^2}{\chi^2_{\alpha/2}(n-1)}=\frac{(100-1)\times18523}{77.05}\approx23799.83$$

因此, 总体方差 $\sigma^2$ 置信度为 0.90 的置信区间分别为 $[14880.93, 23800]$. 或者说, 该行业职工月平均收入的方差在 14880.93 到 23799.83 之间.

### 4.2.5　两个总体方差比的置信区间

假设 $X_1,\cdots,X_{n_1}$ 是取自正态总体 $N(\mu_1,\sigma_1^2)$ 的样本, $Y_1,\cdots,Y_{n_2}$ 是取自正态总体 $N(\mu_2,\sigma_2^2)$ 的样本, 且两个样本是相互独立的. 根据两个总体方差 $\mu_1$ 和 $\mu_2$ 是否已知, 下面分两种情况来分别讨论.

1. 总体均值 $\mu_1$ 和 $\mu_2$ 已知时两个总体方差比 $\sigma_1^2/\sigma_2^2$ 的置信区间

当总体均值 $\mu_1$ 和 $\mu_2$ 已知时, 总体方差 $\sigma_1^2$ 的估计量为 $\frac{1}{n_1}\sum\limits_{i=1}^{n_1}(X_i-\mu_1)^2$, 并且

$$\frac{\sum\limits_{i=1}^{n_1}(X_i-\mu_1)^2}{\sigma_1^2}\sim\chi^2(n_1) \tag{4.2.20}$$

总体方差 $\sigma_2^2$ 的估计量为 $\frac{1}{n_2}\sum\limits_{j=1}^{n_2}(Y_j-\mu_2)^2$, 并且

$$\frac{\sum\limits_{j=1}^{n_2}(Y_j-\mu_2)^2}{\sigma_2^2}\sim\chi^2(n_2) \tag{4.2.21}$$

于是

$$\frac{\sum\limits_{i=1}^{n_1}(X_i-\mu_1)^2\big/(n_1\sigma_1^2)}{\sum\limits_{j=1}^{n_2}(Y_j-\mu_2)^2\big/(n_2\sigma_2^2)}\sim F(n_1,n_2) \tag{4.2.22}$$

选择

$$F=\frac{\sum\limits_{i=1}^{n_1}(X_i-\mu_1)^2\big/(n_1\sigma_1^2)}{\sum\limits_{j=1}^{n_2}(Y_j-\mu_2)^2\big/(n_2\sigma_2^2)}$$

作为枢轴量. 对于事先给定的置信度 $1-\alpha$, 选择分位数 $F_{\alpha/2}(n_1, n_2)$ 和 $F_{1-\alpha/2}(n_1, n_2)$, 分别满足 $P(F \leqslant F_{\alpha/2}(n_1, n_2)) = \alpha/2$ 和 $P(F \leqslant F_{1-\alpha/2}(n_1, n_2)) = 1 - \alpha/2$. 即

$$P\left(F_{\alpha/2}(n_1, n_2) \leqslant \frac{\sum\limits_{i=1}^{n_1}(X_i - \mu_1)^2}{\sum\limits_{j=1}^{n_2}(Y_j - \mu_2)^2} \frac{n_2\sigma_2^2}{n_1\sigma_1^2} \leqslant F_{1-\alpha/2}(n_1, n_2)\right)$$

$$= P\left(\frac{n_2\sum\limits_{i=1}^{n_1}(X_i - \mu_1)^2}{n_1 F_{1-\alpha/2}(n_1, n_2)\sum\limits_{j=1}^{n_2}(Y_j - \mu_2)^2} \leqslant \frac{\sigma_1^2}{\sigma_2^2} \leqslant \frac{n_2\sum\limits_{i=1}^{n_1}(X_i - \mu_1)^2}{n_1 F_{\alpha/2}(n_1, n_2)\sum\limits_{j=1}^{n_2}(Y_j - \mu_2)^2}\right) = 1 - \alpha$$

进而, 总体均值 $\mu_1$ 和 $\mu_2$ 已知时, 两个总体方差比 $\sigma_1^2/\sigma_2^2$ 的置信度为 $1-\alpha$ 的双侧置信区间为

$$\left[\frac{n_2\sum\limits_{i=1}^{n_1}(X_i - \mu_1)^2}{n_1 F_{1-\alpha/2}(n_1, n_2)\sum\limits_{j=1}^{n_2}(Y_j - \mu_2)^2}, \quad \frac{n_2\sum\limits_{i=1}^{n_1}(X_i - \mu_1)^2}{n_1 F_{\alpha/2}(n_1, n_2)\sum\limits_{j=1}^{n_2}(Y_j - \mu_2)^2}\right] \tag{4.2.23}$$

对于总体均值 $\mu_1$ 和 $\mu_2$ 已知时两个总体方差比 $\sigma_1^2/\sigma_2^2$ 的单侧置信区间, 事先给定置信度 $1-\alpha$, 选择分位数 $F_{\alpha}(n_1, n_2)$ 和 $F_{1-\alpha}(n_1, n_2)$, 分别满足 $P(F \leqslant F_{\alpha}(n_1, n_2)) = \alpha$ 和 $P(F \leqslant F_{1-\alpha}(n_1, n_2)) = 1 - \alpha$. 于是

$$P\left(\frac{\sum\limits_{i=1}^{n_1}(X_i - \mu_1)^2}{\sum\limits_{j=1}^{n_2}(Y_j - \mu_2)^2} \frac{n_2\sigma_2^2}{n_1\sigma_1^2} \geqslant F_{\alpha}(n_1, n_2)\right)$$

$$= P\left(\frac{\sigma_1^2}{\sigma_2^2} \leqslant \frac{n_2\sum\limits_{i=1}^{n_1}(X_i - \mu_1)^2}{n_1 F_{\alpha}(n_1, n_2)\sum\limits_{j=1}^{n_2}(Y_j - \mu_2)^2}\right) = 1 - \alpha$$

进而, 总体均值 $\mu_1$ 和 $\mu_2$ 已知时两个总体方差比 $\sigma_1^2/\sigma_2^2$ 的置信度为 $1-\alpha$ 的单侧置信区间的上限为 $n_2\sum\limits_{i=1}^{n_1}(X_i - \mu_1)^2 \Big/ \left[n_1 F_{\alpha}(n_1, n_2)\sum\limits_{j=1}^{n_2}(Y_j - \mu_2)^2\right]$. 根据

$$P\left(\frac{\sum\limits_{i=1}^{n_1}(X_i - \mu_1)^2}{\sum\limits_{j=1}^{n_2}(Y_j - \mu_2)^2} \frac{n_2\sigma_2^2}{n_1\sigma_1^2} \leqslant F_{1-\alpha}(n_1, n_2)\right)$$

$$= P\left(\frac{\sigma_1^2}{\sigma_2^2} \geqslant \frac{n_2\sum\limits_{i=1}^{n_1}(X_i - \mu_1)^2}{n_1 F_{1-\alpha}(n_1, n_2)\sum\limits_{j=1}^{n_2}(Y_j - \mu_2)^2}\right) = 1 - \alpha$$

可以直接得到, 两个总体方差比 $\sigma_1^2/\sigma_2^2$ 的置信度为 $1-\alpha$ 的单侧置信区间的下限为 $n_2\sum\limits_{i=1}^{n_1}(X_i - \mu_1)^2 \Big/ \left[n_1 F_{1-\alpha}(n_1, n_2)\sum\limits_{j=1}^{n_2}(Y_j - \mu_2)^2\right]$.

2. 总体均值 $\mu_1$ 和 $\mu_2$ 未知时两个总体方差比 $\sigma_1^2/\sigma_2^2$ 的置信区间

当总体均值 $\mu_1$ 和 $\mu_2$ 未知时, 总体方差 $\sigma_1^2$ 的估计量为 $\sum\limits_{i=1}^{n_1}(X_i-\overline{X})^2\big/(n_1-1)$, 并且

$$\frac{\sum\limits_{i=1}^{n_1}(X_i-\overline{X})^2}{\sigma_1^2} \sim \chi^2(n_1-1) \tag{4.2.24}$$

总体方差 $\sigma_2^2$ 的估计量为 $\sum\limits_{j=1}^{n_2}(Y_j-\overline{Y})^2\big/(n_2-1)$, 并且

$$\frac{\sum\limits_{j=1}^{n_2}(Y_j-\overline{Y})^2}{\sigma_2^2} \sim \chi^2(n_2-1) \tag{4.2.25}$$

于是

$$\frac{\sum\limits_{i=1}^{n_1}(X_i-\overline{X})^2\big/(n_1-1)\sigma_1^2}{\sum\limits_{j=1}^{n_2}(Y_j-\overline{Y})^2\big/(n_2-1)\sigma_2^2} \sim F(n_1-1,n_2-1) \tag{4.2.26}$$

选择

$$F = \frac{\sum\limits_{i=1}^{n_1}(X_i-\overline{X})^2/(n_1-1)\sigma_1^2}{\sum\limits_{j=1}^{n_2}(Y_j-\overline{Y})^2/(n_2-1)\sigma_2^2}$$

作为枢轴量. 假设 $S_1^2 = \sum\limits_{i=1}^{n_1}(X_i-\overline{X})^2\big/(n_1-1)$ 和 $S_2^2 = \sum\limits_{j=1}^{n_2}(Y_j-\overline{Y})^2\big/(n_2-1)$. 对于给定的置信度 $1-\alpha$, 选择分位数 $F_{\alpha/2}(n_1-1,n_2-1)$ 和 $F_{1-\alpha/2}(n_1-1,n_2-1)$, 分别满足 $P(F \leqslant F_{\alpha/2}(n_1-1,n_2-1)) = \alpha/2$ 和 $P(F \leqslant F_{1-\alpha/2}(n_1-1,n_2-1)) = 1-\alpha/2$. 即

$$P\left(F_{\alpha/2}(n_1-1,n_2-1) \leqslant \frac{S_1^2}{S_2^2} \cdot \frac{\sigma_2^2}{\sigma_1^2} \leqslant F_{1-\alpha/2}(n_1-1,n_2-1)\right)$$

$$=P\left(\frac{S_1^2}{S_2^2 F_{1-\alpha/2}(n_1-1,n_2-1)} \leqslant \frac{\sigma_1^2}{\sigma_2^2} \leqslant \frac{S_1^2}{S_2^2 F_{\alpha/2}(n_1-1,n_2-1)}\right) = 1-\alpha$$

进而, 总体均值 $\mu_1$ 和 $\mu_2$ 未知时, 两个总体方差比 $\sigma_1^2/\sigma_2^2$ 的置信度为 $1-\alpha$ 的双侧置信区间为

$$\left[\frac{S_1^2}{S_2^2 F_{1-\alpha/2}(n_1-1,n_2-1)}, \quad \frac{S_1^2}{S_2^2 F_{\alpha/2}(n_1-1,n_2-1)}\right] \tag{4.2.27}$$

考虑总体均值 $\mu_1$ 和 $\mu_2$ 未知时, 两个总体方差比 $\sigma_1^2/\sigma_2^2$ 的单侧置信区间. 对于预先给定的置信度 $1-\alpha$, 选择分位数 $F_\alpha(n_1-1,n_2-1)$ 和 $F_{1-\alpha}(n_1-1,n_2-1)$, 分别满足 $P(F \leqslant F_\alpha(n_1-1,n_2-1)) = \alpha$ 和 $P(F \leqslant F_{1-\alpha}(n_1-1,n_2-1)) = 1-\alpha$. 即

$$P\left(\frac{S_1^2}{S_2^2} \cdot \frac{\sigma_2^2}{\sigma_1^2} \geqslant F_\alpha(n_1-1,n_2-1)\right) = P\left(\frac{\sigma_1^2}{\sigma_2^2} \leqslant \frac{S_1^2}{S_2^2 F_\alpha(n_1-1,n_2-1)}\right) = 1-\alpha$$

总体均值 $\mu_1$ 和 $\mu_2$ 未知时, 两个总体方差比 $\sigma_1^2/\sigma_2^2$ 的置信度为 $1-\alpha$ 的单侧置信区间的上限为 $S_1^2/[S_2^2 F_\alpha(n_1-1, n_2-1)]$. 另外

$$P\left(\frac{S_1^2}{S_2^2} \cdot \frac{\sigma_2^2}{\sigma_1^2} \leqslant F_{1-\alpha}(n_1-1, n_2-1)\right) = P\left(\frac{\sigma_1^2}{\sigma_2^2} \geqslant \frac{S_1^2}{S_2^2 F_{1-\alpha}(n_1-1, n_2-1)}\right) = 1-\alpha$$

上面的等式显示, 总体均值 $\mu_1$ 和 $\mu_2$ 未知时两个总体方差比 $\sigma_1^2/\sigma_2^2$ 的置信度为 $1-\alpha$ 的单侧置信区间的下限为 $S_1^2/[S_2^2 F_{1-\alpha}(n_1-1, n_2-1)]$.

**例 4.2.6** 某厂用两条流水线包装食用盐. 现从两条流水线上随机抽取样本, 容量分别为 $n_1=16$ 和 $n_2=21$, 称重后算得 (单位 : g): $\bar{x}=500.86$, $s_1^2=0.00125$ 和 $\bar{y}=500.49$, $s_2^2=0.01$. 假设两条流水线上所包装食用盐的重量都服从正态分布, 其均值和方差都未知, 求两总体方差之比的置信度为 0.90 的置信区间.

**解** 依据题意, 样本量分别为 $n_1=16$ 和 $n_2=21$, 样本方差分别为 $s_1^2=0.00125$ 和 $s_2^2=0.01$. 置信度 $1-\alpha=0.90$, 查 $F$-分布表, $F_{1-\alpha/2}(n_1-1, n_2-1) = F_{0.95}(15, 20) = 2.20$, $F_{\alpha/2}(n_1-1, n_2-1) = F_{0.10/2}(16-1, 21-1) = 1/F_{0.95}(20, 15) = 1/2.33 = 0.429$. 由于两个总体均值都是未知的, 利用式 (4.2.27) 计算置信区间的上下限, 分别为

$$\frac{s_1^2}{s_2^2 F_{\alpha/2}(n_1-1, n_2-1)} = \frac{0.00125}{0.01 \times 0.429} = 0.2914$$

$$\frac{s_1^2}{s_2^2 F_{1-\alpha/2}(n_1-1, n_2-1)} = \frac{0.00125}{0.01 \times 2.20} = 0.0568$$

故两总体方差之比 $\sigma_1^2/\sigma_2^2$ 的置信度 0.90 的置信区间为 $[0.0568, 0.2914]$.

### 4.2.6 比例 $p$ 的置信区间

在实际应用中, 经常遇到分析比例 $p$ 的问题. 例如, 某产品的不合格率、某电视节目的收视率、某项政策的支持率等. 在这些问题中, 通常把比例 $p$ 看成两点分布或二项分布的参数. 以电视节目收视率为例, 用 $X$ 表示某人是否收看该电视节目.

$$X = \begin{cases} 0, & \text{表示某人没收看该电视节目} \\ 1, & \text{表示某人收看了该电视节目} \end{cases}$$

从而, 当该电视节目收视率为 $p$ 时, $X$ 服从两点分布 $B(1, p)$,

$$P(X=1) = p, \quad P(X=0) = 1-p$$

并且 $E(X) = p$, $\text{Var}(X) = p(1-p)$.

对于总体参数 $p$ 未知, 可以从两点分布总体中进行抽样. 假设 $X_1, \cdots, X_n$ 是容量为 $n$ 的样本. 样本均值 $\overline{X} = \sum_{i=1}^{n} X_i / n$ 是未知参数 $p$ 的优良估计量. 为了构造枢轴量, 当样本容量 $n$ 较小时, 需要研究 $\sum_{i=1}^{n} X_i$ 的精确分布, 这是很复杂的. 在很多实际问题中, 样本容量 $n$ 比较大 (一般大于 50). 在这样的条件下, 可以借助中心极限定理, 得到样本均值

$\overline{X}$ 渐近服从正态分布. 由于 $E(\overline{X}) = p$, $\mathrm{Var}(\overline{X}) = p(1-p)/n$, 故

$$\frac{\overline{X} - p}{\sqrt{p(1-p)/n}} \overset{\text{近似}}{\sim} N(0,1) \tag{4.2.28}$$

将 $(\overline{X} - p)/\sqrt{p(1-p)/n}$ 作为枢轴量. 对于事先给定的置信度 $1 - \alpha$, 选择分位数 $u_{\alpha/2}$ 和 $u_{1-\alpha/2}$, 分别满足 $\Phi(u_{\alpha/2}) = \alpha/2$ 和 $\Phi(u_{1-\alpha/2}) = 1 - \alpha/2$. 注意 $u_{\alpha/2} = -u_{1-\alpha/2}$. 于是

$$P\left(u_{\alpha/2} \leqslant \frac{\overline{X} - p}{\sqrt{p(1-p)/n}} \leqslant u_{1-\alpha/2}\right) = P\left(\left|\frac{\overline{X} - p}{\sqrt{p(1-p)/n}}\right| \leqslant u_{1-\alpha/2}\right) \geqslant 1 - \alpha$$

进而, 从不等式

$$\left|\frac{\overline{X} - p}{\sqrt{p(1-p)/n}}\right| \leqslant u_{1-\alpha/2}$$

求解 $p$ 的取值范围, 等价于求解不等式

$$(\overline{X} - p)^2 \leqslant u_{1-\alpha/2}^2 \frac{p(1-p)}{n}$$

不等式变换之后得

$$(n + u_{1-\alpha/2}^2)p^2 - (2n\overline{X} + u_{1-\alpha/2}^2)p + n\overline{X}^2 \leqslant 0$$

简记

$$a = n + u_{1-\alpha/2}^2, \quad b = -(2n\overline{X} + u_{1-\alpha/2}^2), \quad c = n\overline{X}^2$$

可以验证, $p$ 所允许的取值范围是: $p_L \leqslant p \leqslant p_U$, 其中

$$p_L = \frac{-b - \sqrt{b^2 - 4ac}}{2a}, \quad p_U = \frac{-b + \sqrt{b^2 - 4ac}}{2a}$$

进而, 可以得到参数 $p$ 的置信度为 $1 - \alpha$ 的双侧置信区间为

$$\left[\frac{-b - \sqrt{b^2 - 4ac}}{2a}, \quad \frac{-b + \sqrt{b^2 - 4ac}}{2a}\right] \tag{4.2.29}$$

当 $p_L < 0$ 时, 直接取 $p_L = 0$.

**例 4.2.7**  某电视节目的收视率调查中, 调查了 1000 人, 其中 200 人收看了该电视节目, 试确定该电视节目收视率 $p$ 的置信度为 0.95 的置信区间.

**解**  根据已知条件, 样本量 $n = 1000$, 样本均值 $\overline{x} = 200/1000 = 0.2$. 对于置信度 $1 - \alpha = 0.95$, 查标准正态分布表, $u_{1-\alpha/2} = u_{1-0.05/2} = 1.96$. 于是

$$a = n + u_{1-\alpha/2}^2 = 1000 + 1.96^2 = 1003.842$$
$$b = -(2n\overline{x} + u_{1-\alpha/2}^2) = -(2 \times 1000 \times 0.2 + 1.96^2) = -403.842$$
$$c = n\overline{x}^2 = 1000 \times 0.2^2 = 40$$

将 $a, b, c$ 代入式 (4.2.29) 中, 则

$$
\begin{aligned}
p_{\mathrm{L}} &= \frac{-b - \sqrt{b^2 - 4ac}}{2a} \\
&= \frac{-(-403.842) - \sqrt{(-403.842)^2 - 4 \times 1003.842 \times 40}}{2 \times 1003.842} = 0.1764 \\
p_{\mathrm{U}} &= \frac{-b + \sqrt{b^2 - 4ac}}{2a} \\
&= \frac{-(-403.842) + \sqrt{(-403.842)^2 - 4 \times 1003.842 \times 40}}{2 \times 1003.842} = 0.2259
\end{aligned}
$$

因此, 该电视节目收视率 $p$ 的置信度为 0.95 的置信区间为 $[0.1764, 0.2259]$.

#  习题 4

4-1 用天平称某物体的质量 9 次, 得到平均值 $\bar{x} = 15.7$ kg, 已知天平称量结果服从正态分布, 其标准差为 0.1 kg, 求该物体质量 $\mu$ 的置信度为 0.95 置信区间.

4-2 对 50 名大学生的午餐费用进行调查, 得到样本均值为 6.8 元, 假设总体的标准差为 1.9 元, 试求总体均值置信度为 0.95 的置信区间 (假设总体服从正态分布).

4-3 通过测量铝的比重 16 次, 研究人员得到 16 个测量值的平均值 $\bar{x} = 2.605$, 标准差 $s = 0.029$, 设测量值 $X$ 服从正态分布 $N(\mu, \sigma^2)$, 求铝比重的均值 $\mu$ 的置信度为 0.95 的置信区间.

4-4 为了确定某批次溶液中的甲醛浓度 $X$, 随机抽取 4 个样本测试值的平均值为 $\bar{x} = 8.34\%$, 样本标准差 $s = 0.03\%$. 已知 $X$ 服从正态分布, 求 $X$ 的方差 $\sigma^2$ 的置信区间 $(\alpha = 0.05)$.

4-5 冷抽铜丝的折断力服从正态分布 $N(100, \sigma^2)$, 从一批铜丝中任取 10 根, 测试折断力, 数据为 (单位: kg)

$$103 \quad 92 \quad 107 \quad 98 \quad 107 \quad 98 \quad 99 \quad 105 \quad 103 \quad 97$$

分别求方差 $\sigma^2$ 与标准差 $\sigma$ 的置信度为 0.95 的置信区间.

4-6 自动包装机包装洗衣粉, 其重量服从正态分布, 随机抽取 12 袋测得其重量 (单位: g) 分别是

$$1001 \quad 1004 \quad 1003 \quad 1000 \quad 997 \quad 999 \quad 1004 \quad 1000 \quad 996 \quad 1002 \quad 998 \quad 999$$

(1) 求均值 $\mu$ 的置信度为 95% 的置信区间;

(2) 求方差 $\sigma^2$ 的置信度为 95% 的置信区间.

4-7 设从正态分布总体 $X$ 中抽取了容量为 $n = 30$ 的简单样本, 样本观测值是

$$
\begin{array}{cccccccccc}
103 & 98 & 101 & 97 & 99 & 97 & 100 & 97 & 103 & 98 \\
98 & 98 & 100 & 99 & 101 & 95 & 98 & 99 & 99 & 103 \\
102 & 101 & 99 & 101 & 99 & 99 & 99 & 97 & 100 & 99
\end{array}
$$

求 $X$ 的均值和方差的置信区间 $(\alpha = 0.05)$.

4-8  设某自动车床加工的零件尺寸与规定尺寸的偏差服从 $N(\mu, \sigma^2)$, 现从加工的一批零件中随机抽取 10 个, 其偏差分别为

$$2 \quad -1 \quad 2 \quad 1 \quad -1 \quad -1 \quad 2 \quad 1 \quad -1 \quad 1$$

求 $\mu$, $\sigma^2$, $\sigma$ 的置信度为 0.90 的置信区间.

4-9  取某种炮弹 9 发进行试验, 测得炮口速度的样本标准差 $s = 11\,\mathrm{cm/s}$. 设炮口速度 $X$ 服从正态分布 $N(\mu, \sigma^2)$, 求炮口速度的标准差 $\sigma$ 的置信区间 $(\alpha = 0.05)$.

4-10  设总体 $X$ 服从正态分布 $N(\mu, \sigma^2)$, 其中 $\sigma^2$ 未知, 若样本容量 $n$ 与置信度 $1 - \alpha$ 均不变, 对于不同的样本观测值, 求总体均值 $\mu$ 的置信区间长度 $L$ 以及说明 $L$ 的变化情况.

4-11  从一批钉子中抽取 20 枚, 测得其长度为 (单位: cm)

$$2.11 \quad 2.14 \quad 2.09 \quad 2.19 \quad 2.17 \quad 2.08 \quad 2.15 \quad 2.11 \quad 2.11 \quad 2.14$$
$$2.17 \quad 2.08 \quad 2.19 \quad 2.09 \quad 2.12 \quad 2.11 \quad 2.11 \quad 2.14 \quad 2.08 \quad 2.15$$

假设钉子长度服从正态分布. 试在下列情况下求总体均值 $\mu$ 的置信度为 0.95 的置信区间.

(1) 已知总体标准差 $\sigma = 0.05\mathrm{cm}$;    (2) $\sigma^2$ 为未知.

4-12  假设来自总体 $X$ 的简单随机样本为 0.50, 1.25, 0.80, 2.00. 已知 $Y = \ln X$ 服从正态分布 $N(\mu, 1)$. 试求 $\mu$ 的置信度为 0.95 的置信区间.

4-13  某厂生产一批金属材料, 其抗弯强度服从正态分布, 今从这批金属材料中抽取 11 个测试件, 测得它们的抗弯强度为

$$42.5 \quad 42.7 \quad 43.0 \quad 42.3 \quad 43.4 \quad 44.5 \quad 44.0 \quad 43.8 \quad 44.1 \quad 43.9 \quad 43.7$$

求: (1) 平均抗弯强度 $\mu$ 的置信度为 0.95 的置信区间;

(2) 抗弯强度标准差 $\sigma$ 的置信度为 0.90 的置信区间.

4-14  为了估计特效肥对某种农作物的增产作用, 选 10 块相同的土地, 做施肥和不施肥的试验, 设施肥土地的亩产量 $X$ 服从正态分布 $N(\mu_1, \sigma_1^2)$, 不施肥土地的亩产量 $Y$ 服从正态分布 $N(\mu_2, \sigma_2^2)$, 测得如下样本数据 (产量单位: kg): 施肥的土地亩产量均值 $\overline{x} = 600$, 不施肥的土地亩数均值 $\overline{y} = 540$, 并且施肥的亩产量方差 $s_1^2 = 700$, 不施肥的亩产量 $s_2^2 = 500$. 求施肥和不施肥的平均亩产之差 $\mu_1 - \mu_2$ 的置信度为 0.95 的置信区间.

4-15  某公司设立了两个分店, 分店甲的月营业额为 $X$ 万元, 分店乙的月营业额为 $Y$ 万元. 现分别从两个分店抽取容量为 10 的样本如表 4-2 所示 (单位: 万元).

表 4-2  两个分店的样本数据

| 分店甲 | 10123 | 9982 | 10927 | 9988 | 10217 | 9938 | 9991 | 10905 | 10643 | 9987 |
|---|---|---|---|---|---|---|---|---|---|---|
| 分店乙 | 12032 | 10323 | 9907 | 10028 | 10122 | 11018 | 9980 | 9998 | 10909 | 10807 |

假设 $X$ 服从正态分布 $N(\mu_1, \sigma^2)$, $Y$ 服从正态分布 $N(\mu_2, \sigma^2)$. 试求 $\mu_1 - \mu_2$ 的置信度为 0.95 的置信区间.

4-16  从甲乙两个蓄电池制造厂生产的蓄电池产品中, 分别抽取 8 个和 10 个蓄电池, 测定它们的电容量 (单位: Ah) 如下:

制造厂甲: 144  141  138  142  141  143  138  137

制造厂乙: 142  143  139  140  138  141  140  138  142  136

设两个制造厂生产的蓄电池电容量分别服从正态分布 $N(\mu_1, \sigma_1^2)$ 和 $N(\mu_2, \sigma_2^2)$, 求

(1) 电容量方差比 $\sigma_1^2/\sigma_2^2$ 的置信度为 0.95 的置信区间;

(2) 电容量均值差 $\mu_1 - \mu_2$ 的置信度为 0.95 的置信区间 (假定 $\sigma_1^2 = \sigma_2^2$).

4-17  设某厂纺纱机纺出纱的断裂强度服从 $N(\mu_1, 1.98^2)$. 普通纺纱机纺出纱的断裂强度服从 $N(\mu_2, 1.75^2)$. 现对前者抽取容量为 200 的样本, 计算样本均值为 $\overline{x} = 5.32$ (单位: cN/dtex). 对后者抽取容量为 100 的样本, 样本均值为 $\overline{y} = 5.75$ (单位: cN/dtex). 求 $\mu_1 - \mu_2$ 的置信度为 0.95 的置信区间.

4-18  假设人体身高服从正态分布, 今抽取甲、乙两地区 18 ~ 25 岁女青年身高的如下数据: 甲地区抽取 10 名, 样本均值 1.64 m, 样本标准差 0.2 m; 乙地区抽取 10 名, 样本均值 1.62 m, 样本标准差 0.4 m, 求两总体方差比的置信度为 95% 的置信区间.

4-19  在某电视节目收视率调查中, 共调查了 500 人, 其中有 150 人收看了该节目, 对该电视节目收视率作置信度为 0.95 的区间估计.

4-20  在某城市居民进行民意调查, 决定是否在该市设高架火车. 在市内随机地调查了 5000 位居民, 其中 2400 位居民赞成该项提议, 求这个城市中居民赞成比例的区间估计 ($\alpha = 0.10$).

4-21  某航空公司想知道在新开的一条航线中商业贸易乘客人数, 先随机调查 347 名乘客, 发现有 201 名是商业贸易乘客. 设乘客中商业贸易乘客的比例为 $p$, 试给出 $p$ 的置信度为 90% 的置信区间.

# 第5章

# 线性统计模型初步

在自然界和社会经济活动中, 现象与现象之间, 或者说变量与变量之间常常存在着某种相互制约、相互依赖的关系, 这种关系一般分为两种: 一种是确定性关系, 即所谓的函数关系, 两变量之间的关系是唯一确定的; 另一种是非确定性关系, 这种关系表现出变量与变量之间存在着某种联系, 但不完全确定. 例如,

某种农作物的亩产量 $y$ 与施肥品种 $x_1$, 灌溉量 $x_2$ 有关, 但不能准确地说出施哪一品种肥料、灌溉量 $x_2 = 20$ t 时, 亩产量 $y$ 就一定是 800 斤 (1 亩 =666.67 m$^2$, 1 斤 =500g) 或 1000 斤等, 尽管在两个不同年度的时间里肥料的品种及灌溉量相同, 但亩产量也未必相同. 这是因为农作物的生长还与气温、降雨、日照等不可控制的因素有关, 这些无法控制的随机因素的影响使得人们不可能预先按某种公式确切地计算农作物的亩产量.

通常, 把以上问题中各变量间的关系称为**相关关系**. 这种关系可以用统计模型来描述, 最常用的统计模型是线性模型. 本章介绍线性模型的基础知识.

## 5.1 线性模型的描述

在一般情况下, 变量 $x$ 与 $y$ 是有关联的. 首先, 变量 $y$ 随变量 $x$ 变化而变化, 但这种关系并不是唯一确定的. 其次, 影响变量 $y$ 的因素可能不止一个, 其中一些因素是可以控制的, 如影响农作物产量的肥料品种、灌溉量等都是可控的; 另一些因素是不可控的, 如日照、湿度等. 当把 $x$ 当成可控制因素考虑 $y$ 的变化时, 这些不可控因素的存在使得 $x$ 不能唯一地确定 $y$ 的值. 此外, 有时 $x$ 与 $y$ 有原因和结果之分, 一般把可控变量 $x$ 视为原因, 也叫**自变量**, $y$ 视为结果, 也叫**因变量**, 由于存在不可控制因素的随机干扰, 通常 $y$ 是一个随机变量.

在实际应用中一类统计问题是: 如何分析一组变量 (含一个或多个变量) 与另一组变量 (也含一个或多个变量) 的相关关系. 本书只涉及因变量只含一个变量的情形.

设因变量 $Y$ 与自变量 $x_1, x_2, \cdots, x_k$ ($x_i$ 为可控因素) 之间存在相关关系, 则变量 $Y$ 与 $x_1, x_2, \cdots, x_k$ 的关系可用下式表示:

$$Y = f(x_1, x_2, \cdots, x_k) + \varepsilon$$

其中 $x_1, x_2, \cdots, x_k$ 表示对 $Y$ 有较大影响的各种可控因素; $\varepsilon$ 表示未考虑进去的其他不可控因素以及随机因素的影响, 是随机变量. 如果 $f(x_1, x_2, \cdots, x_k)$ 是一个线性函数关系式, 就称之为**线性模型**, 即

$$Y = \beta_0 + \beta_1 x_1 + \beta_2 x_2 + \cdots + \beta_k x_k + \varepsilon \tag{5.1.1}$$

记 $\boldsymbol{x} = (1, x_1, x_2, \cdots, x_k)$, 现在对不同的 $\boldsymbol{x}$, 获取观察值 $Y$, 独立地进行了 $n$ 次试验或获得了 $n$ 次独立观测之后, 便可得到 $n$ 组数据:

$$(\boldsymbol{x}_t = (1, x_{t1}, x_{t2}, \cdots, x_{tk}); y_t), \quad t = 1, 2, \cdots, n$$

这里认为 $Y_1, Y_2, \cdots, Y_n$ 是总体 $Y$ 的一个样本, 记作 $\boldsymbol{Y} = (Y_1, Y_2, \cdots, Y_n)^{\mathrm{T}}$, 用 $y_1, y_2, \cdots, y_n$ 记一组观察值.

由式 (5.1.1), 以下 $n$ 个线性关系式成立:

$$y_t = \beta_0 + \beta_1 x_{t1} + \beta_2 x_{t2} + \cdots + \beta_k x_{tk} + \varepsilon_t, \quad t = 1, 2, \cdots, n \tag{5.1.2}$$

记

$$\boldsymbol{y} = \begin{pmatrix} y_1 \\ y_2 \\ \vdots \\ y_n \end{pmatrix}_{n \times 1}, \quad \boldsymbol{\beta} = \begin{pmatrix} \beta_0 \\ \beta_1 \\ \vdots \\ \beta_k \end{pmatrix}_{(k+1) \times 1} \tag{5.1.3}$$

$$\boldsymbol{X} = \begin{pmatrix} 1 & x_{11} & \cdots & x_{1k} \\ 1 & x_{21} & \cdots & x_{2k} \\ \vdots & \vdots & & \vdots \\ 1 & x_{n1} & \cdots & x_{nk} \end{pmatrix}_{n \times (k+1)}, \quad \boldsymbol{\varepsilon} = \begin{pmatrix} \varepsilon_1 \\ \varepsilon_2 \\ \vdots \\ \varepsilon_n \end{pmatrix}_{n \times 1} \tag{5.1.4}$$

利用矩阵表示式 (5.1.2) 为

$$\boldsymbol{y} = \boldsymbol{X}\boldsymbol{\beta} + \boldsymbol{\varepsilon} \tag{5.1.5}$$

其中 $\boldsymbol{X}$ 是已知的 $n \times (k+1)$ 的矩阵; $\boldsymbol{\beta}$ 是 $k+1$ 维的未知参数列向量; $\boldsymbol{\varepsilon}$ 是数学期望为 $\boldsymbol{0}$ 的 $n$ 维随机向量; $\boldsymbol{y}$ 是随机变量 $Y$ 观察值的 $n$ 维列向量.

必须注意, 线性模型中 "线性" 的含义是指 $Y$ 关于未知参数之间所构成的线性关系. 将以上的讨论概括如下.

**定义5.1.1**　任一个形如

$$\begin{cases} \boldsymbol{y} = \boldsymbol{X}\boldsymbol{\beta} + \boldsymbol{\varepsilon} \\ E(\boldsymbol{\varepsilon}) = \boldsymbol{0} \\ \text{对 } \boldsymbol{\varepsilon} \text{ 的其他某种假设} \end{cases} \tag{5.1.6}$$

的结构称为一个**线性模型**.

在式 (5.1.1) 中, 由于随机因素 $\varepsilon$ (也称为**随机误差**) 的影响, 给定自变量 $x_1, x_2, \cdots, x_k$ 的一组数值, 因变量 $Y$ 的数值并不能被完全确定. 不可控因素的影响总是随机地改变 $Y$, 或大或小, 或正或负, 假如这些不可控因素没有特别的趋势, 则在整体平均的意义下这种影响的量大体相抵, 一般情况下, 认为 $\varepsilon$ 的数学期望为 0, 即 $E(\varepsilon) = 0$.

另外, 随机因素 $\varepsilon$ 是无法观察的, 是一个不可控的随机变量. 随机误差一般来自以下三个方面.

(1) 影响因变量的各种次要因素和各种随机的偶然因素. 这是因为影响因变量的因素往往有很多个, 把所有因素全考虑在内或者由于人们认识的局限性而根本做不到, 或者由于花费太大而不值得这样去做, 还可能因为注意了太多细枝末节反而会影响到模型的效果, 因此实践中通常只考虑影响因变量的主要因素, 而把各种次要因素的影响作为不可观测的随机误差来对待.

(2) 观测误差. 在对各个变量的观测中, 难免会出现计量、登记等误差, 这些误差也必然会反映在模型的随机误差之中.

(3) 模型近似误差. 一般地, 模型中所设定的回归函数的形式并不是其真实形式, 而只是一种近似式, 这种方程近似所造成的误差自然也会在模型的随机误差之中体现. 为了统计推断的需要, 通常对随机误差的数字特征或概率分布提出一些假定.

对 $\varepsilon_t,\ t = 1, 2, \cdots, n$, 有下列假定.

**假定 1**　随机误差项的数学期望为 0, 即

$$E(\varepsilon_t) = 0, \quad t = 1, 2, \cdots, n$$

**假定 2**　误差项具有同一方差 $\sigma^2$, 即

$$\mathrm{Var}(\varepsilon_t) = \sigma^2, \quad t = 1, 2, \cdots, n$$

**假定 3**　各次观察的误差是独立的, 即

$$\mathrm{Cov}(\varepsilon_t, \varepsilon_s) = 0, \quad t \neq s, \quad t, s = 1, 2, \cdots, n$$

**假定 4**　随机误差服从正态分布, 即

$$\varepsilon_t \sim N(0, \sigma^2), \quad t = 1, 2, \cdots, n$$

也就是说, 随机误差项 $\varepsilon_1, \cdots, \varepsilon_n$ 具有零均值性、等方差性、独立性和正态性, 这种假定在通常的研究中是合理的.

另外, 从自变量的性质来看, 若模型中涉及的自变量表示诸如长度、时间、重量等连续变化的量, 称它所代表的因子为**数量因子**. 如上面提到的灌溉量. 如果模型中涉及的自变量表示某种质的特性而非连续变化的量, 称它所代表的因子为**属性因子**. 如上面提到的肥料品种. 这些因子在统计分析中需要数量化. 数量因子和属性因子可以因讨论问题的不同方式、方法而相互转化. 比如灌溉量可以按大、中、小三等来区分, 于是一个数量因子就属性化了.

如果一个线性模型的自变量因子都是数量因子, 可建立回归分析模型; 如果线性模型的自变量因子均为属性因子, 可建立方差分析模型. 本章将介绍上述两种线性模型.

# 5.2　单因子方差分析

### 5.2.1　问题的提出

在科学试验和生产实践中, 有很多因素会影响到最终产品的质量, 比如原料的质量、配比、工艺流程等, 而且这些因素的影响程度各不相同. 考虑如何评测这些因素对产品质量的影响程度. 先看一个医学研究的实例.

**例 5.2.1**　为研究某种新安眠药的效果, 将 18 只试验小白鼠随机地分成相等数量的三组, 各组分别注射不同剂量的这种安眠药, 观察每只小白鼠从注射到入睡的时间, 得到的数据如表 5-1 所示.

表 5-1　小白鼠安眠药试验入睡时间数据表

| 组号 | 剂量/mg | 入睡时间/min | | | | | |
| --- | --- | --- | --- | --- | --- | --- | --- |
| 1 | 0.5 | 21 | 23 | 19 | 24 | 25 | 23 |
| 2 | 1.0 | 19 | 21 | 20 | 18 | 22 | 20 |
| 3 | 1.5 | 15 | 10 | 13 | 14 | 11 | 15 |

从表 5-1 可以看出, 不同剂量的安眠药效果有差异, 说明安眠药的剂量对入睡时间有一定的影响. 同时, 同一剂量下的 6 只小白鼠的入睡时间各不相同, 说明入睡时间除了受到安眠药剂量的影响之外, 还有某些偶然性因素及测量误差的影响. 从图 5-1 可以看出, 第二组数据散布基本对称, 其余两组数据都不是对称散布的.

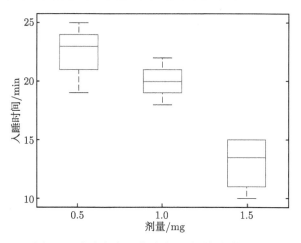

图 5-1　小白鼠安眠药试验入睡时间的箱线图

如果想检验这三个水平的平均入睡时间之间的差别, 即 $H_{01} : \mu_1 - \mu_2 = 0$, $H_{02} : \mu_1 - \mu_3 = 0$, $H_{03} : \mu_2 - \mu_3 = 0$, 可以分别采用 $t$-检验. 但这会导致犯第一类错误的概率增大而失去检验的意义. 比如在显著性水平 $\alpha = 0.05$ 下, 假设这些检验相互独立时, 全部检验都正确接受原假设的概率是 $(1 - \alpha)^3 = (0.95)^3 = 0.857375$, 犯第一类错误的概率大幅增加. 为了避免这类问题, 使用方差分析模型. 在介绍方差分析之前, 先要明确以下一些术语和概念.

(1) 试验结果: 在一项试验中用来衡量试验效果的特征量, 也称试验指标或指标, 类似函数的因变量或者目标函数.

(2) 试验因子: 试验中, 凡是对试验指标可能产生影响的变量都称为因子, 或称为因素, 类似函数的自变量. 试验中需要考察的因子称为试验因子, 简称因子. 一般用大写字母 $A, B, C, \cdots$ 表示.

(3) 因子水平: 因子在试验中所处的各种状态或者所取的不同值, 称为该因子的水平, 简称水平. 一般用下标区分, 即 $A_1, A_2, \cdots, B_1, B_2, \cdots$ 表示因子 $A$ 或 $B$ 的不同水平. 有的因子水平为定量值, 有的因子水平为定性值.

### 5.2.2　单因子方差分析的统计模型

当所考察的因子只有 1 个时, 相应的模型为单因子方差分析模型. 单因子方差分析模型的原假设为

$$H_0: \mu_1 = \mu_2 = \cdots = \mu_r \tag{5.2.1}$$

即检验若干个具有相同方差的正态总体的均值是否相等.

设某项试验是在单因子 $A$ 的 $r$ 个水平 $A_1, A_2, \cdots, A_r$ 下进行的, 观测试验结果为 $Y_1, Y_2, \cdots, Y_r$, 它们相互独立, 且都服从正态分布, 即

$$Y_i \sim N(\mu_i, \sigma^2), \quad i = 1, 2, \cdots, r$$

若在水平 $A_i$ $(i = 1, 2, \cdots, r)$ 下做 $n_i$ 次独立试验, 试验的观测值见表 5-2.

**表 5-2　单因子方差分析数据结构表**

| $A$ 的水平 | 观察序号 | | | | 均值 |
|---|---|---|---|---|---|
| | 1 | 2 | $\cdots$ | $n_i$ | |
| $A_1$ | $Y_{11}$ | $Y_{12}$ | $\cdots$ | $Y_{1n_1}$ | $\overline{Y}_1$ |
| $A_2$ | $Y_{21}$ | $Y_{22}$ | $\cdots$ | $Y_{2n_2}$ | $\overline{Y}_2$ |
| $\vdots$ | $\vdots$ | $\vdots$ | | $\vdots$ | $\vdots$ |
| $A_r$ | $Y_{r1}$ | $Y_{r2}$ | $\cdots$ | $Y_{rn_r}$ | $\overline{Y}_r$ |

方差分析模型为

$$\begin{cases} Y_{ij} = \mu_i + \varepsilon_{ij} \\ \varepsilon_{ij} \sim N(0, \sigma^2) \text{ 且相互独立} \\ i = 1, 2, \cdots, r; \ j = 1, 2, \cdots, n_i \end{cases} \tag{5.2.2}$$

其中 $\mu_i$ 是第 $i$ 个总体的均值, $\varepsilon_{ij}$ 称为随机误差. 记

$$\mu = \frac{1}{n} \sum_{i=1}^{r} n_i \mu_i, \quad n = \sum_{i=1}^{r} n_i, \quad \alpha_i = \mu_i - \mu$$

其中称 $\mu$ 为平均效应, $\alpha_i$ 为因子 $A$ 的第 $i$ 个水平的主效应, 简称 $A_i$ 效应. 可以验证, $\sum\limits_{i=1}^{r} n_i \alpha_i = 0$. 将 $\mu_i = \mu + \alpha_i$ 代入式 (5.2.2), 得到

$$\begin{cases} Y_{ij} = \mu + \alpha_i + \varepsilon_{ij} \\ \varepsilon_{ij} \sim N(0, \sigma^2) \text{ 且相互独立} \\ \sum\limits_{i=1}^{r} n_i \alpha_i = 0 \end{cases} \tag{5.2.2'}$$

单因子方差分析模型用矩阵表示为

$$\begin{cases} \boldsymbol{Y} = \boldsymbol{X}\boldsymbol{\beta} + \boldsymbol{\varepsilon} \\ \boldsymbol{\varepsilon} \sim N(\boldsymbol{0}, \sigma^2 \boldsymbol{I_n}) \\ \boldsymbol{h}^{\mathrm{T}}\boldsymbol{\beta} = 0 \end{cases} \tag{5.2.3}$$

其中

$$\boldsymbol{Y}_{n \times 1} = (Y_{11}, \cdots, Y_{1n_1}, Y_{21}, \cdots, Y_{2n_2}, \cdots, Y_{rn_r})^{\mathrm{T}}$$

$$\boldsymbol{X}_{n \times (r+1)} = \begin{pmatrix} 1 & 1 & & & \\ \vdots & \vdots & & & \\ 1 & 1 & & & \\ 1 & & 1 & & \\ \vdots & & \vdots & & \\ 1 & & 1 & & \\ \vdots & & & \ddots & \\ 1 & & & & 1 \\ \vdots & & & & \vdots \\ 1 & & & & 1 \end{pmatrix}$$

$$\boldsymbol{\beta}_{(r+1) \times 1} = (\mu, \alpha_1, \alpha_2, \cdots, \alpha_r)^{\mathrm{T}}$$

$$\boldsymbol{\varepsilon}_{n \times 1} = (\varepsilon_{11}, \cdots, \varepsilon_{1n_1}, \varepsilon_{21}, \cdots, \varepsilon_{2n_2}, \cdots, \varepsilon_{rn_r})^{\mathrm{T}}$$

$$\boldsymbol{h}_{(r+1) \times 1} = (0, n_1, n_2, \cdots, n_r)^{\mathrm{T}}$$

$\boldsymbol{I_n}$ 为 $n$ 阶单位阵, 对角线元素都为 1, 其他元素都为 0.

对于模型 (5.2.2) 和 (5.2.2'), 检验因子 $A$ 的 $r$ 个水平的均值是否有显著性差异, 即检验假设

$$H_0: \mu_1 = \mu_2 = \cdots = \mu_r \tag{5.2.4}$$

等价于检验

$$H_0: \alpha_1 = \alpha_2 = \cdots = \alpha_r = 0 \tag{5.2.5}$$

如果 $H_0$ 被拒绝, 即不能认为因素 $A$ 的各个水平的均值都相等, 至少有两个水平的均值有显著差异.

### 5.2.3　检验方法

针对表 5-2, 设 $\overline{Y}_i$ 为第 $i$ 个水平的样本平均值, $n_i$ 为第 $i$ 个水平的样本容量. $\overline{Y}$ 表示所有 $Y_{ij}$ 总平均值, $n = \sum\limits_{i=1}^{r} n_i$, 有

$$\overline{Y}_i = \frac{1}{n_i}\sum_{j=1}^{n_i} Y_{ij} \quad \text{和} \quad \overline{Y} = \frac{1}{n}\sum_{i=1}^{r}\sum_{j=1}^{n_i} Y_{ij}$$

用 TSS (the total sum of squares) 表示总离差平方和, 是指全部试验的每一个观测 $Y_{ij}$ 与其总平均值 $\overline{Y}$ 的离差平方和, 即

$$\text{TSS} = \sum_{i=1}^{r}\sum_{j=1}^{n_i}(Y_{ij} - \overline{Y})^2 \tag{5.2.6}$$

因为

$$\sum_{j=1}^{n_i}(Y_{ij} - \overline{Y}_i)(\overline{Y}_i - \overline{Y}) = 0, \quad i = 1, 2, \cdots, r$$

将 TSS 分解为

$$\begin{aligned}
\text{TSS} &= \sum_{i=1}^{r}\sum_{j=1}^{n_i}(Y_{ij} - \overline{Y})^2 \\
&= \sum_{i=1}^{r}\sum_{j=1}^{n_i}\left[(Y_{ij} - \overline{Y}_i) + (\overline{Y}_i - \overline{Y})\right]^2 \\
&= \sum_{i=1}^{r}\sum_{j=1}^{n_i}(Y_{ij} - \overline{Y}_i)^2 + \sum_{i=1}^{r} n_i(\overline{Y}_i - \overline{Y})^2
\end{aligned} \tag{5.2.7}$$

式 (5.2.7) 右端和的第一项为 $r$ 个水平的离差平方和 (即 $\sum\limits_{j=1}^{n_i}(Y_{ij} - \overline{Y}_i)^2$) 的总和, 它是各水平内部的观测值所呈现的离差程度, 反映了随机误差在数据 $Y_{ij}$ 中引起的波动性, 称其为误差平方和或组内平方和, 用 ESS (the error sum of squares) 表示, 即

$$\text{ESS} = \sum_{i=1}^{r}\sum_{j=1}^{n_i}(Y_{ij} - \overline{Y}_i)^2$$

式 (5.2.7) 右端和的第二项为各水平的样本平均值与总样本平均值的离差平方和, 反映了因子的各个水平之间存在的差异程度, 称其为因子平方和或组间平方和, 用 FSS (the factorial sum of squares) 表示, 即

$$\text{FSS} = \sum_{i=1}^{r} n_i(\overline{Y}_i - \overline{Y})^2$$

式 (5.2.7) 的 TSS 可以表示为误差平方和 ESS 与因子平方和 FSS 之和, 即

$$\text{TSS} = \text{ESS} + \text{FSS} \tag{5.2.8}$$

该表达式反映了这三个离差平方和的关系.

注意到,

$$S_i^2 = \frac{1}{n_i - 1}\sum_{j=1}^{n_i}(Y_{ij} - \overline{Y}_i)^2 \tag{5.2.9}$$

是来自第 $i$ 个总体 $N(\mu_i, \sigma^2)$ 的样本方差, 是 $\sigma^2$ 的无偏估计量, 即

$$E(S_i^2) = \sigma^2$$

于是

$$
\begin{aligned}
E(\text{ESS}) &= \sum_{i=1}^{r} E\left(\sum_{j=1}^{n_i}(Y_{ij} - \overline{Y}_i)^2\right) \\
&= \sum_{i=1}^{r}(n_i - 1)\sigma^2 \\
&= (n - r)\sigma^2
\end{aligned}
$$

$\text{ESS}/(n - r)$ 是 $\sigma^2$ 的无偏估计量. 注意到

$$
\begin{aligned}
E(\text{FSS}) &= E\left[\sum_{i=1}^{r} n_i(\overline{Y}_i - \overline{Y})^2\right] \\
&= E\left[\sum_{i=1}^{r} n_i(\overline{Y}_i - \overline{Y} - \alpha_i + \alpha_i)^2\right] \\
&= \sum_{i=1}^{r} n_i[E(\overline{Y}_i - \overline{Y} - \alpha_i)^2 + \alpha_i^2] \\
&= \sum_{i=1}^{r} n_i\left(\frac{\sigma^2}{n_i} - \frac{\sigma^2}{n}\right) + \sum_{i=1}^{r} n_i\alpha_i^2 \\
&= (r - 1)\sigma^2 + \sum_{i=1}^{r} n_i\alpha_i^2
\end{aligned}
$$

因此

$$E\left(\frac{\text{FSS}}{r - 1}\right) = \sigma^2 + \frac{1}{r - 1}\sum_{i=1}^{r} n_i\alpha_i^2 \tag{5.2.10}$$

从式 (5.2.10) 可以看出, $\text{FSS}/(r-1)$ 反映了各水平效应的影响. 当 $H_0$ 成立时, $\text{FSS}/(r-1)$ 是 $\sigma^2$ 的一个无偏估计量. 当 $H_0$ 为真时, 比值 $[\text{FSS}/(r-1)]/[\text{ESS}/(n-r)]$ 将接近于 1; 而当 $H_0$ 不成立时, 它将倾向比较大. 记统计量为

$$F = \frac{\text{FSS}/(r - 1)}{\text{ESS}/(n - r)}$$

当 $H_0$ 成立时, 统计量 $F$ 服从 $F$-分布, 可以根据其样本观测值的大小来检验 $H_0$.

注意 $\sum\limits_{j=1}^{n_i}(Y_{ij}-\overline{Y}_i)^2$ 是总体 $N(\mu_i,\sigma^2)$ 的样本方差的 $n_i-1$ 倍, 由样本的独立性知, $r$ 项平方和相互独立. 于是

$$\sum_{j=1}^{n_i}\frac{(Y_{ij}-\overline{Y}_i)^2}{\sigma^2}\sim\chi^2(n_i-1),\quad i=1,\cdots,r \tag{5.2.11}$$

$$\frac{\mathrm{ESS}}{\sigma^2}=\sum_{i=1}^{r}\sum_{j=1}^{n_i}\frac{(Y_{ij}-\overline{Y}_i)^2}{\sigma^2}\sim\chi^2\left(\sum_{i}(n_i-1)\right) \tag{5.2.12}$$

应用 Cochran 定理得知, 当 $H_0$ 成立时, $\mathrm{FSS}/\sigma^2\sim\chi^2(r-1)$, 并且与 ESS 相互独立. 因此, 当 $H_0$ 成立时,

$$F=\frac{\mathrm{FSS}/(r-1)}{\mathrm{ESS}/(n-r)}\sim F(r-1,n-r) \tag{5.2.13}$$

当 $H_0$ 成立时, 该 $F$ 统计量的值过大时应拒绝原假设. 在 $F$-分布的临界值表中, 对给定的水平 $\alpha$, 第一自由度为 $r-1$, 第二自由度为 $n-r$, 对应的临界值为 $F_{1-\alpha}(r-1,n-r)$, 使得

$$P\left(F\geqslant F_{1-\alpha}(r-1,n-r)\right)=\alpha$$

若 $F\geqslant F_{1-\alpha}(r-1,n-r)$, 就拒绝原假设, 认为因子 $A$ 的 $k$ 个水平效应有明显的差异. 相反, 若 $F<F_{1-\alpha}(r-1,n-r)$, 接受原假设, 认为因子 $A$ 的 $k$ 个水平效应没有明显的差异. 可将有关过程列成表 5-3, 称为单因子方差分析表.

**表 5-3  单因子方差分析表**

| 方差来源 | 离差平方和 | 自由度 | 均方 | $F$ 比 |
|---|---|---|---|---|
| 因子 | FSS | $r-1$ | $\mathrm{MS_F}=\dfrac{\mathrm{FSS}}{r-1}$ | |
| 误差 | ESS | $n-r$ | $\mathrm{MS_E}=\dfrac{\mathrm{ESS}}{n-r}$ | $F=\dfrac{\mathrm{MS_F}}{\mathrm{MS_E}}$ |
| 总和 | TSS | $n-1$ | | |

**例 5.2.2**  某集团有下属 4 个公司, 现从 4 个公司中随机抽取若干名员工调查他们的工资情况, 数据列于表 5-4 中. 试分析该集团下属 4 个公司员工工资有无显著性的差异.

**表 5-4  某集团各公司员工工资调查资料**                        (单位: 元)

| 公司 | 员工工资 | | | | | | | |
|---|---|---|---|---|---|---|---|---|
| $A_1$ | 1600 | 1610 | 1650 | 1680 | 1700 | 1700 | 1780 | |
| $A_2$ | 1500 | 1640 | 1400 | 1700 | 1750 | | | |
| $A_3$ | 1640 | 1550 | 1600 | 1620 | 1640 | 1600 | 1740 | 1800 |
| $A_4$ | 1510 | 1520 | 1530 | 1570 | 1640 | 1680 | | |

**解**  在这个问题中考虑的因子只有一个, 即 "公司", 它有 4 个不同的水平. $r=4$, $n_1=7$, $n_2=5$, $n_3=8$, $n_4=6$, $n=26$, 根据表 5-4 中的数据计算可得全部数据的总平均

数为　$\overline{x} = \sum\limits_{i=1}^{r} \sum\limits_{i=1}^{n_i} x_{ij} = 1624.01$. 4 个公司员工的平均工资分别为

$$\overline{x}_1 = \frac{1}{n_1} \sum_{j=1}^{n_1} x_1 = 1674.29, \quad n_1 = 7$$

$$\overline{x}_2 = \frac{1}{n_2} \sum_{j=1}^{n_2} x_2 = 1598.00, \quad n_2 = 5$$

$$\overline{x}_3 = \frac{1}{n_3} \sum_{j=1}^{n_3} x_3 = 1648.75, \quad n_3 = 8$$

$$\overline{x}_4 = \frac{1}{n_4} \sum_{j=1}^{n_4} x_4 = 1575.00, \quad n_4 = 6$$

总离差平方和 $\text{TSS} = \sum\limits_{i=1}^{r} \sum\limits_{j=1}^{n_i} (x_{ij} - \overline{x})^2 = 217865.38$, 其自由度 $n - 1 = 26 - 1 = 25$;

因子平方和 $\text{FSS} = \sum\limits_{i=1}^{r} n_i (\overline{x}_i - \overline{x})^2 = 39776.45$, 其自由度 $r - 1 = 4 - 1 = 3$;

误差平方和 $\text{ESS} = \sum\limits_{i=1}^{r} \sum\limits_{j=1}^{n_i} (x_{ij} - \overline{x}_i)^2 = 178088.93$, 其自由度 $n - r = 26 - 4 = 22$;

其均方

$$\text{MSF} = \frac{\text{FSS}}{r - 1} = \frac{39776.45}{3} = 13258.82$$

$$\text{MSE} = \frac{\text{ESS}}{n - r} = \frac{178088.93}{22} = 8094.95$$

于是, $F = \dfrac{\text{MSF}}{\text{MSE}} = 13258.82/8094.95 = 1.64$. 将计算结果填入方差分析表得到表 5-5.

对于显著性水平 0.05, $F = 1.64 < F_{0.95}(3.22) = 3.05$, 应当接受原假设 $H_0$, 认为该集团 4 个公司员工的工资不存在显著差异. 在实际工作中 4 个公司之间调配员工时, 工资的影响不显著.

**表 5-5　员工工资方差分析表**

| 方差来源 | 离差平方和 | 自由度 | 均方 | $F$ 比 |
|---|---|---|---|---|
| 因子 | 39776.45 | 3 | 13258.82 | |
| 误差 | 178088.93 | 22 | 8094.95 | 1.64 |
| 总和 | 217865.38 | 25 | | |

### 5.2.4　重复数相同的方差分析

当在因子的每一个水平下重复的试验次数相同时, 即当 $n_1 = n_2 = \cdots = n_r$ 时, 上述的一些表达式可以简化. 若记每一个水平下重复次数为 $n_0$, 则式 (5.2.2′) 中 $\sum\limits_{i=1}^{r} \alpha_i = 0$, 且因子平方和为

$$\text{FSS} = n_0 \sum_{i=1}^{r} (\overline{Y}_i - \overline{Y})^2$$

其他一切都不变, 下面看一个例子.

**例 5.2.3** 把一批同种纱线袜放在不同温度的水中洗涤, 进行收缩率试验, 水温分成 30℃, 40℃, 50℃, 60℃, 70℃, 80℃等 6 个水平, 每个水平中各洗 4 只袜子, 袜子的收缩率服从正态分布, 用百分数表示, 其观测值如表 5-6 所示. 试按显著性水平 0.05 来判断不同洗涤水温对袜子收缩率是否有显著影响.

表 5-6 袜子收缩率试验的数据结构表

| 水温/℃ | 试验号 | | | | $\sum$ | $\overline{y}_i$ |
|---|---|---|---|---|---|---|
| | 1 | 2 | 3 | 4 | | |
| 30 | 4.3 | 7.8 | 3.2 | 6.5 | 21.8 | 5.45 |
| 40 | 6.1 | 7.3 | 4.2 | 4.1 | 21.7 | 5.425 |
| 50 | 10.0 | 4.8 | 5.4 | 9.6 | 29.8 | 7.45 |
| 60 | 6.5 | 8.3 | 8.6 | 8.2 | 31.6 | 7.9 |
| 70 | 9.3 | 8.7 | 7.2 | 10.1 | 35.3 | 8.825 |
| 80 | 9.5 | 8.8 | 11.4 | 7.8 | 37.5 | 9.375 |

**解** 记试验指标——袜子收缩率为 $Y$. 洗涤水温度作为影响收缩率的因子, 用 $Y_1, \cdots, Y_6$ 依次表示因子分别为 30~80℃ 的 6 个水平的收缩率, 并设 $Y_i$ 服从期望为 $\mu_i$ 的正态分布 $N(\mu_i, \sigma^2)$ $(i = 1, \cdots, 6)$. 需要检验原假设

$$H_0 : \mu_1 = \mu_2 = \cdots = \mu_6$$

记 $\mu = (\mu_1 + \mu_2 + \cdots + \mu_6)/6$, 则第 $i$ 水平对试验指标的效应 $\alpha_i = \mu_i - \mu$ $(i = 1, \cdots, 6)$, 该问题等价于检验原假设

$$H_0 : \alpha_1 = \alpha_2 = \cdots = \alpha_6$$

检验步骤如下.

计算各水平的样本平均值见表 5-8 的最后一列及样本均值 $\overline{y} = 7.404$. 于是

$$\text{ESS} = \sum_{i=1}^{6} \sum_{j=1}^{4} (y_{ij} - \overline{y}_i)^2 = 56.72$$

$$\text{FSS} = \sum_{i=1}^{6} 4(\overline{y}_i - \overline{y})^2 = 55.55$$

总离差平方和 $\text{TSS} = 112.27$.

在此问题中, $r = 6$, $n = 6 \times 4 = 24$, 当原假设 $H_0$ 成立时, 可取

$$F = \frac{\text{FSS}/(r-1)}{\text{ESS}/(n-r)} \sim F(r-1, n-r) \tag{5.2.14}$$

作为检验统计量, 并计算其观察值 (即 $F$ 比) 为

$$F = \frac{55.55/5}{56.72/18} = \frac{11.11}{3.15} = 3.53$$

将上述计算结果列成方差分析表如表 5-7 所示.

表 5-7　袜子收缩率试验方差分析表

| 方差来源 | 平方和 | 自由度 | 均方 | $F$ 比 |
|---|---|---|---|---|
| 因子 | 55.55 | 5 | 11.11 | |
| 误差 | 56.72 | 18 | 3.15 | 3.53 |
| 总和 | 112.27 | 23 | | |

由显著性水平 $\alpha = 0.05$, 查表知 $F_{0.95}(5,18) = 2.77$. 由于 $F = 3.53 > 2.77 = F_{0.95}(5,18)$, 故拒绝原假设 $H_0$, 认为 $\alpha_i$ 不全相等, 即 $\mu_i$ 不全相等, 说明洗涤水温对袜子收缩率有显著影响.

### 5.2.5　多重比较

单因子方差分析是同时对因子各个水平下总体的值是否全部相等的检验. 检验结果要么接受原假设, 要么拒绝原假设. 如果拒绝原假设 $H_0$, 而接受备择假设, 仅表明所检验各水平的均值不全相等, 并不意味着两两之间都有差异. 想知道哪些水平均值之间确有显著性差异, 哪些水平均值之间没有显著性差异. 需要同时比较任意两个水平均值之间有无显著性差异, 这个问题称为**多重比较问题**.

假设所考察的因子 $A$ 具有 $r > 2$ 个水平 $A_1, A_2, \cdots, A_r$, 则多重比较问题即同时检验如下 $C_r^2$ 个假设:

$$H_0^{ij} : \mu_i = \mu_j, \quad i < j, \quad i,j = 1,2,\cdots,r \tag{5.2.15}$$

当 $H_0^{ij}$ 为真时, $|\overline{Y}_i - \overline{Y}_j|$ 不应该太大, 如果太大就拒绝 $H_0^{ij}$. 因此, 多重比较问题的拒绝域为: $C_r^2$ 个假设 $H_0^{ij}$ 中至少有一个不成立, 即

$$\bigcup_{i<j}\{|\overline{Y}_i - \overline{Y}_j| > c\} \tag{5.2.16}$$

其中, $\overline{Y}_i$ 表示水平 $A_i$ 下的样本均值 $i = 1,2,\cdots,r$, $c$ 为临界值. 特别地, 当只比较一对均值时, 比如 $H_0^{ij} : \mu_i = \mu_j$, 可使用 $t$-统计量

$$t_{ij} = \frac{\overline{Y}_i - \overline{Y}_j}{\sqrt{\left(\dfrac{1}{n_i} + \dfrac{1}{n_j}\right) \mathrm{MS_E}}} \tag{5.2.17}$$

进行检验, 其中 $\mathrm{MS_E}$ 见表 5-3. 给定显著性水平 $\alpha$, 取临界值 $c = t_{1-\alpha/2}(n-r)$, 拒绝域为

$$\{|t_{ij}| > t_{1-\alpha/2}(n-r)\},$$

其中, $n_1, n_2$ 分别为两个水平下的观测值个数. 当同时考虑 $k = C_r^2$ 对均值是否相等时, 可以证明在 $k$ 个 $H_0^{ij}$ 均成立的条件下, 至少一对均值有显著性差异的概率为 $1 - (1-\alpha)^k$. 当 $k \geqslant 2$ 时, 利用数学归纳法可以证明 $1 - (1-\alpha)^k > \alpha$. 为了控制第一类错误概率不大于 $\alpha$, 可行的方法是 Bonferroni 方法和 Tukey 方法.

1. Bonferroni 方法

对于假设检验问题 $H_0^{ij}: \mu_i = \mu_j$, Bonferroni 方法将显著性水平由 $\alpha$ 调整至 $\alpha/k$, 其中 $k = C_r^2$, 拒绝域为

$$C_{ij} = \{|t_{ij}| > t_{1-\alpha/(2k)}(n-r)\} \tag{5.2.18}$$

即在显著性水平为 $\alpha/k$ 下拒绝原假设 $H_0^{ij}$. 对于多重比较问题 (5.2.15), 拒绝域为

$$C = \bigcup_{i<j} C_{ij} = \bigcup_{i<j} \{|t_{ij}| > t_{1-\alpha/(2k)}(n-r)\} \tag{5.2.19}$$

记 $H_0$: $k$ 个 $H_0^{ij}$ 同时成立, 则在原假设 $H_0$ 下, 犯第一类错误概率至多为 $\alpha$. 事实上, 在此原假设下, 至少有一对均值被错误判断为有显著差异的概率为

$$\begin{aligned}
P\left(\bigcup_{i<j} C_{ij} \Big| H_0\right) &\leqslant \sum_{i<j} P(C_{ij}|\mu_i = \mu_j) \\
&= \sum_{i<j} \frac{\alpha}{k} \\
&= k \cdot \frac{\alpha}{k} = \alpha
\end{aligned}$$

Bonferroni 方法还可用来构造 $k$ 对均值差的同时置信区间. $\mu_i - \mu_j$ 的置信水平为 $1 - \alpha$ 的同时置信区间为

$$\overline{Y}_i - \overline{Y}_j \pm t_{\alpha/(2k)}(n-r)\sqrt{\left(\frac{1}{n_i} + \frac{1}{n_j}\right)\mathrm{MS_E}} \tag{5.2.20}$$

Bonferroni 方法使用方便, 相对保守. 犯第二类错误概率比 Tukey 方法稍大.

2. Tukey 方法

Tukey 方法和 Bonferroni 方法的区别主要体现在临界值的选取不同, 从而导致拒绝域不同. 在具体介绍 Tukey 方法之前, 先简单介绍学生氏极差分布. 这里要求在每个因子水平下的重复观察数相等, 不妨记为 $m$. 记

$$t_i = \frac{\sqrt{m}(\overline{Y}_i - \mu_i)}{\sqrt{\mathrm{MS_E}}} \tag{5.2.21}$$

则 $t_i \sim t(n-r)$. 记

$$t_{(r)} = \max_i \left(\frac{\sqrt{m}(\overline{Y}_i - \mu_i)}{\sqrt{\mathrm{MS_E}}}\right), \quad t_{(1)} = \min_i \left(\frac{\sqrt{m}(\overline{Y}_i - \mu_i)}{\sqrt{\mathrm{MS_E}}}\right)$$

则 $t_{(r)}$ 与 $t_{(1)}$ 分别来自分布 $t(n-r)$ 的容量为 $r$ 的最大与最小次序统计量. 令

$$q(r, n-r) = t_{(r)} - t_{(1)} \tag{5.2.22}$$

称 $q(r, n-r)$ 为学生氏极差统计量, 它的分布不易求出, 但可利用随机模拟法求出其分位数, 统计学家已将其编制成分位数表.

给定显著性水平 $\alpha$, 欲确定假设检验问题 (5.2.15) 的拒绝域, 就要先得到 (5.2.16) 中的临界值 $c$, 使得 $H_0^{ij}$ 成立时, 犯第一类错误的概率为 $\alpha$. 即

$$
\begin{aligned}
\alpha &= P\left(\bigcup_{i<j}\left\{\left|\overline{Y}_i - \overline{Y}_j\right| > c\right\}\Big| H_0\right) \\
&= P\left(\max_{i<j}\left|\overline{Y}_i - \overline{Y}_j\right| > c\Big| H_0\right) \\
&= P\left(\max_{i<j}\left|\frac{\overline{Y}_i - \overline{Y}_j}{\sqrt{\mathrm{MS_E}/m}}\right| > \frac{c}{\sqrt{\mathrm{MS_E}/m}}\Big| H_0\right) \\
&= P\left(\max_{i<j}\left|\frac{(\overline{Y}_i - \mu_i) - (\overline{Y}_j - \mu_j)}{\sqrt{\mathrm{MS_E}/m}}\right| > \frac{c}{\sqrt{\mathrm{MS_E}/m}}\Big| H_0\right) \\
&= P\left(\max_i\left(\frac{\sqrt{m}(\overline{Y}_i - \mu_i)}{\sqrt{\mathrm{MS_E}}}\right) - \min_i\left(\frac{\sqrt{m}(\overline{Y}_i - \mu_i)}{\sqrt{\mathrm{MS_E}}}\right) > \frac{c}{\sqrt{\mathrm{MS_E}/m}}\Big| H_0\right)
\end{aligned}
$$

可取

$$
\frac{c}{\sqrt{\mathrm{MS_E}/m}} = q_{1-\alpha}(r, n-r) \tag{5.2.23}
$$

其中, $q_{1-\alpha}(r, n-r)$ 为 $q(r, n-r)$ 的 $1-\alpha$ 分位数. 在显著性水平 $\alpha$ 下, 取临界值 $c = q_{1-\alpha}(r, n-r)\sqrt{\mathrm{MS_E}/m}$. 检验问题 (5.2.15) 的拒绝域为

$$
W = \bigcup_{i<j}\left\{\left|\overline{Y}_i - \overline{Y}_j\right| > q_{1-\alpha}(r, n-r)\sqrt{\frac{\mathrm{MS_E}}{m}}\right\} \tag{5.2.24}
$$

利用 Tukey 方法求得的 $\mu_i - \mu_j$ 的置信水平为 $1-\alpha$ 的同时置信区间为

$$
\overline{Y}_i - \overline{Y}_j \pm q_{1-\alpha}(r, n-r)\sqrt{\frac{\mathrm{MS_E}}{m}}
$$

用 Tukey 方法得到的置信区间比用 Bonferroni 方法得到的置信区间更短. Tukey 方法只适应于重复数相同的情形.

**例 5.2.4**　某企业为了扩大市场占有率, 拟开展一场产品促销活动. 该企业拟定了 3 种广告宣传方式, 即在当地报纸上刊登广告、在当地电视台播出广告和在当地广播电台中播出广告, 并选择了 3 个人口规模和经济发展水平以及该企业产品的销售量都类似的地区, 然后随机地将每种广告宣传方式安排在一个地区进行试验, 共试验了 6 周, 销售量资料见表 5-8, 问 3 种广告宣传方式的效果是否存在差异?

**表 5-8　各种广告宣传方式的销售量**　　　　　　　　　　(单位: 箱)

| 地区和广告方式 | 观测序号 (周) | | | | | |
|---|---|---|---|---|---|---|
| | 1 | 2 | 3 | 4 | 5 | 6 |
| 甲地区: 报纸广告 $A_1$ | 53 | 52 | 66 | 62 | 51 | 58 |
| 乙地区: 电视广告 $A_2$ | 61 | 46 | 55 | 49 | 54 | 56 |
| 丙地区: 电台广告 $A_3$ | 50 | 40 | 45 | 55 | 40 | 42 |

**解** 这是单因子方差分析模型, 其所考察的因子是 "广告宣传方式". 水平有 $r = 3$ 个, 即 $A_1, A_2, A_3$, 且 $n_1 = n_2 = n_3 = 6, n = 18$. 假设检验的原假设为

$$H_0 : \mu_1 = \mu_2 = \mu_3$$

由表 5-8 的数据可计算出

$$\overline{x}_1 = 57, \quad \overline{x}_2 = 53.5, \quad \overline{x}_3 = 45.33, \quad \overline{x} = 51.94$$

以及

$$\text{TSS} = 938.9, \quad \text{FSS} = 430.1, \quad \text{ESS} = 508.8$$

可得表 5-9.

表 5-9 各种广告宣传方式的方差分析表

| 方差来源 | 离差平方和 | 自由度 | 均方 | $F$比 |
|---|---|---|---|---|
| 因子 | 430.1 | 2 | 215.05 | |
| 误差 | 508.8 | 15 | 33.92 | 6.34 |
| 总和 | 938.9 | 17 | | |

给定显著性水平 $\alpha = 0.05$, 则由 $F$-分布表查临界值 $F_{0.95}(2, 15) = 3.68$. 因为 $F = 6.34 > 3.68 = F_{0.95}(2, 15)$, 拒绝原假设 $H_0$, 可以认为三种广告宣传方式对产品销售量的影响程度有显著差异.

既然它们之间存在差异, 进一步弄清哪一种方式的效果是最佳的. 从三种方式的效应的估计值为

$$\hat{\alpha}_1 = 5.06, \quad \hat{\alpha}_2 = 1.56, \quad \hat{\alpha}_3 = -6.61$$

可见, 在报纸上刊登广告具有最大的效应.

另外, 将三种方式进行多重比较, 确定两两之间是否具有显著性差异. 先利用 Bonferroni 方法. 由式 (5.2.17) 计算三个 $t$-统计量的值分别为

$$t_{12} = 1.04, \quad t_{13} = 3.47, \quad t_{23} = 2.43$$

其中 $t_{ij}$ 表示对水平 $A_i$ 与 $A_j$ 的均值进行比较所构造的统计量的观测值. 由 (5.2.18), 临界值为

$$t_{1-0.05/(2 \times 3)}(18 - 3) = 2.69$$

易见, 在显著性水平 0.05/6 下, 只有水平 $A_1$ 的均值与水平 $A_3$ 的均值有显著性差异, 即报纸和电台的效果有明显的区别. 此外, 由式 (5.2.20) 可求得三对均值差的置信水平为 0.05 的置信区间分别为

$$[-5.56, 12.56], \quad [2.60, 20.72], \quad [-0.88, 17.22]$$

再利用 Tukey 方法分析. 三对均值差分别为

$$\overline{x}_1 - \overline{x}_2 = 3.5, \quad \overline{x}_1 - \overline{x}_3 = 11.67, \quad \overline{x}_2 - \overline{x}_3 = 8.17$$

查表得临界值为

$$q_{0.95}(3, 18 - 3) = 3.67$$

由式 (5.2.24) 知, 只有水平 $A_1$ 均值与水平 $A_3$ 均值有显著性差异, 结论与 Bonferroni 方法所得结果一致. 此时, 三对均值差的置信水平 0.05 的置信区间分别为

$$[-5.22, 12.22], \quad [2.94, 20.39], \quad [-0.55, 16.89]$$

易见, 由 Tukey 方法得到的置信区间比由 Bonferroni 方法得到的置信区间要短. 从以上讨论可知, 三种方式从优到劣依次为报纸、电视和电台. 利用报纸和电视是广告宣传的较好方式.

## 5.3　两因子方差分析

在现实世界中, 影响试验指标的因子往往有多个, 很难把影响试验指标的诸多因素一个个单独分离出来考察, 经常需要甚至是必须同时考察几个因素的影响大小. 有时主观上进行单因子试验, 但因某种原因, 客观上就导致了多因子试验. 考虑下面的例 5.3.1.

**例 5.3.1**　设水稻品种有窄叶青 (用 I 表示)、广进矮 (用 II 表示)、朝阳早 (用III 表示) 等三种, 现要考察水稻品种对水稻亩产量影响的显著性, 以便从中挑选水稻良种.

水稻品种优选试验是在试验田进行的. 尽管在试验工作中, 能够做到相同栽培技术、一样管理水平、种植同样水稻面积及相同施肥和相同灌溉, 但很难让稻田的土质完全一样. 于是, 做品种比较的单因子试验, 可能会出现安排水稻品种在试验田上的多种排列方法 (图 5-2). 第 (1) 种安排, 如果 I 的产量最高, 但 I 的这块土质最好, 不一定说明 I 是最优品种; 这时比较品种产量的差异大小还需要考虑到土壤的因素. 值得强调的是, 并不是说栽培技术等其他因素对水稻的产量没有影响. 这里是指相同条件下, 不同品种产量的差别大小问题. 换句话说, 在相同栽培技术、一样管理水平、种植同样水稻面积及相同施肥和相同灌溉等条件下, 同一个品种的产量是一样的. 第 (2) 种设计试验, 虽然各列都含有三个品种, 但第一、三行的品种分布不均, 这也不能做单因子试验; 第 (3) 种方案无论是行还是列都有三个品种, 这样比较不同品种对水稻产量的影响就不需再考虑土质的问题, 这时做单因子试验才能很好地达到试验的目的.

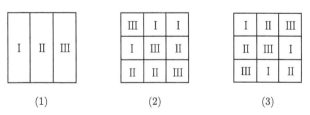

图 5-2　三种安排水稻品种在试验田上的排列方法

如果试验目的是从几个不同的水稻品种和几种不同的化肥中, 挑选能使得产量最高的水稻品种和肥料, 那么问题就不得不讨论两个因子对试验指标的影响. 虽然可用单因子

的试验分别对品种和肥料作方差分析, 将最佳品种和最好的肥料配对, 但很难确保这样简单的搭配会使产量达到最高. 因为品种和肥料的相结合可能会产生品种的影响与肥料影响的叠加效果, 不是最佳品种与肥料的搭配却能获得更高的产量. 这也正是我们要继续讨论多个因子的原因. 这种考察两个或以上因子的方差分析模型称为**多因子方差分析**. 在统计学上, 这种各个因子的不同水平搭配所产生的对试验指标影响称为**交互作用**. 多因子之间存在的交互作用使得问题变得很复杂, 而解决问题的思路方法是类似的, 这里只详细介绍两因子方差分析模型, 多因子方差分析可参考有关书籍.

### 5.3.1 非重复试验的两因子方差分析

根据两个因子不同水平的搭配对试验结果有无综合性影响 (即交互作用), 将两因子方差分析分为两种类型: 一种是无交互作用的两因子方差分析, 它假定因子 $A$ 和因子 $B$ 的效应之间是相互独立的, 不存在相互关系; 另一种是有交互作用的两因子方差分析, 它假定因子 $A$ 和因子 $B$ 的效应不独立, 有关联.

设试验有两个因子 $A$ 和 $B$, 其中 $A$ 有 $r$ 个水平 $A_1, A_2, \cdots, A_r$, $B$ 有 $s$ 个水平 $B_1, B_2, \cdots, B_s$, 共有 $r \times s$ 个不同的两因子水平组合 $A_i B_j$, 并把它的试验结果记为 $Y_{ij}$, $i = 1, 2, \cdots, r; j = 1, 2, \cdots, s$, 构成两因子试验的 $r \times s$ 个总体. 对每个组合 $A_i B_j$ 重复 $l$ 次试验, 即从总体 $Y_{ij}$ 中选取一个容量为 $l$ 的样本 $Y_{ij1}, Y_{ij2}, \cdots, Y_{ijl}$, 其试验结果的观察值用 $y_{ij1}, y_{ij2}, \cdots, y_{ijl}$ 表示.

在两因子方差分析中, 对因子水平的每个组合可以观察一次, 也可以重复多次. 通常在无交互作用下, 因子水平的组合只试验一次; 在有交互作用下, 因子水平的组合需重复试验多次. 本小节讨论非重复试验的情形, 假设不存在两因子交互作用.

1. 非重复两因子交互作用模型

试验无重复, 即 $l = 1$, 将总体 $Y_{ij}$ 的样本 $Y_{ij1}$ 简写为 $Y_{ij}$, 有两因子多水平试验的数据结构如表 5-10 所示.

表 5-10　非重复试验的数据表

| | | 因子 $B$ | | | | 平均值 $\overline{Y}_{i\cdot}$ |
|---|---|---|---|---|---|---|
| | | $B_1$ | $B_2$ | $\cdots$ | $B_s$ | |
| 因子 $A$ | $A_1$ | $Y_{11}$ | $Y_{12}$ | $\cdots$ | $Y_{1s}$ | $\overline{Y}_{1\cdot}$ |
| | $A_2$ | $Y_{21}$ | $Y_{22}$ | $\cdots$ | $Y_{2s}$ | $\overline{Y}_{2\cdot}$ |
| | $\vdots$ | $\vdots$ | $\vdots$ | | $\vdots$ | $\vdots$ |
| | $A_r$ | $Y_{r1}$ | $Y_{r2}$ | $\cdots$ | $Y_{rs}$ | $\overline{Y}_{r\cdot}$ |
| 平均值 $\overline{Y}_{\cdot j}$ | | $\overline{Y}_{\cdot 1}$ | $\overline{Y}_{\cdot 2}$ | $\cdots$ | $\overline{Y}_{\cdot s}$ | $\overline{Y}$ |

其中

$$\overline{Y}_{i\cdot} \triangleq \frac{1}{s} \sum_{j=1}^{s} Y_{ij}, \quad i = 1, \cdots, r$$

$$\overline{Y}_{\cdot j} \triangleq \frac{1}{r} \sum_{i=1}^{r} Y_{ij}, \quad j = 1, \cdots, s$$

$$\overline{Y} \triangleq \frac{1}{rs} \sum_{i=1}^{r} \sum_{j=1}^{s} Y_{ij}$$

假定总体 $Y_{ij}$ $(i = 1, \cdots, r; j = 1, \cdots, s)$ 相互独立均服从正态分布, 且有相同的方差, 即

$$Y_{ij} \sim N(\mu_{ij}, \sigma^2)$$

设 $\varepsilon_{ij} = Y_{ij} - \mu_{ij}$, $\varepsilon_{ij}$ 是试验的随机误差, 且 $\varepsilon_{ij} \sim N(0, \sigma^2)$. 上述假定等价于

$$\begin{cases} \text{随机变量 } \varepsilon_{ij} \text{ 相互独立,} \\ \varepsilon_{ij} \sim N(0, \sigma^2), \quad i = 1, \cdots, r; j = 1, \cdots, s \end{cases} \tag{5.3.1}$$

于是, $Y_{ij}$ 可表示为

$$Y_{ij} = \mu_{ij} + \varepsilon_{ij}, \quad i = 1, \cdots, r; j = 1, \cdots, s \tag{5.3.2}$$

有

$$\begin{cases} Y_{ij} = \mu_{ij} + \varepsilon_{ij} \\ \varepsilon_{ij} \sim N(0, \sigma^2) \text{ 且相互独立} \\ i = 1, 2, \cdots, r; \ j = 1, 2, \cdots, s \end{cases} \tag{5.3.3}$$

这是非重复试验的两因子方差分析模型.

为了方便, 在模型式 (5.3.3) 中, 记

$$\mu = \frac{1}{rs} \sum_{i=1}^{r} \sum_{j=1}^{s} \mu_{ij}$$

$$\mu_{i\cdot} = \frac{1}{s} \sum_{j=1}^{s} \mu_{ij}, \quad a_i = \mu_{i\cdot} - \mu, \quad i = 1, \cdots, r$$

$$\mu_{\cdot j} = \frac{1}{r} \sum_{i=1}^{r} \mu_{ij}, \quad b_j = \mu_{\cdot j} - \mu, \quad j = 1, \cdots, s$$

其中 $\mu$ 为 $r \times s$ 个总体数学期望的平均数, $a_i$ 为因素 $A$ 的第 $i$ 个水平 $A_i$ 对试验结果的效应, 表示水平 $A_i$ 在总平均数上引起的差异; $b_j$ 为因素 $B$ 的第 $j$ 个水平 $B_j$ 对试验结果的效应, 表示水平 $B_j$ 在总平均数上引起的差异. 易验证

$$\sum_{i=1}^{r} a_i = 0, \quad \sum_{j=1}^{s} b_j = 0 \tag{5.3.4}$$

因为

$$\mu_{ij} = \mu + (\mu_{i\cdot} - \mu) + (\mu_{\cdot j} - \mu) + (\mu_{ij} - \mu_{i\cdot} - \mu_{\cdot j} + \mu), \quad i = 1, \cdots, r; \ j = 1, \cdots, s \tag{5.3.5}$$

而因子 $A, B$ 之间不存在交互作用, 即式 (5.3.5) 右端最后一项为零. 将该式代入数学模型 (5.3.3) 得到效应分解式

$$Y_{ij} = \mu + a_i + b_j + \varepsilon_{ij} \tag{5.3.6}$$

2. 检验法

为判断因子 $A$ 和 $B$ 对试验指标的影响是否显著, 需检验假设

$$H_{01}: a_1 = a_2 = \cdots = a_r = 0$$
$$H_{02}: b_1 = b_2 = \cdots = b_s = 0$$

为方便起见, 用 $n = r \times s$ 表示所有样本容量之和.

对原假设 $H_{01}$ 和 $H_{02}$ 作显著性检验, 将总离差平方和 TSS 进行分解. 总离差平方和可分解为三个部分, 即因子 $A$ 的离差平方和 $\mathrm{FSS}_A$、因子 $B$ 的离差平方和 $\mathrm{FSS}_B$ 及误差平方和 ESS. 因为

$$\begin{aligned}
\mathrm{TSS} &= \sum_{i=1}^{r}\sum_{j=1}^{s}(Y_{ij} - \overline{Y})^2 \\
&= s\sum_{i=1}^{r}(\overline{Y}_{i\cdot} - \overline{Y})^2 + r\sum_{j=1}^{s}(\overline{Y}_{\cdot j} - \overline{Y})^2 \\
&\quad + \sum_{i=1}^{r}\sum_{j=1}^{s}\left(Y_{ij} - \overline{Y}_{i\cdot} - \overline{Y}_{\cdot j} + \overline{Y}\right)^2
\end{aligned} \tag{5.3.7}$$

其中利用了下面三个等式:

$$\sum_{i=1}^{r}\sum_{j=1}^{s}(Y_{ij} - \overline{Y}_{i\cdot})(\overline{Y}_{i\cdot} - \overline{Y}) = 0$$

$$\sum_{i=1}^{r}\sum_{j=1}^{s}(Y_{ij} - \overline{Y}_{\cdot j})(\overline{Y}_{\cdot j} - \overline{Y}) = 0$$

$$\sum_{i=1}^{r}\sum_{j=1}^{s}(\overline{Y}_{i\cdot} - \overline{Y})(\overline{Y}_{\cdot j} - \overline{Y}) = 0$$

记

$$\mathrm{FSS}_A = s\sum_{i=1}^{r}(\overline{Y}_{i\cdot} - \overline{Y})^2$$

$$\mathrm{FSS}_B = r\sum_{j=1}^{s}(\overline{Y}_{\cdot j} - \overline{Y})^2$$

$$\mathrm{ESS} = \sum_{i=1}^{r}\sum_{j=1}^{s}\left(Y_{ij} - \overline{Y}_{i\cdot} - \overline{Y}_{\cdot j} + \overline{Y}\right)^2$$

则可得出

$$\mathrm{TSS} = \mathrm{FSS}_A + \mathrm{FSS}_B + \mathrm{ESS} \tag{5.3.8}$$

由于 ESS 的计算较复杂, 一般由

$$\mathrm{ESS} = \mathrm{TSS} - \mathrm{FSS}_A - \mathrm{FSS}_B \tag{5.3.9}$$

算出. 根据

$$\mathrm{FSS}_A = s\sum_{i=1}^{r}(\overline{Y}_{i\cdot} - \overline{Y})^2 = s\sum_{i=1}^{r}[(\overline{Y}_{i\cdot} - \mu_{i\cdot}) - (\overline{Y} - \mu) + a_i]^2$$
$$= s\left\{\sum_{i=1}^{r}(\overline{Y}_{i\cdot} - \mu_{i\cdot})^2 - r(\overline{Y} - \mu)^2 + \sum_{i=1}^{r}a_i^2 + 2\sum_{i=1}^{r}[a_i(\overline{Y}_{i\cdot} - \mu_{i\cdot})]\right\}$$

不难得到

$$E(\mathrm{FSS}_A) = s\cdot E\left\{\sum_{i=1}^{r}(\overline{Y}_{i\cdot} - \mu_{i\cdot})^2 - r(\overline{Y} - \mu)^2 + \sum_{i=1}^{r}a_i^2 \right.$$
$$\left. + 2\sum_{i=1}^{r}[a_i(\overline{Y}_{i\cdot} - \mu_{i\cdot})]\right\}$$
$$= (r-1)\sigma^2 + s\sum_{i=1}^{r}a_i^2 \tag{5.3.10}$$

类似可得

$$E(\mathrm{FSS}_B) = (s-1)\sigma^2 + r\sum_{j=1}^{s}b_j^2 \tag{5.3.11}$$
$$E(\mathrm{ESS}) = (r-1)(s-1)\sigma^2 \tag{5.3.12}$$

令

$$\mathrm{MS}_A = \frac{1}{r-1}\mathrm{FSS}_A$$
$$\mathrm{MS}_B = \frac{1}{s-1}\mathrm{FSS}_B$$
$$\mathrm{MS}_E = \frac{1}{(r-1)(s-1)}\mathrm{ESS}$$

分别称为因子 $A$ 的均方、因子 $B$ 的均方和误差项均方. 则

$$E(\mathrm{MS}_A) = \sigma^2 + \frac{s}{r-1}\sum_{i=1}^{r}a_i^2 \tag{5.3.13}$$
$$E(\mathrm{MS}_B) = \sigma^2 + \frac{r}{s-1}\sum_{j=1}^{s}b_j^2 \tag{5.3.14}$$
$$E(\mathrm{MS}_E) = \sigma^2 \tag{5.3.15}$$

与单因子方差分析一样, 根据 Cochran 分解定理, 样本函数 $\mathrm{ESS}/\sigma^2 \sim \chi^2((r-1)(s-1))$; 当 $H_{01}$ 成立时, $\mathrm{FSS}_A/\sigma^2 \sim \chi^2(r-1)$, 且 $\mathrm{FSS}_A$ 与 ESS 独立; 当 $H_{02}$ 成立时, $\mathrm{FSS}_B/\sigma^2 \sim \chi^2(s-1)$, 且 $\mathrm{FSS}_B$ 与 ESS 独立. 构造统计量

$$F_A = \frac{\mathrm{MS}_A}{\mathrm{MS}_E} = \frac{\mathrm{FSS}_A}{\mathrm{ESS}}\cdot\frac{(r-1)(s-1)}{r-1} \sim F(r-1, (r-1)(s-1)) \tag{5.3.16}$$

和

$$F_B = \frac{\mathrm{MS}_B}{\mathrm{MS}_E} = \frac{\mathrm{FSS}_B}{\mathrm{ESS}} \cdot \frac{(r-1)(s-1)}{s-1} \sim F(s-1,\ (r-1)(s-1)) \tag{5.3.17}$$

当 $H_{01}$ 不成立时统计量 $F_A$ 有偏大的趋势, 可作为原假设 $H_{01}$ 的检验统计量; 当 $H_{02}$ 不成立时, 统计量 $F_B$ 有偏大的趋势, 可作为原假设 $H_{02}$ 的检验统计量. 记 $f_A$ 和 $f_B$ 分别为统计量 $F_A$ 和 $F_B$ 的观察值. 给定显著性水平 $\alpha$, 查 $F$-分布表, 得临界值

$$F_{1-\alpha}(r-1,\ (r-1)(s-1)),\quad F_{1-\alpha}(s-1,\ (r-1)(s-1))$$

如果 $f_A > F_{1-\alpha}(r-1,\ (r-1)(s-1))$, 则拒绝 $H_{01}$, 认为因子 $A$ 对试验指标有显著影响, 否则就认为没有影响;

如果 $f_B > F_{1-\alpha}(s-1,\ (r-1)(s-1))$, 则拒绝 $H_{02}$, 认为因子 $B$ 对试验指标有显著影响, 否则就认为没有影响. 为使用方便, 常用表 5-11 来表示.

表 5-11    非重复试验的两因子方差分析表

| 方差来源 | 平方和 | 自由度 | 均方 | $F$ 比 |
|---|---|---|---|---|
| 因子 $A$ | $\mathrm{FSS}_A$ | $r-1$ | $\mathrm{MS}_A$ | $F_A = \dfrac{\mathrm{MS}_A}{\mathrm{MS}_E}$ |
| 因子 $B$ | $\mathrm{FSS}_E$ | $s-1$ | $\mathrm{MS}_B$ | $F_B = \dfrac{\mathrm{MS}_B}{\mathrm{MS}_E}$ |
| 误差 | $\mathrm{ESS}$ | $(r-1)(s-1)$ | $\mathrm{MS}_E$ | |
| 总和 | $\mathrm{TSS}$ | $rs-1$ | | |

**例 5.3.2**    某试验将土质基本相同的一块耕地均匀等分为 5 个地块, 每个地块又均匀等分成 4 小块, 将 4 个品种的小麦随机分种在每一地块内的 4 小块上, 每一小块地种等量的一种小麦, 今测得其收获量如表 5-12 所示, 试以显著性水平分别为 $\alpha = 0.05$ 和 $\alpha = 0.01$, 判断地块和品种各自对小麦收获量有无显著影响.

表 5-12    4 个品种与 5 个地块搭配下的小麦收获量表    (单位: 斤)

| 因子 $A$ | | $B_1$ | $B_2$ | $B_3$ | $B_4$ | $B_5$ | 平均值 $\overline{Y}_{i\cdot}$ |
|---|---|---|---|---|---|---|---|
| | $A_1$ | 32.3 | 34.0 | 34.7 | 36.0 | 35.5 | 34.50 |
| | $A_2$ | 33.2 | 33.6 | 36.8 | 34.3 | 36.1 | 34.80 |
| | $A_3$ | 30.8 | 34.4 | 32.3 | 35.8 | 32.8 | 33.22 |
| | $A_4$ | 29.5 | 26.2 | 28.1 | 28.5 | 29.4 | 28.34 |
| 平均值 | $\overline{Y}_{\cdot j}$ | 31.45 | 32.05 | 32.98 | 33.65 | 33.45 | 32.72 |

（因子 $B$ 横跨 $B_1$–$B_5$ 列）

**解**    以品种为因子 $A$, 有 4 个水平 $A_1, A_2, A_3, A_4$, 以地块为因子 $B$, 有 5 个水平 $B_1, B_2, B_3, B_4, B_5$. 设 $A$ 与 $B$ 无交互作用, $r=4, s=5, n=20$, 计算因子 $A$ 和 $B$ 各水平下的样本平均值 $\overline{Y}_{i\cdot}$ 和 $\overline{Y}_{\cdot j}$ 以及总平均值 $\overline{Y}$, 列在表 5-14 中.

原假设为

$$H_{01}: a_1 = a_2 = a_3 = a_4 = 0$$
$$H_{02}: b_1 = b_2 = b_3 = b_4 = b_5 = 0$$

计算各离差的平方和

$$\begin{cases} \text{TSS} = \sum_{i=1}^{4}\sum_{j=1}^{5}(y_{ij}-\overline{y})^2 = 175.0255 \\ \text{FSS}_A = 5\sum_{i=1}^{4}(\overline{y}_{i\cdot}-\overline{y})^2 = 134.6455 \\ \text{FSS}_B = 4\sum_{j=1}^{5}(\overline{y}_{\cdot j}-\overline{y})^2 = 8.4402 \end{cases}$$

由式 (5.3.9) 得

$$\text{ESS} = 175.0255 - 134.6455 - 8.4402 = 31.9398$$

进一步可算得

$$\text{MS}_A = 44.8818, \quad \text{MS}_B = 2.1101, \quad \text{MS}_\text{E} = 2.6617$$

有 $F$ 值

$$F_A = \frac{44.8818}{2.6617} = 16.8624, \quad F_B = \frac{2.1101}{2.6617} = 0.7928$$

综合以上结果, 有下面的表 5-13.

表 5-13　小麦收获量方差分析表

| 方差来源 | 平方和 | 自由度 | 均方 | $F$ 比 |
|---|---|---|---|---|
| 因子 $A$ | 134.6455 | 3 | 44.8818 | 16.8624 |
| 因子 $B$ | 8.4402 | 4 | 2.1101 | 0.7928 |
| 误差 | 31.9398 | 12 | 2.6617 | |
| 总和 | 175.0255 | 19 | | |

查 $F$-分布表, 得 $\alpha = 0.05$ 的临界值为 $F_{0.95}(3,12) = 3.49 < 16.8624 = F_A$, 所以拒绝原假设 $H_{01}$, 表明小麦品种的不同对小麦收获量有显著的影响; 对 $\alpha = 0.01$, 得临界值为 $F_{0.99}(4,12) = 5.41 > 0.7928 = F_B$, 所以不能拒绝原假设 $H_{02}$, 表明地块的不同对小麦收获量没有显著影响.

### 5.3.2　重复试验的两因子方差分析

有时, 根据生产经验和专业知识, 知道两个因子间存在交互作用, 即不同因子水平的搭配对试验指标有联合作用, 也就是说, 因子 $A$ 的作用会随着因子 $B$ 的不同水平而发生变化. 在实际应用中, 两因子交互作用, 只凭一次试验是分析不出来的, 至少需重复试验两次以上, 才能分析有无交互作用. 为了便于说明这种分析方法, 以下对各个水平组合 $A_iB_j$ 做等重复试验, 即从每个总体 $Y_{ij}$ 中选取容量相等的样本, 这是具有相等次数试验的两因子方差分析.

1. 重复试验的两因子方差分析模型

假设试验因子 $A$ 有 $r$ 个水平 $A_1, A_2, \cdots, A_r$, 因子 $B$ 有 $s$ 个水平 $B_1, B_2, \cdots, B_s$, 等重复试验次数为 $l$, 每个水平组合 $A_iB_j$ 的相应总体 $Y_{ij}$ 的观察样本为

$$Y_{ij1}, Y_{ij2}, \cdots, Y_{ijl}, \quad i = 1, \cdots, r; j = 1, \cdots, s$$

共有 $r \times s$ 个样本, $r \times s \times l$ 个观察结果, 把所有观察结果整理成数据, 见表 5-14.

表 5-14 有重复试验的数据

| | | 因子 $B$ | | | |
|---|---|---|---|---|---|
| | | $B_1$ | $B_2$ | $\cdots$ | $B_s$ |
| | $A_1$ | $Y_{111},\cdots,Y_{11l}$ | $Y_{121},\cdots,Y_{12l}$ | $\cdots$ | $Y_{1s1},\cdots,Y_{1sl}$ |
| 因 | $A_2$ | $Y_{211},\cdots,Y_{21l}$ | $Y_{221},\cdots,Y_{22l}$ | $\cdots$ | $Y_{2s1},\cdots,Y_{2sl}$ |
| 子 | $\vdots$ | $\vdots$ | $\vdots$ | | $\vdots$ |
| $A$ | $A_r$ | $Y_{r11},\cdots,Y_{r1l}$ | $Y_{r21},\cdots,Y_{r2l}$ | $\cdots$ | $Y_{rs1},\cdots,Y_{rsl}$ |

假定总体 $Y_{ijk}$ 服从正态分布 $N(\mu_{ij},\ \sigma^2)$ 且 $Y_{ijk}\ (i=1,\cdots,r; j=1,\cdots,s; k=1,\cdots,l)$ 相互独立. 设

$$\varepsilon_{ijk} = Y_{ijk} - \mu_{ij}$$

上述假定等价于

$$\begin{cases} \text{随机误差 } \varepsilon_{ijk}\ (i=1,\cdots,r; j=1,\cdots,s; k=1,\cdots,l) \\ \text{相互独立, 且 } \varepsilon_{ijk} \sim N(0,\ \sigma^2) \end{cases} \tag{5.3.18}$$

于是, $Y_{ijk}$ 可表示为

$$\begin{cases} Y_{ijk} = \mu_{ij} + \varepsilon_{ijk}, \\ \varepsilon_{ijk}\ \text{相互独立}, \\ \varepsilon_{ijk} \sim N(0,\sigma^2), \end{cases} \quad \text{其中} \begin{cases} i=1,2,\cdots,r \\ j=1,2,\cdots,s \\ k=1,2,\cdots,l \end{cases} \tag{5.3.19}$$

称它为等重复试验方差分析模型.

对模型 (5.3.19), 引入记号 $\mu, \mu_{i\cdot}, \mu_{\cdot j}, a_i, b_j$. 由于因子 $A$ 与 $B$ 之间有交互作用, 把式 (5.3.5) 右端最后一项记作

$$c_{ij} \triangleq \mu_{ij} - \mu_{i\cdot} - \mu_{\cdot j} + \mu \tag{5.3.20}$$

式 (5.3.19) 可写成效应分解式

$$Y_{ijk} = \mu + a_i + b_j + c_{ij} + \varepsilon_{ijk} \tag{5.3.21}$$

2. 交互效应

在效应分解式 (5.3.21) 中, 把 $c_{ij}$ 在式 (5.3.20) 中的定义重新组合为

$$\begin{aligned} c_{ij} &= \mu_{ij} - \mu - \mu_{i\cdot} + \mu - \mu_{\cdot j} + \mu \\ &= (\mu_{ij} - \mu) - a_i - b_j \end{aligned} \tag{5.3.22}$$

其中 $\mu_{ij} - \mu$ 是反映水平组合 $A_iB_j$ 对试验指标的**总效应**或**联合效应**. 总效应减去水平 $A_i$ 的效应 $a_i$ 及水平 $B_j$ 的效应 $b_j$, 所得之差 $c_{ij}$ 称为水平 $A_i$ 和 $B_j$ 联合对试验指标的**交互效应**. 在方差分析中, 通常把因子 $A$ 与因子 $B$ 对试验指标的交互效应设定为某一新因子

的效应, 把此新因子记作 $A \times B$, 称它为 $A$ 与 $B$ 对试验指标的**交互作用**. 显然交互效应 $c_{ij}$ 满足关系式

$$\sum_{i=1}^{r} c_{ij} = \sum_{j=1}^{s} c_{ij} = 0 \tag{5.3.23}$$

为了直观地理解交互作用的实际意义, 下面举例说明.

**例 5.3.3**　某农科所在四块面积相等的大豆试验田里, 通过两种肥料 $N$ 和 $P$ 的施肥观察对大豆亩产量的影响, 数据如表 5-15 所示.

**表 5-15　大豆施肥试验数据表**　　　　　　　　　　（单位: 斤）

| 肥料 $N$ | 肥料 $P$ | | |
|---|---|---|---|
| | $P_1 = 0$ | $P_2 = 4$ | $P_1 \to P_2$ |
| $N_1 = 0$ | 400 | 450 | $450 - 400 = 50$ |
| $N_2 = 6$ | 430 | 560 | $560 - 430 = 130$ |

肥料 $N$ 和 $P$ 是两个因子各取两水平 $N_1, N_2$ 和 $P_1, P_2$, 属于两因子两水平的试验. 从试验结果的数据来看, 两种肥料都不用时, 大豆亩产 400 斤; 当没有施肥料 $N$ (即 $N_1 = 0$), 而肥料 $P$ 用 4 个单位时, 可使大豆亩产增加 50 斤, 这反映了肥料 $P$ 的作用. 当施 $N$ 肥料 6 个单位, $P$ 肥料 4 个单位时, 可使大豆亩产比不施肥料 $P$ 增加 130 斤, 这也反映了肥料 $P$ 的作用, 但这时产量比不施肥料 $N$ 又增加了 80 斤. 那么这个 80 斤恰好反映了 $N$ 和 $P$ 两种肥料对大豆亩产的交互作用. 也可以从另一角度来理解: 在 $N_2 = 6$, $P_2 = 4$ 的水平组合下, 大豆产量由没施肥 $N$ 和 $P$ 的 400 斤增加到 560 斤, 即增加了 160 斤, 在 $N_2 = 6$ 的水平下, 大豆亩产增加 $430 - 400 = 30$(斤), 在 $P_2 = 4$ 的水平下, 大豆亩产增加 $450 - 400 = 50$(斤), 那么 $160 - 30 - 50 = 80$(斤) 反映了交互作用 $N_2 \times P_2$ 对大豆增产的作用.

总之, 在两因子试验中, 当一个因子对试验指标的影响作用, 依赖于另一个因子所取的水平时, 就称这两个因子对试验指标有交互作用.

综合以上两段所述, 在式 (5.3.4) 和 (5.3.23) 的条件下, 对模型 (5.3.21) 进行有交互作用的两因子方差分析. 要注意这里 $\mu, \sigma^2, a_i, b_j, c_{ij}, i = 1, \cdots, r; j = 1, \cdots, s$ 均为未知参数.

3. 检验法

对上面所提到的问题, 检验原假设

$$H_{01}: a_1 = a_2 = \cdots = a_r = 0$$
$$H_{02}: b_1 = b_2 = \cdots = b_s = 0$$
$$H_{012}: c_{ij} = 0, \quad i = 1, \cdots, r; j = 1, \cdots, s$$

各样本指标的计算如下: 总的样本平均值 $\overline{Y} = \sum_{i=1}^{r} \sum_{j=1}^{s} \sum_{k=1}^{l} Y_{ijk} \big/ (rsl)$; $A_i$ 和 $B_j$ 水平组合的样本平均值 $\overline{Y}_{ij\cdot} = \sum_{k=1}^{l} Y_{ijk} \big/ l$; 因子 $A$ 各水平的样本平均值 $\overline{Y}_{i\cdot\cdot} = \sum_{j=1}^{s} \sum_{k=1}^{l} Y_{ijk} \big/ (sl)$; 因子 $B$ 各水平的样本平均值 $\overline{Y}_{\cdot j\cdot} = \sum_{i=1}^{r} \sum_{k=1}^{l} Y_{ijk} \big/ (rl)$.

它们分别是 $\mu$, $\mu_{ij}$, $\mu_{i\cdot}$, $\mu_{\cdot j}$ 的无偏估计量. 于是, 总离差平方和 TSS 有恒等分解式

$$
\begin{aligned}
\text{TSS} &= \sum_{i=1}^{r}\sum_{j=1}^{s}\sum_{k=1}^{l}(Y_{ijk}-\overline{Y})^2 \\
&= \sum_{i,j,k=1}^{r,s,l}(Y_{ijk}-\overline{Y}_{ij\cdot})^2 + \sum_{i,j,k=1}^{r,s,l}(\overline{Y}_{ij\cdot}-\overline{Y}_{i\cdot\cdot}-\overline{Y}_{\cdot j\cdot}+\overline{Y})^2 \\
&\quad + \sum_{i,j,k=1}^{r,s,l}(\overline{Y}_{i\cdot\cdot}-\overline{Y})^2 + \sum_{i,j,k=1}^{r,s,l}(\overline{Y}_{\cdot j\cdot}-\overline{Y})^2
\end{aligned}
$$

可以证明上述四个圆括号中任意两个乘积求和都等于零. 记

$$
\text{ESS} = \sum_{i,j,k=1}^{r,s,l}(Y_{ijk}-\overline{Y}_{ij\cdot})^2
$$

$$
\text{FSS}_A = \sum_{i,j,k=1}^{r,s,l}(\overline{Y}_{i\cdot\cdot}-\overline{Y})^2 = sl\sum_{i=1}^{r}(\overline{Y}_{i\cdot\cdot}-\overline{Y})^2
$$

$$
\text{FSS}_B = \sum_{i,j,k=1}^{r,s,l}(\overline{Y}_{\cdot j\cdot}-\overline{Y})^2 = rl\sum_{j=1}^{s}(\overline{Y}_{\cdot j\cdot}-\overline{Y})^2
$$

$$
\begin{aligned}
\text{FSS}_{A\times B} &= \sum_{i,j,k=1}^{r,s,l}(\overline{Y}_{ij\cdot}-\overline{Y}_{i\cdot\cdot}-\overline{Y}_{\cdot j\cdot}+\overline{Y})^2 \\
&= l\sum_{i,j=1}^{r,s}(\overline{Y}_{ij\cdot}-\overline{Y}_{i\cdot\cdot}-\overline{Y}_{\cdot j\cdot}+\overline{Y})^2
\end{aligned}
$$

依次称为误差平方和 ESS、因子 $A$ 的离差平方和 $\text{FSS}_A$、因子 $B$ 的离差平方和 $\text{FSS}_B$、交互作用 $A\times B$ 的离差平方和 $\text{FSS}_{A\times B}$, 有离差平方和的分解恒等式

$$
\text{TSS} = \text{ESS} + \text{FSS}_A + \text{FSS}_B + \text{FSS}_{A\times B} \tag{5.3.24}
$$

再记

$$
\text{MS}_{\text{E}} = \frac{\text{ESS}}{rs(l-1)}
$$

$$
\text{MS}_A = \frac{\text{FSS}_A}{r-1}
$$

$$
\text{MS}_B = \frac{\text{FSS}_B}{s-1}
$$

$$
\text{MS}_{A\times B} = \frac{\text{FSS}_{A\times B}}{(r-1)(s-1)}
$$

由于

$$
E(\text{ESS}) = \sum_{i,j=1}^{r,s}E\left[\sum_{k=1}^{l}(Y_{ijk}-\overline{Y}_{ij\cdot})^2\right] = rs(l-1)\sigma^2
$$

所以

$$
E(\text{MSE}) = E\left[\frac{\text{ESS}}{rs(l-1)}\right] = \sigma^2 \tag{5.3.25}
$$

称 $\mathrm{MS_E}$ 为重复试验的误差项均方, 是 $\sigma^2$ 的无偏估计量. 记

$$\overline{\varepsilon} = \frac{1}{rsl} \sum_{i,j,k=1}^{r,s,l} \varepsilon_{ijk}, \qquad \overline{\varepsilon}_{ij\cdot} = \frac{1}{l} \sum_{k=1}^{l} \varepsilon_{ijk}$$

$$\overline{\varepsilon}_{i\cdot\cdot} = \frac{1}{sl} \sum_{j,k=1}^{s,l} \varepsilon_{ijk}, \qquad \overline{\varepsilon}_{\cdot j\cdot} = \frac{1}{rl} \sum_{i,k=1}^{r,l} \varepsilon_{ijk}$$

由效应分解式 (5.3.21) 及条件 (5.3.4) 和式 (5.3.23) 知

$$\begin{aligned}
\overline{Y}_{i\cdot\cdot} &= \frac{1}{sl} \sum_{j,k=1}^{s,l} Y_{ijk} = \frac{1}{sl} \sum_{j,k=1}^{s,l} (\mu + a_i + b_j + c_{ij} + \varepsilon_{ijk}) \\
&= \frac{1}{s} \sum_{j=1}^{s} (\mu + a_i + b_j + c_{ij}) + \frac{1}{sl} \sum_{j,k=1}^{s,l} \varepsilon_{ijk} \\
&= \mu + a_i + \frac{1}{s} \sum_{j=1}^{s} b_j + \frac{1}{s} \sum_{j=1}^{s} c_{ij} + \overline{\varepsilon}_{i\cdot\cdot} = \mu + a_i + \overline{\varepsilon}_{i\cdot\cdot}
\end{aligned}$$

同理,

$$\overline{Y} = \mu + \overline{\varepsilon}$$

$$\overline{Y}_{\cdot j\cdot} = \mu + b_j + \overline{\varepsilon}_{\cdot j\cdot}$$

$$\overline{Y}_{ij\cdot} = \mu + a_i + b_j + c_{ij} + \overline{\varepsilon}_{ij\cdot}$$

仿照式 (5.3.10) 的推导, 可得

$$\overline{Y}_{i\cdot\cdot} - \overline{Y} = a_i + (\overline{\varepsilon}_{i\cdot\cdot} - \overline{\varepsilon})$$

$$\overline{Y}_{\cdot j\cdot} - \overline{Y} = b_j + (\overline{\varepsilon}_{\cdot j\cdot} - \overline{\varepsilon})$$

$$\overline{Y}_{ij\cdot} - \overline{Y}_{i\cdot\cdot} - \overline{Y}_{\cdot j\cdot} + \overline{Y} = c_{ij} + (\overline{\varepsilon}_{ij\cdot} - \overline{\varepsilon}_{i\cdot\cdot} - \overline{\varepsilon}_{\cdot j\cdot} + \overline{\varepsilon})$$

$$E(\mathrm{FSS}_A) = E\left[ sl \sum_{i=1}^{r} (a_i + \overline{\varepsilon}_{i\cdot\cdot} - \overline{\varepsilon})^2 \right]$$

$$= (r-1)\sigma^2 + sl \sum_{i=1}^{r} a_i^2$$

$$E(\mathrm{MS}_A) = \sigma^2 + \frac{sl}{r-1} \sum_{i=1}^{r} a_i^2 \qquad (5.3.26)$$

$$E(\mathrm{FSS}_B) = E\left[ sl \sum_{j=1}^{s} (b_j + \overline{\varepsilon}_{\cdot j\cdot} - \overline{\varepsilon})^2 \right]$$

$$= (s-1)\sigma^2 + rl \sum_{j=1}^{s} b_j^2$$

$$E(\mathrm{MS}_B) = \sigma^2 + \frac{rl}{s-1} \sum_{j=1}^{s} b_j^2 \qquad (5.3.27)$$

$$E(\text{FSS}_{A\times B}) = E\left[l\sum_{i,j=1}^{r,s}(c_{ij} + \overline{\varepsilon}_{ij.} - \overline{\varepsilon}_{i..} - \overline{\varepsilon}_{.j.} + \overline{\varepsilon})^2\right]$$

$$= l\sum_{i,j=1}^{r,s}c_{ij}^2 + (r-1)(s-1)\sigma^2$$

$$E(\text{MS}_{A\times B}) = \sigma^2 + \frac{l}{(r-1)(s-1)}\sum_{i,j=1}^{r,s}c_{ij}^2 \tag{5.3.28}$$

这里 $\text{MS}_A, \text{MS}_B, \text{MS}_{A\times B}$ 分别是相应的因子 $A$、因子 $B$ 和交互作用 $A\times B$ 的均方误差. 在相应原假设 $H_{01}, H_{02}, H_{012}$ 成立的条件下, 都是 $\sigma^2$ 的无偏估计.

在式 (5.3.19) 的基本假定下, 可以证明模型 (5.3.21) 的如下结论:

当 $H_{01}$ 成立时,

$$F_A = \frac{\dfrac{\text{FSS}_A}{\sigma^2(r-1)}}{\dfrac{\text{ESS}}{\sigma^2 rs(l-1)}} = \frac{\text{MS}_A}{\text{MS}_E} \sim F(r-1, rs(l-1)) \tag{5.3.29}$$

当 $H_{02}$ 成立时,

$$F_B = \frac{\dfrac{\text{FSS}_B}{\sigma^2(s-1)}}{\dfrac{\text{ESS}}{\sigma^2 rs(l-1)}} = \frac{\text{MS}_B}{\text{MS}_E} \sim F(s-1, rs(l-1)) \tag{5.3.30}$$

当 $H_{012}$ 成立时,

$$F_{A\times B} = \frac{\dfrac{\text{FSS}_{A\times B}}{\sigma^2(r-1)(s-1)}}{\dfrac{\text{ESS}}{\sigma^2 rs(l-1)}} = \frac{\text{MS}_{A\times B}}{\text{MS}_E} \sim F((r-1)(s-1), rs(l-1)) \tag{5.3.31}$$

给定显著性水平 $\alpha$, 检验方法如下:

若 $F_A > F_{1-\alpha}((r-1), rs(l-1))$, 则拒绝 $H_{01}$, 否则接受 $H_{01}$;

若 $F_B > F_{1-\alpha}((s-1), rs(l-1))$, 则拒绝 $H_{02}$, 否则接受 $H_{02}$;

若 $F_{A\times B} > F_{1-\alpha}((r-1)(s-1), rs(l-1))$, 则拒绝 $H_{012}$, 否则接受 $H_{012}$.

列出方差分析表如表 5-16 所示.

表 5-16　等重复试验的两因子方差分析表

| 方差来源 | 平方和 | 自由度 | 均方 | $F$ 比 |
|---|---|---|---|---|
| 因子 $A$ | $\text{FSS}_A$ | $r-1$ | $\text{MS}_A$ | $F_A = \dfrac{\text{MS}_A}{\text{MS}_E}$ |
| 因子 $B$ | $\text{FSS}_B$ | $s-1$ | $\text{MS}_B$ | $F_B = \dfrac{\text{MS}_B}{\text{MS}_E}$ |
| $A\times B$ | $\text{FSS}_{A\times B}$ | $(r-1)(s-1)$ | $\text{MS}_{A\times B}$ | $F_{A\times B} = \dfrac{\text{MS}_{A\times B}}{\text{MS}_E}$ |
| 误差 | $\text{ESS}$ | $rs(l-1)$ | $\text{MS}_E$ | |
| 总和 | $\text{TSS}$ | $rsl-1$ | | |

**例 5.3.4**　有三个小麦品种和两种不同肥料, 交叉搭配成 6 种组合. 将一块耕地均等分为 6 个区块, 在每区块上随机安排品种与肥料交叉组合中的一种组合, 又每区块均等分为 4 块, 进行 4 次重复试验, 小麦收获量的数据如表 5-17 所示. 试在显著性水平 $\alpha = 0.05$ 下判断品种、肥料及其交互作用对小麦收获量有无显著影响.

**表 5-17　六种组合试验收获量**　　　　　　　　　　　　　　　　(单位:kg)

| | | 品种 | | | $\overline{y}_{i\cdot\cdot}$ |
| | | $B_1$ | $B_2$ | $B_3$ | |
|---|---|---|---|---|---|
| 肥 | $A_1$ | 9, 10, 9, 8 | 11, 12, 9, 8 | 13, 14, 15, 12 | 10.83 |
| 料 | $A_2$ | 9, 10, 12, 11 | 12, 13, 11, 12 | 22, 16, 20, 18 | 13.83 |
| | $\overline{y}_{\cdot j\cdot}$ | 9.75 | 11 | 16.25 | 12.33 |

**解**　以 $A$ 表示肥料, 有 2 个水平 $A_1, A_2$; 以 $B$ 表示小麦品种, 有 3 个水平 $B_1, B_2, B_3$, 且 $r = 2, s = 3$. 每一组合水平各重复试验 $l = 4$ 次, 总试验次数 $rsl = 2 \times 3 \times 4 = 24$.

计算各种样本平均值, 其中 $\overline{y}_{i\cdot\cdot}, \overline{y}_{\cdot j\cdot}, \overline{y}$ 列在表 5-19 中, $\overline{y}_{ij\cdot}$ 用矩阵表示为

$$(\overline{y}_{ij\cdot})_{2\times 3} = \begin{pmatrix} 9 & 10 & 13.5 \\ 10.5 & 12 & 19 \end{pmatrix}$$

离差平方和分别为

$$\text{TSS} = \sum_{i,j,k=1}^{r,s,l} (y_{ijk} - \overline{y})^2 = 307.33$$

$$\text{FSS}_A = sl \sum_{i=1}^{r} (\overline{y}_{i\cdot\cdot} - \overline{y})^2 = 54$$

$$\text{FSS}_B = rl \sum_{j=1}^{s} (\overline{y}_{\cdot j\cdot} - \overline{y})^2 = 190.333$$

$$\text{FSS}_{A\times B} = l \sum_{i,j=1}^{r,s} (\overline{y}_{ij\cdot} - \overline{y}_{i\cdot\cdot} - \overline{y}_{\cdot j\cdot} + \overline{y})^2 = 19$$

$$\text{ESS} = \sum_{i,j,k=1}^{r,s,l} (y_{ijk} - \overline{y}_{ij\cdot})^2 = 44$$

由式 (5.3.25)~(5.3.28) 得

$$\text{MS}_E = \frac{\text{ESS}}{sr(l-1)} = \frac{44}{18} = 2.444$$

$$\text{MS}_A = \frac{\text{FSS}_A}{r-1} = 54, \quad F_A = \frac{54}{2.444} = 22.091$$

$$\text{MS}_B = \frac{\text{FSS}_B}{s-1} = 95.167, \quad F_B = \frac{95.165}{2.444} = 38.932$$

$$\text{MS}_{A\times B} = \frac{\text{FSS}_{A\times B}}{(r-1)(s-1)} = 9.5, \quad F_{A\times B} = \frac{9.5}{2.444} = 3.886$$

综合以上数据, 有表 5-18.

表 5-18    六种组合收获量方差分析表

| 方差来源 | 平方和 | 自由度 | 均方 | $F$ 比 |
|---|---|---|---|---|
| 因子 $A$ | 54 | 1 | 54 | 22.091 |
| 因子 $B$ | 190.333 | 2 | 95.167 | 38.932 |
| $A \times B$ | 19 | 2 | 9.5 | 3.886 |
| 误差 | 44 | 18 | 2.444 | |
| 总和 | 307.33 | 23 | | |

对于因子 $A$, 在显著性水平 $\alpha = 0.05$ 下, 临界值 $F_{0.95}(1,18) = 4.41$, 而 $F_A = 22.091$ 远大于 4.41, 说明肥料的不同对小麦收获量有显著影响.

对于因子 $B$, 在显著性水平 $\alpha = 0.05$ 下, 临界值 $F_{0.95}(2,18) = 3.55$, 而 $F_B = 38.932$ 也远大于 3.55, 说明小麦品种的不同对收获量也有显著影响.

此外, 交互作用的 $F$ 值 3.886 也比临界值 3.55 大, 说明小麦品种和肥料的交互作用对小麦的收获量也有一定的影响.

# 5.4  线性回归模型

回归分析的目的是寻求一个随机变量 $Y$ 对一个或一组变量 $X_1, X_2, \cdots, X_k$ 的统计依赖关系, 其中自变量 $X_1, X_2, \cdots, X_k$ 是 $k$ 个数量因子.

在 5.1 节给出的四条假定之下, 考虑线性模型 (5.1.6). 若对自变量 $X_1, X_2, \cdots, X_k$ 的每一给定值 $x_1, x_2, \cdots, x_k$, 因变量 $Y$ 的条件期望都存在, 即

$$E(Y \mid x_1, x_2, \cdots, x_k) = f(x_1, x_2, \cdots, x_k) \tag{5.4.1}$$

是有限的. 在自变量 $x_1, x_2, \cdots, x_k$ 下因变量 $Y$ 的条件期望

$$E(Y \mid x_1, x_2, \cdots, x_k)$$

之间就建立了一一对应的函数关系, 记

$$y = E(Y \mid x_1, x_2, \cdots, x_k) = f(x_1, x_2, \cdots, x_k)$$

称此条件期望 $E(Y \mid x_1, x_2, \cdots, x_k)$ 为 $Y$ 对 $x_1, x_2, \cdots, x_k$ 的**回归函数**, 简称为回归. 如果 $f(x_1, x_2, \cdots, x_k)$ 是一个线性函数关系式, 就称之为**线性回归函数**. 在回归分析中自变量 $X_1, \cdots, X_k$ 常称为**回归因子**.

### 5.4.1  一元线性回归模型

一元线性回归模型是最简单的回归模型. 模型中只有一个回归因子 $X$, 即式 (5.1.5) 中 $k = 1$ 的模型. 式 (5.4.1) 中的函数 $f$ 只有一个自变量, 记为 $x$. 于是, 一元线性回归的

模型可写为

$$Y = \beta_0 + \beta_1 X + \varepsilon \tag{5.4.2}$$

把 $\beta_0$ 和 $\beta_1$ 称为**回归系数**.

能否用一元线性回归模型来描述 $Y$ 与 $X$ 的关系, 直观方法是把样本观察值

$$(x_1, y_1),\ (x_2, y_2),\ \cdots, (x_n, y_n)$$

绘制在平面直角坐标上, 构成散点图. 若散点图的 $n$ 个点近似在一条直线附近, 就可粗略地认为 $Y$ 依赖于 $X$ 的变化而成比例地变化, 即二者的关系可用一元线性模型来表示, 如图 5-3 所示.

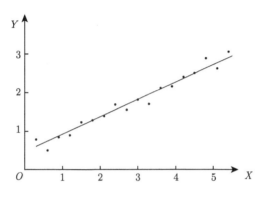

图 5-3　一元线性回归模型散点图

对于一元线性回归模型, 将数据作中心化的处理, 记

$$\overline{x} = \frac{1}{n} \sum_{t=1}^{n} x_t, \quad \overline{y} = \frac{1}{n} \sum_{t=1}^{n} y_t$$

$$l_{xx} = \sum_{t=1}^{n} (x_t - \overline{x})^2 = \sum_{t=1}^{n} [x_t(x_t - \overline{x})]$$

$$l_{yy} = \sum_{t=1}^{n} (y_t - \overline{y})^2 = \sum_{t=1}^{n} [y_t(y_t - \overline{y})]$$

$$l_{xy} = \sum_{t=1}^{n} (y_t - \overline{y})(x_t - \overline{x}) = \sum_{t=1}^{n} [y_t(x_t - \overline{x})]$$

以及

$$\overline{X} = \frac{1}{n} \sum_{t=1}^{n} X_t \overline{Y} = \frac{1}{n} \sum_{t=1}^{n} Y_t$$

$$l_{XX} = \sum_{t=1}^{n} (X_t - \overline{X})^2 = \sum_{t=1}^{n} [X_t(X_t - \overline{X})]$$

$$l_{YY} = \sum_{t=1}^{n} (Y_t - \overline{Y})^2 = \sum_{t=1}^{n} [Y_t(Y_t - \overline{Y})]$$

$$l_{XY} = \sum_{t=1}^{n}(Y_t - \overline{Y})(X_t - \overline{X}) = \sum_{t=1}^{n}[Y_t(X_t - \overline{X})]$$

得到与式 (5.4.2) 等价的一元线性回归模型

$$Y = \beta_0 + \beta_1(X - \overline{X}) + \varepsilon \qquad (5.4.3)$$

### 5.4.2 相关与回归

任何两个随机变量 $X$ 和 $Y$ 的相关系数 $|r| = 1$ 当且仅当存在两个常数 $a, b$ 且 $a \neq 0$, 使得 $P(Y = aX + b) = 1$. 即在相关系数 $|r| = 1$ 时, 随机变量 $X$ 和 $Y$ 之间几乎处处成立线性函数关系

$$Y = aX + b$$

虽然在 5.4.1 节里定义了一个随机变量 $Y$ 对 $X$ 的回归模型, 但是在理论上必须要回答一个问题: 作为 $Y$ 对 $X$ 的回归, $E(Y|X)$ 是否真实地反映了 $Y$ 与 $X$ 之间的线性相关性, 换句话说, 会不会还有 $X$ 的其他函数比 $E(Y|X)$ 更好呢? 为了回答这个问题, 可用均方误差作为优良性的标准.

用随机变量 $X$ 作为观察对象, 来估计随机变量 $Y$, 假设统计量 $\hat{Y} = T(X)$ 是 $Y$ 对因子 $X$ 回归的一个估计. 有如下定义.

**定义5.4.1** 设 $\hat{Y}^* = T^*(X)$ 为 $Y$ 的估计量, 对于 $Y$ 的任一估计量 $\hat{Y} = T(X)$, 如果

$$E[Y - \hat{Y}^*]^2 \leqslant E[Y - \hat{Y}]^2 \qquad (5.4.4)$$

则称 $\hat{Y}^* = T^*(X)$ 为 $Y$ 的**最小均方误差估计量**.

条件数学期望 $E(Y|X)$ 是随机变量 $X$ 的一个函数, 当然是一个随机变量, 记为 $T(X) = E(Y|X)$. 定理 5.4.1 指出: $T(X) = E(Y|X)$ 是 $Y$ 的最小均方误差估计量.

**定理5.4.1** 设 $(X, Y)$ 有联合分布, 令 $g(x)$ 是定义于实数集上的任意连续函数, 如果 $E(X), E(Y)$ 及 $E[g(X) \cdot Y]$ 均存在, 则

$$E[Y - E(Y|X)]^2 \leqslant E[Y - g(X)]^2$$

**证明** 过程请参考相关文献.

容易计算

$$\begin{aligned}
\mathrm{Cov}(Y, g(X)) &= E(Y - E(Y))(g(X) - E(g(X))) \\
&= E\{E[(Y - E(Y))(g(X) - E(g(X))) \,|\, X]\} \\
&= E[g(X) - E(g(X))](E(Y|X) - E(Y)) \\
&= \mathrm{Cov}(g(X), T(X)) \qquad (5.4.5)
\end{aligned}$$

将式 (5.4.5) 中 $g(X)$ 取为 $T(X)$, 立即得 $\mathrm{Cov}(Y, T(X)) = \mathrm{Var}(T(X))$. 根据 Schwarz 不等式可推出相关系数间的关系式为

$$
\begin{aligned}
R_{Y,g(X)} &= \frac{\mathrm{Cov}(Y, g(X))}{\sqrt{\mathrm{Var}(Y) \cdot \mathrm{Var}(g(X))}} = \frac{\mathrm{Cov}(T(X), g(X))}{\sqrt{\mathrm{Var}(Y) \cdot \mathrm{Var}(g(X))}} \\
&\leqslant \frac{\sqrt{\mathrm{Var}(T(X)) \cdot \mathrm{Var}(g(X))}}{\sqrt{\mathrm{Var}(Y) \cdot \mathrm{Var}(g(X))}} = \frac{\mathrm{Var}(T(X))}{\sqrt{\mathrm{Var}(Y) \cdot \mathrm{Var}(T(X))}} \\
&= R_{Y,T}
\end{aligned}
\tag{5.4.6}
$$

关系式 (5.4.6) 说明了由 $X$ 构造的任一函数 $g(X)$(作为 $Y$ 的均方误差估计) 与 $Y$ 的相关系数当 $g(X) = E(Y|X)$ 时, 达到极大值, 并且极大值为 $\sqrt{\mathrm{Var}(T(X))}/\sqrt{\mathrm{Var}(Y)}$. 在最小均方误差估计的意义下, $Y$ 对 $X$ 的依赖关系的最佳描述是 $\hat{Y} = E(Y|X)$. 用 $\varepsilon \triangleq Y - \hat{Y} = Y - E(Y|X)$ 表示估计的误差, 则有以下定理.

**定理5.4.2**　$E(\varepsilon) = 0, \quad \mathrm{Var}(\varepsilon) = \mathrm{Var}(Y) - \mathrm{Var}(T(X))$.

**证明**　略.

定理 5.4.2 表明以 $T(X) = E(Y|X)$ 估计 $Y$ 产生的误差有正有负, 其均值为 0; 在以回归函数 $T(X)$ 估计 $Y$ 时, 不能解释的方差为 $\mathrm{Var}(\varepsilon)$. 在 $X = x$ 的条件下, 有

$$
\begin{cases}
Y = E(Y|x) + \varepsilon \\
E(\varepsilon) = 0
\end{cases}
\tag{5.4.7}
$$

式 (5.4.7) 称为**一元回归模型**. 当回归函数 $E(Y|x)$ 是 $x$ 的线性函数时, 就得到式 (5.4.2) 所给的一元线性回归模型.

**例 5.4.1**　设 $(X,Y)$ 服从二元正态分布 $N(\mu_1, \mu_2; \sigma_1^2, \sigma_2^2, r)$, 分析由 $X$ 预测 $Y$ 的估计量.

**解**　设 $(X,Y)$ 的联合密度函数为

$$
f(x,y) = \frac{1}{2\pi\sigma_1\sigma_2\sqrt{1-r^2}} \exp\left\{ -\frac{1}{2(1-r^2)} \left[ \frac{(x-\mu_1)^2}{\sigma_1^2} \right.\right.
$$

$$
\left.\left. -2r\frac{(x-\mu_1)(y-\mu_2)}{\sigma_1\sigma_2} + \frac{(y-\mu_2)^2}{\sigma_2^2} \right] \right\}
$$

得 $X$ 服从正态分布 $N(\mu_1, \sigma_1^2)$, $Y$ 服从正态分布 $N(\mu_2, \sigma_2^2)$, $r$ 为其相关系数. 记 $f(y|x)$ 为在条件 $X = x$ 下, $Y$ 的条件密度函数, 则有

$$
E(Y\,|\,x) = \int_{-\infty}^{+\infty} y f(y|x)\,\mathrm{d}y = \mu_2 + r\frac{\sigma_2}{\sigma_1}(x - \mu_1)
\tag{5.4.8}
$$

令 $T(x) = E(Y\,|\,x)$, 可计算得

$$
T(X) = \mu_2 + r\frac{\sigma_2}{\sigma_1}(X - \mu_1)
\tag{5.4.9}
$$

为 $Y$ 的最小均方误差估计量.

当 $|r| = 1$ 且 $(X, Y)$ 服从二元正态分布时, 可建立线性模型, 在最小均方误差意义下, 由一个变量估计另一个变量确实是相当方便的. 相反地, 当 $|r| < 1$ 或 $(X, Y)$ 不服从二元正态分布时, 建立线性模型就会增加模型的不合理带来的误差. 这里就线性回归作如下的讨论.

**定义5.4.2** 设有线性统计量

$$T(X) = a + bX \tag{5.4.10}$$

如果对任意线性统计量 $T'(X) = a' + b'X$, 都有

$$E[Y - (a + bX)]^2 \leqslant E[Y - (a' + b'X)]^2 \tag{5.4.11}$$

则称 $T(X)$ 为 $Y$ 的**线性最小均方误差估计量**. 显然

$$E[Y - E(Y \mid X)]^2 \leqslant E[Y - (a + bX)]^2$$

线性最小均方误差估计量的精度 (在均方误差的意义下) 不如最小均方误差估计量. 但当 $(X, Y)$ 服从二元正态分布时, 这两个估计量是一致的.

线性回归函数式 (5.4.10) 中系数 $a$ 和 $b$ 满足什么条件, $T(X)$ 为 $Y$ 的线性最小均方误差估计量. 由于

$$
\begin{aligned}
E[Y - (a' + b'X)]^2 &= E\{[Y - E(Y)] - b'[X - E(X)] \\
&\quad - [a' - E(Y) + b'E(X)]\}^2 \\
&= \mathrm{Var}(Y) + b'^2\mathrm{Var}(X) - 2b'\mathrm{Cov}(X, Y) \\
&\quad + [a' - E(Y) + b'E(X)]^2
\end{aligned}
$$

将上式分别对 $a'$ 及 $b'$ 求偏导数, 得到

$$
\begin{cases}
\dfrac{\partial}{\partial a'} E[Y - (a' + b'X)]^2 = 2[a' - E(Y) + b'E(X)] \\[2mm]
\dfrac{\partial}{\partial b'} E[Y - (a' + b'X)]^2 = 2b'\mathrm{Var}(X) - 2\mathrm{Cov}(X, Y) \\[2mm]
\qquad\qquad\qquad\qquad\quad + 2[a' - E(Y) + b'E(X)]E(X)
\end{cases}
$$

令其偏导数等于零, 从而解得

$$
\begin{cases}
a = E(Y) - bE(X) \\[2mm]
b = \dfrac{\mathrm{Cov}(X, Y)}{\mathrm{Var}(X)} = r\dfrac{\sqrt{\mathrm{Var}(Y)}}{\sqrt{\mathrm{Var}(X)}}
\end{cases}
\tag{5.4.12}
$$

可以验证, 式 (5.4.12) 所确定的 $a$ 和 $b$ 使得式 (5.4.11) 成立, 即 $T(X) = a + bX$ 为 $Y$ 的线性最小均方误差估计量.

记

$$\varepsilon = Y - (a + bX)$$

称 $\varepsilon$ 为用 $T(X) = a + bX$ 作为 $Y$ 的最优线性估计量的误差, 由定理 5.4.2 得到如下性质.

**性质5.4.1** (1) $E(\varepsilon) = 0$; (2) $\mathrm{Var}(\varepsilon) = (1 - r^2)\mathrm{Var}(Y)$.

**证明** 略

借助于几何观点, 把不相关性视为正交性, 那么估计误差 $\varepsilon$ 可视为与 $X$ 正交 (即垂直). 这样, 从图 5-4 可以看出, $Y$ 与 $X$ 本来不正交, 但 $\varepsilon = Y - T$ 与 $X$ 正交. 由 $X$ 建立的 $Y$ 的最优线性估计 $T(X) = a + bX$ 是 $Y$ 在 $X$ 上的正交投影.

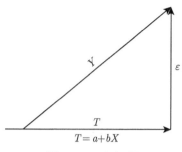

图 5-4 几何解释

### 5.4.3 回归系数的最小二乘估计

考虑一元线性回归模型 (5.4.2), 现在进行 $n$ 次观察 (或试验), 记回归因子 $X$ 的观察值 $\boldsymbol{x} = (x_1, x_2 \cdots, x_n)^{\mathrm{T}}$, 因变量 $Y$ 的观察值 $\boldsymbol{y} = (y_1, y_2, \cdots, y_n)^{\mathrm{T}}$. 计算回归函数

$$\hat{y}_t \overset{\triangle}{=} \beta_0 + \beta_1 x_t, \quad t = 1, 2, \cdots, n$$

把 $\hat{y}_t$ 与实际的观察 $y_t$ 之间存在的随机误差记为 $e_t, t = 1, 2, \cdots, n$. 令 $\boldsymbol{e} = (e_1, e_2, \cdots, e_t)^{\mathrm{T}}$, 于是, 误差平方和

$$\mathrm{ESS} = \sum_{t=1}^{n} e_t^2 = \boldsymbol{e}^{\mathrm{T}}\boldsymbol{e} = \sum_{t=1}^{n}(y_t - \hat{y}_t)^2 = \sum_{t=1}^{n}(y_t - \beta_0 - \beta_1 x_t)^2 \tag{5.4.13}$$

要求 $\beta_0$ 和 $\beta_1$ 的最小二乘估计, 根据最小二乘法原理, 需求 $\hat{\beta}_0$ 和 $\hat{\beta}_1$, 使得式 (5.4.13) 在 $\beta_0 = \hat{\beta}_0$, $\beta_1 = \hat{\beta}_1$ 时取得最小值, 应用微分法求解如下:

将 $\mathrm{ESS}$ 对 $\beta_0, \beta_1$ 求偏导数, 得

$$\frac{\partial \mathrm{ESS}}{\partial \beta_0} = -2 \sum_{t=1}^{n}(y_t - \beta_0 - \beta_1 x_t) \tag{5.4.14}$$

$$\frac{\partial \mathrm{ESS}}{\partial \beta_1} = -2 \sum_{t=1}^{n}(y_t - \beta_0 - \beta_1 x_t)x_t \tag{5.4.15}$$

若将 $\beta_0 = \hat{\beta}_0$, $\beta_1 = \hat{\beta}_1$ 代入式 (5.4.14) 和式 (5.4.15), 则必有方程组

$$\begin{cases} \sum\limits_{t=1}^{n} y_t - n\hat{\beta}_0 - \hat{\beta}_1 \sum\limits_{t=1}^{n} x_t = 0 \\ \sum\limits_{t=1}^{n}(x_t y_t) - \hat{\beta}_0 \sum\limits_{t=1}^{n} x_t - \hat{\beta}_1 \sum\limits_{t=1}^{n} x_t^2 = 0 \end{cases} \tag{5.4.16}$$

称方程组 (5.4.16) 为**正则方程**. 求解上述方程组, 得

$$\hat{\beta}_0 = \frac{1}{n}\left(\sum_{t=1}^{n} y_t - \hat{\beta}_1 \sum_{t=1}^{n} x_t\right) \tag{5.4.17}$$

$$\hat{\beta}_1 = \left[n\sum_{t=1}^{n}(x_t y_t) - \sum_{t=1}^{n} x_t \sum_{t=1}^{n} y_t\right] \bigg/ \left[n\sum_{t=1}^{n} x_t^2 - \left(\sum_{t=1}^{n} x_t\right)^2\right] \tag{5.4.18}$$

容易验证由式 (5.4.17) 和式 (5.4.18) 确定的 $\hat{\beta}_0$, $\hat{\beta}_1$ 是式 (5.4.13) 的最小值点.

为计算简便, 考虑模型 (5.4.3) 可以得到以下结果.

(1) 回归系数 $\beta_0$ 和 $\beta_1$ 的最小二乘估计 $\hat{\beta}_0$ 和 $\hat{\beta}_1$ 可简化为

$$\begin{cases} \hat{\beta}_0 = \overline{y} \\ \hat{\beta}_1 = \dfrac{l_{xy}}{l_{xx}} \end{cases}$$

(2) 经验回归方程

$$\hat{Y} = \hat{\beta}_0 + \hat{\beta}_1(x - \overline{x})$$

在最小二乘法的意义下, 自变量 $X$ 与因变量 $Y$ 所满足的近似线性函数关系式.

(3) $\hat{\beta}_0, \hat{\beta}_1, \hat{Y}$ 均服从正态分布

$$\hat{\beta}_0 \sim N\left(\beta_0, \frac{\sigma^2}{n}\right)$$

$$\hat{\beta}_1 \sim N\left(\beta_1, \frac{\sigma^2}{l_{xx}}\right)$$

$$\hat{Y} \sim N\left(\beta_0 + \beta_1(x - \overline{x}), \sigma^2\left[\frac{1}{n} + \frac{(x - \overline{x})^2}{l_{xx}}\right]\right)$$

且 $\hat{\beta}_0$ 与 $\hat{\beta}_1$ 相互独立.

(4) 残差 (residuals) 方差

$$\hat{\sigma}_e^2 = \frac{l_{xx}l_{yy} - l_{xy}^2}{(n-2)l_{xx}}$$

及

$$\frac{(n-2)\hat{\sigma}_e^2}{\sigma^2} \sim \chi^2(n-2)$$

且 $\hat{\beta}_0$ 与 $\hat{\sigma}_e$ 相互独立; $\hat{\beta}_1$ 与 $\hat{\sigma}_e$ 相互独立; 进而 $Y - \hat{Y}$ 与 $\hat{\sigma}_e$ 也相互独立. 于是有

$$\sqrt{n}\frac{\hat{\beta}_0 - \beta_0}{\hat{\sigma}_e} \sim t(n-2)$$

$$\sqrt{l_{xx}}\frac{\hat{\beta}_1 - \beta_1}{\hat{\sigma}_e} \sim t(n-2) \tag{5.4.19}$$

$$\frac{y - \hat{Y}}{\hat{\sigma}_e\sqrt{1 + \dfrac{1}{n} + \dfrac{(x - \overline{x})^2}{l_{xx}}}} \sim t(n-2) \tag{5.4.20}$$

$$\frac{l_{xx}(\hat{\beta}_1 - \beta_1)^2}{\hat{\sigma}_e^2} \sim F(1, n-2) \tag{5.4.21}$$

(5) 记 $\mathrm{LSS} \triangleq \sum\limits_{t=1}^{n}(\hat{Y}_t - \overline{y})^2 = l_{xy}^2/l_{xx}$, 称为**回归平方和**; $\mathrm{TSS} \triangleq \sum\limits_{t=1}^{n}(y_t - \overline{y})^2 = l_{yy}$, 称为**离差平方和**, 则有

$$\mathrm{TSS} = \mathrm{LSS} + \mathrm{RSS} \tag{5.4.22}$$

残差平方和 $\mathrm{RSS}$ 与回归平方和 $\mathrm{LSS}$ 相互独立, 且当 $\beta_1 = 0$ 时, 有

$$\frac{\mathrm{LSS}}{\mathrm{RSS}/(n-2)} \sim F(1, n-2) \tag{5.4.23}$$

**例 5.4.2**　已知某省 $1978 \sim 1998$ 年的国民生产总值 (gross national product, GNP) 与居民消费支出总额资料如表 5-19 所示, 试建立居民消费支出 $Y$ 与国民生产总值 $X$ 的线性回归模型.

**解**　根据题意, 线性回归模型为

$$Y = \beta_0 + \beta_1(X - \overline{X}) + \varepsilon$$

表 5-19　某省 GNP 和居民消费支出资料　(单位: 亿元)

| 年份 | GNP | 居民消费 | 年份 | GNP | 居民消费 | 年份 | GNP | 居民消费 |
|---|---|---|---|---|---|---|---|---|
| 1978 | 87.99 | 42.0 | 1985 | 218.99 | 102.0 | 1992 | 551.12 | 263.0 |
| 1979 | 106.43 | 46.2 | 1986 | 235.11 | 109.4 | 1993 | 671.63 | 333.2 |
| 1980 | 108.76 | 54.1 | 1987 | 257.23 | 124.7 | 1994 | 805.77 | 378.6 |
| 1981 | 121.71 | 61.4 | 1988 | 316.69 | 157.0 | 1995 | 1034.48 | 486.5 |
| 1982 | 139.22 | 68.0 | 1989 | 376.26 | 176.9 | 1996 | 1226.02 | 581.4 |
| 1983 | 155.06 | 75.9 | 1990 | 429.27 | 191.5 | 1997 | 1381.13 | 620.5 |
| 1984 | 197.42 | 87.3 | 1991 | 468.27 | 218.1 | 1998 | 1486.08 | 579.3 |

利用表 5-19 中数据, 计算得

$$\overline{x} = \frac{1}{21}\sum_{t=1}^{21} x_t = \frac{10374.64}{21} = 494.0305$$

$$\overline{y} = \frac{1}{21}\sum_{t=1}^{21} y_t = \frac{4757}{21} = 226.5238$$

$$l_{xx} = \sum_{t=1}^{21}[x_t(x_t - \overline{x})] = 3910851.2085$$

$$l_{yy} = \sum_{t=1}^{21}[y_t(y_t - \overline{y})] = 747978.6181$$

$$l_{xy} = \sum_{t=1}^{21}[y_t(x_t - \overline{x})] = 1698843.6268$$

回归系数的最小二乘估计值为

$$\hat{\beta} = \begin{pmatrix} \hat{\beta}_0 \\ \hat{\beta}_1 \end{pmatrix} = \begin{pmatrix} \overline{y} \\ \dfrac{l_{xy}}{l_{xx}} \end{pmatrix} = \begin{pmatrix} 226.5238 \\ 0.4344 \end{pmatrix}$$

经验回归方程为

$$\hat{Y} = 226.5328 + 0.4344(x - 494.0305)$$

$$= 11.9208 + 0.4344x$$

从方程可以看出, 国民生产总值 $X$ 每增加一个单位, 居民消费支出 $Y$ 平均增加 0.4344 个单位.

作为参数 $\sigma^2$ 的估计值, 计算残差方差

$$\hat{\sigma}_e^2 = \frac{l_{xx}l_{yy} - l_{xy}^2}{(n-2)l_{xx}}$$

$$= \frac{3910851.2085 \times 747978.6181 - 1698843.6268^2}{(21-2) \times 3910851.2085}$$

$$= 527.0547$$

### 5.4.4 回归方程的显著性检验

在建立线性回归方程之前, 必须判断两变量间的关系是否满足一元线性回归模型. 在实际应用中, 判断两变量是否满足一元线性模型, 除了前面提到的散点图外, 更重要的是进行统计检验, 下面介绍一些有关回归模型的检验方法.

1. 回归系数的显著性检验

考虑一元线性模型 (5.4.3) 可知, $|\beta_1|$ 越大, $Y$ 随 $X$ 的变化而变化的趋势越大; 反过来 $|\beta_1|$ 越小, $Y$ 随 $X$ 的变化而变化的趋势越弱, 而 $|\beta_1| = 0$ 时, $Y$ 与 $X$ 之间不存在线性关系. 因此, 判断 $Y$ 与 $X$ 是否满足线性模型 (5.4.3) 的问题就可转化为 $\beta_1$ 是否为 0 的检验问题, 即

$$H_0 : \beta_1 = 0, \quad H_1 : \beta_1 \neq 0 \tag{5.4.24}$$

若拒绝原假设, 则认为 $Y$ 与 $X$ 之间线性关系有意义. 若接受原假设, 则认为 $Y$ 与 $X$ 之间没有线性关系. 在原假设成立的情况下, 由式 (5.4.19) 可知, 构造检验统计量

$$T_{\hat{\beta}_1} = \sqrt{l_{XX}} \frac{\hat{\beta}_1 - 0}{\hat{\sigma}_e} \tag{5.4.25}$$

服从自由度为 $n-2$ 的 $t$-分布, 通过查 $t$-分布表, 得到临界值 $t_{1-\alpha/2}(n-2)$ (双侧检验). 然后将统计量 $T_{\hat{\beta}_1}$ 的实际观察值 $t_{\hat{\beta}_1}$ 与 $t_{1-\alpha/2}(n-2)$ 比较, 判断接受还是拒绝原假设 $H_0$.

若 $|t_{\hat{\beta}_1}| > t_{1-\alpha/2}(n-2)$, 应拒绝 $H_0$, 表明回归系数 $\beta_1$ 显著不为 0, 回归系数 $\beta_1$ 显著, 说明变量 $Y$ 与 $X$ 之间的线性假设合理.

若 $|t_{\hat{\beta}_1}| \leqslant t_{1-\alpha/2}(n-2)$, 则不能拒绝 $H_0$, 表明回归系数 $\beta_1 = 0$ 的可能性较大, 回归系数 $\beta_1$ 不显著, 说明对于变量 $Y$ 与 $X$ 之间的线性假设不合理, 此时应考虑以下几种情况:

(1) $X$ 对 $Y$ 没有显著影响, 应去除自变量 $X$;

(2) $X$ 对 $Y$ 有显著影响, 但不是线性的函数关系;

(3) 除 $X$ 外, 还有其他不可忽略的变量对 $Y$ 的影响显著, 应考虑多元回归模型.

2. 拟合优度检验

拟合优度检验是通过计算拟合优度 (也称**判定系数**) 来判定回归模型对样本数据的拟合程度, 从而评价回归模型的优劣.

由式 (5.4.22), 两边同除以 TSS, 得

$$1 = \frac{\text{LSS}}{\text{TSS}} + \frac{\text{RSS}}{\text{TSS}}$$

显而易见, 各个样本观测点与回归直线靠得越近, 则 LSS 在 TSS 中所占的比重就越大. 因此, 可定义这一比重为 $R_{X,Y}^2$ 称为**拟合优度**, 即有

$$R_{X,Y}^2 = \frac{\text{LSS}}{\text{TSS}} = 1 - \frac{\text{RSS}}{\text{TSS}} \tag{5.4.26}$$

显然, $0 \leqslant R_{X,Y}^2 \leqslant 1$. $R_{X,Y}^2 = 1$, 表明回归模型对所有的样本数据点完全拟合, 即所有样本数据点均落在回归直线上. $R_{X,Y}^2 = 0$, 表明回归模型无法解释因变量 $Y$ 的离差, 因而回归模型没有意义. 一般情况下, $0 < R_{X,Y}^2 < 1$, $R_{X,Y}^2$ 越接近于 1, 表明回归平方和占总平方和的比重越大, 回归模型对样本数据的拟合程度就越高. 通常, $R_{X,Y}^2$ 在 0.8 以上, 即可认为拟合优度较高.

实际上, 在简单回归分析中, 拟合优度 $R_{X,Y}^2$ 就是 $X$ 与 $Y$ 之间简单相关系数 $R_{X,Y}$ 的平方.

**例 5.4.3**　对例 5.4.2 的回归系数 $\beta_1$ 进行假设检验.

**解**　根据式 (5.4.25) 对模型进行回归系数的显著性检验, 由于

$$l_{xx} = 3910851.2085, \quad \hat{\beta}_1 = 0.4344, \quad \hat{\sigma}_e = 22.9577$$

所以 $t_{\hat{\beta}_1}$ 的观察系数

$$t_{\hat{\beta}_1} = \sqrt{l_{xx}}\frac{\hat{\beta}_1 - 0}{\hat{\sigma}_e} = 37.4194$$

给定 $\alpha = 0.02$, 查 $t$-分布表得临界值 $t_{0.99}(19) = 2.861 < 37.4194 = |t_{\hat{\beta}_1}|$, 于是拒绝原假设 $H_0: \beta_1 = 0$, 说明 GNP 对居民消费水平的影响符合线性函数的关系.

再利用式 (5.4.26), 可计算得拟合优度 $R_{X,Y}^2 = 0.985$, 可见回归模型的拟合程度较高.

## 5.5　多元线性回归模型

在生产和生活中, 一个因素往往会受到多个因素的影响, 在此情况下, 如果用一元线性模型来描述变量间的关系是不恰当的, 用于预测和控制就会引起较大的偏差. 因此, 要采用多自变量回归 (multiple linear regression) 模型来进行分析. 为了简便, 把这种一个因变量多自变量的回归模型称为**多元回归模型** (multiple regression model).

在多元回归分析中, 多元线性回归应用最为广泛, 在此只讨论多元线性函数关系的线性回归模型. 与一元线性回归问题的研究方法相同, 只是在计算上比一元回归复杂得多. 由于计算机科学的迅速发展, 有许多应用统计软件可以利用, 所以多元回归的复杂的计算已不再是什么问题了.

### 5.5.1 数据的描述及模型

前面讨论的 $Y$ 只涉及一个自变量 $X$ 的影响, 而实际问题的自变量往往有多个. 先看下面的例子.

**例 5.5.1** 在平炉炼钢过程中, 由于矿石及炉气的氧化作用, 铁水的总含碳量在不断降低. 一炉钢在冶炼初期 (熔化期) 中总去碳量 $Y$ 与所加的两种矿石 (天然矿石和烧结矿石) 的加入量 $x_1, x_2$ 及熔化时间 $x_3$(熔化时间越长则炉气去碳量越多) 有关. 经实际测得某号平炉的相应数据如表 5-20 所示.

表 5-20 某平炉冶炼初期总去碳量与矿石加入量及熔化时间的记录

| 编号 | $Y/t$ | $x_1$/槽 | $x_2$/槽 | $x_3$/5min | 编号 | $Y/t$ | $x_1$/槽 | $x_2$/槽 | $x_3$/5min |
|---|---|---|---|---|---|---|---|---|---|
| 1 | 4.3302 | 2 | 18 | 50 | 26 | 2.7066 | 9 | 6 | 39 |
| 2 | 3.6458 | 7 | 9 | 40 | 27 | 5.6314 | 12 | 5 | 51 |
| 3 | 4.4830 | 5 | 14 | 46 | 28 | 5.8152 | 6 | 13 | 41 |
| 4 | 5.5468 | 12 | 3 | 43 | 29 | 5.1302 | 12 | 7 | 47 |
| 5 | 5.4970 | 1 | 20 | 64 | 30 | 5.3910 | 0 | 24 | 61 |
| 6 | 3.1125 | 3 | 12 | 40 | 31 | 4.4583 | 5 | 12 | 37 |
| 7 | 5.1182 | 3 | 17 | 64 | 32 | 4.6569 | 4 | 15 | 49 |
| 8 | 3.8759 | 6 | 5 | 39 | 33 | 4.5212 | 0 | 20 | 45 |
| 9 | 4.6700 | 7 | 8 | 37 | 34 | 4.8650 | 6 | 16 | 42 |
| 10 | 4.9536 | 0 | 23 | 55 | 35 | 5.3566 | 4 | 17 | 48 |
| 11 | 5.0060 | 3 | 16 | 60 | 36 | 4.6098 | 10 | 4 | 48 |
| 12 | 5.2701 | 0 | 18 | 49 | 37 | 2.3815 | 4 | 14 | 36 |
| 13 | 5.3772 | 8 | 4 | 50 | 38 | 3.8746 | 5 | 13 | 36 |
| 14 | 5.4849 | 6 | 14 | 51 | 39 | 4.5919 | 9 | 18 | 51 |
| 15 | 4.5960 | 0 | 21 | 51 | 40 | 5.1588 | 6 | 13 | 54 |
| 16 | 5.6645 | 3 | 14 | 51 | 41 | 5.4373 | 5 | 18 | 100 |
| 17 | 6.0795 | 7 | 12 | 56 | 42 | 3.9960 | 5 | 11 | 44 |
| 18 | 3.2194 | 16 | 0 | 48 | 43 | 4.3970 | 8 | 6 | 63 |
| 19 | 5.8076 | 6 | 16 | 45 | 44 | 4.0622 | 2 | 13 | 55 |
| 20 | 4.7306 | 0 | 15 | 52 | 45 | 2.2905 | 7 | 8 | 50 |
| 21 | 4.6805 | 9 | 0 | 40 | 46 | 4.7115 | 4 | 10 | 45 |
| 22 | 3.1272 | 4 | 6 | 32 | 47 | 4.5310 | 10 | 5 | 40 |
| 23 | 2.6164 | 0 | 17 | 47 | 48 | 5.3637 | 3 | 17 | 64 |
| 24 | 3.7174 | 9 | 0 | 44 | 49 | 6.0771 | 4 | 15 | 72 |
| 25 | 3.8946 | 2 | 6 | 39 | | | | | |

在铁水中总去碳量 $Y$ 与三个因素有关, 但由于观测中存在随机因素的影响, 即使 $x_1, x_2, x_3$ 能够有固定的取值, 去碳量 $Y$ 的值也不完全相同, 这样把 $Y$ 与 $x_1, x_2, x_3$ 的关系分为两部分来研究, 即

$$Y = f(x_1, x_2, x_3) + \varepsilon$$

由经验知道, 去碳量 $Y$ 与 $x_1, x_2, x_3$ 之间存在近似的线性函数关系, 即 $f(x_1, x_2, x_3)$ 是一个线性函数

$$f(x_1, x_2, x_3) = \beta_0 + \beta_1 x_1 + \beta_2 x_2 + \beta_3 x_3$$

所以, 该问题有线性模型

$$y = \boldsymbol{x}^{\mathrm{T}} \boldsymbol{\beta} + \varepsilon$$

其中 $\boldsymbol{x} = (1, x_1, x_2, x_3)^{\mathrm{T}}$, $\boldsymbol{\beta} = (\beta_0, \beta_1, \beta_2, \beta_3)^{\mathrm{T}}$, $\varepsilon$ 是服从 $N(0, \sigma^2)$ 的随机变量.

一般来说, 在 5.1 节中线性模型 (5.1.6) 及 4 条假定的条件下, 若随机变量 $Y$ 的取值依赖于 $k$ 个数量因子 $X_1, X_2, \cdots, X_k$ 的影响, 并且式 (5.4.1) 中函数 $f(x_1, x_2, \cdots, x_k)$ 为线性函数关系式, 即

$$f(x_1, x_2, \cdots, x_k) = \beta_0 + \beta_1 x_1 + \beta_2 x_2 + \cdots + \beta_k x_k$$

则称之为多元线性回归函数. 有多元线性回归模型

$$y = \beta_0 + \beta_1 x_1 + \beta_2 x_2 + \cdots + \beta_k x_k + \varepsilon \tag{5.5.1}$$

记 $\boldsymbol{x} = (1, x_1, x_2, \cdots, x_k)^{\mathrm{T}}$, 在 $n$ 个试验点上, 得到 $n$ 组数据

$$(\boldsymbol{x}_t = (1, x_{t1}, x_{t2}, \cdots, x_{tk})^{\mathrm{T}}; \, y_t), \quad t = 1, 2, \cdots, n$$

它们满足关系式 (5.1.2), 利用式 (5.1.4) 中的记号, 有多元线性回归模型的矩阵表示如下:

$$\boldsymbol{y} = \boldsymbol{X} \boldsymbol{\beta} + \boldsymbol{\varepsilon}$$

记

$$\boldsymbol{L} \triangleq \boldsymbol{X}^{\mathrm{T}} \boldsymbol{X} \tag{5.5.2}$$

也假定 $n > k$, 且矩阵 $\boldsymbol{L}$ 的秩 $r(\boldsymbol{L}) = k + 1$.

### 5.5.2　相关与回归

与 5.4.2 节讨论的方法一样, 在多元回归分析中, 自变量不止一个, 是一个 $k$ 维向量 $(X_1, X_2, \cdots, X_k)$, 记 $\boldsymbol{X}_0 = (X_1, X_2, \cdots, X_k)^{\mathrm{T}}$. 把 5.4.2 节的结果推广到 $k$ 维空间上, 有如下定义.

**定义5.5.1**　设 $\hat{Y}^* = T^*(\boldsymbol{X}_0)$ 为 $Y$ 的估计量, 对于 $Y$ 的任一估计量 $\hat{Y} = T(\boldsymbol{X}_0)$, 如果

$$E[Y - \hat{Y}^*]^2 \leqslant E[Y - \hat{Y}]^2 \tag{5.5.3}$$

则称 $\hat{Y}^* = T^*(\boldsymbol{X}_0)$ 为 $Y$ 的**最小均方误差估计量**.

**定理5.5.1**　设 $(\boldsymbol{X}_0, Y)$ 有联合分布, 令 $g(\boldsymbol{x})$ 是定义于实数集上的任意连续函数, 如果 $E(\boldsymbol{X}_0), E(Y)$ 及 $E[g(\boldsymbol{X}_0) \cdot Y]$ 均存在, 则

$$E[Y - E(Y \mid \boldsymbol{X}_0)]^2 \leqslant E[Y - g(\boldsymbol{X}_0)]^2$$

在最小均方误差估计的意义下, $Y$ 对 $\boldsymbol{X}_0$ 的依赖关系的最佳描述是 $\hat{y} = E(Y|\boldsymbol{X}_0)$. 我们用 $\varepsilon \triangleq Y - \hat{y} = Y - E(Y|\boldsymbol{X}_0)$ 表示估计的误差, 则有以下定理.

**定理5.5.2**　$E(\varepsilon) = 0$, $\mathrm{Var}(\varepsilon) = \mathrm{Var}(Y) - \mathrm{Var}(T(\boldsymbol{X}_0))$.

在 $\boldsymbol{X} = \boldsymbol{x}$ 的条件下, 有

$$\begin{cases} Y = E(Y|\boldsymbol{x}) + \varepsilon \\ E(\varepsilon) = 0 \end{cases} \tag{5.5.4}$$

这里式 (5.5.4) 称为**多元回归模型**. 当回归函数 $E(Y|\boldsymbol{x})$ 是 $\boldsymbol{x}$ 的线性函数时, 就得到式 (5.5.1) 所给的多元线性回归模型.

由 5.1 节的 4 条假定容易得出

$$\begin{cases} E(\boldsymbol{y}) = \boldsymbol{X\beta} \\ \mathrm{Cov}(\boldsymbol{y}, \boldsymbol{y}) = \sigma^2 \boldsymbol{I}_n \\ \boldsymbol{y} \text{ 服从 } n \text{ 元正态分布} \end{cases} \tag{5.5.5}$$

### 5.5.3  回归系数的解释、估计及性质

对线性模型 $(\boldsymbol{y}, \boldsymbol{X\beta}, \sigma^2 \boldsymbol{I}_n)$ 来说, 希望其中的随机误差项 $\varepsilon_t,\ t = 1, 2, \cdots, n$ 都很小. 从 $n$ 次观察 (或试验) 的结果, 一方面获得了对 $Y$ 的直接观察值 $\boldsymbol{y} = (y_1, y_2, \cdots, y_n)^{\mathrm{T}}$, 而另一方面, 由可控因素变量 $\boldsymbol{x}$ 按线性模型的假设关系, 能够计算

$$\hat{y}_t \triangleq \beta_0 + \sum_{i=1}^{k} \beta_i x_{ti} = \boldsymbol{x}_t^{\mathrm{T}} \boldsymbol{\beta}, \quad t = 1, 2, \cdots, n$$

称 $\{\hat{y}_t\}$ 为对变量 $Y$ 的估计值. 这样, 不难观察到关于 $Y$ 的估计 $\{\hat{y}_t\}$ 与实际的观察值 $\{y_t\}$ 之间所存在的误差 $\{e_t = y_t - \hat{y}_t\}$. 记

$$\mathrm{ESS} \triangleq \sum_{t=1}^{n} e_t^2 = \boldsymbol{e}^{\mathrm{T}} \boldsymbol{e} = \sum_{t=1}^{n} (y_t - \hat{y}_t)^2 = (\boldsymbol{y} - \boldsymbol{X\beta})^{\mathrm{T}} (\boldsymbol{y} - \boldsymbol{X\beta}) \tag{5.5.6}$$

称为**误差平方和**. 显然, 要误差项都很小当且仅当 ESS 达到最小. 使 ESS 达到最小的未知参数向量 $\boldsymbol{\beta}$ 的取值 $\hat{\boldsymbol{\beta}} = (\hat{\beta}_0, \hat{\beta}_1, \cdots, \hat{\beta}_k)^{\mathrm{T}}$ 称为 $\boldsymbol{\beta}$ 的**最小二乘估计**.

考虑式 (5.5.6) 的极值问题, 由于 ESS 是 $\boldsymbol{\beta}$ 的非负二次函数, 注意到矩阵 $\boldsymbol{L} = \boldsymbol{X}^{\mathrm{T}} \boldsymbol{X}$ 的秩 $r(\boldsymbol{L}) = k + 1$ 的假设, 在 $\boldsymbol{\beta} \in \mathbb{R}^{k+1}$ 时, ESS 一定有最小解. 应用微分法求解如下.

将 ESS 对 $\boldsymbol{\beta}$ 求梯度得

$$\nabla(\mathrm{ESS}) = -\boldsymbol{X}^{\mathrm{T}} (\boldsymbol{y} - \boldsymbol{X\beta})$$

令梯度为零, 得方程组

$$\boldsymbol{X}^{\mathrm{T}} \boldsymbol{X\beta} = \boldsymbol{X}^{\mathrm{T}} \boldsymbol{y} \tag{5.5.7}$$

称此方程组为**正规方程**. 引用前面的记号 $\boldsymbol{L} = \boldsymbol{X}^{\mathrm{T}} \boldsymbol{X}$, 正规方程 (5.5.7) 有唯一的解, 记作

$$\hat{\boldsymbol{\beta}} = \boldsymbol{L}^{-1} \boldsymbol{X}^{\mathrm{T}} \boldsymbol{y} \tag{5.5.8}$$

于是, 非随机变量 $\boldsymbol{x}$ 与随机变量 $Y$ 之间的线性函数关系的估计 $\hat{Y}$ 便可以确定为

$$\hat{Y} = \hat{\beta}_0 + \hat{\beta}_1 x_1 + \cdots + \hat{\beta}_k x_k = \boldsymbol{x}^{\mathrm{T}} \hat{\boldsymbol{\beta}} \tag{5.5.9}$$

这就是回归函数. 在实际工作中, 称式 (5.5.9) 为**经验线性回归方程**. 它是在最小二乘法的意义下, 自变量 $\boldsymbol{x}$ 与因变量 $Y$ 所满足的近似线性函数关系式.

**例 5.5.2** 求解例 5.5.1 的线性回归问题.

**解** 应用最小二乘估计, 它的正规方程为

$$\begin{pmatrix} 49 & 49\overline{x}_1 & 49\overline{x}_2 & 49\overline{x}_3 \\ 49\overline{x}_1 & l_{11} & l_{12} & l_{13} \\ 49\overline{x}_2 & l_{12} & l_{22} & l_{23} \\ 49\overline{x}_3 & l_{13} & l_{23} & l_{33} \end{pmatrix} \begin{pmatrix} \beta_0 \\ \beta_1 \\ \beta_2 \\ \beta_3 \end{pmatrix} = \begin{pmatrix} 49\overline{y} \\ l_{01} \\ l_{02} \\ l_{03} \end{pmatrix} \tag{5.5.10}$$

其中

$$\overline{y} = \frac{1}{49}\sum_{t=1}^{49} y_t, \quad l_{00} = \sum_{t=1}^{49}(y_t - \overline{y})^2$$

$$l_{0i} = \sum_{t=1}^{49}(y_t - \overline{y})(x_{ti} - \overline{x}_i), \quad i = 1,2,3$$

$$l_{ij} = \sum_{t=1}^{49}(x_{ti} - \overline{x}_i)(x_{tj} - \overline{x}_j), \quad 1 \leqslant i \leqslant j \leqslant 3$$

可将方程 (5.5.10) 改写为

$$\beta_0 = \overline{y} - \sum_{i=1}^{3} \beta_i \overline{x}_i \tag{5.5.11}$$

$$\begin{pmatrix} l_{11} & l_{12} & l_{13} \\ l_{12} & l_{22} & l_{23} \\ l_{13} & l_{23} & l_{33} \end{pmatrix} \begin{pmatrix} \beta_1 \\ \beta_2 \\ \beta_3 \end{pmatrix} = \begin{pmatrix} l_{01} \\ l_{02} \\ l_{03} \end{pmatrix} \tag{5.5.12}$$

由表 5-20 中的数据计算得到

$$\overline{y} = 4.582, \quad \overline{x}_1 = 5.286, \quad \overline{x}_2 = 12.000, \quad \overline{x}_3 = 49.204$$
$$l_{00} = 44.886, \quad l_{01} = -6.469, \quad l_{02} = 84.695, \quad l_{03} = 245.583$$
$$l_{11} = 662.000, \quad l_{12} = -851, \quad l_{13} = -388.857$$
$$l_{22} = 1816, \quad l_{23} = 1404, \quad l_{33} = 6247.959$$

代入方程 (5.5.11) 和 (5.5.12) 解得 $\beta$ 的最小二乘估计值是

$$\hat{\boldsymbol{\beta}} = \begin{pmatrix} \hat{\beta}_0 \\ \hat{\beta}_1 \\ \hat{\beta}_2 \\ \hat{\beta}_3 \end{pmatrix} = \begin{pmatrix} 1.785 \\ 0.096 \\ 0.068 \\ 0.030 \end{pmatrix}$$

所以 $Y$ 关于 $x_1, x_2, x_3$ 的经验回归方程为

$$\hat{Y} = 1.785 + 0.096x_1 + 0.068x_2 + 0.030x_3$$

再计算剩余平方和

$$\text{RSS} = l_{00} - \sum_{i=1}^{3} l_{0i}\hat{\boldsymbol{\beta}}_i = 44.886 - 15.531 = 32.33$$

所以 $\sigma^2$ 的估计值为

$$\hat{\sigma}_e^2 = \frac{\text{RSS}}{n-k-1} = \frac{32.373}{45} = 0.718$$

及 $\hat{\sigma}_e = 0.0847$.

以下基本性质都是以假定 1 ~ 假定 4 为前提的.

**性质5.5.1** 由式 (5.5.8) 所确定的估计量 $\hat{\boldsymbol{\beta}}$ 是 $\boldsymbol{\beta}$ 的线性无偏估计量.

**性质5.5.2** 由式 (5.5.8) 所确定的估计量 $\hat{\boldsymbol{\beta}}$ 的协方差矩阵为 $\sigma^2 \boldsymbol{L}^{-1}$.

进行 $n$ 次观察 (或试验) 的数据 $\boldsymbol{x}_t$, $t=1,2,\cdots,n$, 都可以由式 (5.5.9) 计算 $Y$ 的估计量 $\hat{Y}_t = \boldsymbol{x}_t\hat{\boldsymbol{\beta}}$, 用向量表示为

$$\hat{\boldsymbol{Y}} = (\hat{Y}_1, \cdots, \hat{Y}_n)^{\text{T}} = \boldsymbol{X}\hat{\boldsymbol{\beta}}$$

称为**由 $\boldsymbol{X}$ 对 $\boldsymbol{Y}$ 的估计向量**. 而 $\boldsymbol{y}$ 是对 $Y$ 作 $n$ 次的实际观察值, 称为观察向量. 二者之间的差向量 $\boldsymbol{y} - \hat{\boldsymbol{Y}}$ 称为**剩余向量**, 记为

$$\boldsymbol{e} = (e_1, \cdots, e_n)^{\text{T}} \triangleq \boldsymbol{y} - \hat{\boldsymbol{Y}} = \boldsymbol{y} - \boldsymbol{X}\hat{\boldsymbol{\beta}} \tag{5.5.13}$$

**性质5.5.3** 对于由式 (5.5.13) 定义的向量, 有

$$E(\boldsymbol{e}) = \boldsymbol{0} \tag{5.5.14}$$

$$\text{Cov}(\hat{\boldsymbol{\beta}}, \boldsymbol{e}) = \boldsymbol{0} \tag{5.5.15}$$

下面对最小二乘估计给出其几何解释. 用 $S(\boldsymbol{X})$ 表示由矩阵 $\boldsymbol{X}$ 的 $k+1$ 个 $n$ 维列向量所生成的线性空间, 根据式 (5.5.8) 知

$$\boldsymbol{X}^{\text{T}}\boldsymbol{X}\hat{\boldsymbol{\beta}} = \boldsymbol{X}^{\text{T}}\boldsymbol{y}$$

$$\boldsymbol{X}^{\text{T}}(\boldsymbol{y} - \boldsymbol{X}\hat{\boldsymbol{\beta}}) = \boldsymbol{0}$$

即

$$\boldsymbol{X}^{\text{T}}\boldsymbol{e} = \boldsymbol{0}$$

可见, $\boldsymbol{e}$ 与线性空间 $S(\boldsymbol{X})$ 垂直. 最小二乘估计所得到的由 $\boldsymbol{X}$ 对 $\boldsymbol{y}$ 的估计向量 $\hat{\boldsymbol{y}} = \boldsymbol{X}\hat{\boldsymbol{\beta}}$ 是观察向量 $\boldsymbol{y}$ 在 $S(\boldsymbol{X})$ 上的垂直投影 (图 5-5).

从上述几何解释也可以看到

$$\boldsymbol{y}^{\text{T}}\boldsymbol{y} = \hat{\boldsymbol{Y}}^{\text{T}}\hat{\boldsymbol{Y}} + \boldsymbol{e}^{\text{T}}\boldsymbol{e}$$

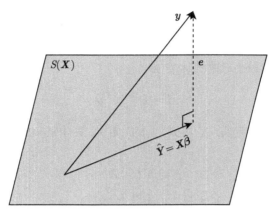

图 5-5　几何解释

记 RSS 为**残差平方和**, 即

$$\text{RSS} = \boldsymbol{e}^{\mathrm{T}}\boldsymbol{e} = (\boldsymbol{y} - \boldsymbol{X}\hat{\boldsymbol{\beta}})^{\mathrm{T}}(\boldsymbol{y} - \boldsymbol{X}\hat{\boldsymbol{\beta}}) \tag{5.5.16}$$

**性质5.5.4**　$\dfrac{\text{RSS}}{n-k-1}$ 为 $\sigma^2$ 的无偏估计量, 即

$$E\left(\frac{\text{RSS}}{n-k-1}\right) = \sigma^2$$

记

$$\hat{\sigma}_e^2 = \frac{\text{RSS}}{n-k-1} \tag{5.5.17}$$

称 $\hat{\sigma}_e^2$ 为残差方差, 它是 $\sigma^2$ 的无偏估计量. 由此可知, 残差方差 $\hat{\sigma}_e^2$ 是总体方差 $\sigma^2$ 的无偏估计量.

**性质5.5.5** (高斯–马尔可夫定理)　$\hat{\boldsymbol{\beta}}$ 是 $\boldsymbol{\beta}$ 的最小方差线性无偏估计量.

下面进一步讨论作为 $\boldsymbol{\beta}$ 的最小二乘估计 $\hat{\boldsymbol{\beta}}$ 以及残差平方和 RSS 的分布问题. 在前面的讨论中我们知道, RSS 是误差平方和 ESS 用最小二乘估计 $\boldsymbol{\beta}$ 时, 在估计量 $\hat{\boldsymbol{\beta}}$ 处达到最小值.

在假定 $1 \sim$ 假定 4 成立时, 由式 (5.5.8) 及式 (5.5.16) 可知

$$\hat{\boldsymbol{\beta}} = \boldsymbol{L}^{-1}\boldsymbol{X}^{\mathrm{T}}\boldsymbol{y}$$
$$\text{RSS} = (\boldsymbol{y} - \boldsymbol{X}\hat{\boldsymbol{\beta}})^{\mathrm{T}}(\boldsymbol{y} - \boldsymbol{X}\hat{\boldsymbol{\beta}}) = \boldsymbol{y}^{\mathrm{T}}(\boldsymbol{I}_n - \boldsymbol{X}\boldsymbol{L}^{-1}\boldsymbol{X}^{\mathrm{T}})\boldsymbol{y}$$

记 $\boldsymbol{A} = \boldsymbol{I}_n - \boldsymbol{X}\boldsymbol{L}^{-1}\boldsymbol{X}^{\mathrm{T}}$, 则有 $\text{RSS} = \boldsymbol{y}^{\mathrm{T}}\boldsymbol{A}\boldsymbol{y}$. 关于 $\hat{\boldsymbol{\beta}}$, $\boldsymbol{e}$, RSS, 下面给出几个性质.

**性质5.5.6**　$\hat{\boldsymbol{\beta}}$ 与 $\boldsymbol{e}$ 相互独立且都服从于正态分布, 它们的数学期望与协方差分别为

$$E(\hat{\boldsymbol{\beta}}) = \boldsymbol{\beta}, \quad \text{Cov}(\hat{\boldsymbol{\beta}}, \hat{\boldsymbol{\beta}}) = \sigma^2 \boldsymbol{L}^{-1}$$
$$E(\boldsymbol{e}) = \boldsymbol{0}, \quad \text{Cov}(\boldsymbol{e}, \boldsymbol{e}) = \sigma^2(\boldsymbol{I}_n - \boldsymbol{X}\boldsymbol{L}^{-1}\boldsymbol{X}^{\mathrm{T}})$$

**性质5.5.7**　$\hat{\boldsymbol{\beta}}$ 与 RSS 相互独立.

**性质5.5.8**　$\text{RSS}/\sigma^2$ 服从自由度为 $n-k-1$ 的 $\chi^2$-分布.

### 5.5.4 线性回归模型的假设检验

由最小二乘法原理, 有以下结构.

(1) 回归系数 $\beta$ 的最小二乘估计 $\hat{\beta}$ 为

$$\hat{\beta} = L^{-1}X^{\mathrm{T}}y$$

其中 $y$ 和 $\beta$ 由式 (5.1.3) 定义, $X$ 由式 (5.1.4) 定义, $L$ 由式 (5.5.2) 定义.

(2) 经验回归方程为

$$\hat{y} = XL^{-1}X^{\mathrm{T}}y$$

(3) 由性质 5.5.6 知, $\hat{y} = X\hat{\beta}$ 服从正态分布, 即

$$\hat{y} \sim N\left(X\beta,\ XL^{-1}X^{\mathrm{T}}\sigma^2\right)$$

于是残差估计量 $y - \hat{y}$ 也服从正态分布, 即

$$y - \hat{y} \sim N\left(0,\ (I_n - XL^{-1}X^{\mathrm{T}})\sigma^2\right) \tag{5.5.18}$$

(4) 残差方差 $\hat{\sigma}_e^2 = \mathrm{RSS}/(n-k-1)$, 由性质 5.5.7 和性质 5.5.8 得到

$$\frac{Y_i - \hat{Y}_i}{\hat{\sigma}_e\sqrt{1 + w_{ii}}} \sim t(n-2) \tag{5.5.19}$$

其中, $w_{ii}$ 为 $XL^{-1}X^{\mathrm{T}}$ 的第 $i$ 行第 $i$ 列的主对角线元素.

(5) 记 $\overline{Y} = \dfrac{1}{n}\sum\limits_{t=1}^{n} Y_t$, 用 $M$ 表示所有元素全为 $1/n$ 的 $n$ 阶方阵, 则离差平方和 TSS 可表示为

$$\begin{aligned}
\mathrm{TSS} &= \sum_{t=1}^{n}(Y_t - \overline{Y})^2 = (y - My)^{\mathrm{T}}(y - My) \\
&= (y - X\hat{\beta})^{\mathrm{T}}(y - X\hat{\beta}) + (X\hat{\beta} - My)^{\mathrm{T}}(X\hat{\beta} - My) \\
&= \mathrm{RSS} + \mathrm{LSS}
\end{aligned} \tag{5.5.20}$$

其中残差平方和

$$\begin{aligned}
\mathrm{RSS} &= (y - X\hat{\beta})^{\mathrm{T}}(y - X\hat{\beta}) \\
&= y^{\mathrm{T}}(I - XL^{-1}X^{\mathrm{T}})y
\end{aligned} \tag{5.5.21}$$

回归平方和

$$\begin{aligned}
\mathrm{LSS} &= (X\hat{\beta} - My)^{\mathrm{T}}(X\hat{\beta} - My) \\
&= y^{\mathrm{T}}(XL^{-1}X^{\mathrm{T}} - M)^2 y
\end{aligned} \tag{5.5.22}$$

当 $\beta_1 = \cdots = \beta_k = 0$ 时, 残差平方和 RSS 与回归平方和 LSS 相互独立, 且有

$$\frac{\mathrm{LSS}/k}{\mathrm{RSS}/(n-k-1)} \sim F(k, n-k-1) \tag{5.5.23}$$

为了说明回归模型的整体回归效果是否显著, 也就是判断 $Y$ 与 $X_1, X_2, \cdots, X_k$ 之间是否存在线性相关关系, 就需要对回归方程进行显著性检验, 即检验 $k$ 个回归系数 $\beta_1, \beta_2, \cdots, \beta_k$ 是否全为零. 若全为零, 则线性关系不显著; 若不全为零, 则线性关系显著. 为此可提出如下假设:

$$H_0: \ \beta_1 = \beta_2 = \cdots = \beta_k = 0$$

当 $H_0$ 成立时, 根据式 (5.5.23), 回归平方和与残差平方和的比值有一个确定的分布,

$$F_{\boldsymbol{y}} = \frac{(n-k-1)\mathrm{LSS}}{k \cdot \mathrm{RSS}} \tag{5.5.24}$$

可作为检验 $H_0$ 的检验统计量, 该比值 $F_{\boldsymbol{y}}$ 越大, 回归效果越显著, 越有理由拒绝 $H_0$.

因此, 在给定显著性水平为 $\alpha$ 时, 查 $F$-分布表得临界值 $F_{1-\alpha}(k, n-k-1)$, 将计算的 $F_{\boldsymbol{y}}$ 与 $F_{1-\alpha}(k, n-k-1)$ 相比较. 若 $F_{\boldsymbol{y}} > F_{1-\alpha}(k, n-k-1)$, 则拒绝 $H_0$, 说明回归方程的线性回归效果显著, 模型通过 $F$-检验; 若 $F_{\boldsymbol{y}} \leqslant F_{1-\alpha}(k, n-k-1)$, 则不能拒绝 $H_0$, 模型的 $F$-检验未通过, 说明模型没有什么实际意义.

造成回归方程不显著的原因可能是选择自变量时漏掉了某些有重要影响的因素, 或者是自变量与因变量间的关系是非线性的. 对于前一种情况, 需重新考虑一切可能对因变量有影响的因素, 并从中挑选出重要的作为自变量, 这属于回归自变量的选择问题. 对于后一种情况, 问题较为复杂, 需要判断自变量与因变量之间非线性关系的种类, 以便进行非线性回归分析.

在多元线性回归中, 只对线性回归模型的整体效果进行检验是不够的, 还必须对每一个变量的线性影响是否显著进行检验, 从而把那些影响不显著的变量从模型中剔除掉. 而回归系数 $\beta_i$ $(i = 1, 2, \cdots, k)$ 可用来测定在其他变量保持不变时, 自变量 $x_i$ 与因变量 $Y$ 之间的变化关系. 为此, 可作出如下假设:

$$H_0: \ \beta_i = 0$$

在一定的显著性水平 $\alpha$ 下, 若回归系数 $\beta_i$ $(i = 1, 2, \cdots, k)$ 显著地不为 0, 说明回归因子 $X_i$ 与因变量 $Y$ 有较强的线性关系, $X_i$ 的变化能很好地解释 $Y$ 的变化, 符合回归分析的线性假设, 变量 $X_i$ 可以保留在回归模型中. 若回归系数 $\beta_i$ $(i = 1, 2, \cdots, k)$ 不显著, 或说与 0 无显著不同, 表明 $X_i$ 的变化不能解释 $Y$ 的变化, 应将其从模型中剔除. 多元线性回归分析中, 对回归系数的显著性检验, 与一元线性回归分析中的 $t$-检验类似.

回归系数 $\beta_i$ 的估计量 $\hat{\beta}_i$ 服从正态分布 $N(\beta_i, c_{ii}\sigma^2)$, 其中 $c_{ii}$ 是矩阵 $\boldsymbol{L}^{-1}$ 对角线上的第 $i$ 个元素. 构造检验统计量

$$T_{\hat{\beta}_i} = \frac{\hat{\beta}_i - \beta_i}{\sqrt{c_{ii}}\hat{\sigma}_e}, \quad i = 1, 2, \cdots, k \tag{5.5.25}$$

当原假设 $H_0$ 成立时, $T_{\hat{\beta}_i}$ 服从自由度为 $n-k-1$ 的 $t$-分布, 因此, 查 $t$-分布表得到临界值 $t_{1-\alpha/2}(n-k-1)$ (双侧检验). 然后将统计量 $T_{\hat{\beta}_i}$ 的实际观察值 $t_{\hat{\beta}_i}$ 与 $t_{1-\alpha/2}(n-k-1)$ 比较, 接受还是拒绝原假设 $H_0$.

若 $|t_{\hat{\beta}_i}| > t_{1-\alpha/2}(n-k-1)$, 则回归系数 $\beta_i$ 显著地不为 0, 若 $|t_{\hat{\beta}_i}| \leqslant t_{1-\alpha/2}(n-k-1)$, 则回归系数 $\beta_i = 0$ 是显著的. 回归系数的 $t$-检验通不过, 原因可能是: 一是选择的自变量 $X_i$ 对因变量 $Y$ 事实上并无显著影响; 二是所选择的自变量中具有多重共线性.

同一元线性回归分析类似, 要判定多元线性回归模型对样本数据的拟合程度, 以达到评价回归模型的优劣, 仍可用判定系数 $R^2_{x,Y}$ 来进行拟合优度检验, 其定义如下:

$$R^2_{x_0,Y} = \frac{\text{LSS}}{\text{TSS}} = 1 - \frac{\text{RSS}}{\text{TSS}} \tag{5.5.26}$$

在多元回归模型中, $R^2_{x_0,Y}$ 值的大小会受到模型中自变量个数的影响, 在模型中增加新的自变量, 虽不能改变离差平方和 TSS, 却有可能增加回归平方和 LSS, 换句话说, 增加自变量个数会导致 $R^2_{x_0,Y}$ 增大, 为了消除 $R^2_{x_0,Y}$ 对模型中自变量个数的依赖, 通常采用以下修正的判定系数

$$\tilde{R}^2_{x_0,Y} = 1 - \frac{\text{RSS}/(n-k-1)}{\text{TSS}/(n-1)} \tag{5.5.27}$$

修正后的判定系数能够正确反映样本数据的拟合程度.

### 5.5.5 回归诊断和变量选择

1. 模型中假定合理性的诊断

根据样本对总体回归模型 (5.5.1) 的统计推断, 是在 4 个基本假定条件下进行的. 但是复杂的现实问题有时并不满足这些基本假定的要求, 比如各次的观察不能相互独立, 或者各次观察之间存在的误差具有一定的相关性, 甚至各个误差变量的方差不相等. 因此, 检查其是否满足所给定的假定. 若不满足, 就需要对模型修正或调整数据, 使之符合基本假定. 通常采用残差图进行分析, 这是模型诊断的基本方法.

残差向量 $\boldsymbol{e} = (e_1, e_2, \cdots, e_n)^{\text{T}}$, 它的各分量表示各次观察中实际观察值 $y_t$ 与因变量 $Y$ 的估计值 $\hat{y}_t$ 之间的差, 即 $e_t = y_t - \hat{y}_t$ $(t = 1, 2, \cdots, n)$, 称为残差. 所谓残差图是指以因变量的观察值 $y_t$ 或因变量的回归函数值 $\hat{y}_t$ 为横轴, 残差 $e_t$ 为纵轴的散点图.

在线性回归模型的基本假定之下, 虽然随机误差 $\varepsilon_t$ 相互独立, 且具有相同的方差, 但是残差 $e_1, e_2, \cdots, e_n$ 之间并不相互独立, 也不具有相同的方差. 由性质 5.5.6 可知 $E(e_t) = 0, t = 1, 2, \cdots, n$, $\text{Cov}(\boldsymbol{e}, \boldsymbol{e}) = \sigma^2(\boldsymbol{I}_n - \boldsymbol{X}\boldsymbol{L}^{-1}\boldsymbol{X}^{\text{T}})$. 由于残差方差 $\hat{\sigma}^2_e$ 是 $\sigma^2$ 的无偏估计量, 可用 $\hat{\sigma}^2_e$ 作为残差的方差 $\text{Var}(e_t)$ 的估计量, 其中 $(\boldsymbol{A})_{tt}$ 表示 $\boldsymbol{A}$ 的第 $t$ 行第 $t$ 列元素. 因为 $\text{Var}(e_t)$ 与 $\hat{\sigma}^2_e$ 不独立, 所以统计量

$$e_t^* = \frac{e_t}{\hat{\sigma}_e\sqrt{(\boldsymbol{A})_{tt}}}$$

不服从 $t$-分布. 统计实践中, 人们常常把 $e_t^*$ 视为标准化正态变量, 即 $e_t^*$ 近似地服从 $N(0,1)$. 这时, 利用残差图作出检验或判断. 其原理如下:

若回归模型正确, 基本假定成立, 则在以 $\hat{y}_t$ 为横轴, $e_t^*$ 为纵轴的残差图中, 大约有 95% 的点落在直线 $e_t^* = -2$ 及 $e_t^* = 2$ 之间; 大约有 99% 的点落在直线 $e_t^* = -3$ 及 $e_t^* = 3$ 之间; 并且没有任何明显的变化趋势.

在残差图中, 残差 $e_t$ 会因 $\hat{y}_t$ 的增加而增大; 或因 $\hat{y}_t$ 的增加而减小. 其残差图所表现出的特征如图 5-6 所示. 这两种情形, 可诊断出样本数据不具有同方差性, 样本数据不能满足线性回归模型的基本假定.

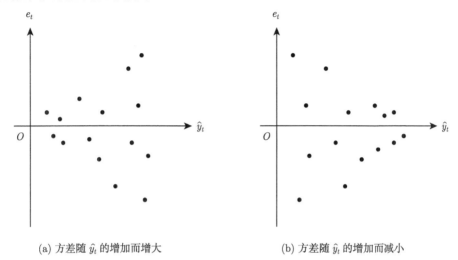

(a) 方差随 $\hat{y}_t$ 的增加而增大　　　　　　(b) 方差随 $\hat{y}_t$ 的增加而减小

图 5-6　样本数据具有异方差的残差图

为了满足同方差性, 可采用以下几种变换的方法:

(1) 当随机误差 $\varepsilon_t$ 的方差与因变量 $Y$ 的期望 $E(Y)$ 成正比时, 用 $y_t^* = \sqrt{y_t}$ 的变换;

(2) 当随机误差 $\varepsilon_t$ 的方差与因变量 $Y$ 的期望的平方 $(E(Y))^2$ 成正比时, 用 $y_t^* = \ln y_t$ 的变换;

(3) 当随机误差 $\varepsilon_t$ 的方差与因变量 $Y$ 的期望的四次方 $(E(Y))^4$ 成正比时, 用 $y_t^* = 1/y_t$ 的变换;

这些变换称为方差稳定化变换, 通过变换使得因变量 $y_t$ $(t = 1, 2, \cdots, n)$ 的方差近似互相相同, 从而误差 $\varepsilon_t$ 的方差也就大致一样, 以样本近似地符合模型的基本假定.

2. 异常数据与变量选择

所谓异常数据是指样本观察数据中, 出现的极少数残差绝对值突出大, 或个别残差绝对值比大多数的残差绝对值大得多. 这种异常数据称为**奇异点**. 样本中的奇异点对回归模型的参数估计具有一定的影响, 必须注意在回归分析中要做到所获得结论不随着奇异点的变化而改变. 对于观测有误造成的奇异点, 应将其舍弃后建立回归模型; 当数据没有错误时, 应思考回归函数的选择或某种假设是否正确.

在实际应用中, 常常需要考虑多个因子对因变量的影响. 在这些因子中, 通常只有少数几个对因变量具有显著影响. 若把所有因子都放入回归模型, 往往得不到理想的拟合结果. 此时, 需要利用变量选择方法将不显著的因子剔除, 只用显著的因子建立模型. 常见的变量选择方法包括: 最优子集回归、向前选择、向后选择、逐步回归、偏最小二乘回归、岭回归、LASSO (least absolute shrinkage and selection operator)、SCAD (smoothly clipped absolute deviation)、Dantzig Selector 等方法. 本书不作具体介绍, 感兴趣读者可参考相关文献.

习题 5

5-1　简述方差分析的应用背景、目的以及基本假定.

5-2　对于线性回归模型 $y_t = \beta_0 + \beta_1 x_{t1} + \beta_2 x_{t2} + \cdots + \beta_k x_{tk} + \varepsilon_t$, $t = 1, 2, \cdots, n$, 写出其假设条件.

5-3　简述回归模型、回归方程以及经验回归方程的含义.

5-4　简述回归方程的 $F$-检验与回归系数的 $t$-检验的作用.

5-5　对一组 $n = 18$ 次观测的样本数据建立一元线性回归模型, 设回归平方和为 LSS $= 36$, 残差平方和为 RSS $= 4$.

(1) 计算判定系数 $R^2$, 并解释其意义;

(2) 计算标准误差的估计 $\hat{\sigma}_e$, 并解释其意义.

5-6　《企业管理》杂志开展的一项调查研究表明: 自由职业者的工作压力比非自由职业工作者的工作压力大. 这项调查是通过问卷的形式进行的, 共计划有 15 个与工作压力有关的问题, 每个问题设有 5 个选择, 并把它们按工作压力的水平进行从低到高排列. 全部 15 个问题的回答分值越高, 说明工作压力越大. 表 5-21 所示的数字是 8 个房地产代理商、建筑师和股票经纪人的得分. 试在显著性水平为 0.05 的要求下, 检验假设: 不同职业的工作压力没有差别.

表 5-21　调查得分

| 房地产代理商 | 建筑师 | 股票经纪人 |
| --- | --- | --- |
| 73 | 43 | 65 |
| 48 | 60 | 48 |
| 60 | 59 | 67 |
| 54 | 52 | 75 |
| 65 | 71 | 71 |
| 39 | 68 | 72 |
| 76 | 57 | 64 |
| 65 | 56 | 58 |

5-7　为了提高化工产品的产量, 寻求较好的工艺条件, 现安排两因子试验见表 5-22 和表 5-23. 试作方差分析并确定最佳工艺条件.

表 5-22　两因子试验数据 (一)

| 水平 | 因子 | |
| --- | --- | --- |
| | 反应温度 $A/^\circ C$ | 反应压力 $B/kg$ |
| 1 | 60 | 2 |
| 2 | 65 | 2.5 |
| 3 | 70 | 3 |

**表 5-23　两因子试验数据 (二)**

| 试验号 | 因子 | | | | 试验结果 | |
|---|---|---|---|---|---|---|
| | $A$ | $B$ | $A \times B$ | | | |
| | 1 | 2 | 3 | 4 | $y_{t1}$ | $y_{t2}$ |
| 1 | 1 | 1 | 3 | 2 | 4.63 | 4.27 |
| 2 | 2 | 1 | 1 | 1 | 6.13 | 6.47 |
| 3 | 3 | 1 | 2 | 3 | 6.80 | 6.40 |
| 4 | 1 | 2 | 2 | 1 | 6.33 | 6.76 |
| 5 | 2 | 2 | 3 | 3 | 3.40 | 3.80 |
| 6 | 3 | 2 | 1 | 2 | 3.97 | 3.83 |
| 7 | 1 | 3 | 1 | 3 | 4.73 | 4.27 |
| 8 | 2 | 3 | 2 | 2 | 3.90 | 3.50 |
| 9 | 3 | 3 | 3 | 1 | 6.53 | 6.97 |

5-8　表 5-24 记录了三位操作工分别在四台不同机器上操作三天的日产量. 试检验 ($\alpha = 0.05$)：

(1) 操作工之间的差异是否显著？

(2) 机器之间的差别是否显著？

(3) 交互影响是否显著？

**表 5-24　三位操作工操作三天的日产量**

| 机器 | 操作工 | | |
|---|---|---|---|
| | 甲 | 乙 | 丙 |
| $M_1$ | 15,15,17 | 19,19,16 | 16,18,21 |
| $M_2$ | 17,17,17 | 15,15,15 | 19,22,22 |
| $M_3$ | 15,17,16 | 18,17,16 | 18,18,18 |
| $M_4$ | 18,20,22 | 15,16,17 | 17,17,17 |

5-9　某家电制造公司准备购进一批 5 号电池, 现有 $A, B, C$ 三个电池生产企业愿意供货, 为比较它们生产的电池质量, 从每个企业各随机抽取 5 个电池, 经试验得其寿命 (单位: h) 数据如表 5-25 所示. 试分析 3 个企业生产电池的平均寿命之间有无显著差异 ($\alpha = 0.05$). 如果有差异, 检验是哪些企业之间有差异.

**表 5-25　三个企业生产电池的寿命**　　　　(单位: h)

| 试验号 | 电池生产企业 | | |
|---|---|---|---|
| | $A$ | $B$ | $C$ |
| 1 | 50 | 32 | 45 |
| 2 | 50 | 28 | 42 |
| 3 | 43 | 30 | 38 |
| 4 | 40 | 34 | 48 |
| 5 | 39 | 26 | 40 |

5-10　对于一元线性回归模型

$$Y_i = \beta_0 + \beta_1 x_i + \varepsilon_i, \quad \varepsilon_i \sim N(0, \sigma^2), \quad i = 1, 2, \cdots, n$$

在基本假定满足的条件下, 求 $\beta_0, \beta_1$ 及 $\sigma^2$ 的极大似然估计.

5-11  (1) 已知 $\bar{x} = 11, \bar{y} = 21, \sigma_x = 3, \sigma_y = 4, r = 0.9$. 建立回归直线方程 $\hat{y} = \hat{\beta}_0 + \hat{\beta}_1 x$.

(2) 已知直线回归方程为 $\hat{y} = 8.4 - 2.5x, \sigma_x = 3, \sigma_y = 10, n = 12$, 求 $x$ 与 $y$ 的相关系数.

5-12  在某个地区随机地抽取 9 个家庭, 调查得到每个家庭各自每天人均收入与食品消费支出的数据如表 5-26 所示 (单位: 元)、根据上面数据, 求下列问题.

表 5-26  人均收入与食品消费支出

| 家庭编号 | 1 | 2 | 3 | 4 | 5 | 6 | 7 | 8 | 9 |
|---|---|---|---|---|---|---|---|---|---|
| 人均收入 | 102 | 124 | 156 | 182 | 194 | 229 | 272 | 342 | 495 |
| 食品消费支出 | 87 | 92 | 90 | 124 | 150 | 160 | 182 | 216 | 220 |

(1) 人均收入与食品消费支出的样本相关系数;

(2) 建立食品消费支出 $Y$ 对人均收入 $X$ 的一元线性回归模型, 并对模型进行检验.

5-13  某大学正在试制一种计算机评分系统, 为进一步改善评分系统的性能, 专门做了一次测试, 将随机抽出来的试卷, 同时让计算机和教师分别进行打分, 结果如表 5-27 所示. 要求:

(1) 建立回归分析模型;

(2) 对模型的回归效果进行评估.

表 5-27  计算机与教师的打分

| 计算机打分 | 教师打分 | 计算机打分 | 教师打分 | 计算机打分 | 教师打分 |
|---|---|---|---|---|---|
| 12 | 10 | 17 | 13 | 17 | 15 |
| 11 | 11 | 17 | 14 | 18 | 15 |
| 15 | 12 | 18 | 14 | 15 | 16 |
| 16 | 12 | 18 | 14 | 17 | 16 |
| 17 | 12 | 17 | 15 | 18 | 16 |

5-14  设线性回归模型 $\boldsymbol{y} = \boldsymbol{X}\boldsymbol{\beta} + \boldsymbol{\varepsilon}$, 其中 $E(\boldsymbol{\varepsilon}) = \boldsymbol{0}, \mathrm{Cov}(\boldsymbol{\varepsilon}, \boldsymbol{\varepsilon}) = \sigma^2 \boldsymbol{I}, \boldsymbol{A}$ 为已知的正定矩阵. 若 $\hat{\boldsymbol{\beta}}$ 是 $\boldsymbol{\beta}$ 的最小二乘估计, 问: $\hat{\boldsymbol{\beta}}^{\mathrm{T}} \boldsymbol{A} \hat{\boldsymbol{\beta}}$ 在什么条件下是 $\boldsymbol{\beta}^{\mathrm{T}} \boldsymbol{A} \boldsymbol{\beta}$ 的无偏估计? 当此条件不满足时, 修正 $\hat{\boldsymbol{\beta}}^{\mathrm{T}} \boldsymbol{A} \hat{\boldsymbol{\beta}}$ 以得到一个无偏估计.

5-15  某企业某种产品产量与单位成本资料如表 5-28 所示.

(1) 计算产量与单位成本的相关系数, 说明两者之间的相关程度;

(2) 确定单位成本对产量的回归直线方程;

(3) 计算判定系数;

(4) 当产量为 8000 件时, 单位成本为多少?

表 5-28  产品产量与单位成本

| 月份 | 1 | 2 | 3 | 4 | 5 | 6 |
|---|---|---|---|---|---|---|
| 产量/千件 | 2000 | 3000 | 4000 | 3000 | 4000 | 5000 |
| 单位成本/(元/件) | 73 | 72 | 71 | 73 | 69 | 68 |

# 第6章

# 统计决策理论与贝叶斯推断

## 6.1 统计决策理论

### 6.1.1 决策问题

决策是人们在政治、经济、科学技术和日常生活中普遍存在的一种选择方案的行为. 根据决策环境的不同, 决策问题分为确定型、风险型和不确定型三类. 在统计问题的研究过程中, 统计学家 Wald 建立了一种统一处理各种统计问题的理论, 称为统计决策理论. 他把统计推断的方法抽象为一类数学最优化问题的求解. 虽然研究问题的方式与运筹学的决策论不完全相同, 但二者在理论上的要素是对应一致的.

参数估计与检验的思想, 或者线性模型理论, 其思路都离不开三个要素: 一是样本及其分布; 二是作出决策的范围; 三是决策的优良性准则. 先从估计和检验问题分析统计决策理论的构成.

1. 点估计与决策问题

设总体 $X$ 的可能分布族为 $\{F(x;\theta) \mid \theta \in \Theta\}$, 要求由样本 $X_1, X_2, \cdots, X_n$ 构造统计量作为 $\theta$ 的估计. 每当给出一个估计, 其实就是作出一个决定 $a$, 应当满足 $a \in \Theta$ (参数空间), 否则说这样的估计也太不可信了. 作为一个纯粹的估计, 只是把一个 $a$ 确定下来, 但这不等于一个问题就完全得到解决, 因为 $a$ 在很大的程度上毕竟不是 $\theta$ 的真实值. 为了清楚地展示这一估计存在偏差的大小, 可使用统计推断中所研究的无偏性、有效性以及相合性等判决标准. 把这种估计的思想抽象为一种决策的理论, 好像更有说服力.

现在回到点估计的问题上, 上面已经说过决定 $a \in \Theta$, 就把这个 $\Theta$ 作为决定的空间 (通常称为**决策空间**), 同时把统计推断的各种判决标准予以统一的函数描述. 一旦采取决定 $a$, 由于它和真值 $\theta$ 存在偏离, 必然造成损失. 记为函数 $L(\theta,a)$, 并称之为**损失函数**, 比如, $L(\theta,a) = (\theta - a)^2$.

人们期望在给定 $a$ 的条件下, 这个函数值越小越好. 计算损失函数的数学期望

$$R(\theta, u) \overset{\triangle}{=} E[L(\theta,\ a)] \tag{6.1.1}$$

其中 $a = u(X_1, X_2, \cdots, X_n)$ 称为**决策函数**, $R(\theta, u)$ 称为**风险函数**, 即决策

$$a = u(X_1, X_2, \cdots, X_n)$$

所造成的平均损失.

2. 假设检验与决策问题

已知某种元件的寿命 $X$ (单位: h) 服从正态分布 $N(\mu, \sigma^2)$, 其中 $\mu, \sigma^2$ 均未知. 现测得 16 只元件的寿命如下:

| 159 | 280 | 101 | 212 | 224 | 379 | 179 | 264 |
| 222 | 362 | 168 | 250 | 149 | 260 | 485 | 170 |

问是否有理由认为元件的平均寿命大于 225 h?

提出检验原假设

$$H_0:\ \mu \leqslant \mu_0 = 225$$

利用检验统计量

$$T = \frac{\overline{X} - 225}{S/\sqrt{16}}$$

及相应的观察值 $t = 0.668$, 通过查表, 发现 $t$ 落于拒绝域外, 故不拒绝 $H_0$.

现在换一个角度来看这个问题, 要回答平均寿命是否大于 225 h, 相当于在两个不同的状态 (拒绝 $H_0$, 接受 $H_0$) 中作出一个选择. 如果用 "1" 表示拒绝 $H_0$ 的 "行为", "0" 表示接受 $H_0$ 的 "行为", 那么决策空间只有两个元素, 即 0 和 1. 一般情况下, 不论作出哪一个决定, 都会犯错误的, 都会造成不同程度的损失. 通过以上的分析, 不得不考虑一个基本的问题: 怎样的决定才能将损失降低到最小? 这就是所谓的统计决策问题.

3. 决策问题的三要素

一个企业中的管理者常常需要对有关的问题作出一项决策, 其内容可能是某种产品应生产多少, 投放到市场的产品价格应定为多少, 也许是某类产品是否需要更新等. 这种决策需考虑各种因素, 不一定都用统计方法, 如果决策所依据的事实中受到随机性因素的影响, 就与统计决策方法有关.

首先, 假设 $X$ 的分布函数依赖于某个参数 $\theta$, 不同的 $\theta$, $X$ 有不同的分布函数. 于是 $X$ 有分布函数族 $\{F(x; \theta) \mid \theta \in \Theta\}$, 其中 $\Theta$ 为参数空间. 当总体 $X$ 的一个简单随机样本选取之后, 相应的分布函数族 $\{F(x_1, x_2 \cdots, x_n; \theta) \mid \theta \in \Theta\}$, 构成统计决策问题的第一个要素.

其次, 决策应当是在一定的范围之内作出的, 这样的范围确定了可能决策的全体, 称之为**决策空间**或**行动空间**, 记为 $\mathscr{A}$. 比如, 上面提到的检验问题中, 决策空间 $\mathscr{A} = \{0, 1\}$. 决策空间是决策问题的第二个要素.

最后, 确定决策的目标. 因为决策空间包含许多可利用的决策, 而决策与决策之间会有好坏之别, 所以如何评价一项决策便成为一个十分迫切的问题. 盲目地作出一项决策是

没有意义的. 为此引入 "损失" 的概念, 所谓损失是指决策行为在一定条件下实施以后, 不可避免地产生这样的或那样的后果. 这种后果必须能量化, 而且依其具有的性质也应该是一个非负数量, 比方说, 一个企业因某种决策, 造成亏损 30 万元. 因此, 由决策行为带来的各种各样损失的度量构成了决策问题的第三个要素.

现在可以笼统地说, 具备以上三个要素的统计学问题, 称为**统计决策**问题.

### 6.1.2　损失函数

损失是参数 $\theta$ 和决策 $a$ 的函数, 记为 $L(\theta, a)$, 称之为**损失函数**, 它是衡量一项决策 $a$ 在推断参数 $\theta$ 的值所导致的损失. 简单的统计推断实际上得到的就是一个决策, 讨论统计决策问题一定会涉及损失函数. 现在看下面的例子.

**例 6.1.1**　某商店每日从批发部进一批货, 共 $N$ 件. 在进货时, 商店从该批货中随机抽取 $n$ 件检验, 根据抽取 $n$ 件产品中的次品数 $X$, 决定是否接受该批商品. 若接受 (记作决策 $a_1$), 则该批货中每件次品给商店带来损失 10 元; 否则 (决策 $a_2$), 商店因无货出售, 每件商品损失利润 2 元. 写出决策问题的损失函数.

**解**　对假定检验是非破坏性的, 且 $n/N \approx 0$, 可认为 $X$ 服从于二项分布 $B(n, p)$, 这里 $p$ 是未知参数, 且参数空间为 $\{p \mid 0 < p < 1\}$. 有样本分布族 $\{B(n, p) \mid 0 \leqslant p \leqslant 1\}$, 决策空间 $\mathscr{A} = \{a_1, a_2\}$.

若已知次品率 $p$, 则该批商品次品数为 $Np$ 件, 由此可知, 商店接受该批商品会造成损失 $10Np$ 元; 拒绝该批商品会失去 $N(1-p)$ 件合格品的利润而损失 $2N(1-p)$ 元. 因此, 决策进货问题的损失函数为

$$L(p, a_i) = \begin{cases} 10Np, & i = 1, \\ 2N(1-p), & i = 2, \end{cases} \quad 0 \leqslant p \leqslant 1 \tag{6.1.2}$$

在许多实际问题中损失的计算并不是这么简单. 事实上, 能够切合实际问题去建立一个具体的损失函数是一件困难却很重要的事, 必须充分了解各方面的信息, 掌握大量的资料, 做好调查研究工作. 损失函数有各种各样的形式, 其中二次损失函数 $L(\theta, a) = (\theta - a)^2$ 是人们常用的一种损失函数. 这里特别强调, 损失是决策和参数的函数, 换句话说, 作出每一项的决策所造成的损失多少仅依赖于参数的取值.

为了理论上的需要, 在 $\mathscr{A}$ 中要给定一个 $\sigma$-域 $\mathscr{B}_{\mathscr{A}}$, 而且损失函数应该是一个可测函数, 其目的是为了给出严格的损失函数定义.

**定义 6.1.1**　设参数空间为 $\Theta$, $\mathscr{A}$ 是具有 $\sigma$-域 $\mathscr{B}_{\mathscr{A}}$ 的决策空间. 如果定义在 $\Theta \times \mathscr{A}$ 上的函数 $L(\theta, a)$ 满足以下两条: ①对任一 $\theta \in \Theta$ 和 $a \in \mathscr{A}$, 都有 $0 \leqslant L(\theta, a) < +\infty$; ②对任何固定的 $\theta \in \Theta$, $L(\theta, a)$ 作为 $a$ 的函数是 $\mathscr{B}_{\mathscr{A}}$-可测的, 则称 $L(\theta, a)$ 是损失函数.

### 6.1.3　决策函数

设给定了一统计决策问题的三个要素: 取值于样本空间 $\mathscr{X}$ 内的样本 $X$ 及其分布函数族 $\{F(x; \theta) \mid \theta \in \Theta\}$, 决策空间 $\mathscr{A}$ 以及损失函数 $L(\theta, a)$. 现在需要确定一项决策 $a$, 首要的问题是应依据什么作决策. 打个比方, 一辆行驶的汽车在交叉路口遇到红灯, 停了下来. 这里停车就是司机作出的决策, 他的决策显然是依据观察到此刻信号灯是红灯, 所以

才停了下来. 与之相比, 统计问题的决策能有什么不同呢? 直观地讲, 统计决策是根据样本的观测值确定一项决策, 二者之间存在一种对应规则. 换句话说, 只要有一个样本的观察值, 在这样的规则下便确定一项决策, 即一个函数对应法则 $u$,

$$u:\ \mathscr{X} \to \mathscr{A}$$

它的自变量为定义于样本空间 $\mathscr{X}$ 的样本, 而因变量是取值于决策空间 $\mathscr{A}$ 的决策 $a = u(x_1, x_2, \cdots, x_n)$, 这样的函数就是决策函数, 其定义如下.

**定义6.1.2** 设样本空间为 $\mathscr{X}$, 决策空间 $\mathscr{A}$ 具有 $\sigma$-域 $\mathscr{B}_{\mathscr{A}}$, 把任何定义于 $\mathscr{X}$ 而取值于 $\mathscr{A}$ 的可测变换 $u(x_1, x_2, \cdots, x_n)$ 都称为一个**决策函数** (或**策略**), 简写为 $u(x)$.

例如, 在例 6.1.1 中, 商店从批发部进货, 损失函数由式 (6.1.2) 给出. 一个可以考虑的决策函数是

$$u(x) = \begin{cases} a_1, & \dfrac{x}{n} \leqslant \dfrac{1}{6} \\ a_2, & \dfrac{x}{n} > \dfrac{1}{6} \end{cases} \tag{6.1.3}$$

不管是理论上还是形式上, 任何决策函数 $u(x)$ 都可以作为统计决策问题的解. 不存在一个决策函数是决策, 而另一个决策函数不是决策的说法. 通常所讲的错误决策、正确决策只不过是相对于某种评价标准 (损失函数) 才得出的结论. 为弄清楚这一点, 下面引入风险函数.

### 6.1.4 风险函数

虽然已定义了损失函数 $L(\theta, a)$, 又当参数的真值为 $\theta$ 时, 采取决策函数 $u(x)$, 则当样本为 $x$ 时, 所遭遇的损失是 $L(\theta, u(x))$, 其值越小, $u(x)$ 也就越好. 但是, 这个损失函数是依赖于一个未知参数 $\theta$ 和一个随机样本 $x$ 的, 需要讨论损失函数的某种数量特征或综合性指标, 并以此作为衡量决策函数优劣的标准. 由于样本均值作为总体期望的估计是一个很理想的估计, 所以统计决策理论的指标特征是平均损失. 风险函数就是按照这一指标定义的.

**定义6.1.3** 设样本空间为 $\mathscr{X}$, 样本分布族为 $F(x; \theta)(\theta \in \Theta)$, 决策空间为 $\mathscr{A}$ 且具有 $\sigma$-域 $\mathscr{B}_{\mathscr{A}}$, 损失函数为 $L(\theta, a)$, $u(x)$ 为一决策函数, 则由下式确定的函数 $R(\theta, u)$ 称为决策函数 $u(x)$ 的**风险函数**.

$$\begin{aligned} R(\theta, u) &= E[L(\theta, u(X_1, X_2, \cdots, X_n))] \\ &= \int_{\mathscr{X}} L(\theta, u(x)) \, \mathrm{d}F(x; \theta) \end{aligned} \tag{6.1.4}$$

也就是说, 在 $\theta$ 给定时, 函数 $R(\theta, u)$ 描述了采用决策函数 $u$ 的风险, 随着 $\theta$ 在参数空间 $\Theta$ 的变化, $R(\theta, u)$ 定义了一个 $\Theta$ 上的非负实值函数, 其基本含义是当参数值为 $\theta$ 时, 采用决策函数 $u$ 的平均损失.

遵照 Wald 统计决策理论, 对决策函数评价的唯一依据就是其风险函数. 因而风险越小, 决策函数就越好.

**例 6.1.2** 设总体 $X$ 服从泊松分布 $P(x; \lambda)$, $\lambda \in \Theta = (0, +\infty)$, $X_1, \cdots, X_n$ 是 $X$ 的样本, 要求估计未知参数 $\lambda$. 若选取损失函数为

$$L(\lambda, u) = (u - \lambda)^2$$

试确定决策函数及其风险函数.

**解**　损失函数 $L(\lambda, u) = (u - \lambda)^2$, 则对估计 $\lambda$ 的任一决策函数 $u(X_1, X_2, \cdots, X_n)$, 风险函数为

$$R(\lambda, u) = E[L(\lambda, u)] = E[(u - \lambda)^2]$$

若进一步要求决策函数 $u(X_1, X_2, \cdots, X_n)$ 是 $\lambda$ 的无偏估计量, 即

$$E[u(X_1, X_2, \cdots, X_n)] = \lambda$$

则风险函数为

$$R(\lambda, u) = E[u - E(u)]^2 = \text{Var}(u)$$

它是决策函数 $u(X_1, X_2, \cdots, X_n)$ 的方差.

如果取 $u(X_1, X_2, \cdots, X_n) = \overline{X}$, 那么所对应的风险函数为

$$R(\lambda, u) = \text{Var}(\overline{X}) = \frac{\lambda}{n} \tag{6.1.5}$$

如果取 $u(X_1, X_2, \cdots, X_n) = X_1$, 那么所对应的风险函数为

$$R(\lambda, u) = \text{Var}(X_1) = \lambda \tag{6.1.6}$$

**例 6.1.3**　再考虑例 6.1.1, 若决策函数由式 (6.1.3) 所定义, 求它的风险函数.

**解**　由决策函数 (6.1.3) 可知, 当 $x \leqslant n/6$ 时, 决策值为 $a_1$, 其损失为 $10Np$; 当 $x > n/6$ 时, 决策值取 $a_2$, 此损失是 $2N(1-p)$. 于是利用式 (6.1.4) 可推出风险函数为

$$R(p, u) = 10Np \sum_{i=0}^{[n/6]} C_n^i p^i (1-p)^{n-i}$$

$$+ 2N(1-p) \sum_{i=[n/6]+1}^{n} C_n^i p^i (1-p)^{n-i}$$

基于风险函数极小化的思想, 可提出统计决策问题中最优决策的概念.

**定义6.1.4**　设 $u_0$ 和 $u_1$ 是某个统计决策问题的两个决策函数, 如果

$$R(\theta, u_0) \leqslant R(\theta, u_1), \quad 对一切 \theta \in \Theta \tag{6.1.7}$$

则称 $u_0$ **一致地优于** $u_1$.

这个定义提供了选择决策 $u_0$ 比 $u_1$ 会有更好的效果, 但这只是从风险尽可能小的角度看问题. 当然, 真正的应用可能还会考虑到诸如计算的方便与否, 人们是否在直观上容易接受等因素, 甚至对损失函数的选择、风险函数规定的合理性都有直接的关系.

在例 6.1.2 中, 显然, 当 $n > 1$ 时, 式 (6.1.6) 给出的 "风险" 比式 (6.1.5) 给出的 "风险" 要大, 所以决策函数 $u(X_1, X_2, \cdots, X_n) = \overline{X}$ 优于 $u(X_1, X_2, \cdots, X_n) = X_1$.

**定义6.1.5**　对于某给定的统计决策问题, 若存在这样一个决策函数 $u^*$, 使得对任何决策函数 $u$ 都有

$$R(\theta, u^*) \leqslant R(\theta, u), \quad 对一切 \theta \in \Theta \tag{6.1.8}$$

则称 $u^*$ 为该问题的**一致最优决策**.

若一个统计决策问题的一致最优决策存在, 则毫无疑问应该采用这一决策. 但是往往一致最优决策并不存在, 因此, 在应用方面常常降低标准, 使用一些较弱的优良准则.

### 6.1.5 最小最大估计

风险函数提供了一个判定决策函数好坏的标准, 希望找到风险尽可能小的决策. 为此, 先介绍一种最小最大估计构造的决策函数.

**定义6.1.6** 设 $\mathscr{U}$ 是以决策函数为元素的集合 (决策函数族), 如果存在

$$u^*(X_1, X_2, \cdots, X_n) \in \mathscr{U}$$

对任一 $u(X_1, X_2, \cdots, X_n) \in \mathscr{U}$, 都有

$$\max_{\theta \in \Theta}(R(\theta, u^*)) \leqslant \max_{\theta \in \Theta}(R(\theta, u)) \tag{6.1.9}$$

则称 $u^*(X_1, X_2, \cdots, X_n)$ 为参数 $\theta$ 的**最小最大估计量**.

在作出某个决策时, 由于未知的因素影响, 应充分地考虑到这个因素的风险, 以便在不利的情况下, 尽可能选取一个好的决策. 最小最大估计量就是以此为标准来构造一个估计量的. 这种决策行为属于保守的, 但也是较稳妥、较安全的. 常说的 "从最坏处着想争取最好的结果" 就是这一决策思想在实际中的体现.

**例 6.1.4** 设总体 $X$ 服从两点分布, 其概率密度函数为

$$f(x; p) = \begin{cases} p, & x = 1 \\ 1-p, & x = 0 \end{cases}$$

其中 $p \in \Theta = \{1/4,\ 1/2\}$, 试求参数 $p$ 的最小最大估计量.

**解** 依据题意决策空间是 $\mathscr{A} = \Theta$. 设损失函数 $L(p, a)$ 由表 6-1 中数据所确定, 如果我们选取容量为 1 的样本记为 $X_1$, 由于 $X_1$ 仅取两个可能值, 且 $\mathscr{A}$ 中只有两个元素, 因而决策函数集合 $\mathscr{U}$ 是由 4 个元素所组成的集合, 将这些函数分别记为 $u_1, u_2, u_3, u_4$, 即有

$$u_1(X_1) = \begin{cases} \frac{1}{4}, & X_1取 0, \\ \frac{1}{4}, & X_1取 1, \end{cases} \qquad u_2(X_1) = \begin{cases} \frac{1}{2}, & X_1取 0 \\ \frac{1}{2}, & X_1取 1 \end{cases}$$

$$u_3(X_1) = \begin{cases} \frac{1}{4}, & X_1取 0, \\ \frac{1}{2}, & X_1取 1, \end{cases} \qquad u_4(X_1) = \begin{cases} \frac{1}{2}, & X_1取 0 \\ \frac{1}{4}, & X_1取 1 \end{cases}$$

表 6-1　损失函数 $L(p, a)$ 数值表

| $p$ | $a$ | |
| --- | --- | --- |
| | $a_1 = \frac{1}{4}$ | $a_2 = \frac{1}{2}$ |
| $p_1 = \frac{1}{4}$ | 1 | 4 |
| $p_2 = \frac{1}{2}$ | 3 | 2 |

风险 $R(p, u)$ 可由式 (6.1.4) 计算, 其结果列在表 6-2 中, 比如,

表 6-2　风险函数 $R(p, u)$ 数值表

| $u_i$ | $R(p_1, u_i)$ | $R(p_2, u_i)$ | $\max\left(R(p_1, u_i), R(p_2, u_i)\right)$ |
|---|---|---|---|
| $u_1$ | 1 | 3 | 3 |
| $u_2$ | 4 | 2 | 4 |
| $u_3$ | $\dfrac{7}{4}$ | $\dfrac{5}{2}$ | $\dfrac{5}{2}$ |
| $u_4$ | $\dfrac{13}{4}$ | $\dfrac{5}{2}$ | $\dfrac{13}{4}$ |

$$
\begin{aligned}
R(p_1, u_3) &= E[L(p_1, u_3)] \\
&= L(p_1, a_1) P_{p_1}\{X = 0\} + L(p_1, a_2) P_{p_1}\{X = 1\} \\
&= 1(1 - p_1) + 4p_1 = \frac{7}{4} \\
R(p_2, u_4) &= E[L(p_2, u_4)] \\
&= L(p_2, a_1) P_{p_2}\{X = 1\} + L(p_2, a_2) P_{p_2}\{X = 0\} \\
&= 3p_2 + 2(1 - p_2) = \frac{5}{2}
\end{aligned}
$$

由定义 6.1.6 知, 参数 $p$ 的最小最大估计量为

$$
\hat{p}(X_1) = u_3 = \begin{cases} \dfrac{1}{4}, & X_1 = 0 \\[2mm] \dfrac{1}{2}, & X_1 = 1 \end{cases}
$$

　　求一个最小最大估计通常比较困难, 当损失函数为二次损失函数或对某些重要的估计来说, 已经找到了求解方法, 而且大都是利用贝叶斯决策理论获得的. 因此这些结果将在 6.2 节予以介绍.

## 6.2　贝叶斯推断

　　在进行风险决策时决策者要估计一些事件发生的概率. 比如估计某个企业倒闭的可能性, 这类事件的概率只能由决策者根据对该事件的了解, 以及主观的经验来确定. 这样确定的概率反映了决策者对事件出现的信念程度, 称这种概率为**主观概率**.

　　有的人认为概率是所研究对象的物理属性, 就像重量、长度、强度等物理学概念一样, 以这种观点得到的概率往往称为**客观概率** (或自然概率). 主观概率论者所提出的概率则是人们对现象认识程度的一个测度, 而不是现象本身的测度, 因此不是研究对象的物理属性.

主观概率论者不是凭空臆造事件发生的概率, 而是依赖于对事件作周密的观察, 去获得事前信息. 确定主观概率一般采用专家估计法, 其估计的方式有两种: ① 直接估计法; ② 间接估计法. 更多相关介绍可参考决策论的书籍.

这种事件发生概率的估计就是所谓对一个未知参数 $\theta$ 的估计, 通过事先对该参数的了解, 可能知道一些有关 $\theta$ 的信息, 那么在考虑到这些附加的信息时, 该采取什么样的策略, 即怎样估计参数 $\theta$ 才能够获得好的结果 (风险较小)? 这就是将要介绍的贝叶斯决策方法.

贝叶斯统计的基本观点是由贝叶斯公式引申而来的, 以下考察贝叶斯公式与统计推断是如何结合到一起的.

**例 6.2.1**　现设有金、银、铜三种盒子, 其中金盒 5 个, 银盒 4 个, 铜盒 3 个. 每个盒子里放有红、黄、蓝、白四种球, 个数依次为: 金盒, 70, 20, 8, 2; 银盒, 10, 75, 3, 12; 铜盒 5, 12, 80, 3. 在这 12 个盒子中随机抽取一个 (每个被抽取的概率为 1/12), 再从这个盒子里随机抽取一个球 (每个球被抽取的概率为 1/100), 发现结果是红的. 问: "此球是从一金盒中抽出" 这一事件的概率是多少?

**解**　设 $X, Y, Z$ 分别表示事件 "抽到金、银、铜盒"; $A, B, C, D$ 分别表示事件 "抽到红、黄、蓝、白颜色球". 则由贝叶斯公式给出 "此球是从一金盒中抽出" 的概率为

$$P(X \mid A) = \frac{\dfrac{5}{12} \times \dfrac{70}{100}}{\dfrac{5}{12} \times \dfrac{70}{100} + \dfrac{4}{12} \times \dfrac{10}{100} + \dfrac{3}{12} \times \dfrac{5}{100}} = \frac{70}{81}$$

这一概率相当大, 可能会说, "当发现结果是红的, 这个球应该是从金盒子里抽取的". 这个概率的确还有一定的作用. 但是, 当发现球是黄的时, 它是从一金盒中抽出的概率 $P(X \mid B) = 25/109$ 就不是很大了, 似乎这个概率没什么用处. 于是, 不得不计算出更多的概率, 就像一个随机变量的分布那样, 计算出另外两种可能结果的概率

$$P(Y \mid B) = \frac{75}{109}, \qquad P(Z \mid B) = \frac{9}{109}$$

这是我们的知识所能达到的限度. 倘若非要给出个判然的回答, 也只能取可能性最大者, 即推断这个球是从银盒子里抽取的.

可以看出, 贝叶斯公式提供了推断某个未知量的方法. 为此可以考虑这样两个随机变量 $X$ 和 $Y$, 其中 $X = 1, 2, 3$ 分别表示金、银、铜盒; $Y = 1, 2, 3, 4$ 分别表示红、黄、蓝、白颜色. 当想知道一个球是何种颜色、来自哪个盒子时, 自然地建立了 $X$ 与 $Y$ 之间的相关关系. 回到例 6.2.1, 样本空间 $\mathscr{X} = \{1, 2, 3, 4\}$ 即 $Y$ 的取值, 它是一个可观测的变量. 同时也有一个参数空间 $\Theta = \{1, 2, 3\}$ 即 $X$ 的取值, 这是个待估参数. 比如, 前面的讨论中, 在 $Y = 2$ 的条件下, $X$ 的估计值 $\hat{X} = 2$. 在这里, 实际上 $X$ 的分布是已知的, 即

$$P(X = 1) = \frac{5}{12}, \quad P(X = 2) = \frac{4}{12}, \quad P(X = 3) = \frac{3}{12} \tag{6.2.1}$$

这一点正是例 6.2.1 中的推断与前面几章推断方法不同之处. 也是贝叶斯统计的本质特征.

### 6.2.1　先验分布

设总体 $X$ 具有分布族 $\{F(x;\theta)\,|\,\theta\in\Theta\}$. $X_1,X_2,\cdots,X_n$ 是来自总体 $X$ 的样本, 我们的目的是要由样本推断 $\theta$. 在贝叶斯统计中需要另外一个前提: 预先给出 $\theta$ 取各种可能值的概率, 从形式上说, 参数 $\theta$ 被当作一个取值于 $\Theta$ 上的随机变量, 设其分布函数为 $\pi(t)=P(\theta\leqslant t)$, 由于这个分布 $\pi(t)$ 是在抽样观察之前就给出来了, 故称之为 $\Theta$ 上 $\theta$ 的 **先验分布**.

**定义6.2.1**　参数空间 $\Theta$ 上的任一概率分布, 称为 $\theta$ 的先验分布.

式 (6.2.1) 所确定的概率分布就是例 6.2.1 中 $X$ 的先验分布. 这个参数的先验分布存在是一个合理的假定. 从实际意义出发, 有些参数在理论上并不具有随机性, 但问题的特定环境、随机因素的作用使得这个参数出现各种不同的值, 这些值作为参数的不同取值, 该参数就可合理地视为随机变量. 例如, 某厂每天在该天的成品中抽样估计其废品率 $p$, 就一天的生产成品来看, $p$ 是一个纯粹的未知数. 但从一个季度来看, 因随机干扰, 每天生产的废品率会有所波动. 由每天的抽样计算出的废品率的经验分布可以定出 $p$ 的先验分布.

在有些情况下, 把参数 $\theta$ 作为一个随机变量是不太准确的. 例如, 要估计的 $\theta$ 是一个铁矿的矿石含铁百分率. 这时要把 $\theta$ 看成随机变量, 需要设想铁矿是无穷多 "类似" 铁矿的一个样品, 这是不自然的. 还有一些参数 $\theta$, 虽然有理由看作一个随机变量, 但它的先验知识不足以给出其概率的分布. 而贝叶斯统计要求必须给出一个参数 $\theta$ 的先验分布.

在对参数 $\theta$ 的知识了解得很少甚至是全然无知时, 总是掺杂着主观设想或者纯属于主观的判断来大致估计一个参数的分布, 以便得到参数的先验分布. 确定先验分布的一些方法主要有以下几种.

1. 客观法

像前面提到的废品率 $p$ 本身确有一种可赋予频率解释的随机性, 且对以往的资料若有些积累, 则可对 $p$ 的先验分布作出较准确的估计. 由于此法并不依赖主观因素, 故命名为 **客观法**.

在不少的情况下, 以往积累的资料并不是直接给出参数的值, 而只是其中一种估计. 如在上面提到的废品率的问题中, 以往的资料不必逐日给出废品率 $p$ 的值. 也可以逐日记录废品数 $X_1,X_2,\cdots$, 然后对废品率的先验分布进行估计.

2. 主观概率法

部分学者认为这是一种通过 "自我反省" 去确定先验分布的方法. 其含义是, 通过对参数 $\theta$ 取某值可能性的大小进行思考, 再确定如何定下一个值. 举个例子来说明这种方法. 设 $\theta$ 可能值的区间为 $0\leqslant\theta\leqslant 1$, 先一分为二: 用 $A$ 表示 $0\leqslant\theta\leqslant 1/2$; 用 $B$ 表示 $1/2<\theta\leqslant 1$. 假定有人要和你打赌是 $A$ 出现还是 $B$ 出现. 如果你经过 "反省" 定下这样一个数 $a$, 使得对任何 $b\leqslant a$ 你都愿意以 $1:b$ 的输赢与他打赌 (即: 若 $A$ 出现你可得 1 元, 否则应付出 $b$ 元), 则表示你认为 $A$ 的可能性大小, 也就是认为 $0\leqslant\theta\leqslant 1/2$ 的概率是 $a/(1+a)$.

作为主观上的先验分布, 是人们在经验和理论知识方面对参数 $\theta$ 了解多少的总结. 通过对经验和已有的结果作出主观判断, 其实质是反映事前有关 $\theta$ 的知识. 由此所得出的先验分布应符合某种客观标准.

3. 同等无知原则

在主观上, 对 $\theta$ 的认识可能很少, 或许一无所知. 于是只好先验地认为, 参数 $\theta$ 在 $\Theta$ 上等可能取值, 比如废品率 $p$ 的先验分布可以用区间 $[0,1]$ 上的均匀分布 $U(0,1)$ 来表示. 这就是所谓的同等无知原则.

这个原则有一个问题, 就拿 $p$ 来说, 如果我们对 $p$ 无所知, 则对 $1-p$ 也无所知. 因此按同等无知原则, 也可取 $U(0,1)$ 为 $1-p$ 的先验分布. 但这时 $p$ 的先验分布就不是 $U(0,1)$ 了.

4. 无信息先验分布

这个方法与同等无知原则都是对参数 $\theta$ 一无所知. 它只能用于某些特殊分布族的参数, 也不会出现同等无知原则所提到的问题. 我们仅举例说明这个方法.

设总体的分布密度族为 $\{f(x-\theta)\,|\,-\infty<\theta<+\infty\}$, $\theta$ 表示位置参数, 要给出参数 $\theta$ 的先验分布. 若将原点由 $0$ 移至 $-c$, 则总体变量的概率密度函数变为 $f(x-(\theta+c))$. 如果先验分布不依赖于原点的选择 (缺少此类信息), 那么它在相等长度的区间上分布的 (先验) 概率应该相等, 实际上, 我们给出 $\theta$ 的先验分布是均匀分布, 即先验密度是一个常数 $1$. 人们称这种类型的先验分布为广义先验分布.

设总体的分布密度族为 $\{f(x/\theta)/\theta\,|\,\theta>0\}$. 这种参数 $\theta$ 称为刻度参数. 若将度量单位由 $1$ 改为 $1/c$, 则总体变量的密度改变为 $f(x/(c\theta))/(c\theta)$. 若先验分布不依赖于刻度的选择, 则对任何 $a,b,c$, $0<a<b,c>0$, $\theta$ 落在 $[a,b]$ 内的先验概率, 就等于它落在 $[ca,cb]$ 内的先验概率. 这样, 当 $\theta>0$ 时, 先验密度为 $1/\theta$, 当 $\theta<0$ 时, 其值为 $0$. 这也是一个广义先验分布.

上述例子描述了总体 $X$ 的分布族在某些变量变换之下的不变性. 只有在总体的分布族具有这种特定结构时, 无信息先验分布才可能带来较好的结果.

### 6.2.2 贝叶斯风险

设总体 $X$ 的分布族 $\mathscr{F}=\{F(x;\theta)\,|\,\theta\in\Theta\}$. 当给出 $\theta$ 的先验分布, 则可以求出在 $\theta=t$ 的条件下 $X$ 的条件分布, 称为 $X$ 的样本分布, 用 $F(x\,|\,\theta=t)$ 表示. 于是可以把原来的总体 $X$ 从形式上看作总体 $(X,\theta)$, 以函数 $F(x,t)$ 表示 $X$ 与 $\theta$ 的联合分布函数, 且有

$$F(x,t)=\pi(t)F(x\,|\,t) \tag{6.2.2}$$

在这个联合分布之下 $X$ 的分布, 即 $X$ 的边缘分布不同于 $X$ 的样本分布. 样本分布与 $\theta$ 有关, 边缘分布是样本分布对 $\theta$ 的 "平均" (按先验分布的概率去平均), 它与 $\theta$ 无关.

因此, 贝叶斯统计的基本问题可以写为: 有一个总体 $(X,\theta)$, 其联合分布完全已知, 但 $\theta$ 不能观察, 只能观测 $X$. 要由 $X$ 去推断 $\theta$.

现在回到决策问题, 给定决策函数 $u(X_1, X_2, \cdots, X_n)$, 根据式 (6.1.1), 其风险 $R(\theta, u)$ 可写为

$$R'(t, u) = E\{L[t, u(X_1, X_2, \cdots, X_n)] \mid t\} \tag{6.2.3}$$

这个式子表示在假定随机变量 $\theta = t$ 的条件下, $u(X_1, X_2, \cdots, X_n)$ 的条件平均损失 (即条件期望), 因 $t$ 是 $\theta$ 的一个值, 且 $t \in \Theta$, 式 (6.2.3) 中将 $t$ 改写为 $\theta$, 可得到随机变量 $\theta$ 的随机变量函数 $R'(\theta, u)$. 于是定义贝叶斯风险如下.

**定义6.2.2** 设 $u$ 为任一决策函数, 其风险函数为 $R'(\theta, u)$, 则它的数学期望 (即求关于 $\theta$ 的平均值)

$$B(u) = E[R'(\theta, u)] = \int_\Theta E\{L[\theta, u(X_1, X_2, \cdots, X_n)] \mid \theta\} \, \mathrm{d}\pi(\theta) \tag{6.2.4}$$

称为决策函数 $u(X_1, X_2, \cdots, X_n)$ 在先验分布 $\pi(t)$ 之下的**贝叶斯风险**.

显然, 贝叶斯风险反映了在多次使用决策函数 $u$ 时, $\theta$ 的先验分布 $\pi(t)$ 给统计决策所带来的平均风险.

**定义6.2.3** 设总体 $X$ 的分布函数为 $F(x; \theta)$, 其中参数 $\theta$ 是一个取值于 $\Theta$ 上的随机变量, 对于任一决策函数 $u(X_1, X_2, \cdots, X_n)$, 如果存在决策函数 $u^*(X_1, X_2, \cdots, X_n)$, 使得

$$B(u^*) = \min_{u \in \mathscr{U}} (B(u)) \tag{6.2.5}$$

则称 $u^*$ 为参数 $\theta$ 的贝叶斯决策.

贝叶斯决策依赖于 $\theta$ 的先验分布 $\pi(t)$, 也就是说, 对应于不同的 $\pi(t)$, $\theta$ 的贝叶斯决策是不同的.

### 6.2.3 后验分布

贝叶斯决策理论需要引进一个极为重要的概念——后验分布. 先介绍以下例子.

**引例** 设总体 $X$ 和 $\theta$ 均为离散型分布, 贝叶斯风险为

$$B(u) = \sum_{\substack{t \in \Theta, \\ (x_1, \cdots, x_n) \in \mathscr{X}}} L(t, u(x_1, \cdots, x_n)) \cdot P(X_1 = x_1, \cdots, X_n = x_n, \theta = t) \tag{6.2.6}$$

其中 $P(X_1 = x_1, \cdots, X_n = x_n, \theta = t)$ 是样本 $X_1, \cdots, X_n$ 及 $\theta$ 的联合概率分布. 用 $P(X = x, \theta = t)$ 表示总体 $X$ 与 $\theta$ 的联合概率分布; $P_X\{X = x\}$ 表示 $X$ 的边缘概率分布; $P(\theta = t \mid x)$ 表示在已知 $X = x$ 的条件下 $\theta$ 的条件概率分布, $P(\theta = t) = \pi(t) - \pi(t - 0)$ 为 $\theta$ 的概率分布. 由贝叶斯公式可知,

$$P(X = x, \theta = t) = P(\theta = t) P(X = x \mid t)$$
$$= P_X(X = x) P(\theta = t \mid x)$$
$$P(\theta = t \mid x) = \frac{P(\theta = t) P(X = x \mid t)}{P_X(X = x)} \tag{6.2.7}$$

条件分布 $P(\theta = t \mid x)$ 就称为 $\theta$ 的后验分布 (相对于 $\pi(t)$ 而言, 它是通过样本确定的). 一般地, 有如下定义.

**定义6.2.4** 设样本 $X$ 的观测值为 $x$, 称在 $X = x$ 的条件下, $\theta$ 的条件分布为 $\theta$ 的**后验分布**, 记作 $H(t|x)$. 此时, 对给定的 $X = x$ 及决策函数 $a = u(X)$, 损失函数 $L(\theta, a)$ 的条件期望, 即

$$R(a\,|\,x)\big|_{a=u(X)} = \int_{\Theta} L(\theta, a)\mathrm{d}H(\theta\,|\,x)\big|_{a=u(X)} \tag{6.2.8}$$

称为在样本 $X = x$ 下, 采取决策 $a$ 的**后验风险**.

对上述例子用后验分布 $P(\theta = t\,|\,x)$, 贝叶斯风险式 (6.2.6) 可写为

$$\begin{aligned}
B(u) = \sum_{x_1} \cdots \sum_{x_n} \Big\{ & P_X(X_1 = x_1, \cdots, X_n = x_n) \\
& \cdot \sum_{t \in \Theta} [L(t, u(x_1, \cdots, x_n)) \\
& \cdot P(\theta = t\,|\,X_1 = x_1, \cdots, X_n = x_n)] \Big\}
\end{aligned} \tag{6.2.9}$$

后验分布既与 $x$ 有关也与先验分布 $\pi$ 及 $X$ 的样本分布族有关, 它是由条件分布公式来计算的. 例如, 设 $X$ 有样本密度函数 $f(x; \theta)$, 而 $\theta$ 的先验分布的密度函数为 $\pi(\theta)$, 则 $\theta$ 的后验分布的密度函数为

$$h(\theta|x) = \frac{f(x; \theta)\pi(\theta)}{\displaystyle\int_{\Theta} f(x, t)\pi(t)\,\mathrm{d}t} \tag{6.2.10}$$

式 (6.2.10) 中右边分母只与 $x$ 有关而与 $\theta$ 无关.

**例 6.2.2** 设 $X$ 服从二项分布 $B(n, p)$. 给定 $p$ 的先验分布为 $[0, 1]$ 上的均匀分布 $U(0, 1)$. 根据式 (6.2.10) 知, 当样本 $X = x$ 时, $p$ 的后验密度函数为

$$h(p|x) = c_x \mathrm{C}_n^x p^x (1-p)^{n-x} = c_x^* p^x (1-p)^{n-x} \tag{6.2.11}$$

其中 $c_x$ 和 $c_x^*$ 都是只与 $x$ 有关的. 密度函数 (6.2.11) 属于 Beta-分布族, 并且 $c_x^* = 1/B(x+1, n+1-x)$.

在此, 不加证明地给出以下结果.

**定理6.2.1** 如果损失函数为二次式

$$L(\theta, u) = [\theta - u(X_1, X_2, \cdots, X_n)]^2$$

则参数 $\theta$ 的贝叶斯决策为

$$\begin{aligned}
u(X_1, X_2, \cdots, X_n) &= E(\theta\,|\,X_1, X_2, \cdots, X_n) \\
&= \sum_{t \in \Theta} [tP(\theta = t\,|\,X_1, X_2, \cdots, X_n)]
\end{aligned} \tag{6.2.12}$$

**例 6.2.3** 某厂生产电子元件, 从过去的每批产品中得到次品率的概率分布见表 6-3. 现有一批产品需要出厂, 厂方没有作 100% 的检验, 只是抽检 20 件, 检查结果其中有一件为次品, 假定损失函数为误差的平方, 即 $L(p, u) = (p - u)^2$, 试求次品率的贝叶斯决策.

表 6-3　次品率概率 (先验的) 分布表

| 次品率 $p$ | 0.02 | 0.05 | 0.10 | 0.15 | 0.20 |
|---|---|---|---|---|---|
| $P(p=k)$ | 0.4 | 0.3 | 0.15 | 0.10 | 0.05 |

**解**　依据题意设一件产品中次品数为 $X$, 总体 $X$ 服从两点分布, 即有

$$f(x;p) = \begin{cases} p, & x=1 \\ \\ 1-p, & x=0 \end{cases}$$

其中 $p \in \Theta = \{0.02, 0.05, 0.10, 0.15, 0.20\}$, 现有容量为 $n = 20$ 的样本 $X_1, X_2, \cdots, X_{20}$, 记样本总和的观察值为 $s = x_1 + x_2 + \cdots + x_{20}$. 由题意知, $p$ 是随机变量, 且概率分布如表 6-3 所示, 得到样本的边缘分布为

$$\begin{aligned} P_X(X_1 = x_1, \cdots, X_{20} = x_{20}) &= \sum_{k \in \Theta} P(p=k)k^s(1-k)^{20-s} \\ &= 0.4 \times (0.02)^s(0.98)^{20-s} + 0.3 \times (0.05)^s(0.95)^{20-s} \\ &\quad + 0.15 \times (0.1)^s(0.9)^{20-s} + 0.1 \times (0.15)^s(0.85)^{20-s} \\ &\quad + 0.05 \times (0.2)^s(0.8)^{20-s} \end{aligned}$$

参数 $p$ 的后验分布为

$$P(p=k \mid X_1 = x_1, \cdots, X_{20} = x_{20}) = \frac{P(p=k)k^s(1-k)^{20-s}}{P_X(X_1 = x_1, \cdots, X_{20} = x_{20})}$$

根据定理 6.2.1, 参数 $p$ 的条件期望为

$$\hat{p}(X_1 = x_1, \cdots, X_{20} = x_{20}) = \frac{\sum\limits_{k \in \Theta} k \cdot P(p=k)k^s(1-k)^{20-s}}{P_X(X_1 = x_1, \cdots, X_{20} = x_{20})} \tag{6.2.13}$$

由于 $s = x_1 + x_2 + \cdots + x_{20} = 1$, 所以有 $P_X(X_1 = x_1, \cdots, X_{20} = x_{20}) = 0.013965$, 代入式 (6.2.13) 得

$$\begin{aligned} \hat{p}(X_1 = x_1, \cdots, X_{20} = x_{20}) &= 0.02 \times \frac{0.00545}{0.013965} + 0.05 \times \frac{0.00566}{0.013965} + 0.1 \times \frac{0.00203}{0.013965} \\ &\quad + 0.15 \times \frac{0.000684}{0.013965} + 0.2 \times \frac{0.000144}{0.013965} \\ &= 0.052 \end{aligned}$$

故次品率的贝叶斯决策为 $\hat{p} = 0.052$.

**例 6.2.4**　设总体 $X$ 服从正态分布 $N(\mu, 1)$, 其参数 $\mu \in \Theta = \mathbb{R}$, 选取的样本为 $X_1, X_2, \cdots, X_n$. 假定参数 $\mu$ 是服从标准正态分布的随机变量, 又假定损失函数为二次式 $L(\mu, u) = (\mu - u)^2$. 试求参数 $\mu$ 的贝叶斯决策.

**解**　在给定 $\mu$ 的条件下, 样本的条件分布密度为

$$f(x_1, \cdots, x_n \mid \mu) = \frac{1}{(\sqrt{2\pi})^n} \exp\left\{ -\frac{1}{2} \sum_{i=1}^n (x_i - \mu)^2 \right\}$$

样本和参数 $\mu$ 的联合分布密度为

$$f(x_1,\cdots,x_n;\mu)=f(x_1,\cdots,x_n\mid\mu)\pi(\mu)$$
$$=\frac{1}{\left(\sqrt{2\pi}\right)^{n+1}}\exp\left\{-\frac{1}{2}\sum_{i=1}^{n}(x_i-\mu)^2-\frac{1}{2}\mu^2\right\}$$

这里 $\pi(\mu)$ 是 $\mu$ 的概率密度. 于是样本的边缘分布密度为

$$g(x_1,\cdots,x_n)=\int_{-\infty}^{+\infty}f(x_1,\cdots,x_n\mid\mu)\pi(\mu)\,\mathrm{d}\mu$$
$$=\frac{1}{\left(\sqrt{2\pi}\right)^{n+1}}\exp\left\{-\frac{1}{2}\sum_{i=1}^{n}x_i^2\right\}$$
$$\times\int_{-\infty}^{+\infty}\exp\left\{-\frac{1}{2}[(n+1)\mu^2-2n\mu\overline{x}]\right\}\mathrm{d}\mu$$
$$=\frac{1}{\left(\sqrt{2\pi}\right)^{n}}\exp\left\{-\frac{1}{2}\left(\sum_{i=1}^{n}x_i^2-\frac{n^2\overline{x}^2}{n+1}\right)\right\}$$
$$\times\int_{-\infty}^{+\infty}\frac{1}{\sqrt{2\pi}}\exp\left\{-\frac{n+1}{2}\left(\mu-\frac{n\overline{x}}{n+1}\right)^2\right\}\mathrm{d}\mu$$
$$=\frac{1}{\sqrt{n+1}\left(\sqrt{2\pi}\right)^{n}}\exp\left\{-\frac{1}{2}\left(\sum_{i=1}^{n}x_i^2-\frac{n^2\overline{x}^2}{n+1}\right)\right\}$$

于是参数 $\mu$ 的后验分布密度为

$$f(\mu\mid x_1,\cdots,x_n)=\frac{f(x_1,\cdots,x_n\mid\mu)\pi(\mu)}{g(x_1,\cdots,x_n)}$$
$$=\frac{\sqrt{n+1}}{\sqrt{2\pi}}\exp\left\{-\frac{n+1}{2}\left(\mu-\frac{n\overline{x}}{n+1}\right)^2\right\}$$

参数 $\mu$ 的条件期望为

$$E(\mu\mid x_1,\cdots,x_n)=\int_{-\infty}^{+\infty}\mu f(\mu\mid x_1,\cdots,x_n)\,\mathrm{d}\mu$$
$$=\int_{-\infty}^{+\infty}\frac{\mu\sqrt{n+1}}{\sqrt{2\pi}}\exp\left\{\frac{n+1}{2}\left(\mu-\frac{n\overline{x}}{n+1}\right)^2\right\}\mathrm{d}\mu$$
$$=\frac{n\overline{x}}{n+1}$$

所以参数 $\mu$ 的贝叶斯决策为

$$\hat{\mu}(X_1,X_2,\cdots,X_n)=\frac{1}{n+1}\sum_{i=1}^{n}X_i$$

6.2.1 节介绍了四种确定先验分布的方法, 现在再给出第五种方法, 即共轭先验分布, 这是一个基于纯数学考虑的选择原则.

设 $\mathscr{F}$ 为 $\theta$ 的一个先验分布族. 如果对任取的 $f \in \mathscr{F}$ 及样本值 $x$, 后验分布总属于 $\mathscr{F}$, 则称 $\mathscr{F}$ 是一个共轭先验分布族. 由于后验分布不仅依赖于先验分布 $\pi(t)$ 和 $x$, 还依赖于样本分布族. 因此, 某一指定的先验分布族是否有共轭性, 要视样本分布族而定.

在例 6.2.4 中, 样本 $X_1, X_2, \cdots, X_n \sim N(\mu, 1)$, 而参数 $\mu$ 的先验分布假定为标准正态分布, 无论样本值如何, $\mu$ 的后验分布总是正态分布. 故正态分布族是一个共轭先验分布族. 又如例 6.2.2 所示, 若取 $p$ 的先验分布为 Beta-分布: $Be(a, b)$, $a, b > 0$, 则易见 $p$ 的后验分布为 $Be(x + a, n + b - x)$. 这说明 Beta-分布族是一个共轭先验分布族. 下面再举一例.

**例 6.2.5** 设总体为泊松分布: $P(X = x; \theta) = (\theta^x \exp\{-\theta\})/(x!)$, $x = 0, 1, 2, \cdots$, $\theta > 0$ 为参数. 设 $X_1, X_2, \cdots, X_n$ 为来自总体 $X$ 的简单随机样本, 则其概率密度函数为

$$\prod_{i=1}^{n} \frac{\theta^{x_i}}{x_i!} \exp\{-\theta\} = \frac{\theta^{n\overline{x}}}{x_1! x_2! \cdots x_n!} \exp\{-n\theta\} \tag{6.2.14}$$

用 $\Gamma(a, b)$ 记具有参数 $a, b$ 的 Gamma-分布, 则由式 (6.2.14) 的形式易知, Gamma-分布族 $\mathscr{F} = \{\Gamma(a, b) \mid a > 0, b > 0\}$ 是 $\theta$ 的一个共轭先验分布族.

事实上, 很容易验证: 若 $\theta$ 有先验分布 $\Gamma(a, b)$ 而样本值为 $x_1, x_2, \cdots, x_n$, 则 $\theta$ 的后验分布为 $\Gamma(a + n, b + n\overline{x})$.

共轭先验分布会带来数学上的方便. 任何先验分布有助于达到这个目的, 都可以用. 共轭先验分布就是其中之一. 另外, 共轭先验分布由于在计算上的简便可行, 而被人们所选用.

### 6.2.4 最小后验风险准则

怎样寻求贝叶斯决策函数, 已经有了一般的计算方法, 其理论依据是最小后验风险准则.

**定理 6.2.2** 对任何样本值 $x$, 若存在决策 $a_x$ 使得后验风险达到最小, 即

$$R(a_x \mid x) = \min_{a \in \mathscr{A}} R(a \mid x) \tag{6.2.15}$$

则由下式所定义的决策函数 $u_H$:

$$u_H(x) = a_x, \quad \text{一切} x \in \mathscr{X} \tag{6.2.16}$$

是一个贝叶斯决策函数.

**证明** 设 $u(x)$ 为任一决策函数, 则由定义 6.2.2, 知 $u(x)$ 的贝叶斯风险为 $B_\pi(u) = E[L(\theta, u(X))]$. 现分两步计算 $B_\pi(u)$: 第一步给定 $X = x$, 在这个条件下计算 $L(\theta, u(X))$ 的条件期望. 在给定 $X = x$ 时 $\theta$ 的条件分布为 $H(\theta \mid x)$, 所以有

$$\int_\Theta L(\theta, u(x)) \mathrm{d}H(\theta \mid x) = R(u(x) \mid x) \tag{6.2.17}$$

第二步再对 $X$ 求期望. 若以 $Q$ 记 $X$ 的边缘分布函数, 则有

$$B(u) = \int_{\mathscr{X}} R(u(x) \mid x) \, \mathrm{d}Q(x) \tag{6.2.18}$$

由式 (6.2.8)、式 (6.2.15) 及式 (6.2.17), 知对任何 $x \in \mathscr{X}$, 有

$$R(u_H(x)|x) = \min_{a \in \mathscr{A}} R(a|x) \leqslant R(u(x)|x)$$

于是得到

$$B_\pi(u_H) = \int_{\mathscr{X}} R(u_H(x)|x)\,\mathrm{d}Q(x)$$
$$\leqslant \int_{\mathscr{X}} R(u(x)|x)\,\mathrm{d}Q(x) = B_\pi(u)$$

故定理 6.2.2 得证.

**例 6.2.6**    估计参数 $\theta$, 且损失为二次式 $L(\theta, a) = (\theta - a)^2$. 分别用 $m(x)$ 和 $\sigma^2(x)$ 表示后验分布 $H(\theta|x)$ 的均值和方差, 则有

$$R(a|x) = [a - m(x)]^2 + \sigma^2(x) \tag{6.2.19}$$

得到贝叶斯决策函数为

$$u_H(x) = m(x) \tag{6.2.20}$$

其贝叶斯风险为

$$B_\pi(u_H) = \int_{\mathscr{X}} \sigma^2(x)\,\mathrm{d}Q(x) \tag{6.2.21}$$

其中 $Q$ 为 $X$ 的边缘分布.

所以, 用式 (6.2.20) 后验分布的均值来估计 $\theta$, 是贝叶斯决策, 而且在此也是唯一的贝叶斯决策.

**例 6.2.7**    设参数 $\theta$ 有两个可能值 $\theta_1, \theta_2$. 样本分布有概率函数 $f(x; \theta)$. 考虑检验问题 $H_0: \theta = \theta_1$, $H_1: \theta = \theta_2$. 损失函数定义为  ($a_1$: 接受 $H_0$; $a_2$: 拒绝 $H_0$)

$$L(\theta_1, a_1) = L(\theta_2, a_2) = 0, \quad L(\theta_2, a_1) = c_1, \quad L(\theta_1, a_2) = c_2$$

又设 $\theta$ 的先验分布 $\pi(t)$ 为: $\pi(\theta_1) = p$, $\pi(\theta_2) = 1 - p$. 当得到样本 $x$ 时, $\theta$ 的后验分布为

$$H(\theta_1|x) = \frac{pf(x; \theta_1)}{pf(x; \theta_1) + (1 - p)f(x; \theta_2)}$$
$$H(\theta_2|x) = \frac{(1 - p)f(x; \theta_2)}{pf(x; \theta_1) + (1 - p)f(x; \theta_2)}$$

因此决策 $a_1$ 和 $a_2$ 的后验风险分别为

$$R(a_1|x) = \frac{c_1(1 - p)f(x; \theta_2)}{pf(x; \theta_1) + (1 - p)f(x; \theta_2)}$$
$$R(a_2|x) = \frac{c_2 p f(x; \theta_1)}{pf(x; \theta_1) + (1 - p)f(x; \theta_2)}$$

由定理 6.2.2 知, 此问题的贝叶斯决策函数为

$$u_H(x) = \begin{cases} a_1, & f(x; \theta_2)/f(x; \theta_1) \leqslant c_1(1 - p)/c_2 p \\ a_2, & f(x; \theta_2)/f(x; \theta_1) > c_1(1 - p)/c_2 p \end{cases} \tag{6.2.22}$$

定理 6.2.2 将贝叶斯决策转化为一个极值问题. 虽说极值的计算有定规可循, 但除了简单的情况以外, 求解极值并非易事. 首先条件分布 $\mathrm{d}H(\theta|x)$ 的计算问题一般比较难. 这就需要了解有关的数值算法的数学内容.

有时, 不论对哪个决策函数 $u$, 总有 $B_\pi(u) = +\infty$. 这时, 任一个决策函数 $u$ 都是贝叶斯决策函数, 在这种情况下, 贝叶斯准则失去意义. 但是, 最小后验风险的决策仍可能是唯一的. 从贝叶斯风险的角度看, 这个风险最小的决策与其他的决策没什么两样, 可是从其他角度看有其优点, 因此常把定理 6.2.2 中确定的后验风险作为风险最小的决策函数, 称为**推广意义下的贝叶斯决策函数**.

6.1.5 节提到某些特殊的最小最大估计问题, 都是通过下面的定理获得的.

**定理6.2.3** 设 $u^*$ 为对某个先验分布 $\pi(t)$ 的贝叶斯决策函数, 且 $u^*$ 的风险函数恒为有限常数 $c$: $R(\theta, u^*) = c$ 对任何 $\theta \in \Theta$, 则 $u^*$ 为一个最小最大估计.

**证明** 用反证法. 若 $u^*$ 不是最小最大估计, 则将存在决策函数 $u$, 使得 $\max_{\theta \in \Theta}(R(\theta, u)) = c' < c$. 这样有

$$B_\pi(u) = \int_\Theta R(\theta, u)\,\mathrm{d}\pi(\theta) \leqslant \int_\Theta \max_{\theta \in \Theta}(R(\theta, u))\,\mathrm{d}\pi(\theta)$$
$$= c' < c = B(u^*)$$

这与 $u^*$ 是 $\pi(t)$ 的贝叶斯决策相矛盾.

**例 6.2.8** 设 $X \sim B(n, p)$, 要估计 $p$. 损失函数为 $L(p, a) = (a - p)^2$, 要求 $p$ 的最小最大估计.

**解** 取 $p$ 的共轭先验分布为 $\mathrm{Be}(c, d)$ (它是共轭先验分布族), 则当样本 $X = x$ 时, $p$ 的后验分布必为 $\mathrm{Be}(x + c, n + d - x)$. 依题设损失函数为二次式 $(a - p)^2$, 由例 6.2.6 知, $p$ 的贝叶斯决策为后验分布 $\mathrm{Be}(x + c, n + d - x)$ 的期望值, 即 $u_{cd}(x) = (c + x)/(n + c + d)$, 其风险函数为

$$R(p, u_{cd}) = E_p\left(\frac{X + c}{n + c + d} - p\right)^2$$
$$= \mathrm{Var}_p\left(\frac{X}{(n + c + d)}\right) + \left(\frac{E_p(X) + c}{n + c + d} - p\right)^2$$

考虑到 $E_p(X) = np$, $\mathrm{Var}_p(X) = np(1 - p)$, 上式为

$$R(p, u_{cd}) = (n + c + d)^{-2}\{np(1 - p) + [c - (c + d)p]^2\}$$

若取 $c = d = \sqrt{n}/2$, 则风险函数 $R(p, u_{cd}) = n/[4(n + \sqrt{n})^2]$ 为常数. 依定理 6.2.3, 有

$$u_{\sqrt{n}/2, \sqrt{n}/2}(x) = \frac{x + \sqrt{n}/2}{n + \sqrt{n}} \tag{6.2.23}$$

是 $p$ 的最小最大估计.

作为一个风险函数为常数的统计决策问题一般很难找到, 这样定理 6.2.3 的使用面较窄. 下一个定理的应用要广泛得多.

**定理6.2.4** 设一个统计决策问题在先验分布 $\pi_k$ 之下的贝叶斯决策函数为 $u_k$, $u_k$ 的贝叶斯风险为 $r_k = B_k(u)$, $k = 1, 2, \cdots$. 假定

$$\lim_{k \to +\infty} r_k = r < +\infty \tag{6.2.24}$$

又设 $u^*$ 为一决策函数, 满足条件

$$\max_{\theta} (R(\theta, u^*)) \leqslant r \tag{6.2.25}$$

则 $u^*$ 为此问题的最小最大估计.

**证明** 仍用反证法. 设 $u^*$ 不是最小最大估计, 则存在决策函数 $u$, 使得

$$\max_{\theta} (R(\theta, u)) < \max_{\theta} (R(\theta, u^*))$$

由条件 (6.2.24)、(6.2.25) 知, 当 $k$ 充分大时, 有 $\max_{\theta} (R(\theta, u)) < r_k$. 于是 $u$ 在先验分布 $\pi_k$ 之下的贝叶斯风险 $B_{\pi_k}(u)$ 满足

$$B_{\pi_k}(u) \leqslant \max_{\theta} (R(\theta, u)) < r_k = B_{\pi_k}(u_k)$$

这显然与 $u^*$ 是先验分布 $\pi_k$ 之下的贝叶斯决策相矛盾, 因而本定理得证.

**例 6.2.9** 设样本 $X_1, X_2, \cdots, X_n$ 服从正态分布 $N(\mu, 1)$, 损失函数 $L(\mu, a) = (\mu - a)^2$, 求 $\mu$ 的最小最大估计.

**解** 设 $\{\pi_k\}$ 为一先验分布列, $\pi_k$ 为正态分布 $N(0, k^2)$, $k = 1, 2, \cdots$. 由于损失函数为 $(\mu - a)^2$, 由例 6.2.6 知, $\mu$ 的贝叶斯决策为后验分布 $N(\upsilon, \eta^2)$ 的期望值, 这里

$$\upsilon = \frac{n\overline{x}}{n + \dfrac{1}{k^2}}, \quad \eta^2 = \frac{k^2}{nk^2 + 1}$$

即 $\mu$ 的贝叶斯决策为 $u_k(x) = \upsilon = (nk^2\overline{x})/(1 + nk^2)$. 其风险函数为

$$\begin{aligned}
R(\mu, u_k) &= E_\mu \left( \frac{nk^2\overline{X}}{1 + nk^2} - \mu \right)^2 \\
&= \mathrm{Var}_\mu \left( \frac{nk^2\overline{X}}{1 + nk^2} \right) + \left( \frac{nk^2}{1 + nk^2} E_\mu(\overline{X}) - \mu \right)^2 \\
&= \frac{nk^4}{(1 + nk^2)^2} + \frac{\mu^2}{(1 + nk^2)^2}
\end{aligned} \tag{6.2.26}$$

而 $u_k$ 的贝叶斯风险为: 在 $\mu \sim N(0, k^2)$ 的条件下式 (6.2.26) 右边的期望值, 计算得

$$r_k = R_{\pi_k}(u_k) = \frac{nk^4}{(1 + nk^2)^2} + \frac{1 + k^2}{(1 + nk^2)^2}$$

显然, $r = \lim\limits_{k \to +\infty} r_k = 1/n$. 现取 $u^*(x) = \overline{x}$, 则 $R(\mu, u^*) \equiv 1/n$. 可知, $u^*(x)$ 满足条件式 (6.2.25). 依定理 6.2.4, $\overline{X}$ 是 $\mu$ 的最小最大估计.

在前几章里, 样本平均值 $\overline{X}$ 是 $\mu$ 的矩估计、极大似然估计、最小均方误差估计等. 这里又得到它是 $\mu$ 的最小最大估计. 因此, 从各种不同的角度验证了样本平均值 $\overline{X}$ 作为 $\mu$ 的估计的优良性质.

#  习题 6

6-1 一位收藏家拟收购一幅名画, 这幅画标价为 5000 美元, 这幅画若为真品, 则值 10000 美元, 若是赝品, 则一文不值, 此外, 买下一幅假画或者没有买下一幅真画都会损害这位收藏集的名誉, 收益情况如表 6-4.

表 6-4　收益情况表

|  | 买 | 不买 |
| --- | --- | --- |
| 真品 | 5000 | $-3000$ |
| 赝品 | $-6000$ | 0 |

如果收藏家有以下三种决策可供选择. $d_1$: 以概率 0.5 买下这幅画; $d_2$: 请一位鉴赏家鉴定 (已知该鉴赏家以概率 0.5 识别一幅真画, 以概率 0.7 识别一幅假画), 如果鉴赏家鉴定为真品, 则买下这幅画; $d_3$: 肯定不买. 试从中找出这位收藏家的最大最小决策.

6-2 设总体为 $X$, 其中参数 $P$ 未知, 而 $P$ 在 $[0,1]$ 上服从均匀分布, $(X_1,\cdots,X_n)$ 是来自 $X$ 的样本, 假定损失函数是二次损失函数 $L(p,a) = (p-a)^2$, 试求参数 $P$ 的贝叶斯估计.

6-3 设 $\theta$ 是一批产品的不合格率, 从中抽取 8 个产品进行检验, 发现 3 个不合格品, 假如先验分布为 $\theta \sim U(0,1)$, 求 $\theta$ 的后验分布.

6-4 设样本 $(X_1,\cdots,X_n)$ 服从正态分布 $N(\mu,1)$, 损失函数 $L(\mu,a) = (\mu-a)^2$, 求 $\mu$ 的最小最大估计.

6-5 Laplace 在 1786 年研究了巴黎的男婴出生的比率, 他希望检验男婴出生的概率 $\theta$ 是否大于 0.5, 为此, 他收集了 1745 ~ 1770 年在巴黎出生的婴儿数据, 其中, 男婴 251527 个, 女婴 241945 个, 他选用 $U(0,1)$ 作为 $\theta$ 的先验分布, 那么请推断男婴出生的概率是否大于 0.5.

# 参 考 文 献

陈希孺, 倪国熙, 1988. 数理统计学教程. 上海：上海科学技术出版社.

陈希孺, 2009. 高等数理统计学. 合肥：中国科学技术大学出版社.

复旦大学, 1979. 概率论：第二分册　数理统计. 北京：人民教育出版社.

茆诗松, 等, 1986. 回归分析及其试验设计. 上海：华东师范大学出版社.

邵军, 2018. 数理统计. 2 版. 北京：高等教育出版社.

中山大学数学力学系《概率论及数理统计》编写小组, 1980. 概率论及数理统计：下册. 北京：人民教育出版社.

Lehmann E L, Casella G, 2005. 点估计理论. 2 版. 郑忠国, 蒋建成, 童行伟, 译. 北京：中国统计出版社.

Cramér H, 1946. Mathematical Methods of Statistics. Princeton: Princeton University Press.

Feller W, 1971. An Introduction to Probability Theory and Its Applications: II. New York: John Wiley & Sons.

Lehmann E L, Casella G, 1998. Theory of Point Estimation. 2nd ed. New York: Springer.

Lehmann E L, Romano J P, 2005. Testing Statistical Hypotheses. 3rd ed. New York: Springer.

Мазмишвили А И, 1984. 误差理论与最小二乘法. 吕福臣, 等译. 北京：煤炭工业出版社.

Mann H B, 1963. 试验的分析与设计. 张里千, 等译. 北京：科学出版社.

Rao C R, 1989. Statistics and Truth. Fairland, Maryland: International Co-operative Publishing House.

Shao J, 2003. Mathematical Statistics. 2nd ed. New York: Springer.

Stone C J, 1996. A Course in Probability and Statistics. Belmont: Duxbury Press.

# 附 录

## 附表 1 标准正态分布下分位数表

$$\Phi(x) = \frac{1}{\sqrt{2\pi}} \int_{-\infty}^{x} e^{-\frac{t^2}{2}} dt$$

| $x$ | 0.00 | 0.01 | 0.02 | 0.03 | 0.04 | 0.05 | 0.06 | 0.07 | 0.08 | 0.09 |
|-----|------|------|------|------|------|------|------|------|------|------|
| 0.0 | 0.5000 | 0.5040 | 0.5080 | 0.5120 | 0.5160 | 0.5199 | 0.5239 | 0.5279 | 0.5319 | 0.5359 |
| 0.1 | 0.5398 | 0.5438 | 0.5478 | 0.5517 | 0.5557 | 0.5596 | 0.5636 | 0.5675 | 0.5714 | 0.5753 |
| 0.2 | 0.5793 | 0.5832 | 0.5871 | 0.5910 | 0.5948 | 0.5987 | 0.6026 | 0.6064 | 0.6103 | 0.6141 |
| 0.3 | 0.6179 | 0.6217 | 0.6255 | 0.6293 | 0.6331 | 0.6368 | 0.6406 | 0.6443 | 0.6480 | 0.6517 |
| 0.4 | 0.6554 | 0.6591 | 0.6628 | 0.6664 | 0.6700 | 0.6736 | 0.6772 | 0.6808 | 0.6844 | 0.6879 |
| 0.5 | 0.6915 | 0.6950 | 0.6985 | 0.7019 | 0.7054 | 0.7088 | 0.7123 | 0.7157 | 0.7190 | 0.7224 |
| 0.6 | 0.7257 | 0.7291 | 0.7324 | 0.7357 | 0.7389 | 0.7422 | 0.7454 | 0.7486 | 0.7517 | 0.7549 |
| 0.7 | 0.7580 | 0.7611 | 0.7642 | 0.7673 | 0.7704 | 0.7734 | 0.7764 | 0.7794 | 0.7823 | 0.7852 |
| 0.8 | 0.7881 | 0.7910 | 0.7939 | 0.7967 | 0.7995 | 0.8023 | 0.8051 | 0.8078 | 0.8106 | 0.8133 |
| 0.9 | 0.8159 | 0.8186 | 0.8212 | 0.8238 | 0.8264 | 0.8289 | 0.8315 | 0.8340 | 0.8365 | 0.8389 |
| 1.0 | 0.8413 | 0.8438 | 0.8461 | 0.8485 | 0.8508 | 0.8531 | 0.8554 | 0.8577 | 0.8599 | 0.8621 |
| 1.1 | 0.8643 | 0.8665 | 0.8686 | 0.8708 | 0.8729 | 0.8749 | 0.8770 | 0.8790 | 0.8810 | 0.8830 |
| 1.2 | 0.8849 | 0.8869 | 0.8888 | 0.8907 | 0.8925 | 0.8944 | 0.8962 | 0.8980 | 0.8997 | 0.9015 |
| 1.3 | 0.9032 | 0.9049 | 0.9066 | 0.9082 | 0.9099 | 0.9115 | 0.9131 | 0.9147 | 0.9162 | 0.9177 |
| 1.4 | 0.9192 | 0.9207 | 0.9222 | 0.9236 | 0.9251 | 0.9265 | 0.9279 | 0.9292 | 0.9306 | 0.9319 |
| 1.5 | 0.9332 | 0.9345 | 0.9357 | 0.9370 | 0.9382 | 0.9394 | 0.9406 | 0.9418 | 0.9429 | 0.9441 |
| 1.6 | 0.9452 | 0.9463 | 0.9474 | 0.9484 | 0.9495 | 0.9505 | 0.9515 | 0.9525 | 0.9535 | 0.9545 |
| 1.7 | 0.9554 | 0.9564 | 0.9573 | 0.9582 | 0.9591 | 0.9599 | 0.9608 | 0.9616 | 0.9625 | 0.9633 |
| 1.8 | 0.9641 | 0.9649 | 0.9656 | 0.9664 | 0.9671 | 0.9678 | 0.9686 | 0.9693 | 0.9699 | 0.9706 |
| 1.9 | 0.9713 | 0.9719 | 0.9726 | 0.9732 | 0.9738 | 0.9744 | 0.9750 | 0.9756 | 0.9761 | 0.9767 |
| 2.0 | 0.9772 | 0.9778 | 0.9783 | 0.9788 | 0.9793 | 0.9798 | 0.9803 | 0.9808 | 0.9812 | 0.9817 |
| 2.1 | 0.9821 | 0.9826 | 0.9830 | 0.9834 | 0.9838 | 0.9842 | 0.9846 | 0.9850 | 0.9854 | 0.9857 |
| 2.2 | 0.9861 | 0.9864 | 0.9868 | 0.9871 | 0.9875 | 0.9878 | 0.9881 | 0.9884 | 0.9887 | 0.9890 |
| 2.3 | 0.9893 | 0.9896 | 0.9898 | 0.9901 | 0.9904 | 0.9906 | 0.9909 | 0.9911 | 0.9913 | 0.9916 |
| 2.4 | 0.9918 | 0.9920 | 0.9922 | 0.9925 | 0.9927 | 0.9929 | 0.9931 | 0.9932 | 0.9934 | 0.9936 |
| 2.5 | 0.9938 | 0.9940 | 0.9941 | 0.9943 | 0.9945 | 0.9946 | 0.9948 | 0.9949 | 0.9951 | 0.9952 |
| 2.6 | 0.9953 | 0.9955 | 0.9956 | 0.9957 | 0.9959 | 0.9960 | 0.9961 | 0.9962 | 0.9963 | 0.9964 |
| 2.7 | 0.9965 | 0.9966 | 0.9967 | 0.9968 | 0.9969 | 0.9970 | 0.9971 | 0.9972 | 0.9973 | 0.9974 |
| 2.8 | 0.9974 | 0.9975 | 0.9976 | 0.9977 | 0.9977 | 0.9978 | 0.9979 | 0.9979 | 0.9980 | 0.9981 |
| 2.9 | 0.9981 | 0.9982 | 0.9982 | 0.9983 | 0.9984 | 0.9984 | 0.9985 | 0.9985 | 0.9986 | 0.9986 |
| 3.0 | 0.9987 | 0.9987 | 0.9987 | 0.9988 | 0.9988 | 0.9989 | 0.9989 | 0.9989 | 0.9990 | 0.9990 |
| 3.1 | 0.9990 | 0.9991 | 0.9991 | 0.9991 | 0.9992 | 0.9992 | 0.9992 | 0.9992 | 0.9993 | 0.9993 |
| 3.2 | 0.9993 | 0.9993 | 0.9994 | 0.9994 | 0.9994 | 0.9994 | 0.9994 | 0.9995 | 0.9995 | 0.9995 |
| 3.3 | 0.9995 | 0.9995 | 0.9995 | 0.9996 | 0.9996 | 0.9996 | 0.9996 | 0.9996 | 0.9996 | 0.9997 |
| 3.4 | 0.9997 | 0.9997 | 0.9997 | 0.9997 | 0.9997 | 0.9997 | 0.9997 | 0.9997 | 0.9997 | 0.9998 |
| 3.5 | 0.9998 | 0.9998 | 0.9998 | 0.9998 | 0.9998 | 0.9998 | 0.9998 | 0.9998 | 0.9998 | 0.9998 |
| 3.6 | 0.9998 | 0.9998 | 0.9999 | 0.9999 | 0.9999 | 0.9999 | 0.9999 | 0.9999 | 0.9999 | 0.9999 |

# 附表 2　$t$-分布下分位数表

$$P(t > t_{1-\alpha}(n)) = \alpha,\ t_{\alpha}(n) = -t_{1-\alpha}(n)$$

| $n$ | $\alpha$ | | | | | |
|---|---|---|---|---|---|---|
| | 0.005 | 0.01 | 0.025 | 0.05 | 0.10 | 0.25 |
| 1 | 63.6567 | 31.8205 | 12.7062 | 6.3138 | 3.0777 | 1.0000 |
| 2 | 9.9248 | 6.9646 | 4.3027 | 2.9200 | 1.8856 | 0.8165 |
| 3 | 5.8409 | 4.5407 | 3.1824 | 2.3534 | 1.6377 | 0.7649 |
| 4 | 4.6041 | 3.7469 | 2.7764 | 2.1318 | 1.5332 | 0.7407 |
| 5 | 4.0321 | 3.3649 | 2.5706 | 2.0150 | 1.4759 | 0.7267 |
| 6 | 3.7074 | 3.1427 | 2.4469 | 1.9432 | 1.4398 | 0.7176 |
| 7 | 3.4995 | 2.9980 | 2.3646 | 1.8946 | 1.4149 | 0.7111 |
| 8 | 3.3554 | 2.8965 | 2.3060 | 1.8595 | 1.3968 | 0.7064 |
| 9 | 3.2498 | 2.8214 | 2.2622 | 1.8331 | 1.3830 | 0.7027 |
| 10 | 3.1693 | 2.7638 | 2.2281 | 1.8125 | 1.3722 | 0.6998 |
| 11 | 3.1058 | 2.7181 | 2.2010 | 1.7959 | 1.3634 | 0.6974 |
| 12 | 3.0545 | 2.6810 | 2.1788 | 1.7823 | 1.3562 | 0.6955 |
| 13 | 3.0123 | 2.6503 | 2.1604 | 1.7709 | 1.3502 | 0.6938 |
| 14 | 2.9768 | 2.6245 | 2.1448 | 1.7613 | 1.3450 | 0.6924 |
| 15 | 2.9467 | 2.6025 | 2.1314 | 1.7531 | 1.3406 | 0.6912 |
| 16 | 2.9208 | 2.5835 | 2.1199 | 1.7459 | 1.3368 | 0.6901 |
| 17 | 2.8982 | 2.5669 | 2.1098 | 1.7396 | 1.3334 | 0.6892 |
| 18 | 2.8784 | 2.5524 | 2.1009 | 1.7341 | 1.3304 | 0.6884 |
| 19 | 2.8609 | 2.5395 | 2.0930 | 1.7291 | 1.3277 | 0.6876 |
| 20 | 2.8453 | 2.5280 | 2.0860 | 1.7247 | 1.3253 | 0.6870 |
| 21 | 2.8314 | 2.5176 | 2.0796 | 1.7207 | 1.3232 | 0.6864 |
| 22 | 2.8188 | 2.5083 | 2.0739 | 1.7171 | 1.3212 | 0.6858 |
| 23 | 2.8073 | 2.4999 | 2.0687 | 1.7139 | 1.3195 | 0.6853 |
| 24 | 2.7969 | 2.4922 | 2.0639 | 1.7109 | 1.3178 | 0.6848 |
| 25 | 2.7874 | 2.4851 | 2.0595 | 1.7081 | 1.3163 | 0.6844 |
| 26 | 2.7787 | 2.4786 | 2.0555 | 1.7056 | 1.3150 | 0.6840 |
| 27 | 2.7707 | 2.4727 | 2.0518 | 1.7033 | 1.3137 | 0.6837 |
| 28 | 2.7633 | 2.4671 | 2.0484 | 1.7011 | 1.3125 | 0.6834 |
| 29 | 2.7564 | 2.4620 | 2.0452 | 1.6991 | 1.3114 | 0.6830 |
| 30 | 2.7500 | 2.4573 | 2.0423 | 1.6973 | 1.3104 | 0.6828 |

## 附表 3　$\chi^2$-分布数值表

$$P(\chi^2 \leq \chi^2_\alpha(n)) = \alpha$$

| $n$ | $\alpha$ 0.005 | 0.01 | 0.025 | 0.05 | 0.1 | 0.25 | 0.5 | 0.75 | 0.9 | 0.95 | 0.975 | 0.99 | 0.995 |
|---|---|---|---|---|---|---|---|---|---|---|---|---|---|
| 1 | 0.0000 | 0.0002 | 0.0010 | 0.0039 | 0.0158 | 0.1015 | 0.4549 | 1.3233 | 2.7055 | 3.8415 | 5.0239 | 6.6349 | 7.8794 |
| 2 | 0.0100 | 0.0201 | 0.0506 | 0.1026 | 0.2107 | 0.5754 | 1.3863 | 2.7726 | 4.6052 | 5.9915 | 7.3778 | 9.2103 | 10.5966 |
| 3 | 0.0717 | 0.1148 | 0.2158 | 0.3518 | 0.5844 | 1.2125 | 2.3660 | 4.1083 | 6.2514 | 7.8147 | 9.3484 | 11.3449 | 12.8382 |
| 4 | 0.2070 | 0.2971 | 0.4844 | 0.7107 | 1.0636 | 1.9226 | 3.3567 | 5.3853 | 7.7794 | 9.4877 | 11.1433 | 13.2767 | 14.8603 |
| 5 | 0.4117 | 0.5543 | 0.8312 | 1.1455 | 1.6103 | 2.6746 | 4.3515 | 6.6257 | 9.2364 | 11.0705 | 12.8325 | 15.0863 | 16.7496 |
| 6 | 0.6757 | 0.8721 | 1.2373 | 1.6354 | 2.2041 | 3.4546 | 5.3481 | 7.8408 | 10.6446 | 12.5916 | 14.4494 | 16.8119 | 18.5476 |
| 7 | 0.9893 | 1.2390 | 1.6899 | 2.1673 | 2.8331 | 4.2549 | 6.3458 | 9.0371 | 12.0170 | 14.0671 | 16.0128 | 18.4753 | 20.2777 |
| 8 | 1.3444 | 1.6465 | 2.1797 | 2.7326 | 3.4895 | 5.0706 | 7.3441 | 10.2189 | 13.3616 | 15.5073 | 17.5345 | 20.0902 | 21.9550 |
| 9 | 1.7349 | 2.0879 | 2.7004 | 3.3251 | 4.1682 | 5.8988 | 8.3428 | 11.3888 | 14.6837 | 16.9190 | 19.0228 | 21.6660 | 23.5894 |
| 10 | 2.1559 | 2.5582 | 3.2470 | 3.9403 | 4.8652 | 6.7372 | 9.3418 | 12.5489 | 15.9872 | 18.3070 | 20.4832 | 23.2093 | 25.1882 |
| 11 | 2.6032 | 3.0535 | 3.8157 | 4.5748 | 5.5778 | 7.5841 | 10.3410 | 13.7007 | 17.2750 | 19.6751 | 21.9200 | 24.7250 | 26.7568 |
| 12 | 3.0738 | 3.5706 | 4.4038 | 5.2260 | 6.3038 | 8.4384 | 11.3403 | 14.8454 | 18.5493 | 21.0261 | 23.3367 | 26.2170 | 28.2995 |
| 13 | 3.5650 | 4.1069 | 5.0088 | 5.8919 | 7.0415 | 9.2991 | 12.3398 | 15.9839 | 19.8119 | 22.3620 | 24.7356 | 27.6882 | 29.8195 |
| 14 | 4.0747 | 4.6604 | 5.6287 | 6.5706 | 7.7895 | 10.1653 | 13.3393 | 17.1169 | 21.0641 | 23.6848 | 26.1189 | 29.1412 | 31.3193 |
| 15 | 4.6009 | 5.2293 | 6.2621 | 7.2609 | 8.5468 | 11.0365 | 14.3389 | 18.2451 | 22.3071 | 24.9958 | 27.4884 | 30.5779 | 32.8013 |
| 16 | 5.1422 | 5.8122 | 6.9077 | 7.9616 | 9.3122 | 11.9122 | 15.3385 | 19.3689 | 23.5418 | 26.2962 | 28.8454 | 31.9999 | 34.2672 |
| 17 | 5.6972 | 6.4078 | 7.5642 | 8.6718 | 10.0852 | 12.7919 | 16.3382 | 20.4887 | 24.7690 | 27.5871 | 30.1910 | 33.4087 | 35.7185 |
| 18 | 6.2648 | 7.0149 | 8.2307 | 9.3905 | 10.8649 | 13.6753 | 17.3379 | 21.6049 | 25.9894 | 28.8693 | 31.5264 | 34.8053 | 37.1565 |
| 19 | 6.8440 | 7.6327 | 8.9065 | 10.1170 | 11.6509 | 14.5620 | 18.3377 | 22.7178 | 27.2036 | 30.1435 | 32.8523 | 36.1909 | 38.5823 |
| 20 | 7.4338 | 8.2604 | 9.5908 | 10.8508 | 12.4426 | 15.4518 | 19.3374 | 23.8277 | 28.4120 | 31.4104 | 34.1696 | 37.5662 | 39.9968 |

（附表 3 续）

| $n$ | 0.005 | 0.01 | 0.025 | 0.05 | 0.1 | 0.25 | 0.5 | 0.75 | 0.9 | 0.95 | 0.975 | 0.99 | 0.995 |
|---|---|---|---|---|---|---|---|---|---|---|---|---|---|
| 21 | 8.0337 | 8.8972 | 10.2829 | 11.5913 | 13.2396 | 16.3444 | 20.3372 | 24.9348 | 29.6151 | 32.6706 | 35.4789 | 38.9322 | 41.4011 |
| 22 | 8.6427 | 9.5425 | 10.9823 | 12.3380 | 14.0415 | 17.2396 | 21.3370 | 26.0393 | 30.8133 | 33.9244 | 36.7807 | 40.2894 | 42.7957 |
| 23 | 9.2604 | 10.1957 | 11.6886 | 13.0905 | 14.8480 | 18.1373 | 22.3369 | 27.1413 | 32.0069 | 35.1725 | 38.0756 | 41.6384 | 44.1813 |
| 24 | 9.8862 | 10.8564 | 12.4012 | 13.8484 | 15.6587 | 19.0373 | 23.3367 | 28.2412 | 33.1962 | 36.4150 | 39.3641 | 42.9798 | 45.5585 |
| 25 | 10.5197 | 11.5240 | 13.1197 | 14.6114 | 16.4734 | 19.9393 | 24.3366 | 29.3389 | 34.3816 | 37.6525 | 40.6465 | 44.3141 | 46.9279 |
| 26 | 11.1602 | 12.1981 | 13.8439 | 15.3792 | 17.2919 | 20.8434 | 25.3365 | 30.4346 | 35.5632 | 38.8851 | 41.9232 | 45.6417 | 48.2899 |
| 27 | 11.8076 | 12.8785 | 14.5734 | 16.1514 | 18.1139 | 21.7494 | 26.3363 | 31.5284 | 36.7412 | 40.1133 | 43.1945 | 46.9629 | 49.6449 |
| 28 | 12.4613 | 13.5647 | 15.3079 | 16.9279 | 18.9392 | 22.6572 | 27.3362 | 32.6205 | 37.9159 | 41.3371 | 44.4608 | 48.2782 | 50.9934 |
| 29 | 13.1211 | 14.2565 | 16.0471 | 17.7084 | 19.7677 | 23.5666 | 28.3361 | 33.7109 | 39.0875 | 42.5570 | 45.7223 | 49.5879 | 52.3356 |
| 30 | 13.7867 | 14.9535 | 16.7908 | 18.4927 | 20.5992 | 24.4776 | 29.3360 | 34.7997 | 40.2560 | 43.7730 | 46.9792 | 50.8922 | 53.6720 |
| 31 | 14.4578 | 15.6555 | 17.5387 | 19.2806 | 21.4336 | 25.3901 | 30.3359 | 35.8871 | 41.4217 | 44.9853 | 48.2319 | 52.1914 | 55.0027 |
| 32 | 15.1340 | 16.3622 | 18.2908 | 20.0719 | 22.2706 | 26.3041 | 31.3359 | 36.9730 | 42.5847 | 46.1943 | 49.4804 | 53.4858 | 56.3281 |
| 33 | 15.8153 | 17.0735 | 19.0467 | 20.8665 | 23.1102 | 27.2194 | 32.3358 | 38.0575 | 43.7452 | 47.3999 | 50.7251 | 54.7755 | 57.6484 |
| 34 | 16.5013 | 17.7891 | 19.8063 | 21.6643 | 23.9523 | 28.1361 | 33.3357 | 39.1408 | 44.9032 | 48.6024 | 51.9660 | 56.0609 | 58.9639 |
| 35 | 17.1918 | 18.5089 | 20.5694 | 22.4650 | 24.7967 | 29.0540 | 34.3356 | 40.2228 | 46.0588 | 49.8018 | 53.2033 | 57.3421 | 60.2748 |
| 36 | 17.8867 | 19.2327 | 21.3359 | 23.2686 | 25.6433 | 29.9730 | 35.3356 | 41.3036 | 47.2122 | 50.9985 | 54.4373 | 58.6192 | 61.5812 |
| 37 | 18.5858 | 19.9602 | 22.1056 | 24.0749 | 26.4921 | 30.8933 | 36.3355 | 42.3833 | 48.3634 | 52.1923 | 55.6680 | 59.8925 | 62.8833 |
| 38 | 19.2889 | 20.6914 | 22.8785 | 24.8839 | 27.3430 | 31.8146 | 37.3355 | 43.4619 | 49.5126 | 53.3835 | 56.8955 | 61.1621 | 64.1814 |
| 39 | 19.9959 | 21.4262 | 23.6543 | 25.6954 | 28.1958 | 32.7369 | 38.3354 | 44.5395 | 50.6598 | 54.5722 | 58.1201 | 62.4281 | 65.4756 |
| 40 | 20.7065 | 22.1643 | 24.4330 | 26.5093 | 29.0505 | 33.6603 | 39.3353 | 45.6160 | 51.8051 | 55.7585 | 59.3417 | 63.6907 | 66.7660 |

$\alpha$

## 附表 4　F-分布数值表

$$P(F(n_1, n_2) \leq F_\alpha(n_1, n_2)) = \alpha$$

$$(\alpha = 0.01)$$

| $n_2$ \ $n_1$ | 1 | 2 | 3 | 4 | 5 | 6 | 7 | 8 | 9 | 10 | 11 | 12 | 13 | 14 | 15 | 16 | 17 | 18 | 19 | 20 |
|---|---|---|---|---|---|---|---|---|---|---|---|---|---|---|---|---|---|---|---|---|
| 1 | 0.0002 | 0.0002 | 0.0002 | 0.0002 | 0.0002 | 0.0002 | 0.0002 | 0.0002 | 0.0002 | 0.0002 | 0.0002 | 0.0002 | 0.0002 | 0.0002 | 0.0002 | 0.0002 | 0.0002 | 0.0002 | 0.0002 | 0.0002 |
| 2 | 0.0102 | 0.0101 | 0.0101 | 0.0101 | 0.0101 | 0.0101 | 0.0101 | 0.0101 | 0.0101 | 0.0101 | 0.0101 | 0.0101 | 0.0101 | 0.0101 | 0.0101 | 0.0101 | 0.0101 | 0.0101 | 0.0101 | 0.0101 |
| 3 | 0.0293 | 0.0325 | 0.0339 | 0.0348 | 0.0354 | 0.0358 | 0.0361 | 0.0364 | 0.0366 | 0.0367 | 0.0369 | 0.0370 | 0.0371 | 0.0371 | 0.0372 | 0.0373 | 0.0373 | 0.0374 | 0.0374 | 0.0375 |
| 4 | 0.0472 | 0.0556 | 0.0599 | 0.0626 | 0.0644 | 0.0658 | 0.0668 | 0.0676 | 0.0682 | 0.0687 | 0.0692 | 0.0696 | 0.0699 | 0.0702 | 0.0704 | 0.0707 | 0.0708 | 0.0710 | 0.0712 | 0.0713 |
| 5 | 0.0615 | 0.0753 | 0.0829 | 0.0878 | 0.0912 | 0.0937 | 0.0956 | 0.0972 | 0.0984 | 0.0995 | 0.1004 | 0.1011 | 0.1018 | 0.1024 | 0.1029 | 0.1033 | 0.1037 | 0.1041 | 0.1044 | 0.1047 |
| 6 | 0.0728 | 0.0915 | 0.1023 | 0.1093 | 0.1143 | 0.1181 | 0.1211 | 0.1234 | 0.1254 | 0.1270 | 0.1284 | 0.1296 | 0.1306 | 0.1315 | 0.1323 | 0.1330 | 0.1336 | 0.1342 | 0.1347 | 0.1352 |
| 7 | 0.0817 | 0.1047 | 0.1183 | 0.1274 | 0.1340 | 0.1391 | 0.1430 | 0.1462 | 0.1488 | 0.1511 | 0.1529 | 0.1546 | 0.1560 | 0.1573 | 0.1584 | 0.1594 | 0.1603 | 0.1611 | 0.1618 | 0.1625 |
| 8 | 0.0888 | 0.1156 | 0.1317 | 0.1427 | 0.1508 | 0.1570 | 0.1619 | 0.1659 | 0.1692 | 0.1720 | 0.1744 | 0.1765 | 0.1783 | 0.1799 | 0.1813 | 0.1826 | 0.1837 | 0.1848 | 0.1857 | 0.1866 |
| 9 | 0.0947 | 0.1247 | 0.1430 | 0.1557 | 0.1651 | 0.1724 | 0.1782 | 0.1829 | 0.1869 | 0.1902 | 0.1931 | 0.1956 | 0.1978 | 0.1998 | 0.2015 | 0.2031 | 0.2045 | 0.2058 | 0.2069 | 0.2080 |
| 10 | 0.0996 | 0.1323 | 0.1526 | 0.1668 | 0.1774 | 0.1857 | 0.1923 | 0.1978 | 0.2023 | 0.2062 | 0.2096 | 0.2125 | 0.2151 | 0.2174 | 0.2194 | 0.2212 | 0.2229 | 0.2244 | 0.2257 | 0.2270 |
| 11 | 0.1037 | 0.1388 | 0.1609 | 0.1764 | 0.1881 | 0.1973 | 0.2047 | 0.2108 | 0.2159 | 0.2203 | 0.2241 | 0.2274 | 0.2303 | 0.2329 | 0.2352 | 0.2373 | 0.2392 | 0.2409 | 0.2425 | 0.2440 |
| 12 | 0.1072 | 0.1444 | 0.1680 | 0.1848 | 0.1975 | 0.2074 | 0.2155 | 0.2223 | 0.2279 | 0.2328 | 0.2370 | 0.2407 | 0.2439 | 0.2468 | 0.2494 | 0.2517 | 0.2539 | 0.2558 | 0.2576 | 0.2592 |
| 13 | 0.1102 | 0.1492 | 0.1742 | 0.1921 | 0.2057 | 0.2164 | 0.2252 | 0.2324 | 0.2386 | 0.2439 | 0.2485 | 0.2525 | 0.2561 | 0.2592 | 0.2621 | 0.2647 | 0.2670 | 0.2691 | 0.2711 | 0.2729 |
| 14 | 0.1128 | 0.1535 | 0.1797 | 0.1986 | 0.2130 | 0.2244 | 0.2338 | 0.2415 | 0.2482 | 0.2538 | 0.2588 | 0.2631 | 0.2670 | 0.2704 | 0.2735 | 0.2763 | 0.2789 | 0.2812 | 0.2833 | 0.2853 |
| 15 | 0.1152 | 0.1573 | 0.1846 | 0.2044 | 0.2195 | 0.2316 | 0.2415 | 0.2497 | 0.2568 | 0.2628 | 0.2681 | 0.2728 | 0.2769 | 0.2806 | 0.2839 | 0.2869 | 0.2897 | 0.2922 | 0.2945 | 0.2966 |
| 16 | 0.1172 | 0.1606 | 0.1890 | 0.2095 | 0.2254 | 0.2380 | 0.2484 | 0.2571 | 0.2645 | 0.2709 | 0.2765 | 0.2815 | 0.2859 | 0.2898 | 0.2933 | 0.2966 | 0.2995 | 0.3022 | 0.3046 | 0.3069 |
| 17 | 0.1191 | 0.1636 | 0.1929 | 0.2142 | 0.2306 | 0.2438 | 0.2547 | 0.2638 | 0.2716 | 0.2783 | 0.2842 | 0.2894 | 0.2941 | 0.2982 | 0.3020 | 0.3054 | 0.3085 | 0.3113 | 0.3139 | 0.3163 |
| 18 | 0.1207 | 0.1663 | 0.1964 | 0.2184 | 0.2354 | 0.2491 | 0.2604 | 0.2699 | 0.2780 | 0.2850 | 0.2912 | 0.2967 | 0.3015 | 0.3059 | 0.3099 | 0.3134 | 0.3167 | 0.3197 | 0.3224 | 0.3250 |
| 19 | 0.1222 | 0.1688 | 0.1996 | 0.2222 | 0.2398 | 0.2539 | 0.2656 | 0.2754 | 0.2839 | 0.2912 | 0.2977 | 0.3033 | 0.3084 | 0.3130 | 0.3171 | 0.3209 | 0.3243 | 0.3274 | 0.3303 | 0.3330 |
| 20 | 0.1235 | 0.1710 | 0.2025 | 0.2257 | 0.2437 | 0.2583 | 0.2704 | 0.2806 | 0.2893 | 0.2969 | 0.3036 | 0.3095 | 0.3148 | 0.3195 | 0.3238 | 0.3277 | 0.3313 | 0.3346 | 0.3376 | 0.3404 |

(续表)

$(\alpha = 0.05)$

| $n_2$ \ $n_1$ | 1 | 2 | 3 | 4 | 5 | 6 | 7 | 8 | 9 | 10 | 11 | 12 | 13 | 14 | 15 | 16 | 17 | 18 | 19 | 20 |
|---|---|---|---|---|---|---|---|---|---|---|---|---|---|---|---|---|---|---|---|---|
| 1 | 0.0062 | 0.0050 | 0.0046 | 0.0045 | 0.0043 | 0.0043 | 0.0042 | 0.0042 | 0.0042 | 0.0041 | 0.0041 | 0.0041 | 0.0041 | 0.0041 | 0.0041 | 0.0041 | 0.0040 | 0.0040 | 0.0040 | 0.0040 |
| 2 | 0.0540 | 0.0526 | 0.0522 | 0.0520 | 0.0518 | 0.0517 | 0.0517 | 0.0516 | 0.0516 | 0.0516 | 0.0515 | 0.0515 | 0.0515 | 0.0515 | 0.0515 | 0.0515 | 0.0514 | 0.0514 | 0.0514 | 0.0514 |
| 3 | 0.0987 | 0.1047 | 0.1078 | 0.1097 | 0.1109 | 0.1118 | 0.1125 | 0.1131 | 0.1135 | 0.1138 | 0.1141 | 0.1144 | 0.1146 | 0.1147 | 0.1149 | 0.1150 | 0.1152 | 0.1153 | 0.1154 | 0.1155 |
| 4 | 0.1297 | 0.1440 | 0.1517 | 0.1565 | 0.1598 | 0.1623 | 0.1641 | 0.1655 | 0.1667 | 0.1677 | 0.1685 | 0.1692 | 0.1697 | 0.1703 | 0.1707 | 0.1711 | 0.1715 | 0.1718 | 0.1721 | 0.1723 |
| 5 | 0.1513 | 0.1728 | 0.1849 | 0.1926 | 0.1980 | 0.2020 | 0.2051 | 0.2075 | 0.2095 | 0.2112 | 0.2126 | 0.2138 | 0.2148 | 0.2157 | 0.2165 | 0.2172 | 0.2178 | 0.2184 | 0.2189 | 0.2194 |
| 6 | 0.1670 | 0.1944 | 0.2102 | 0.2206 | 0.2279 | 0.2334 | 0.2377 | 0.2411 | 0.2440 | 0.2463 | 0.2483 | 0.2500 | 0.2515 | 0.2528 | 0.2539 | 0.2550 | 0.2559 | 0.2567 | 0.2574 | 0.2581 |
| 7 | 0.1788 | 0.2111 | 0.2301 | 0.2427 | 0.2518 | 0.2587 | 0.2641 | 0.2684 | 0.2720 | 0.2750 | 0.2775 | 0.2797 | 0.2817 | 0.2833 | 0.2848 | 0.2862 | 0.2874 | 0.2884 | 0.2894 | 0.2903 |
| 8 | 0.1881 | 0.2243 | 0.2459 | 0.2606 | 0.2712 | 0.2793 | 0.2857 | 0.2909 | 0.2951 | 0.2988 | 0.3018 | 0.3045 | 0.3068 | 0.3089 | 0.3107 | 0.3123 | 0.3138 | 0.3151 | 0.3163 | 0.3174 |
| 9 | 0.1954 | 0.2349 | 0.2589 | 0.2752 | 0.2872 | 0.2964 | 0.3037 | 0.3096 | 0.3146 | 0.3187 | 0.3223 | 0.3254 | 0.3281 | 0.3305 | 0.3327 | 0.3346 | 0.3363 | 0.3378 | 0.3393 | 0.3405 |
| 10 | 0.2014 | 0.2437 | 0.2697 | 0.2875 | 0.3007 | 0.3108 | 0.3189 | 0.3256 | 0.3311 | 0.3358 | 0.3398 | 0.3433 | 0.3464 | 0.3491 | 0.3515 | 0.3537 | 0.3556 | 0.3574 | 0.3590 | 0.3605 |
| 11 | 0.2064 | 0.2511 | 0.2788 | 0.2979 | 0.3121 | 0.3231 | 0.3320 | 0.3392 | 0.3453 | 0.3504 | 0.3549 | 0.3587 | 0.3621 | 0.3651 | 0.3678 | 0.3702 | 0.3724 | 0.3744 | 0.3762 | 0.3779 |
| 12 | 0.2106 | 0.2574 | 0.2865 | 0.3068 | 0.3220 | 0.3338 | 0.3432 | 0.3511 | 0.3576 | 0.3632 | 0.3680 | 0.3722 | 0.3759 | 0.3792 | 0.3821 | 0.3848 | 0.3872 | 0.3893 | 0.3913 | 0.3931 |
| 13 | 0.2143 | 0.2628 | 0.2932 | 0.3146 | 0.3305 | 0.3430 | 0.3531 | 0.3614 | 0.3684 | 0.3744 | 0.3796 | 0.3841 | 0.3881 | 0.3916 | 0.3948 | 0.3976 | 0.4002 | 0.4026 | 0.4047 | 0.4067 |
| 14 | 0.2174 | 0.2675 | 0.2991 | 0.3213 | 0.3380 | 0.3512 | 0.3618 | 0.3706 | 0.3780 | 0.3843 | 0.3898 | 0.3946 | 0.3988 | 0.4026 | 0.4060 | 0.4091 | 0.4118 | 0.4144 | 0.4167 | 0.4188 |
| 15 | 0.2201 | 0.2716 | 0.3042 | 0.3273 | 0.3447 | 0.3584 | 0.3695 | 0.3787 | 0.3865 | 0.3931 | 0.3989 | 0.4040 | 0.4085 | 0.4125 | 0.4161 | 0.4193 | 0.4222 | 0.4249 | 0.4274 | 0.4296 |
| 16 | 0.2225 | 0.2752 | 0.3087 | 0.3326 | 0.3506 | 0.3648 | 0.3763 | 0.3859 | 0.3941 | 0.4010 | 0.4071 | 0.4124 | 0.4171 | 0.4214 | 0.4251 | 0.4285 | 0.4316 | 0.4345 | 0.4371 | 0.4395 |
| 17 | 0.2247 | 0.2784 | 0.3128 | 0.3373 | 0.3559 | 0.3706 | 0.3825 | 0.3925 | 0.4009 | 0.4082 | 0.4145 | 0.4201 | 0.4250 | 0.4294 | 0.4333 | 0.4369 | 0.4402 | 0.4431 | 0.4459 | 0.4484 |
| 18 | 0.2266 | 0.2813 | 0.3165 | 0.3416 | 0.3606 | 0.3758 | 0.3881 | 0.3984 | 0.4071 | 0.4146 | 0.4212 | 0.4270 | 0.4321 | 0.4367 | 0.4408 | 0.4445 | 0.4479 | 0.4510 | 0.4539 | 0.4565 |
| 19 | 0.2283 | 0.2839 | 0.3198 | 0.3454 | 0.3650 | 0.3805 | 0.3932 | 0.4038 | 0.4128 | 0.4205 | 0.4273 | 0.4333 | 0.4386 | 0.4433 | 0.4476 | 0.4515 | 0.4550 | 0.4582 | 0.4612 | 0.4639 |
| 20 | 0.2298 | 0.2863 | 0.3227 | 0.3489 | 0.3689 | 0.3848 | 0.3978 | 0.4087 | 0.4179 | 0.4259 | 0.4329 | 0.4391 | 0.4445 | 0.4494 | 0.4539 | 0.4579 | 0.4615 | 0.4649 | 0.4679 | 0.4708 |

(续表)

$(\alpha = 0.1)$

$n_1$

| $n_2$ | 1 | 2 | 3 | 4 | 5 | 6 | 7 | 8 | 9 | 10 | 11 | 12 | 13 | 14 | 15 | 16 | 17 | 18 | 19 | 20 |
|---|---|---|---|---|---|---|---|---|---|---|---|---|---|---|---|---|---|---|---|---|
| 1 | 0.0251 | 0.0202 | 0.0187 | 0.0179 | 0.0175 | 0.0172 | 0.0170 | 0.0168 | 0.0167 | 0.0166 | 0.0165 | 0.0165 | 0.0164 | 0.0164 | 0.0163 | 0.0163 | 0.0163 | 0.0162 | 0.0162 | 0.0162 |
| 2 | 0.1173 | 0.1111 | 0.1091 | 0.1082 | 0.1076 | 0.1072 | 0.1070 | 0.1068 | 0.1066 | 0.1065 | 0.1064 | 0.1063 | 0.1062 | 0.1062 | 0.1061 | 0.1061 | 0.1060 | 0.1060 | 0.1059 | 0.1059 |
| 3 | 0.1806 | 0.1831 | 0.1855 | 0.1872 | 0.1884 | 0.1892 | 0.1899 | 0.1904 | 0.1908 | 0.1912 | 0.1915 | 0.1917 | 0.1919 | 0.1921 | 0.1923 | 0.1924 | 0.1926 | 0.1927 | 0.1928 | 0.1929 |
| 4 | 0.2200 | 0.2312 | 0.2386 | 0.2435 | 0.2469 | 0.2494 | 0.2513 | 0.2528 | 0.2541 | 0.2551 | 0.2560 | 0.2567 | 0.2573 | 0.2579 | 0.2584 | 0.2588 | 0.2592 | 0.2595 | 0.2598 | 0.2601 |
| 5 | 0.2463 | 0.2646 | 0.2763 | 0.2841 | 0.2896 | 0.2937 | 0.2969 | 0.2995 | 0.3015 | 0.3033 | 0.3047 | 0.3060 | 0.3071 | 0.3080 | 0.3088 | 0.3096 | 0.3102 | 0.3108 | 0.3114 | 0.3119 |
| 6 | 0.2648 | 0.2887 | 0.3041 | 0.3144 | 0.3218 | 0.3274 | 0.3317 | 0.3352 | 0.3381 | 0.3405 | 0.3425 | 0.3443 | 0.3458 | 0.3471 | 0.3483 | 0.3493 | 0.3503 | 0.3511 | 0.3519 | 0.3526 |
| 7 | 0.2786 | 0.3070 | 0.3253 | 0.3378 | 0.3468 | 0.3537 | 0.3591 | 0.3634 | 0.3670 | 0.3700 | 0.3726 | 0.3748 | 0.3767 | 0.3784 | 0.3799 | 0.3812 | 0.3824 | 0.3835 | 0.3845 | 0.3854 |
| 8 | 0.2892 | 0.3212 | 0.3420 | 0.3563 | 0.3668 | 0.3748 | 0.3811 | 0.3862 | 0.3904 | 0.3940 | 0.3971 | 0.3997 | 0.4020 | 0.4040 | 0.4058 | 0.4074 | 0.4089 | 0.4102 | 0.4114 | 0.4124 |
| 9 | 0.2976 | 0.3326 | 0.3555 | 0.3714 | 0.3831 | 0.3920 | 0.3992 | 0.4050 | 0.4098 | 0.4139 | 0.4173 | 0.4204 | 0.4230 | 0.4253 | 0.4274 | 0.4293 | 0.4309 | 0.4325 | 0.4338 | 0.4351 |
| 10 | 0.3044 | 0.3419 | 0.3666 | 0.3838 | 0.3966 | 0.4064 | 0.4143 | 0.4207 | 0.4260 | 0.4306 | 0.4344 | 0.4378 | 0.4408 | 0.4434 | 0.4457 | 0.4478 | 0.4497 | 0.4514 | 0.4530 | 0.4544 |
| 11 | 0.3101 | 0.3497 | 0.3759 | 0.3943 | 0.4080 | 0.4186 | 0.4271 | 0.4340 | 0.4399 | 0.4448 | 0.4490 | 0.4527 | 0.4560 | 0.4589 | 0.4614 | 0.4638 | 0.4658 | 0.4677 | 0.4694 | 0.4710 |
| 12 | 0.3148 | 0.3563 | 0.3838 | 0.4032 | 0.4177 | 0.4290 | 0.4381 | 0.4455 | 0.4518 | 0.4571 | 0.4617 | 0.4657 | 0.4692 | 0.4723 | 0.4751 | 0.4776 | 0.4799 | 0.4819 | 0.4838 | 0.4855 |
| 13 | 0.3189 | 0.3619 | 0.3906 | 0.4109 | 0.4261 | 0.4380 | 0.4476 | 0.4555 | 0.4621 | 0.4678 | 0.4727 | 0.4770 | 0.4807 | 0.4841 | 0.4871 | 0.4897 | 0.4922 | 0.4944 | 0.4964 | 0.4983 |
| 14 | 0.3224 | 0.3668 | 0.3965 | 0.4176 | 0.4335 | 0.4459 | 0.4560 | 0.4643 | 0.4713 | 0.4772 | 0.4824 | 0.4869 | 0.4909 | 0.4945 | 0.4976 | 0.5005 | 0.5031 | 0.5054 | 0.5076 | 0.5096 |
| 15 | 0.3254 | 0.3710 | 0.4016 | 0.4235 | 0.4399 | 0.4529 | 0.4634 | 0.4720 | 0.4793 | 0.4856 | 0.4910 | 0.4958 | 0.5000 | 0.5037 | 0.5070 | 0.5101 | 0.5128 | 0.5153 | 0.5176 | 0.5197 |
| 16 | 0.3281 | 0.3748 | 0.4062 | 0.4287 | 0.4457 | 0.4591 | 0.4699 | 0.4789 | 0.4865 | 0.4931 | 0.4987 | 0.5037 | 0.5081 | 0.5120 | 0.5155 | 0.5187 | 0.5215 | 0.5241 | 0.5265 | 0.5287 |
| 17 | 0.3304 | 0.3781 | 0.4103 | 0.4333 | 0.4508 | 0.4646 | 0.4758 | 0.4851 | 0.4930 | 0.4998 | 0.5056 | 0.5108 | 0.5154 | 0.5194 | 0.5231 | 0.5264 | 0.5294 | 0.5321 | 0.5346 | 0.5370 |
| 18 | 0.3326 | 0.3811 | 0.4139 | 0.4375 | 0.4554 | 0.4696 | 0.4811 | 0.4907 | 0.4988 | 0.5058 | 0.5119 | 0.5172 | 0.5220 | 0.5262 | 0.5300 | 0.5334 | 0.5365 | 0.5394 | 0.5420 | 0.5444 |
| 19 | 0.3345 | 0.3838 | 0.4172 | 0.4412 | 0.4596 | 0.4741 | 0.4859 | 0.4958 | 0.5041 | 0.5113 | 0.5176 | 0.5231 | 0.5280 | 0.5323 | 0.5363 | 0.5398 | 0.5431 | 0.5460 | 0.5487 | 0.5512 |
| 20 | 0.3362 | 0.3862 | 0.4202 | 0.4447 | 0.4633 | 0.4782 | 0.4903 | 0.5004 | 0.5089 | 0.5163 | 0.5228 | 0.5284 | 0.5335 | 0.5380 | 0.5420 | 0.5457 | 0.5490 | 0.5521 | 0.5549 | 0.5575 |

# 附表 5  二项分布数值表

$$P(X=r) = \binom{n}{r} p^r (1-p)^{n-r}$$

$n = 1$

| r | p | | | | | | | | | |
|---|------|------|------|------|------|------|------|------|------|------|
| | 0.01 | 0.02 | 0.03 | 0.04 | 0.05 | 0.06 | 0.07 | 0.08 | 0.09 | 0.1 |
| 0 | 0.99 | 0.98 | 0.97 | 0.96 | 0.95 | 0.94 | 0.93 | 0.92 | 0.91 | 0.9 |
| 1 | 0.01 | 0.02 | 0.03 | 0.04 | 0.05 | 0.06 | 0.07 | 0.08 | 0.09 | 0.1 |

| r | p | | | | | | | | | |
|---|------|------|------|------|------|------|------|------|------|------|
| | 0.11 | 0.12 | 0.13 | 0.14 | 0.15 | 0.16 | 0.17 | 0.18 | 0.19 | 0.2 |
| 0 | 0.89 | 0.88 | 0.87 | 0.86 | 0.85 | 0.84 | 0.83 | 0.82 | 0.81 | 0.8 |
| 1 | 0.11 | 0.12 | 0.13 | 0.14 | 0.15 | 0.16 | 0.17 | 0.18 | 0.19 | 0.2 |

| r | p | | | | | | | | | |
|---|------|------|------|------|------|------|------|------|------|------|
| | 0.21 | 0.22 | 0.23 | 0.24 | 0.25 | 0.26 | 0.27 | 0.28 | 0.29 | 0.3 |
| 0 | 0.79 | 0.78 | 0.77 | 0.76 | 0.75 | 0.74 | 0.73 | 0.72 | 0.71 | 0.7 |
| 1 | 0.21 | 0.22 | 0.23 | 0.24 | 0.25 | 0.26 | 0.27 | 0.28 | 0.29 | 0.3 |

| r | p | | | | | | | | | |
|---|------|------|------|------|------|------|------|------|------|------|
| | 0.31 | 0.32 | 0.33 | 0.34 | 0.35 | 0.36 | 0.37 | 0.38 | 0.39 | 0.4 |
| 0 | 0.69 | 0.68 | 0.67 | 0.66 | 0.65 | 0.64 | 0.63 | 0.62 | 0.61 | 0.6 |
| 1 | 0.31 | 0.32 | 0.33 | 0.34 | 0.35 | 0.36 | 0.37 | 0.38 | 0.39 | 0.4 |

| r | p | | | | | | | | | |
|---|------|------|------|------|------|------|------|------|------|------|
| | 0.41 | 0.42 | 0.43 | 0.44 | 0.45 | 0.46 | 0.47 | 0.48 | 0.49 | 0.5 |
| 0 | 0.59 | 0.58 | 0.57 | 0.56 | 0.55 | 0.54 | 0.53 | 0.52 | 0.51 | 0.5 |
| 1 | 0.41 | 0.42 | 0.43 | 0.44 | 0.45 | 0.46 | 0.47 | 0.48 | 0.49 | 0.5 |

$n = 2$

| r | p | | | | | | | | | |
|---|--------|--------|--------|--------|--------|--------|--------|--------|--------|--------|
| | 0.01 | 0.02 | 0.03 | 0.04 | 0.05 | 0.06 | 0.07 | 0.08 | 0.09 | 0.1 |
| 0 | 0.9801 | 0.9604 | 0.9409 | 0.9216 | 0.9025 | 0.8836 | 0.8649 | 0.8464 | 0.8281 | 0.8100 |
| 1 | 0.0198 | 0.0392 | 0.0582 | 0.0768 | 0.0950 | 0.1128 | 0.1302 | 0.1472 | 0.1638 | 0.1800 |
| 2 | 0.0001 | 0.0004 | 0.0009 | 0.0016 | 0.0025 | 0.0036 | 0.0049 | 0.0064 | 0.0081 | 0.0100 |

| r | p | | | | | | | | | |
|---|--------|--------|--------|--------|--------|--------|--------|--------|--------|--------|
| | 0.11 | 0.12 | 0.13 | 0.14 | 0.15 | 0.16 | 0.17 | 0.18 | 0.19 | 0.20 |
| 0 | 0.7921 | 0.7744 | 0.7569 | 0.7396 | 0.7225 | 0.7056 | 0.6889 | 0.6724 | 0.6561 | 0.6400 |
| 1 | 0.1958 | 0.2112 | 0.2262 | 0.2408 | 0.2550 | 0.2688 | 0.2822 | 0.2952 | 0.3078 | 0.3200 |
| 2 | 0.0121 | 0.0144 | 0.0169 | 0.0196 | 0.0225 | 0.0256 | 0.0289 | 0.0324 | 0.0361 | 0.0400 |

| r | p | | | | | | | | | |
|---|--------|--------|--------|--------|--------|--------|--------|--------|--------|--------|
| | 0.21 | 0.22 | 0.23 | 0.24 | 0.25 | 0.26 | 0.27 | 0.28 | 0.29 | 0.30 |
| 0 | 0.6241 | 0.6084 | 0.5929 | 0.5776 | 0.5625 | 0.5476 | 0.5329 | 0.5184 | 0.5041 | 0.4900 |
| 1 | 0.3318 | 0.3432 | 0.3542 | 0.3648 | 0.3750 | 0.3848 | 0.3942 | 0.4032 | 0.4118 | 0.4200 |
| 2 | 0.0441 | 0.0484 | 0.0529 | 0.0576 | 0.0625 | 0.0676 | 0.0729 | 0.0784 | 0.0841 | 0.0900 |

| r | p | | | | | | | | | |
|---|--------|--------|--------|--------|--------|--------|--------|--------|--------|--------|
| | 0.31 | 0.32 | 0.33 | 0.34 | 0.35 | 0.36 | 0.37 | 0.38 | 0.39 | 0.40 |
| 0 | 0.4761 | 0.4624 | 0.4489 | 0.4356 | 0.4225 | 0.4096 | 0.3969 | 0.3844 | 0.3721 | 0.3600 |
| 1 | 0.4278 | 0.4352 | 0.4422 | 0.4488 | 0.4550 | 0.4608 | 0.4662 | 0.4712 | 0.4758 | 0.4800 |
| 2 | 0.0961 | 0.1024 | 0.1089 | 0.1156 | 0.1225 | 0.1296 | 0.1369 | 0.1444 | 0.1521 | 0.1600 |

| r | p | | | | | | | | | |
|---|--------|--------|--------|--------|--------|--------|--------|--------|--------|--------|
| | 0.41 | 0.42 | 0.43 | 0.44 | 0.45 | 0.46 | 0.47 | 0.48 | 0.49 | 0.50 |
| 0 | 0.3481 | 0.3364 | 0.3249 | 0.3136 | 0.3025 | 0.2916 | 0.2809 | 0.2704 | 0.2601 | 0.2500 |
| 1 | 0.4838 | 0.4872 | 0.4902 | 0.4928 | 0.4950 | 0.4968 | 0.4982 | 0.4992 | 0.4998 | 0.5000 |
| 2 | 0.1681 | 0.1764 | 0.1849 | 0.1936 | 0.2025 | 0.2116 | 0.2209 | 0.2304 | 0.2401 | 0.2500 |

(续表)

$n = 3$

| $r$ | 0.01 | 0.02 | 0.03 | 0.04 | 0.05 | 0.06 | 0.07 | 0.08 | 0.09 | 0.1 |
|---|---|---|---|---|---|---|---|---|---|---|
| 0 | 0.9703 | 0.9412 | 0.9127 | 0.8847 | 0.8574 | 0.8306 | 0.8044 | 0.7787 | 0.7536 | 0.729 |
| 1 | 0.0294 | 0.0576 | 0.0847 | 0.1106 | 0.1354 | 0.159 | 0.1816 | 0.2031 | 0.2236 | 0.243 |
| 2 | 0.0003 | 0.0012 | 0.0026 | 0.0046 | 0.0071 | 0.0102 | 0.0137 | 0.0177 | 0.0221 | 0.027 |
| 3 | 0 | 0 | 0 | 0.0001 | 0.0001 | 0.0002 | 0.0003 | 0.0005 | 0.0007 | 0.001 |

| $r$ | 0.11 | 0.12 | 0.13 | 0.14 | 0.15 | 0.16 | 0.17 | 0.18 | 0.19 | 0.2 |
|---|---|---|---|---|---|---|---|---|---|---|
| 0 | 0.705 | 0.6815 | 0.6585 | 0.6361 | 0.6141 | 0.5927 | 0.5718 | 0.5514 | 0.5314 | 0.512 |
| 1 | 0.2614 | 0.2788 | 0.2952 | 0.3106 | 0.3251 | 0.3387 | 0.3513 | 0.3631 | 0.374 | 0.384 |
| 2 | 0.0323 | 0.038 | 0.0441 | 0.0506 | 0.0574 | 0.0645 | 0.072 | 0.0797 | 0.0877 | 0.096 |
| 3 | 0.0013 | 0.0017 | 0.0022 | 0.0027 | 0.0034 | 0.0041 | 0.0049 | 0.0058 | 0.0069 | 0.008 |

| $r$ | 0.21 | 0.22 | 0.23 | 0.24 | 0.25 | 0.26 | 0.27 | 0.28 | 0.29 | 0.3 |
|---|---|---|---|---|---|---|---|---|---|---|
| 0 | 0.493 | 0.4746 | 0.4565 | 0.439 | 0.4219 | 0.4052 | 0.389 | 0.3732 | 0.3579 | 0.343 |
| 1 | 0.3932 | 0.4015 | 0.4091 | 0.4159 | 0.4219 | 0.4271 | 0.4316 | 0.4355 | 0.4386 | 0.441 |
| 2 | 0.1045 | 0.1133 | 0.1222 | 0.1313 | 0.1406 | 0.1501 | 0.1597 | 0.1693 | 0.1791 | 0.189 |
| 3 | 0.0093 | 0.0106 | 0.0122 | 0.0138 | 0.0156 | 0.0176 | 0.0197 | 0.022 | 0.0244 | 0.027 |

| $r$ | 0.31 | 0.32 | 0.33 | 0.34 | 0.35 | 0.36 | 0.37 | 0.38 | 0.39 | 0.4 |
|---|---|---|---|---|---|---|---|---|---|---|
| 0 | 0.3285 | 0.3144 | 0.3008 | 0.2875 | 0.2746 | 0.2621 | 0.25 | 0.2383 | 0.227 | 0.216 |
| 1 | 0.4428 | 0.4439 | 0.4444 | 0.4443 | 0.4436 | 0.4424 | 0.4406 | 0.4382 | 0.4354 | 0.432 |
| 2 | 0.1989 | 0.2089 | 0.2189 | 0.2289 | 0.2389 | 0.2488 | 0.2587 | 0.2686 | 0.2783 | 0.288 |
| 3 | 0.0298 | 0.0328 | 0.0359 | 0.0393 | 0.0429 | 0.0467 | 0.0507 | 0.0549 | 0.0593 | 0.064 |

| $r$ | 0.41 | 0.42 | 0.43 | 0.44 | 0.45 | 0.46 | 0.47 | 0.48 | 0.49 | 0.5 |
|---|---|---|---|---|---|---|---|---|---|---|
| 0 | 0.2054 | 0.1951 | 0.1852 | 0.1756 | 0.1664 | 0.1575 | 0.1489 | 0.1406 | 0.1327 | 0.125 |
| 1 | 0.4282 | 0.4239 | 0.4191 | 0.414 | 0.4084 | 0.4024 | 0.3961 | 0.3894 | 0.3823 | 0.375 |
| 2 | 0.2975 | 0.3069 | 0.3162 | 0.3252 | 0.3341 | 0.3428 | 0.3512 | 0.3594 | 0.3674 | 0.375 |
| 3 | 0.0689 | 0.0741 | 0.0795 | 0.0852 | 0.0911 | 0.0973 | 0.1038 | 0.1106 | 0.1176 | 0.125 |

(续表)

$n = 4$

| $r$ | $p$ | | | | | | | | | |
|---|---|---|---|---|---|---|---|---|---|---|
| | 0.01 | 0.02 | 0.03 | 0.04 | 0.05 | 0.06 | 0.07 | 0.08 | 0.09 | 0.1 |
| 0 | 0.9606 | 0.9224 | 0.8853 | 0.8493 | 0.8145 | 0.7807 | 0.7481 | 0.7164 | 0.6857 | 0.6561 |
| 1 | 0.0388 | 0.0753 | 0.1095 | 0.1416 | 0.1715 | 0.1993 | 0.2252 | 0.2492 | 0.2713 | 0.2916 |
| 2 | 0.0006 | 0.0023 | 0.0051 | 0.0088 | 0.0135 | 0.0191 | 0.0254 | 0.0325 | 0.0402 | 0.0486 |
| 3 | 0 | 0 | 0.0001 | 0.0002 | 0.0005 | 0.0008 | 0.0013 | 0.0019 | 0.0027 | 0.0036 |
| 4 | 0 | 0 | 0 | 0 | 0 | 0 | 0 | 0 | 0.0001 | 0.0001 |

| $r$ | $p$ | | | | | | | | | |
|---|---|---|---|---|---|---|---|---|---|---|
| | 0.11 | 0.12 | 0.13 | 0.14 | 0.15 | 0.16 | 0.17 | 0.18 | 0.19 | 0.2 |
| 0 | 0.6274 | 0.5997 | 0.5729 | 0.547 | 0.522 | 0.4979 | 0.4746 | 0.4521 | 0.4305 | 0.4096 |
| 1 | 0.3102 | 0.3271 | 0.3424 | 0.3562 | 0.3685 | 0.3793 | 0.3888 | 0.397 | 0.4039 | 0.4096 |
| 2 | 0.0575 | 0.0669 | 0.0767 | 0.087 | 0.0975 | 0.1084 | 0.1195 | 0.1307 | 0.1421 | 0.1536 |
| 3 | 0.0047 | 0.0061 | 0.0076 | 0.0094 | 0.0115 | 0.0138 | 0.0163 | 0.0191 | 0.0222 | 0.0256 |
| 4 | 0.0001 | 0.0002 | 0.0003 | 0.0004 | 0.0005 | 0.0007 | 0.0008 | 0.001 | 0.0013 | 0.0016 |

| $r$ | $p$ | | | | | | | | | |
|---|---|---|---|---|---|---|---|---|---|---|
| | 0.21 | 0.22 | 0.23 | 0.24 | 0.25 | 0.26 | 0.27 | 0.28 | 0.29 | 0.3 |
| 0 | 0.3895 | 0.3702 | 0.3515 | 0.3336 | 0.3164 | 0.2999 | 0.284 | 0.2687 | 0.2541 | 0.2401 |
| 1 | 0.4142 | 0.4176 | 0.42 | 0.4214 | 0.4219 | 0.4214 | 0.4201 | 0.418 | 0.4152 | 0.4116 |
| 2 | 0.1651 | 0.1767 | 0.1882 | 0.1996 | 0.2109 | 0.2221 | 0.2331 | 0.2439 | 0.2544 | 0.2646 |
| 3 | 0.0293 | 0.0332 | 0.0375 | 0.042 | 0.0469 | 0.052 | 0.0575 | 0.0632 | 0.0693 | 0.0756 |
| 4 | 0.0019 | 0.0023 | 0.0028 | 0.0033 | 0.0039 | 0.0046 | 0.0053 | 0.0061 | 0.0071 | 0.0081 |

| $r$ | $p$ | | | | | | | | | |
|---|---|---|---|---|---|---|---|---|---|---|
| | 0.31 | 0.32 | 0.33 | 0.34 | 0.35 | 0.36 | 0.37 | 0.38 | 0.39 | 0.4 |
| 0 | 0.2267 | 0.2138 | 0.2015 | 0.1897 | 0.1785 | 0.1678 | 0.1575 | 0.1478 | 0.1385 | 0.1296 |
| 1 | 0.4074 | 0.4025 | 0.397 | 0.391 | 0.3845 | 0.3775 | 0.3701 | 0.3623 | 0.3541 | 0.3456 |
| 2 | 0.2745 | 0.2841 | 0.2933 | 0.3021 | 0.3105 | 0.3185 | 0.326 | 0.333 | 0.3396 | 0.3456 |
| 3 | 0.0822 | 0.0891 | 0.0963 | 0.1038 | 0.1115 | 0.1194 | 0.1276 | 0.1361 | 0.1447 | 0.1536 |
| 4 | 0.0092 | 0.0105 | 0.0119 | 0.0134 | 0.015 | 0.0168 | 0.0187 | 0.0209 | 0.0231 | 0.0256 |

| $r$ | $p$ | | | | | | | | | |
|---|---|---|---|---|---|---|---|---|---|---|
| | 0.41 | 0.42 | 0.43 | 0.44 | 0.45 | 0.46 | 0.47 | 0.48 | 0.49 | 0.5 |
| 0 | 0.1212 | 0.1132 | 0.1056 | 0.0983 | 0.0915 | 0.085 | 0.0789 | 0.0731 | 0.0677 | 0.0625 |
| 1 | 0.3368 | 0.3278 | 0.3185 | 0.3091 | 0.2995 | 0.2897 | 0.2799 | 0.27 | 0.26 | 0.25 |
| 2 | 0.3511 | 0.356 | 0.3604 | 0.3643 | 0.3675 | 0.3702 | 0.3723 | 0.3738 | 0.3747 | 0.375 |
| 3 | 0.1627 | 0.1719 | 0.1813 | 0.1908 | 0.2005 | 0.2102 | 0.2201 | 0.23 | 0.24 | 0.25 |
| 4 | 0.0283 | 0.0311 | 0.0342 | 0.0375 | 0.041 | 0.0448 | 0.0488 | 0.0531 | 0.0576 | 0.0625 |

（续表）

$n=5$

| r | p | | | | | | | | | |
|---|---|---|---|---|---|---|---|---|---|---|
| | 0.01 | 0.02 | 0.03 | 0.04 | 0.05 | 0.06 | 0.07 | 0.08 | 0.09 | 0.1 |
| 0 | 0.9510 | 0.9039 | 0.8587 | 0.8154 | 0.7738 | 0.7339 | 0.6957 | 0.6591 | 0.6240 | 0.5905 |
| 1 | 0.0480 | 0.0922 | 0.1328 | 0.1699 | 0.2036 | 0.2342 | 0.2618 | 0.2866 | 0.3086 | 0.3281 |
| 2 | 0.0010 | 0.0038 | 0.0082 | 0.0142 | 0.0214 | 0.0299 | 0.0394 | 0.0498 | 0.0610 | 0.0729 |
| 3 | 0.0000 | 0.0001 | 0.0003 | 0.0006 | 0.0011 | 0.0019 | 0.0030 | 0.0043 | 0.0060 | 0.0081 |
| 4 | 0.0000 | 0.0000 | 0.0000 | 0.0000 | 0.0000 | 0.0001 | 0.0001 | 0.0002 | 0.0003 | 0.0005 |

| r | p | | | | | | | | | |
|---|---|---|---|---|---|---|---|---|---|---|
| | 0.11 | 0.12 | 0.13 | 0.14 | 0.15 | 0.16 | 0.17 | 0.18 | 0.19 | 0.2 |
| 0 | 0.5584 | 0.5277 | 0.4984 | 0.4704 | 0.4437 | 0.4182 | 0.3939 | 0.3707 | 0.3487 | 0.3277 |
| 1 | 0.3451 | 0.3598 | 0.3724 | 0.3829 | 0.3915 | 0.3983 | 0.4034 | 0.4069 | 0.4089 | 0.4096 |
| 2 | 0.0853 | 0.0981 | 0.1113 | 0.1247 | 0.1382 | 0.1517 | 0.1652 | 0.1786 | 0.1919 | 0.2048 |
| 3 | 0.0105 | 0.0134 | 0.0166 | 0.0203 | 0.0244 | 0.0289 | 0.0338 | 0.0392 | 0.0450 | 0.0512 |
| 4 | 0.0007 | 0.0009 | 0.0012 | 0.0017 | 0.0022 | 0.0028 | 0.0035 | 0.0043 | 0.0053 | 0.0064 |
| 5 | 0.0000 | 0.0000 | 0.0000 | 0.0001 | 0.0001 | 0.0001 | 0.0001 | 0.0002 | 0.0002 | 0.0003 |

| r | p | | | | | | | | | |
|---|---|---|---|---|---|---|---|---|---|---|
| | 0.21 | 0.22 | 0.23 | 0.24 | 0.25 | 0.26 | 0.27 | 0.28 | 0.29 | 0.3 |
| 0 | 0.3077 | 0.2887 | 0.2707 | 0.2536 | 0.2373 | 0.2219 | 0.2073 | 0.1935 | 0.1804 | 0.1681 |
| 1 | 0.4090 | 0.4072 | 0.4043 | 0.4003 | 0.3955 | 0.3898 | 0.3834 | 0.3762 | 0.3685 | 0.3602 |
| 2 | 0.2174 | 0.2297 | 0.2415 | 0.2529 | 0.2637 | 0.2739 | 0.2836 | 0.2926 | 0.3010 | 0.3087 |
| 3 | 0.0578 | 0.0648 | 0.0721 | 0.0798 | 0.0879 | 0.0962 | 0.1049 | 0.1138 | 0.1229 | 0.1323 |
| 4 | 0.0077 | 0.0091 | 0.0108 | 0.0126 | 0.0146 | 0.0169 | 0.0194 | 0.0221 | 0.0251 | 0.0284 |
| 5 | 0.0004 | 0.0005 | 0.0006 | 0.0008 | 0.0010 | 0.0012 | 0.0014 | 0.0017 | 0.0021 | 0.0024 |

| r | p | | | | | | | | | |
|---|---|---|---|---|---|---|---|---|---|---|
| | 0.31 | 0.32 | 0.33 | 0.34 | 0.35 | 0.36 | 0.37 | 0.38 | 0.39 | 0.4 |
| 0 | 0.1564 | 0.1454 | 0.1350 | 0.1252 | 0.1160 | 0.1074 | 0.0992 | 0.0916 | 0.0845 | 0.0778 |
| 1 | 0.3513 | 0.3421 | 0.3325 | 0.3226 | 0.3124 | 0.3020 | 0.2914 | 0.2808 | 0.2700 | 0.2592 |
| 2 | 0.3157 | 0.3220 | 0.3275 | 0.3323 | 0.3364 | 0.3397 | 0.3423 | 0.3441 | 0.3452 | 0.3456 |
| 3 | 0.1418 | 0.1515 | 0.1613 | 0.1712 | 0.1811 | 0.1911 | 0.2010 | 0.2109 | 0.2207 | 0.2304 |
| 4 | 0.0319 | 0.0357 | 0.0397 | 0.0441 | 0.0488 | 0.0537 | 0.0590 | 0.0646 | 0.0706 | 0.0768 |
| 5 | 0.0029 | 0.0034 | 0.0039 | 0.0045 | 0.0053 | 0.0060 | 0.0069 | 0.0079 | 0.0090 | 0.0102 |

| r | p | | | | | | | | | |
|---|---|---|---|---|---|---|---|---|---|---|
| | 0.41 | 0.42 | 0.43 | 0.44 | 0.45 | 0.46 | 0.47 | 0.48 | 0.49 | 0.5 |
| 0 | 0.0715 | 0.0656 | 0.0602 | 0.0551 | 0.0503 | 0.0459 | 0.0418 | 0.0380 | 0.0345 | 0.0313 |
| 1 | 0.2484 | 0.2376 | 0.2270 | 0.2164 | 0.2059 | 0.1956 | 0.1854 | 0.1755 | 0.1657 | 0.1563 |
| 2 | 0.3452 | 0.3442 | 0.3424 | 0.3400 | 0.3369 | 0.3332 | 0.3289 | 0.3240 | 0.3185 | 0.3125 |
| 3 | 0.2399 | 0.2492 | 0.2583 | 0.2671 | 0.2757 | 0.2838 | 0.2916 | 0.2990 | 0.3060 | 0.3125 |
| 4 | 0.0834 | 0.0902 | 0.0974 | 0.1049 | 0.1128 | 0.1209 | 0.1293 | 0.1380 | 0.1470 | 0.1563 |
| 5 | 0.0116 | 0.0131 | 0.0147 | 0.0165 | 0.0185 | 0.0206 | 0.0229 | 0.0255 | 0.0282 | 0.0313 |

(续表)

$n = 8$

| $r$ | $p$ | | | | | | | | | |
|---|---|---|---|---|---|---|---|---|---|---|
| | 0.01 | 0.02 | 0.03 | 0.04 | 0.05 | 0.06 | 0.07 | 0.08 | 0.09 | 0.1 |
| 0 | 0.9227 | 0.8508 | 0.7837 | 0.7214 | 0.6634 | 0.6096 | 0.5596 | 0.5132 | 0.4703 | 0.4305 |
| 1 | 0.0746 | 0.1389 | 0.1939 | 0.2405 | 0.2793 | 0.3113 | 0.3370 | 0.3570 | 0.3721 | 0.3826 |
| 2 | 0.0026 | 0.0099 | 0.0210 | 0.0351 | 0.0515 | 0.0695 | 0.0888 | 0.1087 | 0.1288 | 0.1488 |
| 3 | 0.0001 | 0.0004 | 0.0013 | 0.0029 | 0.0054 | 0.0089 | 0.0134 | 0.0189 | 0.0255 | 0.0331 |
| 4 | 0.0000 | 0.0000 | 0.0001 | 0.0002 | 0.0004 | 0.0007 | 0.0013 | 0.0021 | 0.0031 | 0.0046 |
| 5 | 0.0000 | 0.0000 | 0.0000 | 0.0000 | 0.0000 | 0.0000 | 0.0001 | 0.0001 | 0.0002 | 0.0004 |

| $r$ | $p$ | | | | | | | | | |
|---|---|---|---|---|---|---|---|---|---|---|
| | 0.11 | 0.12 | 0.13 | 0.14 | 0.15 | 0.16 | 0.17 | 0.18 | 0.19 | 0.2 |
| 0 | 0.3937 | 0.3596 | 0.3282 | 0.2992 | 0.2725 | 0.2479 | 0.2252 | 0.2044 | 0.1853 | 0.1678 |
| 1 | 0.3892 | 0.3923 | 0.3923 | 0.3897 | 0.3847 | 0.3777 | 0.3691 | 0.3590 | 0.3477 | 0.3355 |
| 2 | 0.1684 | 0.1872 | 0.2052 | 0.2220 | 0.2376 | 0.2518 | 0.2646 | 0.2758 | 0.2855 | 0.2936 |
| 3 | 0.0416 | 0.0511 | 0.0613 | 0.0723 | 0.0839 | 0.0959 | 0.1084 | 0.1211 | 0.1339 | 0.1468 |
| 4 | 0.0064 | 0.0087 | 0.0115 | 0.0147 | 0.0185 | 0.0228 | 0.0277 | 0.0332 | 0.0393 | 0.0459 |
| 5 | 0.0006 | 0.0009 | 0.0014 | 0.0019 | 0.0026 | 0.0035 | 0.0045 | 0.0058 | 0.0074 | 0.0092 |
| 6 | 0.0000 | 0.0001 | 0.0001 | 0.0002 | 0.0002 | 0.0003 | 0.0005 | 0.0006 | 0.0009 | 0.0011 |
| 7 | 0.0000 | 0.0000 | 0.0000 | 0.0000 | 0.0000 | 0.0000 | 0.0000 | 0.0000 | 0.0001 | 0.0001 |

| $r$ | $p$ | | | | | | | | | |
|---|---|---|---|---|---|---|---|---|---|---|
| | 0.21 | 0.22 | 0.23 | 0.24 | 0.25 | 0.26 | 0.27 | 0.28 | 0.29 | 0.3 |
| 0 | 0.1517 | 0.1370 | 0.1236 | 0.1113 | 0.1001 | 0.0899 | 0.0806 | 0.0722 | 0.0646 | 0.0576 |
| 1 | 0.3226 | 0.3092 | 0.2953 | 0.2812 | 0.2670 | 0.2527 | 0.2386 | 0.2247 | 0.2110 | 0.1977 |
| 2 | 0.3002 | 0.3052 | 0.3087 | 0.3108 | 0.3115 | 0.3108 | 0.3089 | 0.3058 | 0.3017 | 0.2965 |
| 3 | 0.1596 | 0.1722 | 0.1844 | 0.1963 | 0.2076 | 0.2184 | 0.2285 | 0.2379 | 0.2464 | 0.2541 |
| 4 | 0.0530 | 0.0607 | 0.0689 | 0.0775 | 0.0865 | 0.0959 | 0.1056 | 0.1156 | 0.1258 | 0.1361 |
| 5 | 0.0113 | 0.0137 | 0.0165 | 0.0196 | 0.0231 | 0.0270 | 0.0313 | 0.0360 | 0.0411 | 0.0467 |
| 6 | 0.0015 | 0.0019 | 0.0025 | 0.0031 | 0.0038 | 0.0047 | 0.0058 | 0.0070 | 0.0084 | 0.0100 |
| 7 | 0.0001 | 0.0002 | 0.0002 | 0.0003 | 0.0004 | 0.0005 | 0.0006 | 0.0008 | 0.0010 | 0.0012 |
| 8 | 0.0000 | 0.0000 | 0.0000 | 0.0000 | 0.0000 | 0.0000 | 0.0000 | 0.0000 | 0.0001 | 0.0001 |

| $r$ | $p$ | | | | | | | | | |
|---|---|---|---|---|---|---|---|---|---|---|
| | 0.31 | 0.32 | 0.33 | 0.34 | 0.35 | 0.36 | 0.37 | 0.38 | 0.39 | 0.4 |
| 0 | 0.0514 | 0.0457 | 0.0406 | 0.0360 | 0.0319 | 0.0281 | 0.0248 | 0.0218 | 0.0192 | 0.0168 |
| 1 | 0.1847 | 0.1721 | 0.1600 | 0.1484 | 0.1373 | 0.1267 | 0.1166 | 0.1071 | 0.0981 | 0.0896 |
| 2 | 0.2904 | 0.2835 | 0.2758 | 0.2675 | 0.2587 | 0.2494 | 0.2397 | 0.2297 | 0.2194 | 0.2090 |
| 3 | 0.2609 | 0.2668 | 0.2717 | 0.2756 | 0.2786 | 0.2805 | 0.2815 | 0.2815 | 0.2806 | 0.2787 |
| 4 | 0.1465 | 0.1569 | 0.1673 | 0.1775 | 0.1875 | 0.1973 | 0.2067 | 0.2157 | 0.2242 | 0.2322 |
| 5 | 0.0527 | 0.0591 | 0.0659 | 0.0732 | 0.0808 | 0.0888 | 0.0971 | 0.1058 | 0.1147 | 0.1239 |
| 6 | 0.0118 | 0.0139 | 0.0162 | 0.0188 | 0.0217 | 0.0250 | 0.0285 | 0.0324 | 0.0367 | 0.0413 |
| 7 | 0.0015 | 0.0019 | 0.0023 | 0.0028 | 0.0033 | 0.0040 | 0.0048 | 0.0057 | 0.0067 | 0.0079 |
| 8 | 0.0001 | 0.0001 | 0.0001 | 0.0002 | 0.0002 | 0.0003 | 0.0004 | 0.0004 | 0.0005 | 0.0007 |

| $r$ | $p$ | | | | | | | | | |
|---|---|---|---|---|---|---|---|---|---|---|
| | 0.41 | 0.42 | 0.43 | 0.44 | 0.45 | 0.46 | 0.47 | 0.48 | 0.49 | 0.5 |
| 0 | 0.0147 | 0.0128 | 0.0111 | 0.0097 | 0.0084 | 0.0072 | 0.0062 | 0.0053 | 0.0046 | 0.0039 |
| 1 | 0.0816 | 0.0742 | 0.0672 | 0.0608 | 0.0548 | 0.0493 | 0.0442 | 0.0395 | 0.0352 | 0.0313 |
| 2 | 0.1985 | 0.1880 | 0.1776 | 0.1672 | 0.1569 | 0.1469 | 0.1371 | 0.1275 | 0.1183 | 0.1094 |
| 3 | 0.2759 | 0.2723 | 0.2679 | 0.2627 | 0.2568 | 0.2503 | 0.2431 | 0.2355 | 0.2273 | 0.2188 |
| 4 | 0.2397 | 0.2465 | 0.2526 | 0.2580 | 0.2627 | 0.2665 | 0.2695 | 0.2717 | 0.2730 | 0.2734 |
| 5 | 0.1332 | 0.1428 | 0.1525 | 0.1622 | 0.1719 | 0.1816 | 0.1912 | 0.2006 | 0.2098 | 0.2188 |
| 6 | 0.0463 | 0.0517 | 0.0575 | 0.0637 | 0.0703 | 0.0774 | 0.0848 | 0.0926 | 0.1008 | 0.1094 |
| 7 | 0.0092 | 0.0107 | 0.0124 | 0.0143 | 0.0164 | 0.0188 | 0.0215 | 0.0244 | 0.0277 | 0.0313 |
| 8 | 0.0008 | 0.0010 | 0.0012 | 0.0014 | 0.0017 | 0.0020 | 0.0024 | 0.0028 | 0.0033 | 0.0039 |

(续表)

$n = 10$

| $r$ | $p$ | | | | | | | | | |
| --- | 0.01 | 0.02 | 0.03 | 0.04 | 0.05 | 0.06 | 0.07 | 0.08 | 0.09 | 0.1 |
| 0 | 0.9044 | 0.8171 | 0.7374 | 0.6648 | 0.5987 | 0.5386 | 0.4840 | 0.4344 | 0.3894 | 0.3487 |
| 1 | 0.0914 | 0.1667 | 0.2281 | 0.2770 | 0.3151 | 0.3438 | 0.3643 | 0.3777 | 0.3851 | 0.3874 |
| 2 | 0.0042 | 0.0153 | 0.0317 | 0.0519 | 0.0746 | 0.0988 | 0.1234 | 0.1478 | 0.1714 | 0.1937 |
| 3 | 0.0001 | 0.0008 | 0.0026 | 0.0058 | 0.0105 | 0.0168 | 0.0248 | 0.0343 | 0.0452 | 0.0574 |
| 4 | 0.0000 | 0.0000 | 0.0001 | 0.0004 | 0.0010 | 0.0019 | 0.0033 | 0.0052 | 0.0078 | 0.0112 |
| 5 | 0.0000 | 0.0000 | 0.0000 | 0.0000 | 0.0001 | 0.0001 | 0.0003 | 0.0005 | 0.0009 | 0.0015 |
| 6 | 0.0000 | 0.0000 | 0.0000 | 0.0000 | 0.0000 | 0.0000 | 0.0000 | 0.0000 | 0.0001 | 0.0001 |

| $r$ | $p$ | | | | | | | | | |
| --- | 0.11 | 0.12 | 0.13 | 0.14 | 0.15 | 0.16 | 0.17 | 0.18 | 0.19 | 0.2 |
| 0 | 0.3118 | 0.2785 | 0.2484 | 0.2213 | 0.1969 | 0.1749 | 0.1552 | 0.1374 | 0.1216 | 0.1074 |
| 1 | 0.3854 | 0.3798 | 0.3712 | 0.3603 | 0.3474 | 0.3331 | 0.3178 | 0.3017 | 0.2852 | 0.2684 |
| 2 | 0.2143 | 0.2330 | 0.2496 | 0.2639 | 0.2759 | 0.2856 | 0.2929 | 0.2980 | 0.3010 | 0.3020 |
| 3 | 0.0706 | 0.0847 | 0.0995 | 0.1146 | 0.1298 | 0.1450 | 0.1600 | 0.1745 | 0.1883 | 0.2013 |
| 4 | 0.0153 | 0.0202 | 0.0260 | 0.0326 | 0.0401 | 0.0483 | 0.0573 | 0.0670 | 0.0773 | 0.0881 |
| 5 | 0.0023 | 0.0033 | 0.0047 | 0.0064 | 0.0085 | 0.0111 | 0.0141 | 0.0177 | 0.0218 | 0.0264 |
| 6 | 0.0002 | 0.0004 | 0.0006 | 0.0009 | 0.0012 | 0.0018 | 0.0024 | 0.0032 | 0.0043 | 0.0055 |
| 7 | 0.0000 | 0.0000 | 0.0000 | 0.0001 | 0.0001 | 0.0002 | 0.0003 | 0.0004 | 0.0006 | 0.0008 |
| 8 | 0.0000 | 0.0000 | 0.0000 | 0.0000 | 0.0000 | 0.0000 | 0.0000 | 0.0000 | 0.0001 | 0.0001 |

| $r$ | $p$ | | | | | | | | | |
| --- | 0.21 | 0.22 | 0.23 | 0.24 | 0.25 | 0.26 | 0.27 | 0.28 | 0.29 | 0.3 |
| 0 | 0.0947 | 0.0834 | 0.0733 | 0.0643 | 0.0563 | 0.0492 | 0.0430 | 0.0374 | 0.0326 | 0.0282 |
| 1 | 0.2517 | 0.2351 | 0.2188 | 0.2030 | 0.1877 | 0.1730 | 0.1590 | 0.1456 | 0.1330 | 0.1211 |
| 2 | 0.3011 | 0.2984 | 0.2942 | 0.2885 | 0.2816 | 0.2735 | 0.2646 | 0.2548 | 0.2444 | 0.2335 |
| 3 | 0.2134 | 0.2244 | 0.2343 | 0.2429 | 0.2503 | 0.2563 | 0.2609 | 0.2642 | 0.2662 | 0.2668 |
| 4 | 0.0993 | 0.1108 | 0.1225 | 0.1343 | 0.1460 | 0.1576 | 0.1689 | 0.1798 | 0.1903 | 0.2001 |
| 5 | 0.0317 | 0.0375 | 0.0439 | 0.0509 | 0.0584 | 0.0664 | 0.0750 | 0.0839 | 0.0933 | 0.1029 |
| 6 | 0.0070 | 0.0088 | 0.0109 | 0.0134 | 0.0162 | 0.0195 | 0.0231 | 0.0272 | 0.0317 | 0.0368 |
| 7 | 0.0011 | 0.0014 | 0.0019 | 0.0024 | 0.0031 | 0.0039 | 0.0049 | 0.0060 | 0.0074 | 0.0090 |
| 8 | 0.0001 | 0.0002 | 0.0002 | 0.0003 | 0.0004 | 0.0005 | 0.0007 | 0.0009 | 0.0011 | 0.0014 |
| 9 | 0.0000 | 0.0000 | 0.0000 | 0.0000 | 0.0000 | 0.0000 | 0.0001 | 0.0001 | 0.0001 | 0.0001 |

| $r$ | $p$ | | | | | | | | | |
| --- | 0.31 | 0.32 | 0.33 | 0.34 | 0.35 | 0.36 | 0.37 | 0.38 | 0.39 | 0.4 |
| 0 | 0.0245 | 0.0211 | 0.0182 | 0.0157 | 0.0135 | 0.0115 | 0.0098 | 0.0084 | 0.0071 | 0.0060 |
| 1 | 0.1099 | 0.0995 | 0.0898 | 0.0808 | 0.0725 | 0.0649 | 0.0578 | 0.0514 | 0.0456 | 0.0403 |
| 2 | 0.2222 | 0.2107 | 0.1990 | 0.1873 | 0.1757 | 0.1642 | 0.1529 | 0.1419 | 0.1312 | 0.1209 |
| 3 | 0.2662 | 0.2644 | 0.2614 | 0.2573 | 0.2522 | 0.2462 | 0.2394 | 0.2319 | 0.2237 | 0.2150 |
| 4 | 0.2093 | 0.2177 | 0.2253 | 0.2320 | 0.2377 | 0.2424 | 0.2461 | 0.2487 | 0.2503 | 0.2508 |
| 5 | 0.1128 | 0.1229 | 0.1332 | 0.1434 | 0.1536 | 0.1636 | 0.1734 | 0.1829 | 0.1920 | 0.2007 |
| 6 | 0.0422 | 0.0482 | 0.0547 | 0.0616 | 0.0689 | 0.0767 | 0.0849 | 0.0934 | 0.1023 | 0.1115 |
| 7 | 0.0108 | 0.0130 | 0.0154 | 0.0181 | 0.0212 | 0.0247 | 0.0285 | 0.0327 | 0.0374 | 0.0425 |
| 8 | 0.0018 | 0.0023 | 0.0028 | 0.0035 | 0.0043 | 0.0052 | 0.0063 | 0.0075 | 0.0090 | 0.0106 |
| 9 | 0.0002 | 0.0002 | 0.0003 | 0.0004 | 0.0005 | 0.0006 | 0.0008 | 0.0010 | 0.0013 | 0.0016 |
| 10 | 0.0000 | 0.0000 | 0.0000 | 0.0000 | 0.0000 | 0.0000 | 0.0000 | 0.0001 | 0.0001 | 0.0001 |

| $r$ | $p$ | | | | | | | | | |
| --- | 0.41 | 0.42 | 0.43 | 0.44 | 0.45 | 0.46 | 0.47 | 0.48 | 0.49 | 0.5 |
| 0 | 0.0051 | 0.0043 | 0.0036 | 0.0030 | 0.0025 | 0.0021 | 0.0017 | 0.0014 | 0.0012 | 0.0010 |
| 1 | 0.0355 | 0.0312 | 0.0273 | 0.0238 | 0.0207 | 0.0180 | 0.0155 | 0.0133 | 0.0114 | 0.0098 |
| 2 | 0.1111 | 0.1017 | 0.0927 | 0.0843 | 0.0763 | 0.0688 | 0.0619 | 0.0554 | 0.0494 | 0.0439 |
| 3 | 0.2058 | 0.1963 | 0.1865 | 0.1765 | 0.1665 | 0.1564 | 0.1464 | 0.1364 | 0.1267 | 0.1172 |
| 4 | 0.2503 | 0.2488 | 0.2462 | 0.2427 | 0.2384 | 0.2331 | 0.2271 | 0.2204 | 0.2130 | 0.2051 |
| 5 | 0.2087 | 0.2162 | 0.2229 | 0.2289 | 0.2340 | 0.2383 | 0.2417 | 0.2441 | 0.2456 | 0.2461 |
| 6 | 0.1209 | 0.1304 | 0.1401 | 0.1499 | 0.1596 | 0.1692 | 0.1786 | 0.1878 | 0.1966 | 0.2051 |
| 7 | 0.0480 | 0.0540 | 0.0604 | 0.0673 | 0.0746 | 0.0824 | 0.0905 | 0.0991 | 0.1080 | 0.1172 |
| 8 | 0.0125 | 0.0147 | 0.0171 | 0.0198 | 0.0229 | 0.0263 | 0.0301 | 0.0343 | 0.0389 | 0.0439 |
| 9 | 0.0019 | 0.0024 | 0.0029 | 0.0035 | 0.0042 | 0.0050 | 0.0059 | 0.0070 | 0.0083 | 0.0098 |
| 10 | 0.0001 | 0.0002 | 0.0002 | 0.0003 | 0.0003 | 0.0004 | 0.0005 | 0.0006 | 0.0008 | 0.0010 |

(续表)

$n = 15$

| r | \multicolumn{10}{c}{p} |
|---|---|---|---|---|---|---|---|---|---|---|
|  | 0.01 | 0.02 | 0.03 | 0.04 | 0.05 | 0.06 | 0.07 | 0.08 | 0.09 | 0.1 |
| 0 | 0.8601 | 0.7386 | 0.6333 | 0.5421 | 0.4633 | 0.3953 | 0.3367 | 0.2863 | 0.2430 | 0.2059 |
| 1 | 0.1303 | 0.2261 | 0.2938 | 0.3388 | 0.3658 | 0.3785 | 0.3801 | 0.3734 | 0.3605 | 0.3432 |
| 2 | 0.0092 | 0.0323 | 0.0636 | 0.0988 | 0.1348 | 0.1691 | 0.2003 | 0.2273 | 0.2496 | 0.2669 |
| 3 | 0.0004 | 0.0029 | 0.0085 | 0.0178 | 0.0307 | 0.0468 | 0.0653 | 0.0857 | 0.1070 | 0.1285 |
| 4 | 0.0000 | 0.0002 | 0.0008 | 0.0022 | 0.0049 | 0.0090 | 0.0148 | 0.0223 | 0.0317 | 0.0428 |
| 5 | 0.0000 | 0.0000 | 0.0001 | 0.0002 | 0.0006 | 0.0013 | 0.0024 | 0.0043 | 0.0069 | 0.0105 |
| 6 | 0.0000 | 0.0000 | 0.0000 | 0.0000 | 0.0000 | 0.0001 | 0.0003 | 0.0006 | 0.0011 | 0.0019 |
| 7 | 0.0000 | 0.0000 | 0.0000 | 0.0000 | 0.0000 | 0.0000 | 0.0000 | 0.0001 | 0.0001 | 0.0003 |

| r | \multicolumn{10}{c}{p} |
|---|---|---|---|---|---|---|---|---|---|---|
|  | 0.11 | 0.12 | 0.13 | 0.14 | 0.15 | 0.16 | 0.17 | 0.18 | 0.19 | 0.2 |
| 0 | 0.1741 | 0.1470 | 0.1238 | 0.1041 | 0.0874 | 0.0731 | 0.0611 | 0.0510 | 0.0424 | 0.0352 |
| 1 | 0.3228 | 0.3006 | 0.2775 | 0.2542 | 0.2312 | 0.2090 | 0.1878 | 0.1678 | 0.1492 | 0.1319 |
| 2 | 0.2793 | 0.2870 | 0.2903 | 0.2897 | 0.2856 | 0.2787 | 0.2692 | 0.2578 | 0.2449 | 0.2309 |
| 3 | 0.1496 | 0.1696 | 0.1880 | 0.2044 | 0.2184 | 0.2300 | 0.2389 | 0.2452 | 0.2489 | 0.2501 |
| 4 | 0.0555 | 0.0694 | 0.0843 | 0.0998 | 0.1156 | 0.1314 | 0.1468 | 0.1615 | 0.1752 | 0.1876 |
| 5 | 0.0151 | 0.0208 | 0.0277 | 0.0357 | 0.0449 | 0.0551 | 0.0662 | 0.0780 | 0.0904 | 0.1032 |
| 6 | 0.0031 | 0.0047 | 0.0069 | 0.0097 | 0.0132 | 0.0175 | 0.0226 | 0.0285 | 0.0353 | 0.0430 |
| 7 | 0.0005 | 0.0008 | 0.0013 | 0.0020 | 0.0030 | 0.0043 | 0.0059 | 0.0081 | 0.0107 | 0.0138 |
| 8 | 0.0001 | 0.0001 | 0.0002 | 0.0003 | 0.0005 | 0.0008 | 0.0012 | 0.0018 | 0.0025 | 0.0035 |
| 9 | 0.0000 | 0.0000 | 0.0000 | 0.0000 | 0.0001 | 0.0001 | 0.0002 | 0.0003 | 0.0005 | 0.0007 |
| 10 | 0.0000 | 0.0000 | 0.0000 | 0.0000 | 0.0000 | 0.0000 | 0.0000 | 0.0000 | 0.0001 | 0.0001 |

| r | \multicolumn{10}{c}{p} |
|---|---|---|---|---|---|---|---|---|---|---|
|  | 0.21 | 0.22 | 0.23 | 0.24 | 0.25 | 0.26 | 0.27 | 0.28 | 0.29 | 0.3 |
| 0 | 0.0291 | 0.0241 | 0.0198 | 0.0163 | 0.0134 | 0.0109 | 0.0089 | 0.0072 | 0.0059 | 0.0047 |
| 1 | 0.1162 | 0.1018 | 0.0889 | 0.0772 | 0.0668 | 0.0576 | 0.0494 | 0.0423 | 0.0360 | 0.0305 |
| 2 | 0.2162 | 0.2010 | 0.1858 | 0.1707 | 0.1559 | 0.1416 | 0.1280 | 0.1150 | 0.1029 | 0.0916 |
| 3 | 0.2490 | 0.2457 | 0.2405 | 0.2336 | 0.2252 | 0.2156 | 0.2051 | 0.1939 | 0.1821 | 0.1700 |
| 4 | 0.1986 | 0.2079 | 0.2155 | 0.2213 | 0.2252 | 0.2273 | 0.2276 | 0.2262 | 0.2231 | 0.2186 |
| 5 | 0.1161 | 0.1290 | 0.1416 | 0.1537 | 0.1651 | 0.1757 | 0.1852 | 0.1935 | 0.2005 | 0.2061 |
| 6 | 0.0514 | 0.0606 | 0.0705 | 0.0809 | 0.0917 | 0.1029 | 0.1142 | 0.1254 | 0.1365 | 0.1472 |
| 7 | 0.0176 | 0.0220 | 0.0271 | 0.0329 | 0.0393 | 0.0465 | 0.0543 | 0.0627 | 0.0717 | 0.0811 |
| 8 | 0.0047 | 0.0062 | 0.0081 | 0.0104 | 0.0131 | 0.0163 | 0.0201 | 0.0244 | 0.0293 | 0.0348 |
| 9 | 0.0010 | 0.0014 | 0.0019 | 0.0025 | 0.0034 | 0.0045 | 0.0058 | 0.0074 | 0.0093 | 0.0116 |
| 10 | 0.0002 | 0.0002 | 0.0003 | 0.0005 | 0.0007 | 0.0009 | 0.0013 | 0.0017 | 0.0023 | 0.0030 |
| 11 | 0.0000 | 0.0000 | 0.0000 | 0.0001 | 0.0001 | 0.0002 | 0.0002 | 0.0003 | 0.0004 | 0.0006 |
| 12 | 0.0000 | 0.0000 | 0.0000 | 0.0000 | 0.0000 | 0.0000 | 0.0000 | 0.0000 | 0.0001 | 0.0001 |

(续表)

$n = 15$

| r | 0.31 | 0.32 | 0.33 | 0.34 | 0.35 | 0.36 | 0.37 | 0.38 | 0.39 | 0.4 |
|---|---|---|---|---|---|---|---|---|---|---|
| | | | | | $p$ | | | | | |
| 0 | 0.0038 | 0.0031 | 0.0025 | 0.0020 | 0.0016 | 0.0012 | 0.0010 | 0.0008 | 0.0006 | 0.0005 |
| 1 | 0.0258 | 0.0217 | 0.0182 | 0.0152 | 0.0126 | 0.0104 | 0.0086 | 0.0071 | 0.0058 | 0.0047 |
| 2 | 0.0811 | 0.0715 | 0.0627 | 0.0547 | 0.0476 | 0.0411 | 0.0354 | 0.0303 | 0.0259 | 0.0219 |
| 3 | 0.1579 | 0.1457 | 0.1338 | 0.1222 | 0.1110 | 0.1002 | 0.0901 | 0.0805 | 0.0716 | 0.0634 |
| 4 | 0.2128 | 0.2057 | 0.1977 | 0.1888 | 0.1792 | 0.1692 | 0.1587 | 0.1481 | 0.1374 | 0.1268 |
| 5 | 0.2103 | 0.2130 | 0.2142 | 0.2140 | 0.2123 | 0.2093 | 0.2051 | 0.1997 | 0.1933 | 0.1859 |
| 6 | 0.1575 | 0.1671 | 0.1759 | 0.1837 | 0.1906 | 0.1963 | 0.2008 | 0.2040 | 0.2059 | 0.2066 |
| 7 | 0.0910 | 0.1011 | 0.1114 | 0.1217 | 0.1319 | 0.1419 | 0.1516 | 0.1608 | 0.1693 | 0.1771 |
| 8 | 0.0409 | 0.0476 | 0.0549 | 0.0627 | 0.0710 | 0.0798 | 0.0890 | 0.0985 | 0.1082 | 0.1181 |
| 9 | 0.0143 | 0.0174 | 0.0210 | 0.0251 | 0.0298 | 0.0349 | 0.0407 | 0.0470 | 0.0538 | 0.0612 |
| 10 | 0.0038 | 0.0049 | 0.0062 | 0.0078 | 0.0096 | 0.0118 | 0.0143 | 0.0173 | 0.0206 | 0.0245 |
| 11 | 0.0008 | 0.0011 | 0.0014 | 0.0018 | 0.0024 | 0.0030 | 0.0038 | 0.0048 | 0.0060 | 0.0074 |
| 12 | 0.0001 | 0.0002 | 0.0002 | 0.0003 | 0.0004 | 0.0006 | 0.0007 | 0.0010 | 0.0013 | 0.0016 |
| 13 | 0.0000 | 0.0000 | 0.0000 | 0.0000 | 0.0001 | 0.0001 | 0.0001 | 0.0001 | 0.0002 | 0.0003 |

| r | 0.41 | 0.42 | 0.43 | 0.44 | 0.45 | 0.46 | 0.47 | 0.48 | 0.49 | 0.5 |
|---|---|---|---|---|---|---|---|---|---|---|
| | | | | | $p$ | | | | | |
| 0 | 0.0004 | 0.0003 | 0.0002 | 0.0002 | 0.0001 | 0.0001 | 0.0001 | 0.0001 | 0.0000 | 0.0000 |
| 1 | 0.0038 | 0.0031 | 0.0025 | 0.0020 | 0.0016 | 0.0012 | 0.0010 | 0.0008 | 0.0006 | 0.0005 |
| 2 | 0.0185 | 0.0156 | 0.0130 | 0.0108 | 0.0090 | 0.0074 | 0.0060 | 0.0049 | 0.0040 | 0.0032 |
| 3 | 0.0558 | 0.0489 | 0.0426 | 0.0369 | 0.0318 | 0.0272 | 0.0232 | 0.0197 | 0.0166 | 0.0139 |
| 4 | 0.1163 | 0.1061 | 0.0963 | 0.0869 | 0.0780 | 0.0696 | 0.0617 | 0.0545 | 0.0478 | 0.0417 |
| 5 | 0.1778 | 0.1691 | 0.1598 | 0.1502 | 0.1404 | 0.1304 | 0.1204 | 0.1106 | 0.1010 | 0.0916 |
| 6 | 0.2060 | 0.2041 | 0.2010 | 0.1967 | 0.1914 | 0.1851 | 0.1780 | 0.1702 | 0.1617 | 0.1527 |
| 7 | 0.1840 | 0.1900 | 0.1949 | 0.1987 | 0.2013 | 0.2028 | 0.2030 | 0.2020 | 0.1997 | 0.1964 |
| 8 | 0.1279 | 0.1376 | 0.1470 | 0.1561 | 0.1647 | 0.1727 | 0.1800 | 0.1864 | 0.1919 | 0.1964 |
| 9 | 0.0691 | 0.0775 | 0.0863 | 0.0954 | 0.1048 | 0.1144 | 0.1241 | 0.1338 | 0.1434 | 0.1527 |
| 10 | 0.0288 | 0.0337 | 0.0390 | 0.0450 | 0.0515 | 0.0585 | 0.0661 | 0.0741 | 0.0827 | 0.0916 |
| 11 | 0.0091 | 0.0111 | 0.0134 | 0.0161 | 0.0191 | 0.0226 | 0.0266 | 0.0311 | 0.0361 | 0.0417 |
| 12 | 0.0021 | 0.0027 | 0.0034 | 0.0042 | 0.0052 | 0.0064 | 0.0079 | 0.0096 | 0.0116 | 0.0139 |
| 13 | 0.0003 | 0.0004 | 0.0006 | 0.0008 | 0.0010 | 0.0013 | 0.0016 | 0.0020 | 0.0026 | 0.0032 |
| 14 | 0.0000 | 0.0000 | 0.0001 | 0.0001 | 0.0001 | 0.0002 | 0.0002 | 0.0003 | 0.0004 | 0.0005 |

(续表)

$n = 20$

| $r$ | 0.01 | 0.02 | 0.03 | 0.04 | 0.05 | 0.06 | 0.07 | 0.08 | 0.09 | 0.1 |
|---|---|---|---|---|---|---|---|---|---|---|
| 0 | 0.8179 | 0.6676 | 0.5438 | 0.4420 | 0.3585 | 0.2901 | 0.2342 | 0.1887 | 0.1516 | 0.1216 |
| 1 | 0.1652 | 0.2725 | 0.3364 | 0.3683 | 0.3774 | 0.3703 | 0.3526 | 0.3282 | 0.3000 | 0.2702 |
| 2 | 0.0159 | 0.0528 | 0.0988 | 0.1458 | 0.1887 | 0.2246 | 0.2521 | 0.2711 | 0.2818 | 0.2852 |
| 3 | 0.0010 | 0.0065 | 0.0183 | 0.0364 | 0.0596 | 0.0860 | 0.1139 | 0.1414 | 0.1672 | 0.1901 |
| 4 | 0.0000 | 0.0006 | 0.0024 | 0.0065 | 0.0133 | 0.0233 | 0.0364 | 0.0523 | 0.0703 | 0.0898 |
| 5 | 0.0000 | 0.0000 | 0.0002 | 0.0009 | 0.0022 | 0.0048 | 0.0088 | 0.0145 | 0.0222 | 0.0319 |
| 6 | 0.0000 | 0.0000 | 0.0000 | 0.0001 | 0.0003 | 0.0008 | 0.0017 | 0.0032 | 0.0055 | 0.0089 |
| 7 | 0.0000 | 0.0000 | 0.0000 | 0.0000 | 0.0000 | 0.0001 | 0.0002 | 0.0005 | 0.0011 | 0.0020 |
| 8 | 0.0000 | 0.0000 | 0.0000 | 0.0000 | 0.0000 | 0.0000 | 0.0000 | 0.0001 | 0.0002 | 0.0004 |
| 9 | 0.0000 | 0.0000 | 0.0000 | 0.0000 | 0.0000 | 0.0000 | 0.0000 | 0.0000 | 0.0000 | 0.0001 |

| $r$ | 0.11 | 0.12 | 0.13 | 0.14 | 0.15 | 0.16 | 0.17 | 0.18 | 0.19 | 0.2 |
|---|---|---|---|---|---|---|---|---|---|---|
| 0 | 0.0972 | 0.0776 | 0.0617 | 0.0490 | 0.0388 | 0.0306 | 0.0241 | 0.0189 | 0.0148 | 0.0115 |
| 1 | 0.2403 | 0.2115 | 0.1844 | 0.1595 | 0.1368 | 0.1165 | 0.0986 | 0.0829 | 0.0693 | 0.0576 |
| 2 | 0.2822 | 0.2740 | 0.2618 | 0.2466 | 0.2293 | 0.2109 | 0.1919 | 0.1730 | 0.1545 | 0.1369 |
| 3 | 0.2093 | 0.2242 | 0.2347 | 0.2409 | 0.2428 | 0.2410 | 0.2358 | 0.2278 | 0.2175 | 0.2054 |
| 4 | 0.1099 | 0.1299 | 0.1491 | 0.1666 | 0.1821 | 0.1951 | 0.2053 | 0.2125 | 0.2168 | 0.2182 |
| 5 | 0.0435 | 0.0567 | 0.0713 | 0.0868 | 0.1028 | 0.1189 | 0.1345 | 0.1493 | 0.1627 | 0.1746 |
| 6 | 0.0134 | 0.0193 | 0.0266 | 0.0353 | 0.0454 | 0.0566 | 0.0689 | 0.0819 | 0.0954 | 0.1091 |
| 7 | 0.0033 | 0.0053 | 0.0080 | 0.0115 | 0.0160 | 0.0216 | 0.0282 | 0.0360 | 0.0448 | 0.0545 |
| 8 | 0.0007 | 0.0012 | 0.0019 | 0.0030 | 0.0046 | 0.0067 | 0.0094 | 0.0128 | 0.0171 | 0.0222 |
| 9 | 0.0001 | 0.0002 | 0.0004 | 0.0007 | 0.0011 | 0.0017 | 0.0026 | 0.0038 | 0.0053 | 0.0074 |
| 10 | 0.0000 | 0.0000 | 0.0001 | 0.0001 | 0.0002 | 0.0004 | 0.0006 | 0.0009 | 0.0014 | 0.0020 |
| 11 | 0.0000 | 0.0000 | 0.0000 | 0.0000 | 0.0000 | 0.0001 | 0.0001 | 0.0002 | 0.0003 | 0.0005 |
| 12 | 0.0000 | 0.0000 | 0.0000 | 0.0000 | 0.0000 | 0.0000 | 0.0000 | 0.0000 | 0.0001 | 0.0001 |

| $r$ | 0.21 | 0.22 | 0.23 | 0.24 | 0.25 | 0.26 | 0.27 | 0.28 | 0.29 | 0.3 |
|---|---|---|---|---|---|---|---|---|---|---|
| 0 | 0.0090 | 0.0069 | 0.0054 | 0.0041 | 0.0032 | 0.0024 | 0.0018 | 0.0014 | 0.0011 | 0.0008 |
| 1 | 0.0477 | 0.0392 | 0.0321 | 0.0261 | 0.0211 | 0.0170 | 0.0137 | 0.0109 | 0.0087 | 0.0068 |
| 2 | 0.1204 | 0.1050 | 0.0910 | 0.0783 | 0.0669 | 0.0569 | 0.0480 | 0.0403 | 0.0336 | 0.0278 |
| 3 | 0.1920 | 0.1777 | 0.1631 | 0.1484 | 0.1339 | 0.1199 | 0.1065 | 0.0940 | 0.0823 | 0.0716 |
| 4 | 0.2169 | 0.2131 | 0.2070 | 0.1991 | 0.1897 | 0.1790 | 0.1675 | 0.1553 | 0.1429 | 0.1304 |
| 5 | 0.1845 | 0.1923 | 0.1979 | 0.2012 | 0.2023 | 0.2013 | 0.1982 | 0.1933 | 0.1868 | 0.1789 |
| 6 | 0.1226 | 0.1356 | 0.1478 | 0.1589 | 0.1686 | 0.1768 | 0.1833 | 0.1879 | 0.1907 | 0.1916 |
| 7 | 0.0652 | 0.0765 | 0.0883 | 0.1003 | 0.1124 | 0.1242 | 0.1356 | 0.1462 | 0.1558 | 0.1643 |
| 8 | 0.0282 | 0.0351 | 0.0429 | 0.0515 | 0.0609 | 0.0709 | 0.0815 | 0.0924 | 0.1034 | 0.1144 |
| 9 | 0.0100 | 0.0132 | 0.0171 | 0.0217 | 0.0271 | 0.0332 | 0.0402 | 0.0479 | 0.0563 | 0.0654 |
| 10 | 0.0029 | 0.0041 | 0.0056 | 0.0075 | 0.0099 | 0.0128 | 0.0163 | 0.0205 | 0.0253 | 0.0308 |
| 11 | 0.0007 | 0.0010 | 0.0015 | 0.0022 | 0.0030 | 0.0041 | 0.0055 | 0.0072 | 0.0094 | 0.0120 |
| 12 | 0.0001 | 0.0002 | 0.0003 | 0.0005 | 0.0008 | 0.0011 | 0.0015 | 0.0021 | 0.0029 | 0.0039 |
| 13 | 0.0000 | 0.0000 | 0.0001 | 0.0001 | 0.0002 | 0.0002 | 0.0003 | 0.0005 | 0.0007 | 0.0010 |
| 14 | 0.0000 | 0.0000 | 0.0000 | 0.0000 | 0.0000 | 0.0000 | 0.0001 | 0.0001 | 0.0001 | 0.0002 |

(续表)

$n = 20$

| $r$ | $p$ | | | | | | | | | |
|---|---|---|---|---|---|---|---|---|---|---|
| | 0.31 | 0.32 | 0.33 | 0.34 | 0.35 | 0.36 | 0.37 | 0.38 | 0.39 | 0.4 |
| 0 | 0.0006 | 0.0004 | 0.0003 | 0.0002 | 0.0002 | 0.0001 | 0.0001 | 0.0001 | 0.0001 | 0.0000 |
| 1 | 0.0054 | 0.0042 | 0.0033 | 0.0025 | 0.0020 | 0.0015 | 0.0011 | 0.0009 | 0.0007 | 0.0005 |
| 2 | 0.0229 | 0.0188 | 0.0153 | 0.0124 | 0.0100 | 0.0080 | 0.0064 | 0.0050 | 0.0040 | 0.0031 |
| 3 | 0.0619 | 0.0531 | 0.0453 | 0.0383 | 0.0323 | 0.0270 | 0.0224 | 0.0185 | 0.0152 | 0.0123 |
| 4 | 0.1181 | 0.1062 | 0.0947 | 0.0839 | 0.0738 | 0.0645 | 0.0559 | 0.0482 | 0.0412 | 0.0350 |
| 5 | 0.1698 | 0.1599 | 0.1493 | 0.1384 | 0.1272 | 0.1161 | 0.1051 | 0.0945 | 0.0843 | 0.0746 |
| 6 | 0.1907 | 0.1881 | 0.1839 | 0.1782 | 0.1712 | 0.1632 | 0.1543 | 0.1447 | 0.1347 | 0.1244 |
| 7 | 0.1714 | 0.1770 | 0.1811 | 0.1836 | 0.1844 | 0.1836 | 0.1812 | 0.1774 | 0.1722 | 0.1659 |
| 8 | 0.1251 | 0.1354 | 0.1450 | 0.1537 | 0.1614 | 0.1678 | 0.1730 | 0.1767 | 0.1790 | 0.1797 |
| 9 | 0.0750 | 0.0849 | 0.0952 | 0.1056 | 0.1158 | 0.1259 | 0.1354 | 0.1444 | 0.1526 | 0.1597 |
| 10 | 0.0370 | 0.0440 | 0.0516 | 0.0598 | 0.0686 | 0.0779 | 0.0875 | 0.0974 | 0.1073 | 0.1171 |
| 11 | 0.0151 | 0.0188 | 0.0231 | 0.0280 | 0.0336 | 0.0398 | 0.0467 | 0.0542 | 0.0624 | 0.0710 |
| 12 | 0.0051 | 0.0066 | 0.0085 | 0.0108 | 0.0136 | 0.0168 | 0.0206 | 0.0249 | 0.0299 | 0.0355 |
| 13 | 0.0014 | 0.0019 | 0.0026 | 0.0034 | 0.0045 | 0.0058 | 0.0074 | 0.0094 | 0.0118 | 0.0146 |
| 14 | 0.0003 | 0.0005 | 0.0006 | 0.0009 | 0.0012 | 0.0016 | 0.0022 | 0.0029 | 0.0038 | 0.0049 |
| 15 | 0.0001 | 0.0001 | 0.0001 | 0.0002 | 0.0003 | 0.0004 | 0.0005 | 0.0007 | 0.0010 | 0.0013 |
| 16 | 0.0000 | 0.0000 | 0.0000 | 0.0000 | 0.0000 | 0.0001 | 0.0001 | 0.0001 | 0.0002 | 0.0003 |

| $r$ | $p$ | | | | | | | | | |
|---|---|---|---|---|---|---|---|---|---|---|
| | 0.41 | 0.42 | 0.43 | 0.44 | 0.45 | 0.46 | 0.47 | 0.48 | 0.49 | 0.5 |
| 1 | 0.0004 | 0.0003 | 0.0002 | 0.0001 | 0.0001 | 0.0001 | 0.0001 | 0.0000 | 0.0000 | 0.0000 |
| 2 | 0.0024 | 0.0018 | 0.0014 | 0.0011 | 0.0008 | 0.0006 | 0.0005 | 0.0003 | 0.0002 | 0.0002 |
| 3 | 0.0100 | 0.0080 | 0.0064 | 0.0051 | 0.0040 | 0.0031 | 0.0024 | 0.0019 | 0.0014 | 0.0011 |
| 4 | 0.0295 | 0.0247 | 0.0206 | 0.0170 | 0.0139 | 0.0113 | 0.0092 | 0.0074 | 0.0059 | 0.0046 |
| 5 | 0.0656 | 0.0573 | 0.0496 | 0.0427 | 0.0365 | 0.0309 | 0.0260 | 0.0217 | 0.0180 | 0.0148 |
| 6 | 0.1140 | 0.1037 | 0.0936 | 0.0839 | 0.0746 | 0.0658 | 0.0577 | 0.0501 | 0.0432 | 0.0370 |
| 7 | 0.1585 | 0.1502 | 0.1413 | 0.1318 | 0.1221 | 0.1122 | 0.1023 | 0.0925 | 0.0830 | 0.0739 |
| 8 | 0.1790 | 0.1768 | 0.1732 | 0.1683 | 0.1623 | 0.1553 | 0.1474 | 0.1388 | 0.1296 | 0.1201 |
| 9 | 0.1658 | 0.1707 | 0.1742 | 0.1763 | 0.1771 | 0.1763 | 0.1742 | 0.1708 | 0.1661 | 0.1602 |
| 10 | 0.1268 | 0.1359 | 0.1446 | 0.1524 | 0.1593 | 0.1652 | 0.1700 | 0.1734 | 0.1755 | 0.1762 |
| 11 | 0.0801 | 0.0895 | 0.0991 | 0.1089 | 0.1185 | 0.1280 | 0.1370 | 0.1455 | 0.1533 | 0.1602 |
| 12 | 0.0417 | 0.0486 | 0.0561 | 0.0642 | 0.0727 | 0.0818 | 0.0911 | 0.1007 | 0.1105 | 0.1201 |
| 13 | 0.0178 | 0.0217 | 0.0260 | 0.0310 | 0.0366 | 0.0429 | 0.0497 | 0.0572 | 0.0653 | 0.0739 |
| 14 | 0.0062 | 0.0078 | 0.0098 | 0.0122 | 0.0150 | 0.0183 | 0.0221 | 0.0264 | 0.0314 | 0.0370 |
| 15 | 0.0017 | 0.0023 | 0.0030 | 0.0038 | 0.0049 | 0.0062 | 0.0078 | 0.0098 | 0.0121 | 0.0148 |
| 16 | 0.0004 | 0.0005 | 0.0007 | 0.0009 | 0.0013 | 0.0017 | 0.0022 | 0.0028 | 0.0036 | 0.0046 |
| 17 | 0.0001 | 0.0001 | 0.0001 | 0.0002 | 0.0002 | 0.0003 | 0.0005 | 0.0006 | 0.0008 | 0.0011 |
| 18 | 0.0000 | 0.0000 | 0.0000 | 0.0000 | 0.0000 | 0.0000 | 0.0001 | 0.0001 | 0.0001 | 0.0002 |

(续表)

$n = 25$

| $r$ | 0.01 | 0.02 | 0.03 | 0.04 | 0.05 | 0.06 | 0.07 | 0.08 | 0.09 | 0.1 |
|---|---|---|---|---|---|---|---|---|---|---|
| | | | | | $p$ | | | | | |
| 0 | 0.7778 | 0.6035 | 0.4670 | 0.3604 | 0.2774 | 0.2129 | 0.1630 | 0.1244 | 0.0946 | 0.0718 |
| 1 | 0.1964 | 0.3079 | 0.3611 | 0.3754 | 0.3650 | 0.3398 | 0.3066 | 0.2704 | 0.2340 | 0.1994 |
| 2 | 0.0238 | 0.0754 | 0.1340 | 0.1877 | 0.2305 | 0.2602 | 0.2770 | 0.2821 | 0.2777 | 0.2659 |
| 3 | 0.0018 | 0.0118 | 0.0318 | 0.0600 | 0.0930 | 0.1273 | 0.1598 | 0.1881 | 0.2106 | 0.2265 |
| 4 | 0.0001 | 0.0013 | 0.0054 | 0.0137 | 0.0269 | 0.0447 | 0.0662 | 0.0899 | 0.1145 | 0.1384 |
| 5 | 0.0000 | 0.0001 | 0.0007 | 0.0024 | 0.0060 | 0.0120 | 0.0209 | 0.0329 | 0.0476 | 0.0646 |
| 6 | 0.0000 | 0.0000 | 0.0001 | 0.0003 | 0.0010 | 0.0026 | 0.0052 | 0.0095 | 0.0157 | 0.0239 |
| 7 | 0.0000 | 0.0000 | 0.0000 | 0.0000 | 0.0001 | 0.0004 | 0.0011 | 0.0022 | 0.0042 | 0.0072 |
| 8 | 0.0000 | 0.0000 | 0.0000 | 0.0000 | 0.0000 | 0.0001 | 0.0002 | 0.0004 | 0.0009 | 0.0018 |
| 9 | 0.0000 | 0.0000 | 0.0000 | 0.0000 | 0.0000 | 0.0000 | 0.0000 | 0.0001 | 0.0002 | 0.0004 |
| 10 | 0.0000 | 0.0000 | 0.0000 | 0.0000 | 0.0000 | 0.0000 | 0.0000 | 0.0000 | 0.0000 | 0.0001 |

| $r$ | 0.11 | 0.12 | 0.13 | 0.14 | 0.15 | 0.16 | 0.17 | 0.18 | 0.19 | 0.2 |
|---|---|---|---|---|---|---|---|---|---|---|
| | | | | | $p$ | | | | | |
| 0 | 0.0543 | 0.0409 | 0.0308 | 0.0230 | 0.0172 | 0.0128 | 0.0095 | 0.0070 | 0.0052 | 0.0038 |
| 1 | 0.1678 | 0.1395 | 0.1149 | 0.0938 | 0.0759 | 0.0609 | 0.0486 | 0.0384 | 0.0302 | 0.0236 |
| 2 | 0.2488 | 0.2283 | 0.2060 | 0.1832 | 0.1607 | 0.1392 | 0.1193 | 0.1012 | 0.0851 | 0.0708 |
| 3 | 0.2358 | 0.2387 | 0.2360 | 0.2286 | 0.2174 | 0.2033 | 0.1874 | 0.1704 | 0.1530 | 0.1358 |
| 4 | 0.1603 | 0.1790 | 0.1940 | 0.2047 | 0.2110 | 0.2130 | 0.2111 | 0.2057 | 0.1974 | 0.1867 |
| 5 | 0.0832 | 0.1025 | 0.1217 | 0.1399 | 0.1564 | 0.1704 | 0.1816 | 0.1897 | 0.1945 | 0.1960 |
| 6 | 0.0343 | 0.0466 | 0.0606 | 0.0759 | 0.0920 | 0.1082 | 0.1240 | 0.1388 | 0.1520 | 0.1633 |
| 7 | 0.0115 | 0.0173 | 0.0246 | 0.0336 | 0.0441 | 0.0559 | 0.0689 | 0.0827 | 0.0968 | 0.1108 |
| 8 | 0.0032 | 0.0053 | 0.0083 | 0.0123 | 0.0175 | 0.0240 | 0.0318 | 0.0408 | 0.0511 | 0.0623 |
| 9 | 0.0007 | 0.0014 | 0.0023 | 0.0038 | 0.0058 | 0.0086 | 0.0123 | 0.0169 | 0.0226 | 0.0294 |
| 10 | 0.0001 | 0.0003 | 0.0006 | 0.0010 | 0.0016 | 0.0026 | 0.0040 | 0.0059 | 0.0085 | 0.0118 |
| 11 | 0.0000 | 0.0001 | 0.0001 | 0.0002 | 0.0004 | 0.0007 | 0.0011 | 0.0018 | 0.0027 | 0.0040 |
| 12 | 0.0000 | 0.0000 | 0.0000 | 0.0000 | 0.0001 | 0.0002 | 0.0003 | 0.0005 | 0.0007 | 0.0012 |
| 13 | 0.0000 | 0.0000 | 0.0000 | 0.0000 | 0.0000 | 0.0000 | 0.0001 | 0.0001 | 0.0002 | 0.0003 |
| 14 | 0.0000 | 0.0000 | 0.0000 | 0.0000 | 0.0000 | 0.0000 | 0.0000 | 0.0000 | 0.0000 | 0.0001 |

| $r$ | 0.21 | 0.22 | 0.23 | 0.24 | 0.25 | 0.26 | 0.27 | 0.28 | 0.29 | 0.3 |
|---|---|---|---|---|---|---|---|---|---|---|
| | | | | | $p$ | | | | | |
| 0 | 0.0028 | 0.0020 | 0.0015 | 0.0010 | 0.0008 | 0.0005 | 0.0004 | 0.0003 | 0.0002 | 0.0001 |
| 1 | 0.0183 | 0.0141 | 0.0109 | 0.0083 | 0.0063 | 0.0047 | 0.0035 | 0.0026 | 0.0020 | 0.0014 |
| 2 | 0.0585 | 0.0479 | 0.0389 | 0.0314 | 0.0251 | 0.0199 | 0.0157 | 0.0123 | 0.0096 | 0.0074 |
| 3 | 0.1192 | 0.1035 | 0.0891 | 0.0759 | 0.0641 | 0.0537 | 0.0446 | 0.0367 | 0.0300 | 0.0243 |
| 4 | 0.1742 | 0.1606 | 0.1463 | 0.1318 | 0.1175 | 0.1037 | 0.0906 | 0.0785 | 0.0673 | 0.0572 |
| 5 | 0.1945 | 0.1903 | 0.1836 | 0.1749 | 0.1645 | 0.1531 | 0.1408 | 0.1282 | 0.1155 | 0.1030 |
| 6 | 0.1724 | 0.1789 | 0.1828 | 0.1841 | 0.1828 | 0.1793 | 0.1736 | 0.1661 | 0.1572 | 0.1472 |
| 7 | 0.1244 | 0.1369 | 0.1482 | 0.1578 | 0.1654 | 0.1709 | 0.1743 | 0.1754 | 0.1743 | 0.1712 |
| 8 | 0.0744 | 0.0869 | 0.0996 | 0.1121 | 0.1241 | 0.1351 | 0.1450 | 0.1535 | 0.1602 | 0.1651 |
| 9 | 0.0373 | 0.0463 | 0.0562 | 0.0669 | 0.0781 | 0.0897 | 0.1013 | 0.1127 | 0.1236 | 0.1336 |
| 10 | 0.0159 | 0.0209 | 0.0269 | 0.0338 | 0.0417 | 0.0504 | 0.0600 | 0.0701 | 0.0808 | 0.0916 |
| 11 | 0.0058 | 0.0080 | 0.0109 | 0.0145 | 0.0189 | 0.0242 | 0.0302 | 0.0372 | 0.0450 | 0.0536 |
| 12 | 0.0018 | 0.0026 | 0.0038 | 0.0054 | 0.0074 | 0.0099 | 0.0130 | 0.0169 | 0.0214 | 0.0268 |
| 13 | 0.0005 | 0.0007 | 0.0011 | 0.0017 | 0.0025 | 0.0035 | 0.0048 | 0.0066 | 0.0088 | 0.0115 |
| 14 | 0.0001 | 0.0002 | 0.0003 | 0.0005 | 0.0007 | 0.0010 | 0.0015 | 0.0022 | 0.0031 | 0.0042 |
| 15 | 0.0000 | 0.0000 | 0.0001 | 0.0001 | 0.0002 | 0.0003 | 0.0004 | 0.0006 | 0.0009 | 0.0013 |
| 16 | 0.0000 | 0.0000 | 0.0000 | 0.0000 | 0.0000 | 0.0001 | 0.0001 | 0.0002 | 0.0002 | 0.0004 |
| 17 | 0.0000 | 0.0000 | 0.0000 | 0.0000 | 0.0000 | 0.0000 | 0.0000 | 0.0000 | 0.0001 | 0.0001 |

(续表)

$n = 25$

| $r$ | $p$ | | | | | | | | | |
|---|---|---|---|---|---|---|---|---|---|---|
| | 0.31 | 0.32 | 0.33 | 0.34 | 0.35 | 0.36 | 0.37 | 0.38 | 0.39 | 0.4 |
| 0 | 0.0001 | 0.0001 | 0.0000 | 0.0000 | 0.0000 | 0.0000 | 0.0000 | 0.0000 | 0.0000 | 0.0000 |
| 1 | 0.0011 | 0.0008 | 0.0006 | 0.0004 | 0.0003 | 0.0002 | 0.0001 | 0.0001 | 0.0001 | 0.0000 |
| 2 | 0.0057 | 0.0043 | 0.0033 | 0.0025 | 0.0018 | 0.0014 | 0.0010 | 0.0007 | 0.0005 | 0.0004 |
| 3 | 0.0195 | 0.0156 | 0.0123 | 0.0097 | 0.0076 | 0.0058 | 0.0045 | 0.0034 | 0.0026 | 0.0019 |
| 4 | 0.0482 | 0.0403 | 0.0334 | 0.0274 | 0.0224 | 0.0181 | 0.0145 | 0.0115 | 0.0091 | 0.0071 |
| 5 | 0.0910 | 0.0797 | 0.0691 | 0.0594 | 0.0506 | 0.0427 | 0.0357 | 0.0297 | 0.0244 | 0.0199 |
| 6 | 0.1363 | 0.1250 | 0.1134 | 0.1020 | 0.0908 | 0.0801 | 0.0700 | 0.0606 | 0.0520 | 0.0442 |
| 7 | 0.1662 | 0.1596 | 0.1516 | 0.1426 | 0.1327 | 0.1222 | 0.1115 | 0.1008 | 0.0902 | 0.0800 |
| 8 | 0.1680 | 0.1690 | 0.1681 | 0.1652 | 0.1607 | 0.1547 | 0.1474 | 0.1390 | 0.1298 | 0.1200 |
| 9 | 0.1426 | 0.1502 | 0.1563 | 0.1608 | 0.1635 | 0.1644 | 0.1635 | 0.1609 | 0.1567 | 0.1511 |
| 10 | 0.1025 | 0.1131 | 0.1232 | 0.1325 | 0.1409 | 0.1479 | 0.1536 | 0.1578 | 0.1603 | 0.1612 |
| 11 | 0.0628 | 0.0726 | 0.0828 | 0.0931 | 0.1034 | 0.1135 | 0.1230 | 0.1319 | 0.1398 | 0.1465 |
| 12 | 0.0329 | 0.0399 | 0.0476 | 0.0560 | 0.0650 | 0.0745 | 0.0843 | 0.0943 | 0.1043 | 0.1140 |
| 13 | 0.0148 | 0.0188 | 0.0234 | 0.0288 | 0.0350 | 0.0419 | 0.0495 | 0.0578 | 0.0667 | 0.0760 |
| 14 | 0.0057 | 0.0076 | 0.0099 | 0.0127 | 0.0161 | 0.0202 | 0.0249 | 0.0304 | 0.0365 | 0.0434 |
| 15 | 0.0019 | 0.0026 | 0.0036 | 0.0048 | 0.0064 | 0.0083 | 0.0107 | 0.0136 | 0.0171 | 0.0212 |
| 16 | 0.0005 | 0.0008 | 0.0011 | 0.0015 | 0.0021 | 0.0029 | 0.0039 | 0.0052 | 0.0068 | 0.0088 |
| 17 | 0.0001 | 0.0002 | 0.0003 | 0.0004 | 0.0006 | 0.0009 | 0.0012 | 0.0017 | 0.0023 | 0.0031 |
| 18 | 0.0000 | 0.0000 | 0.0001 | 0.0001 | 0.0001 | 0.0002 | 0.0003 | 0.0005 | 0.0007 | 0.0009 |
| 19 | 0.0000 | 0.0000 | 0.0000 | 0.0000 | 0.0000 | 0.0000 | 0.0001 | 0.0001 | 0.0002 | 0.0002 |

| $r$ | $p$ | | | | | | | | | |
|---|---|---|---|---|---|---|---|---|---|---|
| | 0.41 | 0.42 | 0.43 | 0.44 | 0.45 | 0.46 | 0.47 | 0.48 | 0.49 | 0.5 |
| 2 | 0.0003 | 0.0002 | 0.0001 | 0.0001 | 0.0001 | 0.0000 | 0.0000 | 0.0000 | 0.0000 | 0.0000 |
| 3 | 0.0014 | 0.0011 | 0.0008 | 0.0006 | 0.0004 | 0.0003 | 0.0002 | 0.0001 | 0.0001 | 0.0001 |
| 4 | 0.0055 | 0.0042 | 0.0032 | 0.0024 | 0.0018 | 0.0014 | 0.0010 | 0.0007 | 0.0005 | 0.0004 |
| 5 | 0.0161 | 0.0129 | 0.0102 | 0.0081 | 0.0063 | 0.0049 | 0.0037 | 0.0028 | 0.0021 | 0.0016 |
| 6 | 0.0372 | 0.0311 | 0.0257 | 0.0211 | 0.0172 | 0.0138 | 0.0110 | 0.0087 | 0.0068 | 0.0053 |
| 7 | 0.0703 | 0.0611 | 0.0527 | 0.0450 | 0.0381 | 0.0319 | 0.0265 | 0.0218 | 0.0178 | 0.0143 |
| 8 | 0.1099 | 0.0996 | 0.0895 | 0.0796 | 0.0701 | 0.0612 | 0.0529 | 0.0453 | 0.0384 | 0.0322 |
| 9 | 0.1442 | 0.1363 | 0.1275 | 0.1181 | 0.1084 | 0.0985 | 0.0886 | 0.0790 | 0.0697 | 0.0609 |
| 10 | 0.1603 | 0.1579 | 0.1539 | 0.1485 | 0.1419 | 0.1342 | 0.1257 | 0.1166 | 0.1071 | 0.0974 |
| 11 | 0.1519 | 0.1559 | 0.1583 | 0.1591 | 0.1583 | 0.1559 | 0.1521 | 0.1468 | 0.1404 | 0.1328 |
| 12 | 0.1232 | 0.1317 | 0.1393 | 0.1458 | 0.1511 | 0.1550 | 0.1573 | 0.1581 | 0.1573 | 0.1550 |
| 13 | 0.0856 | 0.0954 | 0.1051 | 0.1146 | 0.1236 | 0.1320 | 0.1395 | 0.1460 | 0.1512 | 0.1550 |
| 14 | 0.0510 | 0.0592 | 0.0680 | 0.0772 | 0.0867 | 0.0964 | 0.1060 | 0.1155 | 0.1245 | 0.1328 |
| 15 | 0.0260 | 0.0314 | 0.0376 | 0.0445 | 0.0520 | 0.0602 | 0.0690 | 0.0782 | 0.0877 | 0.0974 |
| 16 | 0.0113 | 0.0142 | 0.0177 | 0.0218 | 0.0266 | 0.0321 | 0.0382 | 0.0451 | 0.0527 | 0.0609 |
| 17 | 0.0042 | 0.0055 | 0.0071 | 0.0091 | 0.0115 | 0.0145 | 0.0179 | 0.0220 | 0.0268 | 0.0322 |
| 18 | 0.0013 | 0.0018 | 0.0024 | 0.0032 | 0.0042 | 0.0055 | 0.0071 | 0.0090 | 0.0114 | 0.0143 |
| 19 | 0.0003 | 0.0005 | 0.0007 | 0.0009 | 0.0013 | 0.0017 | 0.0023 | 0.0031 | 0.0040 | 0.0053 |
| 20 | 0.0001 | 0.0001 | 0.0001 | 0.0002 | 0.0003 | 0.0004 | 0.0006 | 0.0009 | 0.0012 | 0.0016 |
| 21 | 0.0000 | 0.0000 | 0.0000 | 0.0000 | 0.0001 | 0.0001 | 0.0001 | 0.0002 | 0.0003 | 0.0004 |
| 22 | 0.0000 | 0.0000 | 0.0000 | 0.0000 | 0.0000 | 0.0000 | 0.0000 | 0.0000 | 0.0000 | 0.0001 |

# 附表 6　秩和检验临界值表

括号内数值表示样本容量 $(n_1, n_2)$

| (2, 4) | | |
|---|---|---|
| 3 | 11 | 0.067 |
| **(2, 5)** | | |
| 3 | 13 | 0.047 |
| **(2, 6)** | | |
| 3 | 15 | 0.036 |
| 4 | 14 | 0.071 |
| **(2, 7)** | | |
| 3 | 17 | 0.028 |
| 4 | 16 | 0.056 |
| **(2, 8)** | | |
| 3 | 19 | 0.022 |
| 4 | 18 | 0.044 |
| **(2, 9)** | | |
| 3 | 21 | 0.018 |
| 4 | 20 | 0.036 |
| **(1, 10)** | | |
| 4 | 22 | 0.03 |
| 5 | 21 | 0.061 |
| **(3, 3)** | | |
| 6 | 15 | 0.05 |
| **(3, 4)** | | |
| 6 | 18 | 0.028 |
| 7 | 17 | 0.057 |
| **(3, 5)** | | |
| 6 | 21 | 0.018 |
| 7 | 20 | 0.036 |
| **(3, 6)** | | |
| 7 | 23 | 0.024 |
| 8 | 22 | 0.048 |
| **(3, 7)** | | |
| 8 | 25 | 0.033 |
| 9 | 24 | 0.058 |
| **(3, 8)** | | |
| 8 | 28 | 0.024 |
| 9 | 28 | 0.042 |
| **(3, 9)** | | |
| 9 | 30 | 0.032 |
| 11 | 29 | 0.05 |
| **(3, 10)** | | |
| 9 | 33 | 0.024 |
| 11 | 31 | 0.056 |

| (4, 4) | | |
|---|---|---|
| 11 | 25 | 0.029 |
| 12 | 24 | 0.057 |
| **(4, 5)** | | |
| 12 | 28 | 0.032 |
| 13 | 27 | 0.056 |
| **(4, 6)** | | |
| 12 | 32 | 0.019 |
| 14 | 30 | 0.057 |
| **(4, 7)** | | |
| 13 | 35 | 0.021 |
| 15 | 33 | 0.055 |
| **(4, 8)** | | |
| 14 | 38 | 0.024 |
| 16 | 36 | 0.055 |
| **(4, 9)** | | |
| 15 | 41 | 0.025 |
| 17 | 39 | 0.053 |
| **(4, 10)** | | |
| 16 | 44 | 0.026 |
| 18 | 42 | 0.053 |
| **(5, 5)** | | |
| 18 | 37 | 0.028 |
| 19 | 36 | 0.048 |
| **(5, 6)** | | |
| 19 | 41 | 0.026 |
| 20 | 40 | 0.041 |
| **(5, 7)** | | |
| 20 | 45 | 0.024 |
| 22 | 43 | 0.053 |
| **(5, 8)** | | |
| 21 | 49 | 0.023 |
| 23 | 47 | 0.047 |
| **(5, 9)** | | |
| 22 | 53 | 0.021 |
| 25 | 50 | 0.056 |
| **(5, 10)** | | |
| 24 | 56 | 0.028 |
| 26 | 54 | 0.05 |
| **(6, 6)** | | |
| 26 | 52 | 0.021 |
| 28 | 50 | 0.047 |

| (6, 7) | | |
|---|---|---|
| 28 | 56 | 0.026 |
| 30 | 54 | 0.051 |
| **(6, 8)** | | |
| 29 | 61 | 0.021 |
| 32 | 58 | 0.054 |
| **(6, 9)** | | |
| 31 | 65 | 0.025 |
| 33 | 63 | 0.044 |
| **(6, 10)** | | |
| 33 | 69 | 0.028 |
| 35 | 67 | 0.047 |
| **(7, 7)** | | |
| 37 | 68 | 0.027 |
| 39 | 66 | 0.049 |
| **(7, 8)** | | |
| 39 | 73 | 0.027 |
| 41 | 71 | 0.047 |
| **(7, 9)** | | |
| 41 | 78 | 0.027 |
| 43 | 76 | 0.045 |
| **(7, 10)** | | |
| 43 | 83 | 0.028 |
| 46 | 80 | 0.054 |
| **(8, 8)** | | |
| 49 | 87 | 0.025 |
| 52 | 84 | 0.052 |
| **(8, 9)** | | |
| 51 | 93 | 0.023 |
| 54 | 90 | 0.046 |
| **(8, 10)** | | |
| 54 | 98 | 0.027 |
| 57 | 95 | 0.051 |
| **(9, 9)** | | |
| 63 | 108 | 0.025 |
| 66 | 105 | 0.047 |
| **(9, 10)** | | |
| 66 | 114 | 0.027 |
| 69 | 111 | 0.047 |
| **(10, 10)** | | |
| 79 | 131 | 0.026 |
| 83 | 127 | 0.053 |

# 附表 7　D 检验法临界值表

| $n$ | $\alpha$ | | | | | |
|---|---|---|---|---|---|---|
| | 0.005 | 0.025 | 0.05 | 0.95 | 0.975 | 0.995 |
| 50 | −3.91 | −2.74 | −2.21 | 0.937 | 1.06 | 1.24 |
| 60 | −3.81 | −2.68 | −2.17 | 0.997 | 1.13 | 1.34 |
| 70 | −3.73 | −2.64 | −2.14 | 1.05 | 1.19 | 1.42 |
| 80 | −3.67 | −2.60 | −2.11 | 1.08 | 1.24 | 1.48 |
| 90 | −3.61 | −2.57 | −2.09 | 1.12 | 1.28 | 1.54 |
| 100 | −3.57 | −2.54 | −2.07 | 1.14 | 1.31 | 1.59 |
| 150 | −3.41 | −2.45 | −2.00 | 1.23 | 1.42 | 1.75 |
| 200 | −3.30 | −2.39 | −1.96 | 1.29 | 1.50 | 1.85 |
| 250 | −3.23 | −2.35 | −1.93 | 1.33 | 1.55 | 1.93 |
| 300 | −3.17 | −2.32 | −1.91 | 1.36 | 1.53 | 1.98 |
| 350 | −3.13 | −2.29 | −1.89 | 1.38 | 1.61 | 2.03 |
| 400 | −3.09 | −2.27 | −1.87 | 1.40 | 1.63 | 2.06 |
| 450 | −3.06 | −2.25 | −1.86 | 1.41 | 1.65 | 2.09 |
| 500 | −3.04 | −2.24 | −1.85 | 1.42 | 1.67 | 2.11 |
| 550 | −3.02 | −2.23 | −1.84 | 1.43 | 1.68 | 2.14 |
| 600 | −3.00 | −2.22 | −1.83 | 1.44 | 1.69 | 2.15 |
| 650 | −2.98 | −2.21 | −1.83 | 1.45 | 1.70 | 2.17 |
| 700 | −2.97 | −2.20 | −1.82 | 1.46 | 1.71 | 2.18 |
| 750 | −2.96 | −2.19 | −1.81 | 1.47 | 1.72 | 2.20 |
| 800 | −2.94 | −2.18 | −1.81 | 1.47 | 1.73 | 2.21 |
| 850 | −2.93 | −2.18 | −1.80 | 1.48 | 1.74 | 2.22 |
| 900 | −2.92 | −2.17 | −1.80 | 1.48 | 1.74 | 2.23 |
| 950 | −2.91 | −2.16 | −1.80 | 1.49 | 1.75 | 2.24 |
| 1000 | −2.91 | −2.16 | −1.79 | 1.49 | 1.75 | 2.25 |

## 附表 8　$W$ 检验法临界值表

| $\alpha$ \ $n$ | 3 | 4 | 5 | 6 | 7 | 8 | 9 | 10 | 11 | 12 | 13 | 14 |
|---|---|---|---|---|---|---|---|---|---|---|---|---|
| 0.1 | 0.787 | 0.792 | 0.806 | 0.826 | 0.838 | 0.851 | 0.859 | 0.869 | 0.876 | 0.883 | 0.889 | 0.895 |
| 0.05 | 0.767 | 0.748 | 0.762 | 0.788 | 0.803 | 0.818 | 0.829 | 0.842 | 0.850 | 0.859 | 0.866 | 0.874 |
| 0.01 | 0.753 | 0.687 | 0.686 | 0.713 | 0.730 | 0.749 | 0.764 | 0.781 | 0.792 | 0.805 | 0.814 | 0.825 |

| $\alpha$ \ $n$ | 15 | 16 | 17 | 18 | 19 | 20 | 21 | 22 | 23 | 24 | 25 | 26 |
|---|---|---|---|---|---|---|---|---|---|---|---|---|
| 0.1 | 0.901 | 0.906 | 0.910 | 0.914 | 0.917 | 0.920 | 0.923 | 0.926 | 0.928 | 0.930 | 0.931 | 0.933 |
| 0.05 | 0.881 | 0.887 | 0.892 | 0.897 | 0.901 | 0.905 | 0.908 | 0.911 | 0.914 | 0.916 | 0.918 | 0.920 |
| 0.01 | 0.835 | 0.844 | 0.851 | 0.858 | 0.863 | 0.868 | 0.873 | 0.878 | 0.881 | 0.884 | 0.888 | 0.891 |

| $\alpha$ \ $n$ | 27 | 28 | 29 | 30 | 31 | 32 | 33 | 34 | 35 | 36 | 37 | 38 |
|---|---|---|---|---|---|---|---|---|---|---|---|---|
| 0.1 | 0.935 | 0.936 | 0.937 | 0.930 | 0.940 | 0.941 | 0.942 | 0.943 | 0.944 | 0.945 | 0.946 | 0.947 |
| 0.05 | 0.923 | 0.924 | 0.926 | 0.927 | 0.929 | 0.930 | 0.931 | 0.933 | 0.934 | 0.935 | 0.936 | 0.938 |
| 0.01 | 0.894 | 0.896 | 0.898 | 0.900 | 0.902 | 0.904 | 0.906 | 0.908 | 0.910 | 0.912 | 0.914 | 0.916 |

| $\alpha$ \ $n$ | 39 | 40 | 41 | 42 | 43 | 44 | 45 | 46 | 47 | 48 | 49 | 50 |
|---|---|---|---|---|---|---|---|---|---|---|---|---|
| 0.1 | 0.948 | 0.949 | 0.950 | 0.951 | 0.951 | 0.952 | 0.953 | 0.953 | 0.954 | 0.954 | 0.955 | 0.955 |
| 0.05 | 0.939 | 0.940 | 0.941 | 0.942 | 0.943 | 0.944 | 0.945 | 0.945 | 0.946 | 0.947 | 0.947 | 0.947 |
| 0.01 | 0.917 | 0.919 | 0.920 | 0.922 | 0.923 | 0.924 | 0.926 | 0.927 | 0.928 | 0.929 | 0.929 | 0.930 |

## 附表 9　学生氏极差分布数值表

$$P(q > q_{1-\alpha}(r, n-r)) = \alpha,\ r\ \text{为处理个数},\ n\ \text{为自由度}\ (\alpha = 0.01)$$

| $n$ | | | | | | | | | | | $r$ | | | | | | | | | |
|---|---|---|---|---|---|---|---|---|---|---|---|---|---|---|---|---|---|---|---|---|
| | 2 | 3 | 4 | 5 | 6 | 7 | 8 | 9 | 10 | 11 | 12 | 13 | 14 | 15 | 16 | 17 | 18 | 19 | 20 |
| 1 | 90.03 | 135.0 | 164.3 | 185.6 | 202.2 | 215.8 | 227.2 | 237.0 | 245.6 | 253.2 | 260.0 | 266.2 | 271.8 | 277.0 | 281.8 | 286.3 | 290.4 | 294.3 | 298.0 |
| 2 | 14.04 | 19.02 | 22.29 | 24.72 | 26.63 | 28.20 | 29.53 | 30.68 | 31.69 | 32.59 | 33.40 | 34.13 | 34.81 | 35.43 | 36.00 | 36.53 | 37.03 | 37.50 | 37.95 |
| 3 | 8.26 | 10.62 | 12.17 | 13.33 | 14.24 | 15.00 | 15.64 | 16.20 | 16.69 | 17.13 | 17.53 | 17.89 | 18.22 | 18.52 | 18.81 | 19.07 | 19.32 | 19.55 | 19.77 |
| 4 | 6.51 | 8.12 | 9.17 | 9.96 | 10.58 | 11.10 | 11.55 | 11.93 | 12.27 | 12.57 | 12.84 | 13.09 | 13.32 | 13.53 | 13.73 | 13.91 | 14.08 | 14.24 | 14.40 |
| 5 | 5.70 | 6.98 | 7.80 | 8.42 | 8.91 | 9.32 | 9.67 | 9.97 | 10.24 | 10.48 | 10.70 | 10.89 | 11.08 | 11.24 | 11.40 | 11.55 | 11.68 | 11.81 | 11.93 |
| 6 | 5.24 | 6.33 | 7.03 | 7.56 | 7.97 | 8.32 | 8.61 | 8.87 | 9.10 | 9.30 | 9.48 | 9.65 | 9.81 | 9.95 | 10.08 | 10.21 | 10.32 | 10.43 | 10.54 |
| 7 | 4.95 | 5.92 | 6.54 | 7.00 | 7.37 | 7.68 | 7.94 | 8.17 | 8.37 | 8.55 | 8.71 | 8.86 | 9.00 | 9.12 | 9.24 | 9.35 | 9.46 | 9.55 | 9.65 |
| 8 | 4.75 | 5.64 | 6.20 | 6.62 | 6.96 | 7.24 | 7.47 | 7.68 | 7.86 | 8.03 | 8.18 | 8.31 | 8.44 | 8.55 | 8.66 | 8.76 | 8.85 | 8.94 | 9.03 |
| 9 | 4.60 | 5.43 | 5.96 | 6.35 | 6.66 | 6.91 | 7.13 | 7.33 | 7.49 | 7.65 | 7.78 | 7.91 | 8.03 | 8.13 | 8.23 | 8.33 | 8.41 | 8.49 | 8.57 |
| 10 | 4.48 | 5.27 | 5.77 | 6.14 | 6.43 | 6.67 | 6.87 | 7.05 | 7.21 | 7.36 | 7.49 | 7.60 | 7.71 | 7.81 | 7.91 | 7.99 | 8.08 | 8.15 | 8.23 |
| 11 | 4.39 | 5.15 | 5.62 | 5.97 | 6.25 | 6.48 | 6.67 | 6.84 | 6.99 | 7.13 | 7.25 | 7.36 | 7.46 | 7.56 | 7.65 | 7.73 | 7.81 | 7.88 | 7.95 |
| 12 | 4.32 | 5.05 | 5.50 | 5.84 | 6.10 | 6.32 | 6.51 | 6.67 | 6.81 | 6.94 | 7.06 | 7.17 | 7.26 | 7.36 | 7.44 | 7.52 | 7.59 | 7.66 | 7.73 |
| 13 | 4.26 | 4.96 | 5.40 | 5.73 | 5.98 | 6.19 | 6.37 | 6.53 | 6.67 | 6.79 | 6.90 | 7.01 | 7.10 | 7.19 | 7.27 | 7.35 | 7.42 | 7.48 | 7.55 |
| 14 | 4.21 | 4.89 | 5.32 | 5.63 | 5.88 | 6.08 | 6.26 | 6.41 | 6.54 | 6.66 | 6.77 | 6.87 | 6.96 | 7.05 | 7.13 | 7.20 | 7.27 | 7.33 | 7.39 |
| 15 | 4.17 | 4.84 | 5.25 | 5.56 | 5.80 | 5.99 | 6.16 | 6.31 | 6.44 | 6.55 | 6.66 | 6.76 | 6.84 | 6.93 | 7.00 | 7.07 | 7.14 | 7.20 | 7.26 |
| 16 | 4.13 | 4.79 | 5.19 | 5.49 | 5.72 | 5.92 | 6.08 | 6.22 | 6.35 | 6.46 | 6.56 | 6.66 | 6.74 | 6.82 | 6.90 | 6.97 | 7.03 | 7.09 | 7.15 |
| 17 | 4.10 | 4.74 | 5.14 | 5.43 | 5.66 | 5.85 | 6.01 | 6.15 | 6.27 | 6.38 | 6.48 | 6.57 | 6.66 | 6.73 | 6.81 | 6.87 | 6.94 | 7.00 | 7.05 |
| 18 | 4.07 | 4.70 | 5.09 | 5.38 | 5.60 | 5.79 | 5.94 | 6.08 | 6.20 | 6.31 | 6.41 | 6.50 | 6.58 | 6.65 | 6.73 | 6.79 | 6.85 | 6.91 | 6.97 |
| 19 | 4.05 | 4.67 | 5.05 | 5.33 | 5.55 | 5.73 | 5.89 | 6.02 | 6.14 | 6.25 | 6.34 | 6.43 | 6.51 | 6.58 | 6.65 | 6.72 | 6.78 | 6.84 | 6.89 |
| 20 | 4.02 | 4.64 | 5.02 | 5.29 | 5.51 | 5.69 | 5.84 | 5.97 | 6.09 | 6.19 | 6.28 | 6.37 | 6.45 | 6.52 | 6.59 | 6.65 | 6.71 | 6.77 | 6.82 |
| 24 | 3.96 | 4.55 | 4.91 | 5.17 | 5.37 | 5.54 | 5.69 | 5.81 | 5.92 | 6.02 | 6.11 | 6.19 | 6.26 | 6.33 | 6.39 | 6.45 | 6.51 | 6.56 | 6.61 |
| 30 | 3.89 | 4.45 | 4.80 | 5.05 | 5.24 | 5.40 | 5.54 | 5.65 | 5.76 | 5.85 | 5.93 | 6.01 | 6.08 | 6.14 | 6.20 | 6.26 | 6.31 | 6.36 | 6.41 |
| 40 | 3.82 | 4.37 | 4.70 | 4.93 | 5.11 | 5.26 | 5.39 | 5.50 | 5.60 | 5.69 | 5.76 | 5.83 | 5.90 | 5.96 | 6.02 | 6.07 | 6.12 | 6.16 | 6.21 |
| 60 | 3.76 | 4.28 | 4.59 | 4.82 | 4.99 | 5.13 | 5.25 | 5.36 | 5.45 | 5.53 | 5.60 | 5.67 | 5.73 | 5.78 | 5.84 | 5.89 | 5.93 | 5.97 | 6.01 |
| 120 | 3.70 | 4.20 | 4.50 | 4.71 | 4.87 | 5.01 | 5.12 | 5.21 | 5.30 | 5.37 | 5.44 | 5.50 | 5.56 | 5.61 | 5.66 | 5.71 | 5.75 | 5.79 | 5.83 |
| $+\infty$ | 3.64 | 4.12 | 4.40 | 4.60 | 4.76 | 4.88 | 4.99 | 5.08 | 5.16 | 5.23 | 5.29 | 5.35 | 5.40 | 5.45 | 5.49 | 5.54 | 5.57 | 5.61 | 5.65 |

续表

$(\alpha = 0.05)$

| n | 2 | 3 | 4 | 5 | 6 | 7 | 8 | 9 | 10 | 11 | 12 | 13 | 14 | 15 | 16 | 17 | 18 | 19 | 20 |
|---|---|---|---|---|---|---|---|---|----|----|----|----|----|----|----|----|----|----|----|
| 1 | 17.97 | 26.98 | 32.82 | 37.08 | 40.41 | 43.12 | 45.40 | 47.36 | 49.07 | 50.59 | 51.96 | 53.20 | 54.33 | 55.36 | 56.32 | 57.22 | 58.04 | 58.83 | 59.56 |
| 2 | 6.08 | 8.33 | 9.80 | 10.88 | 11.74 | 12.44 | 13.03 | 13.54 | 13.99 | 14.39 | 14.75 | 15.08 | 15.38 | 15.65 | 15.91 | 16.14 | 16.37 | 16.57 | 16.77 |
| 3 | 4.50 | 5.91 | 6.82 | 7.50 | 8.04 | 8.48 | 8.85 | 9.18 | 9.46 | 9.72 | 9.95 | 10.15 | 10.35 | 10.52 | 10.69 | 10.84 | 10.98 | 11.11 | 11.24 |
| 4 | 3.93 | 5.04 | 5.76 | 6.29 | 6.71 | 7.05 | 7.35 | 7.60 | 7.83 | 8.03 | 8.21 | 8.37 | 8.52 | 8.66 | 8.79 | 8.91 | 9.03 | 9.13 | 9.23 |
| 5 | 3.64 | 4.60 | 5.22 | 5.67 | 6.03 | 6.33 | 6.58 | 6.80 | 6.99 | 7.17 | 7.32 | 7.47 | 7.60 | 7.72 | 7.83 | 7.93 | 8.03 | 8.12 | 8.21 |
| 6 | 3.46 | 4.34 | 4.90 | 5.30 | 5.63 | 5.90 | 6.12 | 6.32 | 6.49 | 6.65 | 6.79 | 6.92 | 7.03 | 7.14 | 7.24 | 7.34 | 7.43 | 7.51 | 7.59 |
| 7 | 3.34 | 4.16 | 4.68 | 5.06 | 5.36 | 5.61 | 5.82 | 6.00 | 6.16 | 6.30 | 6.43 | 6.55 | 6.66 | 6.76 | 6.85 | 6.94 | 7.02 | 7.10 | 7.17 |
| 8 | 3.26 | 4.04 | 4.53 | 4.89 | 5.17 | 5.40 | 5.60 | 5.77 | 5.92 | 6.05 | 6.18 | 6.29 | 6.39 | 6.48 | 6.57 | 6.65 | 6.73 | 6.80 | 6.87 |
| 9 | 3.20 | 3.95 | 4.41 | 4.76 | 5.02 | 5.24 | 5.43 | 5.59 | 5.74 | 5.87 | 5.98 | 6.09 | 6.19 | 6.28 | 6.36 | 6.44 | 6.51 | 6.58 | 6.64 |
| 10 | 3.15 | 3.88 | 4.33 | 4.65 | 4.91 | 5.12 | 5.30 | 5.46 | 5.60 | 5.72 | 5.83 | 5.93 | 6.03 | 6.11 | 6.19 | 6.27 | 6.34 | 6.40 | 6.47 |
| 11 | 3.11 | 3.82 | 4.26 | 4.57 | 4.82 | 5.03 | 5.20 | 5.35 | 5.49 | 5.61 | 5.71 | 5.81 | 5.90 | 5.98 | 6.06 | 6.13 | 6.20 | 6.27 | 6.33 |
| 12 | 3.08 | 3.77 | 4.20 | 4.51 | 4.75 | 4.95 | 5.12 | 5.27 | 5.39 | 5.51 | 5.61 | 5.71 | 5.80 | 5.88 | 5.95 | 6.02 | 6.09 | 6.15 | 6.21 |
| 13 | 3.06 | 3.73 | 4.15 | 4.45 | 4.69 | 4.88 | 5.05 | 5.19 | 5.32 | 5.43 | 5.53 | 5.63 | 5.71 | 5.79 | 5.86 | 5.93 | 5.99 | 6.05 | 6.11 |
| 14 | 3.03 | 3.70 | 4.11 | 4.41 | 4.64 | 4.83 | 4.99 | 5.13 | 5.25 | 5.36 | 5.46 | 5.55 | 5.64 | 5.71 | 5.79 | 5.85 | 5.91 | 5.97 | 6.03 |
| 15 | 3.01 | 3.67 | 4.08 | 4.37 | 4.59 | 4.78 | 4.94 | 5.08 | 5.20 | 5.31 | 5.40 | 5.49 | 5.57 | 5.65 | 5.72 | 5.78 | 5.85 | 5.90 | 5.96 |
| 16 | 3.00 | 3.65 | 4.05 | 4.33 | 4.56 | 4.74 | 4.90 | 5.03 | 5.15 | 5.26 | 5.35 | 5.44 | 5.52 | 5.59 | 5.66 | 5.73 | 5.79 | 5.84 | 5.90 |
| 17 | 2.98 | 3.63 | 4.02 | 4.30 | 4.52 | 4.70 | 4.86 | 4.99 | 5.11 | 5.21 | 5.31 | 5.39 | 5.47 | 5.54 | 5.61 | 5.67 | 5.73 | 5.79 | 5.84 |
| 18 | 2.97 | 3.61 | 4.00 | 4.28 | 4.49 | 4.67 | 4.82 | 4.96 | 5.07 | 5.17 | 5.27 | 5.35 | 5.43 | 5.50 | 5.57 | 5.63 | 5.69 | 5.74 | 5.79 |
| 19 | 2.96 | 3.59 | 3.98 | 4.25 | 4.47 | 4.65 | 4.79 | 4.92 | 5.04 | 5.14 | 5.23 | 5.31 | 5.39 | 5.46 | 5.53 | 5.59 | 5.65 | 5.70 | 5.75 |
| 20 | 2.95 | 3.58 | 3.96 | 4.23 | 4.45 | 4.62 | 4.77 | 4.90 | 5.01 | 5.11 | 5.20 | 5.28 | 5.36 | 5.43 | 5.49 | 5.55 | 5.61 | 5.66 | 5.71 |
| 24 | 2.92 | 3.53 | 3.90 | 4.17 | 4.37 | 4.54 | 4.68 | 4.81 | 4.92 | 5.01 | 5.10 | 5.18 | 5.25 | 5.32 | 5.38 | 5.44 | 5.49 | 5.55 | 5.59 |
| 30 | 2.89 | 3.49 | 3.85 | 4.10 | 4.30 | 4.46 | 4.60 | 4.72 | 4.82 | 4.92 | 5.00 | 5.08 | 5.15 | 5.21 | 5.27 | 5.33 | 5.38 | 5.43 | 5.47 |
| 40 | 2.86 | 3.44 | 3.79 | 4.04 | 4.23 | 4.39 | 4.52 | 4.63 | 4.73 | 4.82 | 4.90 | 4.98 | 5.04 | 5.11 | 5.16 | 5.22 | 5.27 | 5.31 | 5.36 |
| 60 | 2.83 | 3.40 | 3.74 | 3.98 | 4.16 | 4.31 | 4.44 | 4.55 | 4.65 | 4.73 | 4.81 | 4.88 | 4.94 | 5.00 | 5.06 | 5.11 | 5.15 | 5.20 | 5.24 |
| 120 | 2.80 | 3.36 | 3.68 | 3.92 | 4.10 | 4.24 | 4.36 | 4.47 | 4.56 | 4.64 | 4.71 | 4.78 | 4.84 | 4.90 | 4.95 | 5.00 | 5.04 | 5.09 | 5.13 |
| $+\infty$ | 2.77 | 3.31 | 3.63 | 3.86 | 4.03 | 4.17 | 4.29 | 4.39 | 4.47 | 4.55 | 4.62 | 4.68 | 4.74 | 4.80 | 4.85 | 4.89 | 4.93 | 4.97 | 5.01 |

$r$

(续表)

($\alpha = 0.1$)

| n | 2 | 3 | 4 | 5 | 6 | 7 | 8 | 9 | 10 | 11 | 12 | 13 | 14 | 15 | 16 | 17 | 18 | 19 | 20 |
|---|---|---|---|---|---|---|---|---|----|----|----|----|----|----|----|----|----|----|----|
| 1 | 8.93 | 13.44 | 16.36 | 18.49 | 20.15 | 21.51 | 22.64 | 23.62 | 24.48 | 25.24 | 25.92 | 26.54 | 27.10 | 27.62 | 28.10 | 28.54 | 28.96 | 29.35 | 29.71 |
| 2 | 4.13 | 5.73 | 6.77 | 7.54 | 8.14 | 8.63 | 9.05 | 9.41 | 9.72 | 10.01 | 10.26 | 10.49 | 10.70 | 10.89 | 11.07 | 11.24 | 11.39 | 11.54 | 11.68 |
| 3 | 3.33 | 4.47 | 5.20 | 5.74 | 6.16 | 6.51 | 6.81 | 7.06 | 7.29 | 7.49 | 7.67 | 7.83 | 7.98 | 8.12 | 8.25 | 8.37 | 8.48 | 8.58 | 8.68 |
| 4 | 3.01 | 3.98 | 4.59 | 5.03 | 5.39 | 5.68 | 5.93 | 6.14 | 6.33 | 6.49 | 6.65 | 6.78 | 6.91 | 7.02 | 7.13 | 7.23 | 7.33 | 7.41 | 7.50 |
| 5 | 2.85 | 3.72 | 4.26 | 4.66 | 4.98 | 5.24 | 5.46 | 5.65 | 5.82 | 5.97 | 6.10 | 6.22 | 6.34 | 6.44 | 6.54 | 6.63 | 6.71 | 6.79 | 6.86 |
| 6 | 2.75 | 3.56 | 4.07 | 4.44 | 4.73 | 4.97 | 5.17 | 5.34 | 5.50 | 5.64 | 5.76 | 5.87 | 5.98 | 6.07 | 6.16 | 6.25 | 6.32 | 6.40 | 6.47 |
| 7 | 2.68 | 3.45 | 3.93 | 4.28 | 4.55 | 4.78 | 4.97 | 5.14 | 5.28 | 5.41 | 5.53 | 5.64 | 5.74 | 5.83 | 5.91 | 5.99 | 6.06 | 6.13 | 6.19 |
| 8 | 2.63 | 3.37 | 3.83 | 4.17 | 4.43 | 4.65 | 4.83 | 4.99 | 5.13 | 5.25 | 5.36 | 5.46 | 5.56 | 5.64 | 5.72 | 5.80 | 5.87 | 5.93 | 6.00 |
| 9 | 2.59 | 3.32 | 3.76 | 4.08 | 4.34 | 4.54 | 4.72 | 4.87 | 4.99 | 5.13 | 5.23 | 5.33 | 5.42 | 5.51 | 5.58 | 5.65 | 5.72 | 5.79 | 5.85 |
| 10 | 2.56 | 3.27 | 3.70 | 4.02 | 4.26 | 4.47 | 4.64 | 4.78 | 4.91 | 5.03 | 5.13 | 5.23 | 5.32 | 5.40 | 5.47 | 5.54 | 5.61 | 5.67 | 5.73 |
| 11 | 2.54 | 3.23 | 3.66 | 3.96 | 4.20 | 4.40 | 4.57 | 4.71 | 4.84 | 4.95 | 5.05 | 5.15 | 5.23 | 5.31 | 5.38 | 5.45 | 5.51 | 5.57 | 5.63 |
| 12 | 2.52 | 3.20 | 3.62 | 3.92 | 4.16 | 4.35 | 4.51 | 4.65 | 4.78 | 4.89 | 4.99 | 5.08 | 5.16 | 5.24 | 5.31 | 5.37 | 5.44 | 5.49 | 5.55 |
| 13 | 2.50 | 3.18 | 3.59 | 3.88 | 4.12 | 4.30 | 4.46 | 4.60 | 4.72 | 4.83 | 4.93 | 5.02 | 5.10 | 5.18 | 5.25 | 5.31 | 5.37 | 5.43 | 5.48 |
| 14 | 2.49 | 3.16 | 3.56 | 3.85 | 4.08 | 4.27 | 4.42 | 4.56 | 4.68 | 4.79 | 4.88 | 4.97 | 5.05 | 5.12 | 5.19 | 5.26 | 5.32 | 5.37 | 5.43 |
| 15 | 2.48 | 3.14 | 3.54 | 3.83 | 4.05 | 4.23 | 4.39 | 4.52 | 4.64 | 4.75 | 4.84 | 4.93 | 5.01 | 5.08 | 5.15 | 5.21 | 5.27 | 5.32 | 5.38 |
| 16 | 2.47 | 3.12 | 3.52 | 3.80 | 4.03 | 4.21 | 4.36 | 4.49 | 4.61 | 4.71 | 4.80 | 4.89 | 4.97 | 5.04 | 5.11 | 5.17 | 5.23 | 5.28 | 5.33 |
| 17 | 2.46 | 3.11 | 3.50 | 3.78 | 4.00 | 4.18 | 4.33 | 4.46 | 4.58 | 4.68 | 4.77 | 4.86 | 4.93 | 5.01 | 5.07 | 5.13 | 5.19 | 5.24 | 5.30 |
| 18 | 2.45 | 3.10 | 3.49 | 3.77 | 3.98 | 4.16 | 4.31 | 4.44 | 4.55 | 4.65 | 4.75 | 4.83 | 4.90 | 4.97 | 5.04 | 5.10 | 5.16 | 5.21 | 5.26 |
| 19 | 2.45 | 3.09 | 3.47 | 3.75 | 3.97 | 4.14 | 4.29 | 4.42 | 4.53 | 4.63 | 4.72 | 4.80 | 4.88 | 4.95 | 5.01 | 5.07 | 5.13 | 5.18 | 5.23 |
| 20 | 2.44 | 3.08 | 3.46 | 3.74 | 3.95 | 4.12 | 4.27 | 4.40 | 4.51 | 4.61 | 4.70 | 4.78 | 4.85 | 4.92 | 4.99 | 5.05 | 5.10 | 5.16 | 5.20 |
| 24 | 2.42 | 3.05 | 3.42 | 3.69 | 3.90 | 4.07 | 4.21 | 4.34 | 4.44 | 4.54 | 4.63 | 4.71 | 4.78 | 4.85 | 4.91 | 4.97 | 5.02 | 5.07 | 5.12 |
| 30 | 2.40 | 3.02 | 3.39 | 3.65 | 3.85 | 4.02 | 4.16 | 4.28 | 4.38 | 4.47 | 4.56 | 4.64 | 4.71 | 4.77 | 4.83 | 4.89 | 4.94 | 4.99 | 5.03 |
| 40 | 2.38 | 2.99 | 3.35 | 3.60 | 3.80 | 3.96 | 4.10 | 4.21 | 4.32 | 4.41 | 4.49 | 4.56 | 4.63 | 4.69 | 4.75 | 4.81 | 4.86 | 4.90 | 4.95 |
| 60 | 2.36 | 2.96 | 3.31 | 3.56 | 3.75 | 3.91 | 4.04 | 4.16 | 4.25 | 4.34 | 4.42 | 4.49 | 4.56 | 4.62 | 4.67 | 4.73 | 4.78 | 4.82 | 4.86 |
| 120 | 2.34 | 2.93 | 3.28 | 3.52 | 3.71 | 3.86 | 3.99 | 4.10 | 4.19 | 4.28 | 4.35 | 4.42 | 4.48 | 4.54 | 4.60 | 4.65 | 4.69 | 4.74 | 4.78 |
| $+\infty$ | 2.33 | 2.90 | 3.24 | 3.48 | 3.66 | 3.81 | 3.93 | 4.04 | 4.13 | 4.21 | 4.28 | 4.35 | 4.41 | 4.47 | 4.52 | 4.57 | 4.61 | 4.65 | 4.69 |